水利水电施工

2017年第6辑

全国水利水电施工技术信息网
中国水力发电工程学会施工专业委员会　主编
中国电力建设集团有限公司

中国水利水电出版社
www.waterpub.com.cn
·北京·

图书在版编目（CIP）数据

水利水电施工. 2017年. 第6辑 / 全国水利水电施工技术信息网，中国水力发电工程学会施工专业委员会，中国电力建设集团有限公司主编. -- 北京 : 中国水利水电出版社，2018.3
ISBN 978-7-5170-6371-1

Ⅰ. ①水… Ⅱ. ①全… ②中… ③中… Ⅲ. ①水利水电工程－工程施工－文集 Ⅳ. ①TV5-53

中国版本图书馆CIP数据核字(2018)第059656号

书　　名	水利水电施工　2017 年第 6 辑 SHUILI SHUIDIAN SHIGONG 2017 NIAN DI 6 JI
作　　者	全国水利水电施工技术信息网 中国水力发电工程学会施工专业委员会　主编 中国电力建设集团有限公司
出版发行	中国水利水电出版社 （北京市海淀区玉渊潭南路 1 号 D 座　100038） 网址：www.waterpub.com.cn E-mail：sales@waterpub.com.cn 电话：（010）68367658（营销中心）
经　　售	北京科水图书销售中心（零售） 电话：（010）88383994 、63202643 、68545874 全国各地新华书店和相关出版物销售网点
排　　版	中国水利水电出版社微机排版中心
印　　刷	北京瑞斯通印务发展有限公司
规　　格	210mm×285mm　16 开本　8.5 印张　323 千字　4 插页
版　　次	2018 年 3 月第 1 版　2018 年 3 月第 1 次印刷
印　　数	0001—2500 册
定　　价	36.00 元

水环境治理工程

（由中电建水环境治理技术有限公司承建）

深圳市茅洲河综合整治项目 1 号底泥处理厂鸟瞰

深圳市茅洲河综合整治项目 1 号泵站出水口箱涵工程

深圳市茅洲河综合整治项目上南大街沟槽回填工程

深圳市茅洲河综合整治项目松岗街道塘下涌工业片区雨污分流管网工程

深圳市茅洲河综合整治项目楼岗河分流箱涵工程

深圳市茅洲河综合整治项目临边防护工程

深圳市茅洲河综合整治项目上寮河口泵站工程

深圳市宝安区罗田水调蓄湖工程

深圳市茅洲河综合整治工程景观示范段

深圳市茅洲河综合整治项目福和路回填工程

深圳市茅洲河综合整治项目潭头河隧道顺利贯通

整治后的深圳市茅洲河光明段干流水质

深圳市茅洲河综合整治项目景观示范段

深圳市茅洲河综合整治项目松岗东片区田园路工程

深圳市宝安区松岗水质净化厂雄宇路路面恢复工程

整治后的深圳市茅洲河宝安区罗田水汇入段

整治后的深圳市茅洲河龟岭东水段

深圳市茅洲河综合整治项目黄浦东上南东路工程

已通水的深圳市光明新区西田水左支河

深圳市茅洲河综合整治项目亀岭东水实验场

已投入运行的福建省福州市光明港底泥处理厂

深圳市茅洲河综合整治项目老虎坑水 B 支流石笼护坡、护底与绿化工程

本书封面、封底照片均由中电建水环境治理技术有限公司提供

《水利水电施工》编审委员会

前　言

《水利水电施工》是全国水利水电施工技术信息网的网刊，是全国水利水电施工行业内刊载水利水电工程施工前沿技术、创新科技成果、科技情报资讯和工程建设管理经验的综合性技术刊物。本刊以总结水利水电工程前沿施工技术、推广应用创新科技成果、促进科技情报交流、推动中国水电施工技术和品牌走向世界为宗旨。《水利水电施工》自2008年在北京公开出版发行以来，至2017年年底，已累计编撰发行60期（其中正刊40期，增刊和专辑20期）。刊载文章精彩纷呈，不乏上乘之作，深受行业内广大工程技术人员的欢迎和有关部门的认可。

为进一步提高《水利水电施工》刊物的质量，增强刊物的学术性、可读性、价值性，自2017年起，对刊物进行了版式调整，由杂志型调整为丛书型。调整后的刊物继承和保留了原刊物国际流行大16开本，每辑刊载精美彩页，内文黑白印刷的原貌。

本书为调整后的《水利水电施工》2017年第6辑，全书共分6个栏目，分别为：土石方与导截流工程、地下工程、地基与基础工程、机电与金属结构工程、路桥市政与火电工程、企业经营与项目管理，共刊载各类技术文章和管理文章32篇。

本书可供从事水利水电施工、设计以及有关建筑行业、金属结构制造行业的相关技术人员和企业管理人员学习、借鉴和参考。

编者

2017年12月

目　录

路桥市政与火电工程

企业经营与项目管理

Contents

Road & Bridge Engineering, Municipal Engineering and Thermal Power Engineering

Enterprise Operation and Project Management

功果桥水电站右岸砂石加工系统存在问题及改造

张玉彬/中国水利水电第十四工程局有限公司

【摘　要】本系统为导流洞及前期工程提供混凝土所需粗细骨料。系统设计时设备选型及工艺存在一定问题，系统建安工期紧，石英砂岩制砂难度较大，系统产量达不到设计要求。本文介绍了系统的工艺流程、设备配置，讨论了系统存在的问题及改造。优化完成后，结合加强运行管理，系统产能得到提高。

【关键词】工艺流程　人工制砂　系统改造

1　概况

功果桥水电站右岸砂石加工系统（以下简称“系统”）位于右岸导流洞进口，主要承担导流洞及前期工程施工所需骨料的生产供应任务，混凝土总量为15万m^3，主要为二级配混凝土，系统按三级配设计。

加工料源主要采用导流洞工程开挖料，料源岩性为变质砂岩、石英砂岩，干抗压强度为83～174MPa，饱和抗压强度为64～125MPa，石英含量为60%。

系统设计处理能力190t/h，成品生产能力155t/h。系统由其他单位建安完成但未进行调试的情况下移交给功果桥项目部，项目部完成收尾工程和调试运行工作。

2　系统改造前工艺流程及布置

2.1　系统改造前工艺流程

系统改造前工艺流程见图1。

2.2　主要工艺流程说明

系统料源为开挖石英砂岩，岩石相当坚硬，磨蚀性较强，系统按二段破碎、一级制砂、二次筛分进行设计。粗碎为颚式破碎机，中碎选用圆锥破碎机，“石打铁”立轴破碎机制砂。大石由一筛筛出，中石、小石及人工砂均通过立轴破碎机并由二筛生产。

粗碎布置一台上海路桥PE900×1200颚式破碎机，配海安联源ZSW590×110给料机给料。粗碎出料由1#皮带机送至容量为130m^3的钢筋混凝土料仓堆存，设计为满足1h调节量，实际只有20min左右，未能发挥调节料仓的调节作用。

一筛车间布置一台2YKR1645圆振筛，筛网孔径为a_1=80mm、a_2=40mm。半成品料由调节料仓下两台GZG90－160给料机给料至2#皮带机上（B800）并被送至第一筛分车间，筛分后，>80mm料及部分40～80mm料分别由3#、4#皮带机汇至5#皮带机进入PYZ1750圆锥机破碎。其中，根据工艺流程设计需要的40～80mm大石料由4#转6#皮带机进入三筛分车间冲洗后由7#皮带机送至成品大石仓堆存。由于系统承担的导流洞工程混凝土以二级配为主，故系统投入运行后并未生产大石。

当加工系统不生产三级配时，4#皮带机输送的40～80mm料不再分料，全部进入5#皮带机并进入中碎圆锥破碎机进行循环破碎。

PYZ1750圆锥破碎机出料落至2#皮带机上，与半成品料混合后进入一筛分。一筛分筛下料（<40mm）经8#、9#皮带机送至立轴破碎机调节料仓，该料仓容量100m^3，实际只满足工艺设计0.8h调节量，容量偏小。

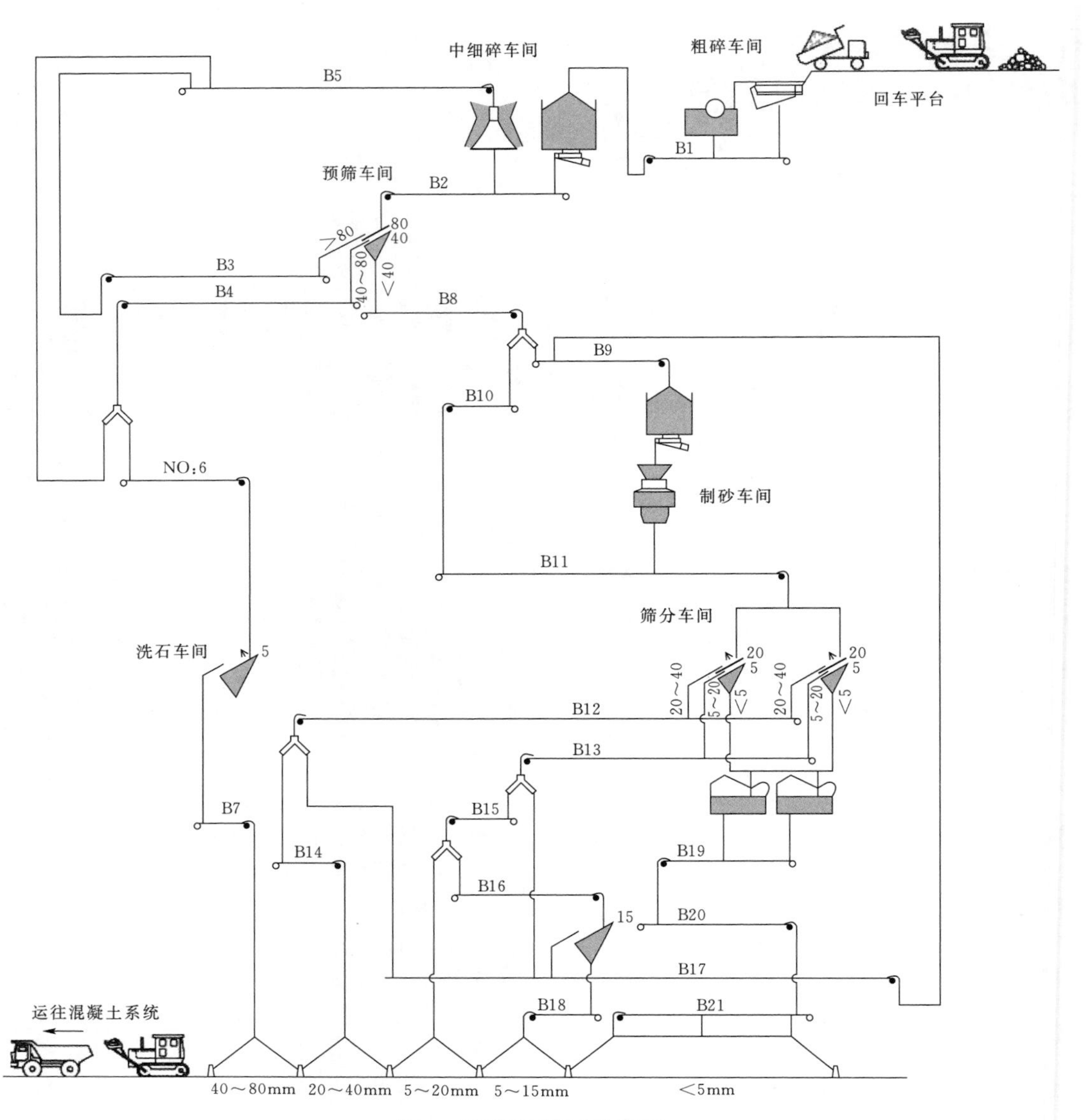

图1　系统改造前工艺流程图

制砂调节料仓下布置一台GZG90-160给料机向PL-9500立轴破碎机供料，立轴破碎机出料经11#皮带机（B800）送往第二筛分。二筛分布置两台2YKR2060圆振筛，筛网孔径为$a_1=20$、$a_2=4$mm，立轴破碎机出料经冲洗筛分后，分为20～40mm料、5～20mm料及<5mm料三种。其中，满足工艺流程量的中石、小石由14#（B650）、15#（B650）皮带机送至成品中、小石仓堆存；两级盈余料经17#闭路皮带机送至9#皮带机进入制砂调节料仓再次循环破碎。<4mm料连同冲洗水进入筛分机楼底层砂料处理单元（SCD-300）分级脱水处理，成品砂经19#转20#，再由21#皮带机（带卸料小车）卸到成品砂仓堆存。砂料分成三个小仓，卸料、脱水、出料轮流转换；其尾水则由排水沟引入粉砂处理沉淀池处理。

2.3　系统主要设备配置

系统主要设备配置见表1。

表1　系统主要设备配置表

序号	名称	型号规格	数量	生产能力/(t/h)	单机功率/kW	备注
1	棒条给料机	ZSW590×110	1		18.5	海安联源公司
2	颚式破碎机	PE900×1200	1		110	上海路桥公司

续表

序号	名称	型号规格	数量	生产能力/(t/h)	单机功率/kW	备注
3	振动给料机	GZG90－160	3		2×0.75	海安联源公司
4	圆振筛	2YKR1645	1		15	海安联源公司
5	圆锥破碎机	PYZ1750	1	115～300	110	上海路桥公司
6	立轴破碎机	PL9500SD	1	220～350	2×200	贵州成智公司
7	圆振筛	2YKR2060	2		30	海安联源公司
8	砂料处理单元	SCD－300	2	250～300	48	西安红岭机械
9	皮带机	B800～B650	21		219	河北宏达公司

3　系统存在的主要问题

系统投产后成品生产能力仅有设计的一半左右，且成品砂质量差，细度模数大。经测试、分析研究，找到了系统存在的主要问题。

3.1　破碎设备不匹配

系统粗碎设备为颚式破碎机，型号为 PE900×1200，排矿口为 100～200mm。理论上，当颚式破碎机排料口为最小即 $e=100$mm 时，出料最大粒径已达 175mm，差不多已经达到中碎设备 PYZ1750 允许的最大进料粒径（185mm）。但是在破碎石英含量高达 60％的石英砂岩的情况下，在实际运行中，新衬板只要经过 1～2d 即 20h 左右的运行就被磨去 10mm 左右，此时排矿口已经增加了 20mm，颚式破碎机出料粒径将增至 210mm，超过 PYZ1750 圆锥机允许的最大进料粒径，导致圆锥机无法承受，经常堵腔停机，系统有效运行时间减少。中碎圆锥机腔型不应选择中型，应选标准型，允许进料粒径更大一些，中碎设备才能与粗碎设备相匹配。

3.2　中碎设备选型错误，能力偏小

一般来讲，在破碎硬岩的情况下，不应选择进料粒径偏小的中型腔型圆锥机（PYZ1750），而应选择相同规格下的标准型圆锥机（PYB1750）。此时，设备允许进料粒径可提高至 220mm 左右，方可与 PE900×1200 颚式破碎机正常的排料粒度相适应。

根据原设计指标，当加工系统按三级配生产时，要求中碎破碎后＜40mm 料的生产能力为 139t/h；当加工系统按二级配生产时，相应要求中碎破碎后＜40mm 料的生产能力为 155t/h。实际按此工况生产，中碎圆锥机的处理能力仅为 120t/h 左右，与实际需要相差太大，这是该系统无法达到设计能力的最关键、最主要的原因。

3.3　第一筛分车间筛分能力不够

第一筛分处理半成品料及中碎圆锥机破碎后的混合料，按工艺流程料量计算，粗碎处理能力 190t/h，中碎机处理量为 120t/h，合计第一筛分处理量为 310t/h。一筛筛网孔径为 $a_1=80$mm、$a_2=40$mm。经现场实测，一筛大石（80～40mm）料中，中石逊径达 40％，很显然，筛分面积明显偏小。由于筛分能力较小，大量的细骨料不能透筛，混入上级骨料（即大石 80～40mm）中，再次进入圆锥机。而实际上＜40mm 料被再次破碎的概率已经很小，只能加大圆锥机的循环负荷，做无用功，形成恶性循环。第一筛分筛分机（2YKR1645）筛分能力偏小是制约加工系统正常生产的重要因素。

3.4　立轴破碎机制砂原料偏少，“石打铁”立轴破碎机制砂率较低

由于中碎环节中石以下粒级料生产能力只达到实际需要值的 39％，因而导致制砂原料供应严重不足，立轴破长期处于较低负荷状态运行。另外，立轴破石打铁腔成砂率在破碎石英砂岩时达不到厂家提供的 51％，经多次测试，立轴破碎机出料中＜5mm 的平均只有 31％，经筛分水洗后，成品砂率更低。改造前立轴破进、出料级配见表 2 及表 3。

表 2　改造前立轴破制砂原料仓进料级配测试表

粒径组成	样品净重/kg	产量/(t/h)	百分比/％
中石	15	36	78.5
小石	4.1	9.84	21.5
合计	19.1	45.84	100

表 3　改造前立轴破制砂出料级配测试表（11＃皮带机）

测试次数	中石		小石		砂		产量合计/(t/h)
	产量/(t/h)	百分比/％	产量/(t/h)	百分比/％	产量/(t/h)	百分比/％	
1	13.75	15.8	45.59	52.5	27.55	31.7	86.89
2	24.95	19.41	65.52	50.96	38.09	29.6	128.56
平均	19.35	17.61	55.55	51.73	32.82	30.65	107.73

制砂车间在实际运行中，由于制砂原料的不足以及制砂调节料仓的容积较小，原料仓首先必须集料，然后开机运行，料仓空后停机，再集料，再运行，基本上集料与运行各占一半；而且立轴破碎机出料经二筛冲洗筛分、脱水后成品砂生产能力约为表3的一半。

3.5 无细砂回收工艺，造成细砂大量流失

系统原设计未考虑污水处理前的细砂回收工艺，二筛车间冲洗尾水中含有大量的细砂及石粉未进行回收，造成成品砂的颗粒级配不连续，细度模数偏大。

4 系统工艺优化及改造

根据以上存在的问题、系统运行实际及工程需要，对右岸砂石加工系统进行工艺优化及改造，提出以下整改措施：

（1）中碎车间增加一台GP100SC圆锥破碎机，允许进料粒径提高到230mm，并能保证破碎料<40mm的产量不低于120t/h。考虑原PYZ1750破碎及半成品中的中石以下料，加工系统中碎后<40mm料生产能力可达到170t/h，超过按二级配生产工况155t/h的要求。

（2）将一筛2YKR1645筛分机更换为3YAH2460重型筛，筛网公称孔径为$a_1=80$mm、$a_2=40$mm、$a_3=5$mm，增大第一筛分车间处理能力。增加一层5mm筛网，主要是剔除立轴破碎机制砂原料中<5mm粗砂料，使制砂机进料级配更合理，并可提高立轴破碎机成砂率，提高成品砂的产量。

（3）增加一台QC2.0刮砂机用于二筛车间冲洗尾水细砂的回收，可回收二筛车间尾水中5～12t/h的细砂和石粉，改善成品砂的级配。刮砂机出料由新增23＃、24＃皮带机接到原21＃带卸料小车的皮带机上，与二筛成品砂混合后进入成品砂仓。

（4）更换原二筛的筛网，孔径由$a_2=4$mm×4mm一种孔径更换为两种孔径：筛分机前3m长方向上筛网孔径为6mm×8mm长孔筛，后3m长方向筛网孔径为4mm×6mm，根据成品砂的细度模数大小增减6mm×8mm、4mm×6mm两种孔径的筛网数量，可调节成品砂的细度模数。

系统改造后工艺流程见图2。

（5）系统改造新增设备见表4。

表4　系统改造新增设备表

序号	名称	型号	数量	功率/kW	处理能力/(t/h)	生产厂家	备注
1	圆锥机	GP100SC	1	90	200	美卓公司	进料粒径为250mm，排料口20～45mm
2	筛分机	3YAH2460	1	37		江苏海安	
3	刮砂机	QC2.0	1	7.5	250～500m³/h	南宁市德钢联重工	刮砂量为4～12t/h
4	-8＃皮带机	B800	1	15	350		更换原9＃皮带机
5	22＃皮带机	B650	1	5.5	60		刮砂机出料皮带机
6	23＃皮带机	B650	1	7.5	60		刮砂机出料皮带机

5 改造方案实施效果

系统改造完善后，对砂石加工系统进行了生产性测试，各项测试结果见表5～表7。

表5　各车间处理能力测试表　单位：t/h

工序名称	处理能力	各级配料处理能力			
		>40mm料	40～20mm料	20～5mm料	<5mm料
粗碎	453.72				
中碎	226.86				
一筛出料即制砂原料	158.04	11.4	84.84	55.5	6.6
立轴破碎机（二筛）	126.24		26.4	52.8	47.04

从表5可看出：①粗碎、中碎处理能力均已超过原设计指标；②中碎后<40mm料生产能力已基本接近按二级配工况生产要求的155t/h；③制砂原料已达155t/h的生产能力。但现场立轴破碎机经多次测试，当进料量在150t/h左右时，设备多次自动停机，表明已接近最大负荷，其原因是破碎抗压强度较高，磨蚀性较大的石英砂岩造成设备处理能力下降。

表6　各级成品料处理能力测试表

名称		处理能力/(t/h)
中石		30.24
小石		51
砂	立轴破生产砂	42.24
	中碎及一筛产生流程砂	28.8
合计		152.28

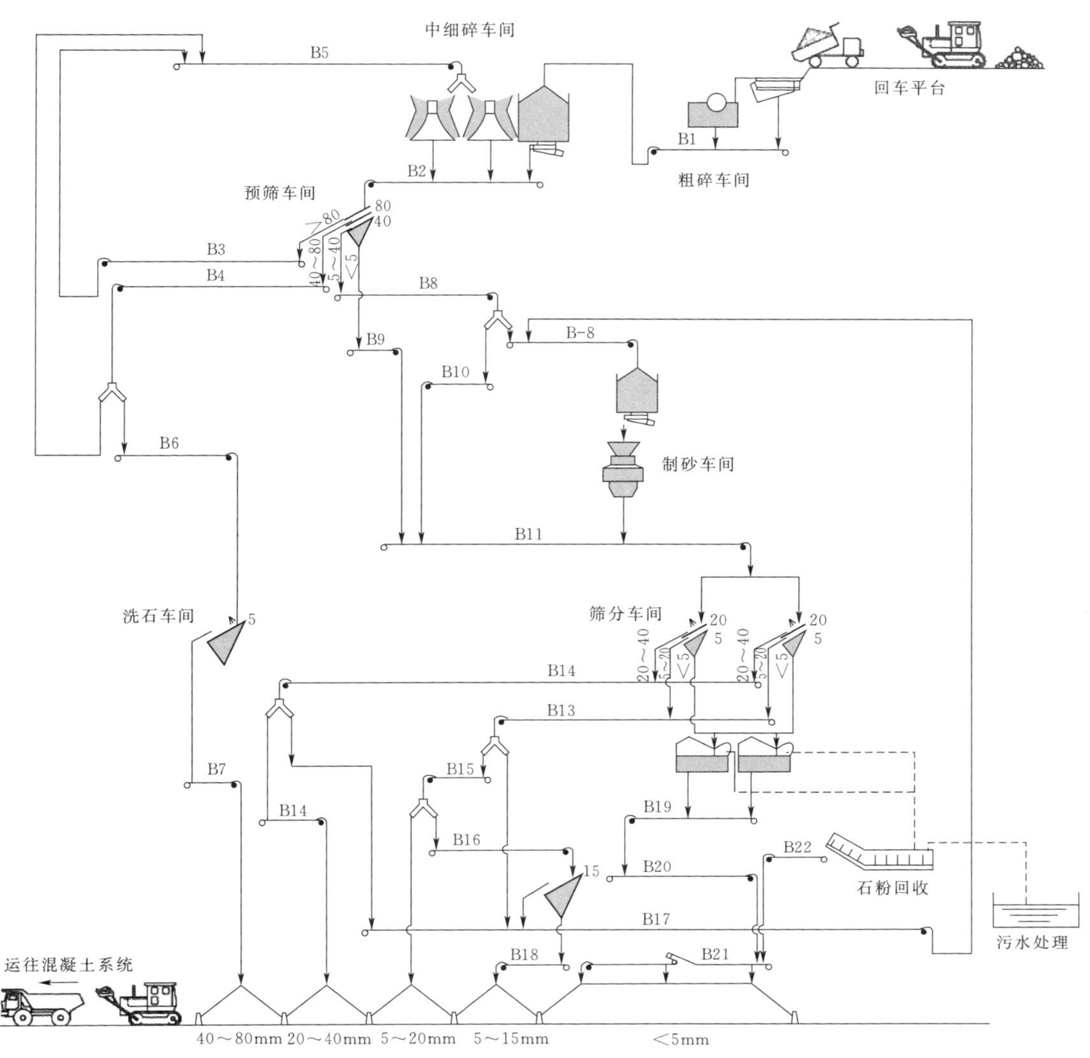

图2　系统改造后工艺流程图

表7　系统设计各级成品料处理能力表　单位：t/h

项目		指标一（三级配）	指标二（二级配）
大石		16	
中石		39	47
小石	5～20mm	39	54
	5～15mm	7	
砂		54	54
合计		155	155

从表6、表7比较可看出，改造后系统达到甚至超过了设计生产能力，成品中石偏少，可调整圆锥机的排料口及出料溜槽的开度解决，减少进入循环制砂原料中的中石量。

6　体会

功果桥右岸砂石加工系统经过改造后，生产能力明显提高，系统各车间处理能力都基本达到原设计要求，特别关键的是小石及制砂能力都基本达到或超过原设计能力。

（1）加工极为坚硬、磨耗性大的难碎性岩石，主要考虑破碎设备（含制砂）的选型。此外，在常规生产能力的基础上，还要考虑一个折减系数，根据经验可按0.7选取。加工硬岩时第二段破碎设备应选择圆锥机，根据粗碎最大出料粒径的条件，并满足某一粒径料所达到的指标，综合考虑设备型号和确定设备台数。

（2）由于地下工程混凝土绝大部分是二级配，三级配混凝土量不大。因此，在进行砂石加工系统的规划和设计时，必须以二级配为依据进行设计。

（3）选用刮砂机处理洗砂机尾水，回收一定量的石粉和细砂，可进一步调整成品砂的级配及降低细度模数，并且使用成本相对较低。

玛尔挡水电站导流洞施工支洞布置规划设计

白　涛/青海华鑫水电开发有限公司
徐　刚/中国水利水电第三工程局有限公司

【摘　要】 黄河玛尔挡水电站导流洞工程结合现场的施工条件对局部施工支洞进行了调整，使施工支洞的布局更加合理化，有效地减小了施工干扰，极大地改善了施工交通运输条件。在施工过程中又根据相关标段交面情况及实际施工进度情况增设或调整了部分施工支洞，保证了导流洞的工期。本工程导流洞施工支洞的布置及调整方案可供类似工程借鉴。

【关键词】 玛尔挡水电站　导流洞　施工支洞　布置规划

1　工程概况

玛尔挡水电站是龙羊峡以上黄河干流湖口至尔多河段规划的第九座梯级电站，位于青海果洛藏族自治州玛沁县拉加镇上游约 5km 的黄河干流上，左岸为玛沁县，右岸为玛沁县及海南藏族自治州同德县，距上游规划的宁木特水电站约 80km，距下游规划的尔多水电站约 33km，电站距西宁公路里程 346km，西宁—果洛 S101 省道从坝址右坝肩下游通过，对外交通便利。

玛尔挡水电站装机容量 2200MW，开发建设的主要目的是发电。整个枢纽由混凝土面板堆石坝、右岸溢洪道、泄洪放空洞、地下引水发电系统、750kV 汇流站等建筑物组成。工程等级为一等大（1）型。

导流建筑物由上、下游围堰和左岸导流洞组成，导流洞总长 1263.686m，闸门采用洞内竖井式布置，隧洞断面采用圆拱直墙型，净断面尺寸为 13m×16m。上、下游围堰均采用土石围堰。上游围堰采用防渗墙上接均质土坝的防渗方式，下游围堰采用防渗墙防渗。上游围堰最大高度 53m，下游围堰最大高度 16m。

导流洞工程由于洞身段埋深大（200～220m），大多为微新变质砂岩，岩层单层厚度一般 30～50cm，层间天然状态下（即有围压条件下）结合较好，但开挖后应力向洞周释放，易于板状开裂。层间断层不多，裂隙大多短小，以Ⅱ类围岩为主，遇较大断层等时围岩类别降低。导流隧洞围岩以Ⅱ类为主，占该洞段的 63.2%；仅进出口段及洞身局部结构面发育带围岩为Ⅲ～Ⅳ类，约占该洞段的 36.8%。

原招标文件中导流洞沿线布置的主要施工支洞为 1#、2#、3# 施工支洞和导流洞闸室交通洞。

1# 施工支洞沿线为微风化—新鲜变质砂岩，以Ⅱ类围岩为主，但因岩层陡倾，且与洞轴线夹角小，开挖边墙易板状开裂，受缓倾角裂隙影响，顶拱局部小范围塌方的可能性较大。

2# 施工支洞岩性为变质砂岩，岩体为弱风化—微风化，以Ⅱ类围岩为主，岩层与洞轴线大角度相交，受缓倾角裂隙影响，顶拱局部可能小范围塌方。

3# 施工支洞上叉洞岩性为变质砂岩，岩体为弱风化，以Ⅲ类围岩为主，岩层与洞轴线近于正交（对边墙稳定有利），受缓倾角裂隙影响，顶拱局部可能小范围塌方；下叉洞岩层与洞轴线大角度相交（对边墙稳定有利），受缓倾角裂隙影响，顶拱局部可能小范围塌方；导流洞闸室交通洞沿线基岩为微风化—新鲜的变质砂岩，以Ⅱ类围岩为主，岩层与洞轴线大角度相交（对边墙稳定有利），受缓倾角裂隙影响，顶拱局部可能小范围塌方；过坝低线交通洞沿线基岩岩性主要为变质砂岩和二长岩，以Ⅱ类围岩为主，但因岩层陡倾，且与洞轴线夹角小，开挖边墙易板状开裂，受缓倾角裂隙影响，顶拱局部可能小范围塌方。

该工程具有洞室较多、布置紧凑、立体交错、工程量较大、地质构造相对复杂、工期紧等特点。因此，合理布置通畅的施工通道，满足工期要求，实现均衡生产，对导流洞工程按期截流施工尤其重要。为保证本合同地下洞室群优质、高效、按期完工，减少施工干扰，根据招标文件和施工进度要求，结合施工期通风考虑，适当增加施工通道，并对施工通道进行规划。

2 施工支洞布置原则

(1) 施工支洞布置应分别满足导流洞工程的施工要求，形成导流洞进口、导流洞中部、导流洞出口及闸室段施工的相对独立性，同时有机联系各个系统，为各主要洞室平行作业创造条件，实现多工作面连续施工。

(2) 导流洞结构体形大，在主要建筑物不同高程设置施工支洞，满足“平面多工序、立体多层次作业”的施工组织设计要求，合理规避施工干扰，以保证工程施工均衡、有序进行。

(3) 施工支洞的布置要有利于通风系统的设置，有效解决地下洞室的通风散烟，确保施工人员的身心健康，充分体现以人为本，提高施工效率。

(4) 施工支洞的断面设计需满足交通运输及本合同后续施工项目的运输要求，同时满足本合同施工所需的大件和重件运输要求，并有利于施工供风、供水、供电、排水、通风及照明等临时设施的布置，提高施工支洞的通行能力。

(5) 满足施工期工程防洪度汛要求。

(6) 在满足永久洞室稳定的前提下，结合永久洞室的布置，尽量利用永久洞室作交通洞，以减少临建工程量。

(7) 不影响工程的结构，尽量避免断层、破碎带的影响。

3 业主提供的施工通道

业主提供及场内交通设施如下：左岸上坝公路、左岸至导流洞施工支洞公路、左岸乡间公路、左岸 L2# 便道、左岸导流隧洞施工支洞、跨黄河交通桥。

4 招投标阶段规划施工支洞

招投标阶段低线过坝交通洞、导流洞施工支洞三维布置见图 1。

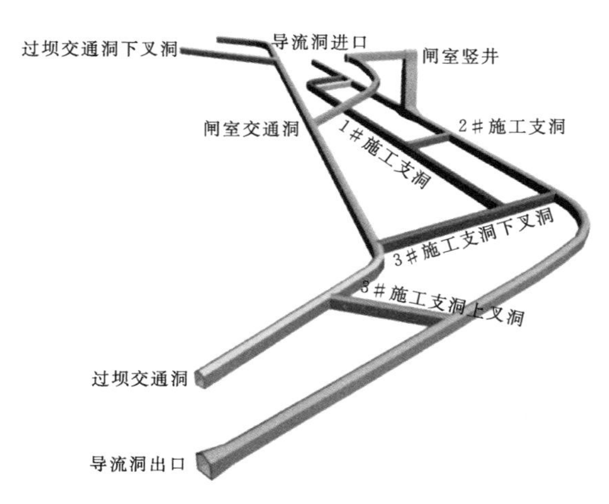

图 1 招投标阶段低线过坝交通洞、导流洞施工支洞三维布置示意图

为加快导流洞施工进度，规划布置新增施工支洞如下：1#施工支洞、2#施工支洞、3#施工支洞上/下叉洞、导流洞闸室交通洞、左岸过坝交通洞，未完部分全部由中标人承建。招投标阶段规划施工支洞特性见表 1。

表 1 招投标阶段规划施工通道特性表

序号	洞室名称	开挖断面（宽×高）/m	长度/m	起讫位置	承担的施工内容
1	1#施工支洞上叉洞	8.5×7.0	705.92	3#施工支洞下叉洞 k0+100.20～导流洞导 0+215.339	导 0+046.000～导 0+215.339 上层中导洞及扩挖；导 0+215.339～导 0+300.000 上层开挖
2	1#施工支洞下叉洞	8.5×7.0	130.60	1#施工支洞上叉洞 k0+632.51～导流洞	导 0+000.000～导 0+016.000 上层扩挖、中部中下层开挖；导 0+016.000～导 0+376.000 下层开挖
3	2#施工支洞	8.5×7.0	52.23	1#施工支洞上叉洞 k0+279.36～导流洞导 0+594.615	导 0+300.000～导 0+695.000 上层开挖
4	3#施工支洞上叉洞	8.5×7.0	67.17	左岸低线过坝交通洞交 k0+115.24～导流洞导 1+080.356	导 0+695.000～导 1+233.686 上层开挖
5	3#施工支洞下叉洞	8.5×7.0	149.49	左岸低线过坝交通洞交 k0+197.02～导流洞 0+873.471	导 0+376.000～导 1+233.686 中下层开挖

续表

序号	洞室名称	开挖断面（宽×高）/m	长度/m	起讫位置	承担的施工内容
6	导流洞闸室交通洞	8.5×7.8	195.60	左岸低线过坝交通洞交 k0＋560.69～导流洞导 0＋449.231	闸室交通洞高程 3143.90m 以上开挖，以下部分由 1＃～3＃施工支洞承担
7	进口导洞		16.00	导流洞进口	导 0＋000.000～导 0＋016.000 中部上层导洞开挖
8	左岸低线过坝交通洞	11×7.0	1243.00	左岸低线过坝交通洞下游进洞口距导流洞出口约 50m，进洞口高程为 3100m，上游出洞口与主河床上游围堰堰顶连接	1＃～3＃施工支洞通道、闸室交通洞通道

5　施工期新增及调整的施工支洞

由于工程规划的左岸低线过坝交通洞及 3＃施工支洞下叉洞等主要通道受资金、供电及资源投入相对不足、断层影响，施工工期比原计划滞后了 3～4 个月，且由于投标阶段规划的施工支洞基本均以上述两条通道为起点，为了保证主体工程的施工进度，在施工期新增加了 0＃施工支洞，对 1＃施工支洞起点（调整为 2＃施工支洞）、长度及洞线进行了调整，同时调整了 2＃施工支洞进洞点为左岸低线过坝交通洞，并调整了开挖施工总体程序安排。

本工程导流洞具有洞线较长、进口河谷深切、边坡高陡、河谷狭窄、开挖断面大、施工道路布置困难等特点，导流洞中部布置闸门井，闸门井施工对洞身施工有一定干扰。根据地形、地质条件、施工工期安排、施工现场的交通要求，为满足导流洞及围堰施工要求，在导流洞出口上游布置过坝交通洞进口，在上游围堰堰顶布置过坝交通洞出口，形成过坝交通洞；在过坝交通洞分岔形成 0＃、1＃、2＃、3＃施工支洞和去闸室交通洞，利用 0＃施工支洞进行导流洞进口施工，利用其他施工支洞进行导流洞施工，单个施工支洞最大控制隧洞长度约 340m。

（1）0＃施工支洞布置在导流洞进口下游侧，主要进行导流洞进口工作面开挖及混凝土施工期的交通运输。

（2）1＃施工支洞上、下叉洞均布置在闸前洞室段桩号导 0＋215.339，进洞点高程分别为 3088.9m 和 3097.0m，最大坡度为 7.4％，主要进行导流洞上游段工作面开挖及混凝土施工期的交通运输。

（3）2＃施工支洞上叉洞布置在闸室下游桩号导 0＋594.615，最大坡度为 7.33％，进洞点高程为 3096.5m；下叉洞布置在闸室上游导 0＋382.00，进洞点高程为 3087.00m，主要进行导流洞中游段及闸室段工作面开挖施工期的交通运输。

（4）3＃施工支洞上、下叉洞分别布置在导 1＋080.358 和导 0＋873.471，最大坡度为 8.3％，进洞点高程分别为 3092.0m 和 3085m，主要进行导流洞下游段工作面开挖及混凝土施工期的交通运输。

（5）左岸低线过坝交通洞下游进洞口距导流洞出口约 50m，进洞口高程为 3100m，上游出洞口与主河床上游围堰堰顶连接，其高程为 3135.00m，在 k0＋811.16 处分下叉洞与主河床上游围堰截流戗堤连接，下叉洞出洞口高程为 3105m。左岸低线过坝交通洞洞身段长 1033m，下叉洞洞身段长 210m。

5.1　新增 0＃施工支洞

由于进口部位没有施工通道，且由于进口部位工期滞后近 5 个月，为尽早开展进口部位开挖及混凝土施工期的交通运输，实现按期截流目标，布置 0＃施工支洞，保证截流工期并平行于其他部位施工。

5.2　新增 2＃施工支洞下叉洞

为提前进行导流洞中游段及闸室段工作面开挖施工期的交通运输，增加了 2＃施工支洞下叉洞。

5.3　调整部分支洞

由于 3＃施工支洞下叉洞工期相对滞后，而左岸低线过坝交通洞工程进度相对较快，为避免资源重复投入，改善通风排烟，加快施工进度，对 1＃施工支洞进行调整，取消投标时 3＃施工支洞至 2＃施工支洞段；同时充分利用左岸低线过坝交通洞，将 2＃施工支洞上叉洞延长，并将起点调整为左岸低线过坝交通洞；为有效利用 1＃施工支洞上叉洞，将 1＃施工支洞上叉洞进行后期扩挖，形成 1＃施工支洞下叉洞。

调整后导流洞工程布置情况及其特性见表 2。

表2　调整后实际施工通道特性表

序号	洞室名称	净断面（宽×高）/m	长度/m	起讫位置（桩号）	承担的施工内容	备注
1	0♯施工支洞	8.5×7.0	218.62	1♯施工支洞k0＋404.85～导流洞进口下游侧	导流洞进口工作面开挖及混凝土施工期的交通运输	新增
2	1♯施工支洞上叉洞	8.5×7.0	463.21	2♯施工支洞上叉洞k0＋112.90～导流洞导0＋215.339	导流洞上游段工作面开挖及混凝土施工期的交通运输	调短洞长
3	1♯施工支洞下叉洞	8.5×7.0	58.36	1♯施工支洞上叉洞k0＋404.85～导流洞导0＋215.339		调整轴线
4	2♯施工支洞上叉洞	8.5×7.0	182.93	左岸低线过坝交通洞k0＋400.69～导流洞导0＋594.615	导流洞中游段及闸室段工作面开挖施工期的交通运输	调长洞长
5	2♯施工支洞下叉洞	8.5×7.0	95.47	1♯施工支洞上叉洞～导流洞导0＋382.00	导流洞中游段及闸室段工作面开挖施工期的交通运输	新增
6	3♯施工支洞上叉洞	8.5×7.0	67.17	左岸低线过坝交通洞交k0＋115.24～导流洞导1＋080.356	导流洞下游段工作面开挖及混凝土施工期的交通运输	
7	3♯施工支洞下叉洞	8.5×7.0	149.49	左岸低线过坝交通洞交k0＋197.02～导流洞0＋873.471		
8	导流洞闸室交通洞	8.5×7.8	193.83	左岸低线过坝交通洞交k0＋560.69～导流洞导0＋451.000	闸室交通洞高程3143.90m以上开挖，以下部分由1♯、2♯、3♯施工支洞承担	
9	左岸低线过坝交通洞	11×7.0	1243.00	左岸低线过坝交通洞下游进洞口距导流洞出口约50m，进洞口高程为3100m，上游出洞口与主河床上游围堰堰顶连接	1♯、2♯、3♯施工支洞通道、闸室交通洞通道	

6　结语

根据现场实际情况需要，在投标的基础上增设0♯施工支洞及2♯施工支洞下叉洞，调整2♯施工支洞上叉洞和1♯施工支洞位置及轴线后，不仅在工期上满足了工程需要，形成了导流洞进口、导流洞上游段、中游段及下游段等主要工程部位的循环通风通道，极大地改善了通道通风效果，而且使0♯施工支洞连通了导流洞进口部位，形成了循环通道，极大地方便了整个工程施工。分层布置施工支洞满足了导流洞工程“平面多工序、立体多层次作业”的施工需要。施工中避开了主要断层带，实现了安全、快速施工目标。充分利用左岸低线过坝交通洞作为增加施工支洞的基础条件，调整后的施工支洞为施工创造了新工作面，增加了出渣通道，加快了导流洞工程的施工进度，同时降低了工程造价。这些措施，确保了按期截流目标的实现，工程安全运行至今。

超长大坡度斜井开挖支护施工技术

孔维春　王卫治/中国水利水电第六工程局有限公司

【摘　要】江门中微子实验站配套基建工程斜井井身长度1340m，坡度42.5%，国内外与此斜井类似工程，与本工程相比一般规模较小，斜井长度以200～800m居多，尚无超过1000m的斜井。本文结合现场实际情况，阐述了斜井施工过程中的技术控制和施工要点，对类似工程具有较高的参考价值。

【关键词】超长　大坡度斜井　施工技术

1　前言

目前，在国内斜井施工中，一般采用反井法开挖，且开挖长度均在1000m以内，如：西龙池抽水蓄能电站引水斜井长756.59m，倾角56°，斜井开挖采用爬罐自下而上打导井和反井钻自上而下打导孔再反拉导井技术；万家寨引黄入晋工程平鲁地下泵站厂房工程长斜井交通洞，总长547.47m，斜坡段纵坡24.59%，倾角13.81°等。本工程斜井长1340m，净断面为5.7m×5.6m（宽×高，城门洞形），坡度42.5%，倾角23.02°。如果采用反井法施工，需要开挖多条交通洞，对工期影响较大，而且不经济；同时斜井坡度要么较缓（在30%以下），可以方便反铲等履带式设备行走；要么坡度在100%以上，可以直接向下溜渣。本工程坡度为42.5%，既不能满足反铲等设备行走，又不能向下部直接溜渣，只能采用有轨运输施工工艺。

2　工程概述

2.1　工程简介

本工程位于广东省江门市开平市金鸡镇和赤水镇之间，距阳江核电站和台山核电站均约57km。实验室洞室群包括实验大厅、斜井、竖井、地下安装间和其他功能性辅助洞室。斜井入口位于胜和村东北约200m的一个废弃石场，入口标高65m，长1340m，斜井坡度为42.5%（倾角23.02°）。斜井断面采用城门洞形，净断面尺寸为5.7m×5.6m。Ⅱ类、Ⅲ类围岩洞段采用锚喷支护，Ⅳ类、Ⅴ类围岩洞段采用锚喷＋钢筋混凝土衬砌联合支护。

2.2　工程特点

1340m超长大坡度斜井作为江门中微子实验站配套基建工程地下实验厅与地面交通的重要通道，主要供施工期和运行期运输大型设备，同时也是地下通风、排水的重要通道，因此斜井施工对本工程后续施工有重要的影响。该斜井工程具有以下特点：

（1）斜井超长：这种情况下进行斜井的快速施工，尚没有先例。

（2）运输困难：斜井坡度为42.5%，该坡度既不能满足反铲等履带式设备行走，又不能直接向下溜渣，约4.2万m^3的岩石渣料需要从斜井内运输至地面渣场，同时支护及浇筑混凝土的材料需要运输至斜井内。

（3）工期紧张：斜井是本工程的重要通道，斜井尽早完成，对本工程地下施工十分有利。

3　总体施工程序

斜井井身钻孔、支护、出渣见图1。

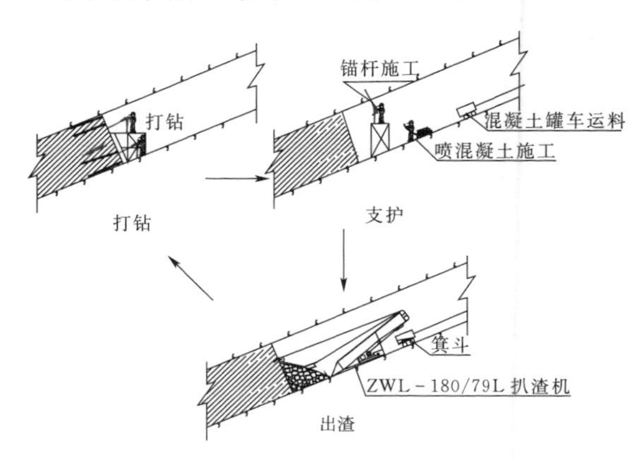

图1　斜井井身钻孔、支护、出渣示意图

针对长距离大坡度斜井的特点，施工设备配置对斜井施工影响很大。对斜井施工制约较大的出渣工序，需要合理配备出渣设备。斜井出渣施工设备配置见表1。

表1　　斜井出渣施工设备配置表

工序	设备或设施型号	数量	备注
装渣	ZWL－180/79L扒渣机	1	
运渣	前卸式$6m^3$箕斗	1	
卸渣	前倾式自动卸矸	1	井口翻矸
洞外运渣	10t自卸汽车	1	
提升机	JKZ－3.2×3型矿井提升机	1	单滚筒配单钩提升
人员上下	XRB－15型斜井人车	1	

斜井施工总体方案为Ⅱ类、Ⅲ类、Ⅳ类围岩洞段采用全断面光爆开挖，喷混凝土随掌子面及时跟进喷护，锚杆滞后一定安全距离施工；Ⅴ类围岩洞段采用短进尺开挖，喷混凝土、锚杆、钢拱架紧跟掌子面。渣料由一台ZWL－180/79L型扒渣机装至$6m^3$箕斗，一台JKZ－3.2×3型单滚筒矿井提升机配单钩提升一台$6m^3$箕斗至井口，卸入10t自卸汽车运输至弃渣场。

4　施工方法

4.1　斜井井口施工

斜井开口位置增加锁口锚杆，对于隧道交叉部位采用喷100mm混凝土和ϕ22×3.0m@1.5×1.5砂浆锚杆支护并增加锁口锚杆，对断层和节理密集带，除将系统锚杆加长外，另设加强锚杆，对不稳定块体采用随机加强锚杆加固。

斜井入口处覆盖层开挖采用两台$1m^3$反铲及1台$3m^3$装载机按照设计边坡放坡挖装，10t自卸汽车运输至渣场。开挖完成后根据开口位置岩层稳定情况将开口顶部以上危岩清理干净，并对稳定性较差岩层采用打锚杆挂网喷浆等方式加固处理。

沿斜井开挖轮廓线由斜井贴近山体位置，按照斜井坡度向外架设3榀钢拱架，间距500mm，采用工字钢连锁形成导向拱架。用网片护住顶帮，在网片外铺设模板（模板距网片100mm），由内侧喷射混凝土220mm厚。喷射C25混凝土支护，形成封闭保护层，形成进洞洞脸，确保进洞施工安全。

4.2　井身段开挖与支护

洞身段自上而下为Ⅴ类、Ⅳ类、Ⅲ类、Ⅱ类围岩，施工方法见表2。

表2　　斜井开挖支护施工方法表

围岩分类	开挖方法	支护方法
Ⅴ	掌子面搭设打钻平台，多台YT－28风钻钻孔，全断面光面爆破，2#岩石乳化炸药，非电毫秒延期雷管起爆。 循环进尺1.2m，炸药单耗约$1.2kg/m^3$	每开挖1m，架设一架钢拱架，拱架外背钢筋网ϕ6.5@0.15×0.15，喷C25混凝土22cm厚及时封闭围岩； YT－28手风钻钻孔，锚杆注浆机注砂浆，人工安装砂浆锚杆。支护材料通过$6m^3$箕斗＋提升机运输
Ⅳ	掌子面搭设打钻平台，多台YT－28风钻钻孔，全断面光面爆破，2#岩石乳化炸药，非电毫秒延期雷管起爆。 循环进尺1.8m，炸药单耗约$1.4kg/m^3$	开挖完成后，及时打顶部锚杆、挂网及时喷10cm混凝土支护护顶； 随后进行帮部锚杆、挂网，复喷混凝土。支护材料通过1t侧卸矿车＋提升机运输
Ⅲ	掌子面搭设打钻平台，多台YT－28风钻钻孔，全断面光面爆破，2#岩石乳化炸药，非电毫秒延期雷管起爆。 循环进尺2.2m，炸药单耗约$1.6kg/m^3$。由于采用扒渣机和箕斗装运渣料，对渣料粒径要求不能大于70cm。炸药消耗较大，钻孔数量较多	YT－28风钻钻孔，锚杆注浆机注砂浆，人工安装ϕ22×3m@1.5×1.5砂浆锚杆，喷C25混凝土10cm支护，支护材料通过1t侧卸矿车＋提升机运输
Ⅱ	掌子面搭设打钻平台，多台YT－28风钻钻孔，全断面光面爆破，2#岩石乳化炸药，非电毫秒延期雷管起爆。 循环进尺2.2m，炸药单耗约$1.6kg/m^3$。由于采用扒渣机和箕斗装运渣料，对渣料粒径要求不能大于70cm。炸药消耗较大，钻孔数量较多	喷C25混凝土10cm支护。支护材料通过1t侧卸矿车＋提升机运输

5 凿井辅助系统及设施

5.1 提升机

斜井提升设备为 JKZ-3.2×3 型矿井提升机（见图 2），卷筒直径 3200mm，钢丝绳最大静张力差 180kN，卷筒宽度 3000mm，减速器速比 $i=18$，卷筒个数 1 个，提升高度（牌坊式深度指示器）1800m，提升速度 5.7m/s，电动机：YR1000-8/10-630kW 6kV 591r/min IP23。

图 2 JKZ-3.2×3 型矿井提升机

5.1.1 提升机校核

（1）卷筒直径。

$D \geqslant 60d = 60 \times 28 = 1680$ (mm)（d 为钢丝绳直径）

$D \geqslant 900\delta = 900 \times 2 = 1800$ (mm)（δ 为钢丝直径）

卷筒直径 3200mm，满足要求。

（2）滚筒宽度校验。

$$B = \left(\frac{H+30}{\pi D} + 3\right)(d+\varepsilon) = \left(\frac{1400+30}{3.14 \times 3.2} + 3\right)(28+2) = 4359.5\ (\text{mm})$$

$$n = B/BT = 4359.5/3000 = 1.45\ (\text{层})$$

式中 H——提升距离，取 $H=1400$m；

30——试验绳长度，m；

ε——绳圈间隙，取 2；

d——绳径，$d=28$mm；

BT——JKZ-3.2×3 型提升机滚筒宽度，$BT=3000$mm；

D——滚筒直径，$D=3.2$m；

3——余绳圈数；

n——缠绳层数。

因此，选用 JKZ-3.2×3 型提升机，滚筒缠绕 2 层钢丝绳满足提人和提物要求。

（3）最大静张力验算（斜井提升时）。

$$F_{ch} = Q_0(\sin\beta + f_1\cos\beta) + P_{sb}L(\sin\beta + f_2\cos\beta) = 115248 \times (\sin 23° + 0.01\cos 23°) + 31.32 \times 1400 \times (\sin 23° + 0.2\cos 23°) = 71295(\text{N}) < 180000$$

满足要求。

式中 Q_0——终端最大荷载，N；

P_{sb}——钢丝绳单位重量，为 31.32N/m；

β——巷道坡度，为 23°；

f_1——滚动摩擦系数，取 0.01；

f_2——滑动摩擦系数，取 0.2；

L——绳长，为 1400m。

5.1.2 电机功率验算

$$P = F_{ch} \times V_{mB} \times K_B / 102\eta_c = 7275 \times 4 \times 1.2/(102 \times 0.85) = 402.8(\text{kW}) < 630$$

满足要求。

式中 V_{mB}——提升机最大速度，m/s；

K_B——矿井阻力系数，取 1.2；

η_c——传动效率，二级减速 $\eta_c=0.85$。

5.2 钢丝绳选择

5.2.1 钢丝绳选择

终端最大负荷 6m^3 箕斗提渣时，

$$Q_0 = 0.85V_J\gamma_g + Q_z = 0.85 \times 6 \times 15680 + 35280 = 115248\ (\text{N})$$

式中 V_J——箕斗容积，为 6m^3；

γ_g——矸石容重，为 15680N/m^3；

Q_z——箕斗自重，6m^3 箕斗为 35280N。

钢丝绳单位重量

$$P_{sb} = Q_0(\sin\beta + f_1\cos\beta)/[11\delta_B/m_a - L_0(\sin\beta + f_2\cos\beta)] = 115248 \times (\sin 23° + 0.01 \times \cos 23°)/[11 \times 1770/6.5 - 1400 \times (\sin 23° + 0.2 \times \cos 23°)] = 20.97(\text{N/m})$$

式中 δ_B——钢丝绳抗拉强度，取 1770N/mm^2；

m_a——提渣时钢丝绳安全系数；

其他参数意义同前。

采用 18×7-28mm 钢丝绳，钢丝绳单位重量 P_{sb} 为 31.32N/m，破断拉力 Q_d 为 473kN。

5.2.2 钢丝绳安全系数校核

（1）提渣时。

$$m = Q_d/[Q_0(\sin\beta + f_1\cos\beta) + P_{sb}L(\sin\beta + f_2\cos\beta)] = (473 \times 1000/9.8)/[115248 \times (\sin 23° + 0.01\cos 23°) + 31.32 \times 1400 \times (\sin 23° + 0.2\cos 23°)] = 6.6 > 6.5$$

满足要求。

（2）提人时。

$$Q_0 = Q_z + 15 \times 75 \times 9.8 = 24010 + 11025 = 35035\ (\text{N})$$

$$m = Q_d / [Q_0(\sin\beta + f_1\cos\beta) + P_{sb}L(\sin\beta + f_2\cos\beta)]$$
$$= (473\times1000/9.8)/[35035\times(\sin23° + 0.01\cos23°) + 31.32\times1400 \times(\sin23° + 0.2\cos23°)]$$
$$= 12 > 9$$

满足要求。

式中 Q_z——人车重量，N，采用XRB15－9/6型人车。

5.3 翻矸台

翻矸台（见图3）位于斜井洞轴线上，距井口桩号X0－020水平距离22.7m，砖混结构。翻矸台顶部为翻矸架，主要由液压千斤顶驱动。翻矸台翻矸见图4。

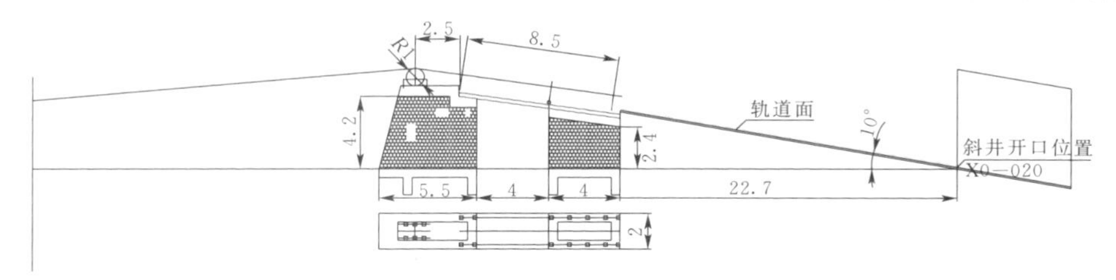

图3 翻矸台平面、剖面图（单位：m）

图4 翻矸台翻矸

5.4 防跑车装置

在斜井桩号X0－020和X0＋000位置设置两套防跑车装置（见图5），避免在井口位置箕斗突然脱钩，造成安全事故。防跑车装置由I22工字钢焊制，1t卷扬作为动力。

图5 防跑车装置

5.5 人车

人员交通通过提升机牵引XRB－15型人车（见图6），额定载员15人，由专职司机控制。XRB－15型人车有抱轨系统，若发生钢丝绳断绳或脱钩现象，能够通过抱轨系统将人车固定在轨道上，保证人员的生命安全。

图6 人车

6 小结

长距离大坡度斜井主要施工工序在于出渣工序，出渣时间直接影响施工进度，同时对其他工序也有一定的影响，如出渣设备对渣料粒径要求很高，渣料粒径不能太大，否则就影响开挖工序的钻孔间距和爆破装药量。因此，配置合理的出渣系统是长距离大坡度斜井施工的关键。超长大坡度斜井施工技术在江门中微子实验站配套基建工程斜井施工中的应用，取得了良好的效果，值得其他类似工程借鉴推广。

玛尔挡水电站导流建筑物运行安全风险研究

唐云娟/北京鑫恒集团
白 涛/青海华鑫水电开发有限公司

【摘 要】 玛尔挡水电站于2013年11月底前截流成功后，因未获国家核准而被迫暂停施工。2016年6月获国家发改委正式核准开工建设后，又因准备工作不够充分，未能按照调整后的总进度计划目标来组织施工。至2017年9月末导流建筑物即将全面进入超期运行状态，形成了本工程建设中一个较大的风险点。本文针对玛尔挡水电站导流建筑物超期运行存在的可控或不可控风险因素，进行了深入的研究和剖析，提出了一些掌控风险的可行性建议，试图以此规避本风险继续发展，并供今后类似水电水利工程建设时参考。
【关键词】 玛尔挡水电站 导流洞 运行安全风险 评估

1 工程概况

玛尔挡水电站是龙羊峡以上黄河干流湖口至尔多河段规划的第九座梯级电站，位于青海果洛藏族自治州玛沁县拉加镇上游约5km的黄河干流上，距上游规划的宁木特水电站约80km，距下游规划的尔多水电站约33km。坝址左岸为玛沁县，右岸为海南藏族自治州同德县，西宁—果洛S101省道从坝址右坝肩下游通过，电站至西宁公路里程346km，对外交通便利。

玛尔挡水电站开发建设的主要目的是发电。枢纽建筑物由混凝土面板堆石坝、右岸三孔溢洪道、一条泄洪放空洞、地下引水发电系统、750kV汇流站等组成。坝高211m，电站安装四台单机容量为520MW和一台单机容量为120MW的水轮发电机组，总装机容量2200MW，工程等级为一等大(1)型。

导流建筑物由上、下游围堰和左岸导流洞组成，导流洞总长1263.686m，闸门采用洞身腔式竖井布置，隧洞断面采用圆拱直墙式，断面尺寸为13m×16m。上、下游围堰均采用土石围堰。上游围堰最大高度53m，采用混凝土防渗墙上接均质土坝的防渗方式。下游围堰高度16m，采用混凝土防渗墙防渗。

2 导流建筑物安全运行风险

2.1 导流建筑物即将全面进入超期运行状态

根据批准的可行性研究报告施工进度安排，本工程上、下游围堰设计使用期限为2年，导流洞为5年半，均按四级建筑物标准设计。工程于2013年11月底前截流成功后，上、下游围堰随之相继建成并投入运行，此时电站因未获国家核准而被迫暂停施工。通过努力，电站于2016年6月获国家核准并列入青海省重点工程。工程核准后，融资未能及时跟进，建设主力资金迟迟未落实到位，加之征地移民安置补偿和前期准备工作滞后，因而又未能按照调整后的总进度计划目标来组织施工。至2017年9月末，导流建筑物已经历四个主汛期，上、下游围堰均已超期运行两年，导流洞也将于2018年末进入超期运行状态。

2.2 导流建筑物安全运行风险评估

根据玛尔挡水电站目前建设进展情况分析，预计2018年上半年可具备主体工程大干的基本条件。按照资源配置合理、技术可行、满足坝体沉降要求、施工强度适中、冬季暂停施工和工期总体先进合理的原则，并综合考虑下闸安全与成功可靠性因素，确定导流洞下闸蓄水时间安排在2022年11月中、下旬时段较为合理，由此推算导流建筑物运行时间将长达九年，上、下游围堰将超期运行七年，导流洞需要再经历五个主汛期，因而导流洞超期运行将长达四年之久。

分析认为：通过深化研究，进行施工组织优化，加大资源投入，充分考虑冬季施工措施，争取全年施工，在资金到位、措施到位、管理到位、服务到位和充分改善的外部条件支持下，下闸蓄水时间提前到2021年11月中、下旬时段也是有可能的。如果作出这样的施工总进度安排，导流建筑物运行期限可减少一年。可以预估到导流建筑物超期安全运行风险有所降低，但不会因此而得到充分释放，反而会因施工有效工期缩短，施工强度显著加大，坝体施工沉降期被严重压缩，资源投入大幅增加，工程建设成本突破概算，甚至会造成大坝因沉降稳定而危害工程安全。做出这样的总进度计划决策，业主需要作出抉择分析，权衡利弊、慎重对待。

2.2.1　上、下游围堰超期安全运行状况分析

2017年汛初，有关专业技术人员提出了玛尔挡水电站导流建筑物超期运行问题，随后进行了安全检查。经检查，下游围堰并未发现安全隐患和风险点，但上游围堰下游侧边坡较陡，围堰顶部发生开裂，沿轴线方向出现了数条裂缝，堰体下游边坡存在潜在的滑坡趋势。当发生五年一遇以上标准洪水情况下，难以保证安全运行和实现安全度汛目标，评估风险等级为较大级别。为确保上游围堰安全度汛，随即对上游围堰按1∶1.75的稳定边坡修坡，对堰顶裂缝进行填筑及修复处理。同时在修筑二长岩料场至上游围堰道路时，将开挖石渣料回填至上游围堰背水侧，并按要求形成了1∶1.75的稳定边坡。至此上、下游围堰安全运行风险已得到控制。同时确定此后每年汛前进行一次安全度汛检查，对查出的风险进行辨识和评估，发现问题随即进行消缺。鉴于此，在不出现超二十年一遇标准洪水情况下，上、下游围堰安全运行至下闸蓄水时段仍然是有保证的。

2.2.2　导流洞超期安全运行状况调查

(1) 2017年主汛期技术人员对导流洞进口处洪峰流态进行了观察，此处洪峰流态与模型试验结论大致相符，未发现异常现象。

(2) 导流洞出口明渠段内采用消能墩和尾部消力坎方式消能。对该段安全检查时发现，导流洞出口明渠段桩号导1+288.686和导1+296.686处两排消力墩有个别冲毁现象，尾部消力坎磨损严重，钢筋裸露，并有局部损坏情况。

(3) 目前导流洞洞身段、腔式闸门井处尚无条件和能力进行度汛安全检查，洞身段混凝土有无磨蚀或破损现象，腔式闸门井底板、门槽、门楣是否仍处于安全运行状态，需待汛后进一步查明情况，进行风险辨识和安全评估。

2.2.3　导流洞超期安全运行风险点辨识

(1) 导流洞于2013年11月底建成之后，即于2014年9月21日发生了2190m^3/s的实测平均洪峰流量，这次洪峰是玛尔挡水电站已经历的四个主汛期中最大的一次，这次洪峰流量略小于5年一遇标准(坝址5年一遇洪水标准为2480m^3/s)。由于黄河上游河段具有洪峰频次少、历时长、一次洪水过程历时长达40d左右的水文特征，这次洪水是否对导流洞内部造成影响，汛后未做调查，目前情况不明。随着时间推移，预估在今后施工中发生较大洪水或超标准洪水的可能性显著增加，可见导流洞安全运行风险呈递增趋势。

(2) 根据可行性研究报告成果，该河段由于地表植被稍差，汛期降雨对地表产生冲刷，水流含沙量有所增加。天然情况下，玛尔挡坝址多年平均悬移质输沙量为734万t，水库年入库推移质输沙量平均为36.7万t。鉴于黄河上游推移质具有石质坚硬的特点，对导流洞洞身段的混凝土会产生一定的冲蚀、磨蚀。由于设计采用的是四级建筑物等级标准，模型试验表明：提出的围堰防护方法能保证20年一遇洪水3390m^3/s及以下流量时围堰安全运行，但设计并未考虑导流洞超期运行所带来的洞身段围岩稳定及需要增强混凝土的抗冲耐磨性能要求这个因素，这是一个不可忽视的风险点。根据以往工程经验研判，即使目前洞身混凝土没有发生破坏，但随着运行时间延长，不排除在发生大洪水或超标准洪水情况下，因导流洞洞身段钢筋混凝土的抗冲耐磨性能不足而发生局部破坏或损毁的可能后果。

(3) 推移质将对导流洞闸室段底板混凝土及门槽金属结构造成局部磨蚀影响，腔式闸门井能否经得起悬、推移质的长期磨蚀考验，这将关系到闸门能否顺利安装，下闸蓄水时能否取得圆满成功。这是一个需要高度重视、认真对待的风险点。

(4) 在导流洞施工期间，存在着冬季施工的情况。如果保温防寒措施不力，混凝土性能将大打折扣，而施工中往往会被忽视，质量检验结果与现实情况往往不完全一致，且难以反映真实情况，混凝土是否存在质量缺陷？是否满足设计要求？由于运行期延长，冬季施工因素造成的影响不可忽视，风险犹存。

(5) 导流洞洞身段埋深达200～220m，大多为微新变质砂岩，岩层单层厚度一般30～50cm，天然状态下(即在围压条件下)层间结合较好，层间断层不多，裂隙大多短小，以Ⅱ类围岩为主，遇较大断层时围岩类型降低，开挖后应力向洞周释放，易于发生板状开裂，因卸荷裂隙张开而产生倾倒现象时有发生。导流洞围岩以Ⅱ类为主，统计占洞身段的63.2%，进出口段及洞身局部结构面发育带围岩为Ⅲ～Ⅳ类，约占洞身段的

36.8%，地质条件因素对导流洞的安全运行风险评估等级为一般。

（6）导流洞进口边坡整个岸坡段主要由三种岩性的岩体组成，顶部为第三系砾岩岸坡，不整合于下伏二长岩之上。下部由二长岩和变质砂岩组成，其中上游部分为变质砂岩，下游部分为二长岩，二者呈侵入式接触，无明显接触面。坡面缓坡地段见有极少量第四系崩坡积物。导流洞进口位于变质砂岩段斜坡底部，从所处地质情况来看，地质因素不应构成导流洞运行安全风险。

（7）根据初设三期下闸蓄水方案：第一阶段安排水库水位由3088m蓄至3182m高程，相应库容为1.92亿m^3。入库流量按11月份80%保证率的月平均流量299m^3/s，并扣除74m^3/s的临时生态流量，水库水位蓄至3182m，库水位将上升94m，右岸泄洪底孔开始过流，历时大致为10d。下闸蓄水之后，随着库水位的迅速上升，山体渗水会较为严重，对导流洞、过坝公路、施工支洞等纵横交错的地下洞室群进行混凝土封堵回填、回填灌浆、帷幕灌浆等后续工程施工将产生很大困难。届时可根据黄河实际流量情况来确定下闸时间，也可考虑将导流洞封堵时间向后推迟15d以上至11月下旬进行。

3 风险应对措施

3.1 组织管理和制度建设

建议成立以业主为主，由设计、监理、施工、监测等单位组成的风险管理领导小组，通过组织措施解决无人问津的问题，形成有专门组织机构定点进行跟踪管理，掌握风险动态，组织风险调查、辨识、评估，制定防范和应对措施以及建立监测、预报和警示制度的格局。

（1）制定规章制度、落实责任制和安全度汛预案。提高洪水预报的准确性和及时性，确保安全度汛物资储备需求，做到“防、抢、跑”的科学决策。

（2）贯彻“安全第一，预防为主”的方针，制定安全度汛总体管理预案，严格执行安全生产相关法律和行政法规，加强教育培训和检查工作。规范玛尔挡水电站施工度汛风险评估的程序和方法，规避安全度汛风险，避免和减少损失，确保工程安全正常施工。

（3）从2018年起，编制年度计划的同时编制当年安全度汛预案，组织专题会邀请专家进行风险评估，确定风险点，根据风险程度划分等级，提出措施要求，重点跟踪，促进本项目后续施工期的安全度汛工作有序进行。

（4）汛前、汛后实施定期检查，做好安全检查记录和隐患整改记录。必要时可根据实际需要编制相应应急预案，并定期演练。

3.2 科研措施

鉴于国家实施银行风险管理和趋紧的货币政策，客观上民企实施工程建设项目贷款融资面临很大困难，这是目前的现实情况，短时间内也不会发生根本性改变。基于此，玛尔挡水电站建设工期有进一步延长的风险，因而导流建筑物的安全运行风险也将随之递增。笔者认为有必要将玛尔挡水电站导流建筑物安全运行风险管理列入生产性科研课题，委托设计单位结合下闸蓄水工作的细节进行专题研究，立足眼前、考虑长远，用科研成果或科学方法来指导玛尔挡水电站导流建筑物的安全运行和风险管理。

3.3 加强导流洞的安全监测

（1）充分利用现有洞身段埋设的安全监测仪器，继续对导流洞进行施工运行期监测，及时分析相关数据资料，随时掌握导流洞安全运行状态，并为下一步下闸蓄水提供可靠基础。

（2）建议从2017年末开始每年组织设计、监理、施工等单位，采用牵引式浮箱或船只进入导流洞内，通过目视的方法对洞身段顶拱、边墙混凝土进行一次系统性检查；采用水下摄影的方法对底板和水流突变部位进行一次检查，查明闸门井处门槽、门楣、底坎钢板磨蚀情况，查明混凝土是否存在裂缝、破损或其他异常情况，进而判断围岩稳定及边墙混凝土的稳定状况。分析导流洞洞身段流态变化情况，判断底板及过水断面以下边墙是否破损和发生钢筋裸露状况。

3.4 近期拟采取的技术措施

（1）根据导流建筑物超期运行现状，2017年汛初已实施上游围堰加宽处理，在20年一遇标准设计洪水范围内，上、下游围堰安全运行风险较小。主要防护目标是超标准洪水，后续施工期内将根据洪水预报情况采取相应措施。

（2）对导流洞出口明渠段，拟采取如下措施：

1）在导流洞出口导1＋288.686和导1＋296.686断面处布设两排变形监测点，定期进行变形监测，并分析变形成果，必要时对消力坎进行修复。

2）出口段视左岸边坡稳定情况而定，可考虑增加预应力锚索措施，以保证导流洞出口明渠段边坡稳定。

3）通过对变形监测数据分析，当变形过大或变形速率过大时，人员设备及时撤离。

4 结语

玛尔挡水电站项目建设符合国家西部大开发发展战略，符合青海省地方社会经济的发展需要，对促进工程所在地区社会经济实现跨越式发展，显著改善当地民生，促进藏、回等少数民族居住地区长治久安具有重要作用。同时有利于青海省藏区资源优势转化为绿色能源体系和改善青藏高原局部区域生态环境，尤其是对保护三江源地区意义十分重大，建成十数年之后，可以开发成新的旅游资源。目前玛尔挡水电站建设过程中虽然增加了导流建筑物超期运行这个较大的风险点，但项目业主已经认识到了它的危害性，在今后的建设过程中将会以合理的管控方法予以防范和控制。

砂板岩生产反滤料及掺砾料加工系统工艺流程设计及设备配置

周一峰/中国水利水电第十二工程局有限公司

【摘　要】两河口水电站反滤料及掺砾料加工系统在国内首次采用砂板岩生产反滤料和掺砾料。针对砂板岩的岩性特点，通过对工艺流程的设计、改进以及加工设备的合理选型配置，系统保质保量地生产出满足大坝填筑要求的反滤料及掺砾料，且系统工艺流程调整灵活，产品质量可控，有关经验可供同类砂石加工系统借鉴。

【关键词】砂板岩　反滤料　掺砾料　加工系统　工艺设计　设备选型

1　工程概况

两河口水电站位于四川省甘孜州雅江县境内的雅砻江干流上，挡水大坝为砾石土心墙堆石坝，最大坝高295.00m。大坝的防渗体采用砾石土直心墙型式，坝壳采用堆石填筑，心墙与上、下游坝壳堆石之间均设有反滤层Ⅰ、反滤层Ⅱ和过渡层。

两河口大坝前期所需反滤料及掺砾料284.42万t，由庆大河反滤料及掺砾料加工系统加工生产。该系统位于大坝左岸306A隧道出口的庆大河1#渣场，设计处理能力500t/h，设计生产能力435t/h，其中掺砾料165t/h，反滤料Ⅰ135t/h、反滤料Ⅱ135t/h。

系统加工的石料料源为洞渣料及瓦支沟石料场开采料，石料岩性为变质粉砂岩与粉砂质板岩，平均饱和抗压强度约为80MPa，属易破岩石，岩石粒形相对较差。

2　掺砾料及反滤料的级配要求

系统工艺流程设计的关键是针对掺砾料、反滤料Ⅰ和反滤料Ⅱ的级配特性，如何将成品砂石的各级配粒径控制在包络线范围内。

两河口大坝砾石土心墙的掺砾料级配要求连续，粒径范围为5～100mm。掺砾料级配要求见表1及图1。

反滤料Ⅰ的最大粒径应不大于20mm，小于0.075mm的颗粒含量应小于5%。

反滤料Ⅱ的最大粒径应不大于60mm，小于0.075mm的颗粒含量应小于3%。

反滤料Ⅰ、反滤料Ⅱ的设计级配见表2和图2。

表1　掺砾料设计级配　%

包线名称	颗粒级配组成（颗粒粒径）/mm					
	100～60	60～40	40～20	20～10	10～5	<5
上包线	0.0	8.0	52.0	24.0	13.0	3.0
平均线	12.5	16.5	41.0	18.0	10.5	1.50
下包线	25.0	25.0	30.0	12.0	8.0	0.0

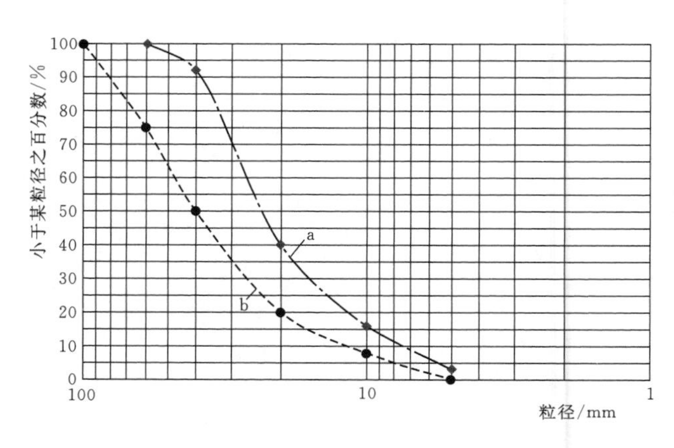

图1　掺砾料设计级配曲线

a—上包线；b—下包线

表 2　　反滤料设计级配表　　%

<table>
<tr><td rowspan="2">材料名称</td><td rowspan="2">包线名称</td><td colspan="9">颗粒级配组成（颗粒粒径）/mm</td></tr>
<tr><td>60～40</td><td>40～20</td><td>20～10</td><td>10～5</td><td>5～2</td><td>2～0.5</td><td>0.5～0.25</td><td>0.25～0.075</td><td>＜0.075</td></tr>
<tr><td rowspan="3">反滤料Ⅰ</td><td>上包线</td><td></td><td></td><td></td><td>10</td><td>20</td><td>33</td><td>14.5</td><td>17.5</td><td>5</td></tr>
<tr><td>平均线</td><td></td><td></td><td>6</td><td>12</td><td>23</td><td>33</td><td>10</td><td>13</td><td>3</td></tr>
<tr><td>下包线</td><td></td><td></td><td>13</td><td>13</td><td>26</td><td>33</td><td>5</td><td>9.5</td><td>0.5</td></tr>
<tr><td rowspan="3">反滤料Ⅱ</td><td>上包线</td><td></td><td>15</td><td>17</td><td>18</td><td>26</td><td>18</td><td colspan="3">6</td></tr>
<tr><td>平均线</td><td>8</td><td>22</td><td>18</td><td>18</td><td>21</td><td colspan="4">13</td></tr>
<tr><td>下包线</td><td>17</td><td>28</td><td>20</td><td>17</td><td>16</td><td colspan="4">2</td></tr>
</table>

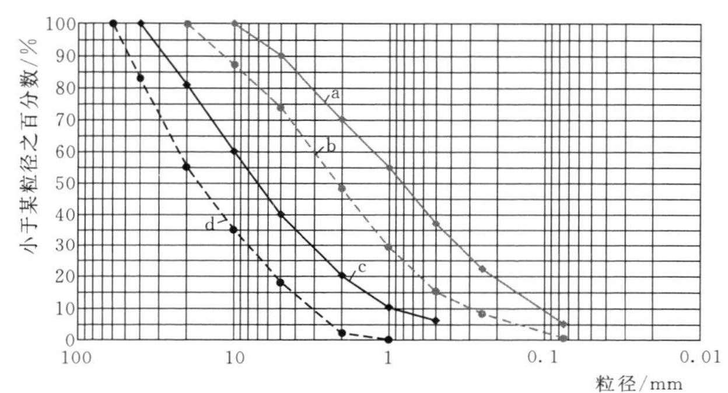

图 2　反滤料Ⅰ和反滤料Ⅱ设计级配曲线

a—反滤料Ⅰ上包络线；b—反滤料Ⅰ下包络线；
c—反滤料Ⅱ上包络线；d—反滤料Ⅱ下包络线

3　加工系统的工艺流程设计

3.1　工艺流程的设计原则

（1）为确保两河口大坝的填筑进度和质量，系统的工艺设计遵循运行可靠、成品质量符合规范和设计要求、生产能力满足工程需要的原则。

（2）系统布置在回填渣场，为了避免主要车间及设备的不均匀沉降，主要车间尽可能布置在开挖形成的平台或硬基上，并充分利用地形地貌特点，使总体布置紧凑、合理，减少空间交叉。

（3）为满足反滤料及掺砾料的级配要求，确保成品骨料的质量，工艺流程设计应有灵活调整、控制产品质量的措施。

（4）为提高系统长期运行的可靠性，关键生产设备采用技术领先、质量可靠、生产能力大、运行成熟的国内外先进设备。

（5）工艺设计中严格执行国家环境保护相关规定，避免污染生态环境。

（6）在保证反滤料及掺砾料质量和产量、系统安全可靠、环保的前提下，简化工艺流程和系统布置，降低工艺流程的循环负荷量，优化设备配置，减少建安工程量，缩短施工工期，降低工程造价。

3.2　加工系统的组成

庆大河反滤料及掺砾料加工系统由粗碎车间、半成品堆场、第一筛分车间、第二筛分车间、中细碎车间、超细碎车间、第三筛分车间、制砂车间、成品堆场、反滤料精确掺拌系统、汽车装料仓、废水处理系统、供水供电系统、电气控制系统等组成。

3.3　加工工艺流程设计

庆大河反滤料及掺砾料加工系统加工工艺流程见图 3。

（1）掺砾料的加工工艺流程。采用粗碎开路，中细碎与第一筛分构成闭路生产 5～100mm 掺砾料，进入成品堆场堆存。筛分分级出的＞100mm 物料和级配平衡后多余的 60～100mm 物料返回中细碎车间破碎，形成闭路循环，20～40mm 物料不足部分通过第二筛分补充，＜5mm 的物料送至超细碎车间。通过调整中细碎车间循环负荷量可相应调整掺砾料的各级配比例，当掺砾料的级配比例满足设计级配要求后固化掺砾料的生产工艺。系统投产后生产的掺砾料的实际级配满足设计级配要求，取样试验结果见表 3 和图 4。

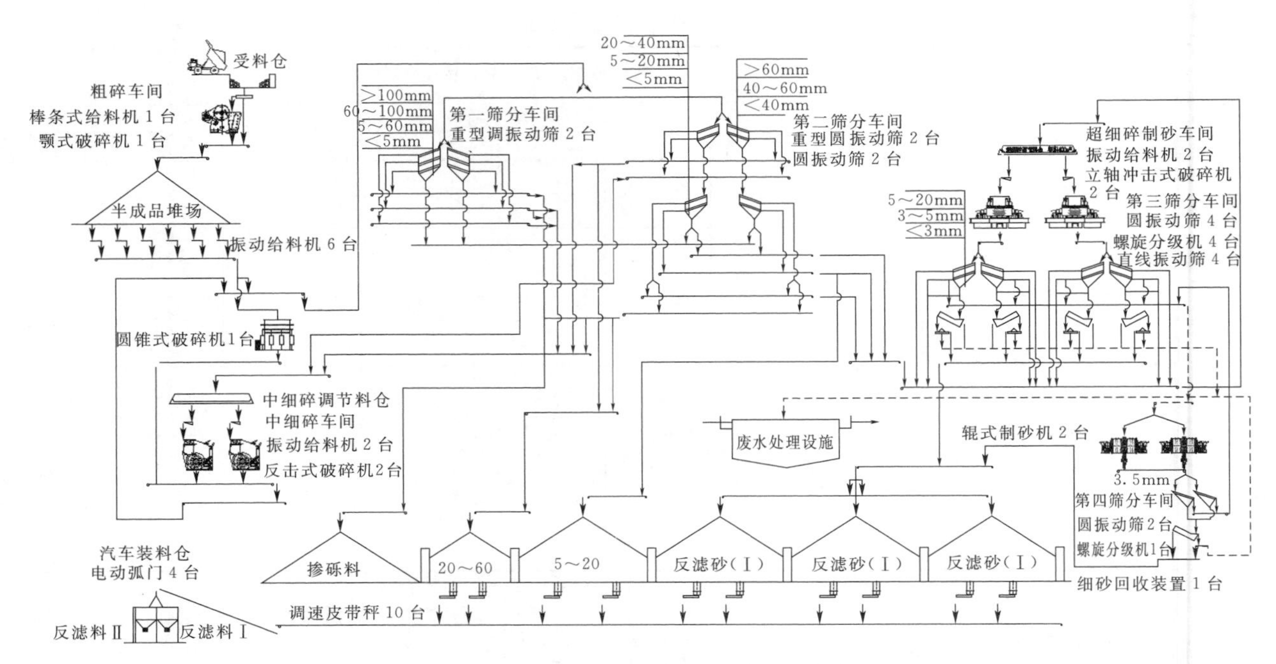

图 3 庆大河反滤料及掺砾料加工系统加工工艺流程图

表 3　　掺砾料取样颗粒试验级配表

试验编号	颗粒级配组成								
	粒径/mm	100	80	60	40	20	10	5	2
LSL－173	小于某粒径之百分数/%	100	96.2	79.3	60.5	27.5	11	1.4	—

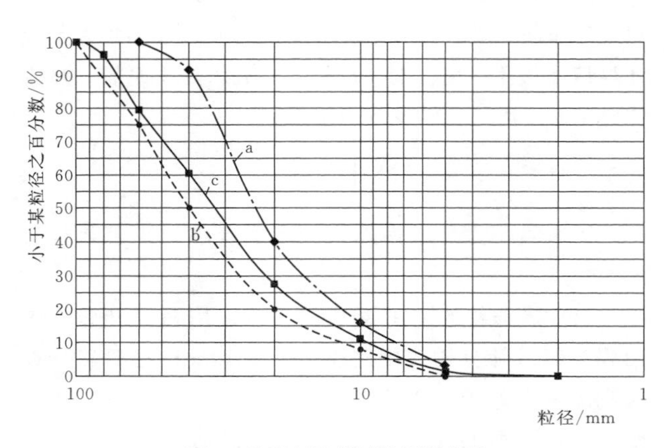

图 4 掺砾料取样试验级配曲线

a—上包线；b—下包线；c—掺砾料取样曲线

（2）反滤料的加工工艺流程。反滤料Ⅰ由 5～20mm 物料及≤5mm 的反滤砂Ⅰ按比例掺配而成，反滤料Ⅱ由 20～60mm、5～20mm 物料及≤5mm 的反滤砂Ⅱ按比例掺配而成。通过反滤料的级配曲线分析，系统可以生产一种反滤砂来掺配反滤料Ⅰ和反滤料Ⅱ，以简化系统工艺配置。

反滤料的级配料加工工艺流程：采用粗碎开路，中细碎与第二筛分构成闭路生产 20～60mm、5～20mm 物料，分别进入成品堆场堆存。筛分分级出的大于 60mm 物料和级配平衡后多余的 40～60mm 物料返回中细碎车间破碎，形成闭路循环。部分 20～40mm、5～20mm 及 <5mm 物料进入超细碎车间。

反滤砂的加工工艺流程：来自第一筛分的<5mm 的物料，以及第二筛分的 20～40mm、5～20mm 和 <5mm的物料，送至超细碎车间，超细碎与第三筛分构成闭路生产<5mm 反滤砂，经水洗清除<0.075mm 石粉后，进入成品堆场堆存。为了改善反滤砂的级配，降低 2～5mm 颗粒含量，增加 1～2mm 颗粒含量，第三筛分车间部分 5～10mm 的物料送至制砂车间（对辊制砂机）和第四筛分生产<5mm 反滤砂，破碎筛分水洗后，进入堆场。

反滤料的掺配工艺：成品堆场的 20～60mm、5～20mm、<5mm（反滤砂）各级物料，按一定比例，通过成品堆场底部下料口安装的调速皮带秤、廊道皮带输送机及相应的计算机控制装置，可分别进行精确掺配反滤料Ⅰ和反滤料Ⅱ，并通过皮带输送机运输至汽车装车料仓，转自卸汽车运输。系统投产后掺配的反滤料Ⅰ和反滤料Ⅱ的取样试验级配见表 4 和图 5。

表 4　反滤料取样试验级配表

类型	颗粒级配组成										
	粒径/mm	60	40	20	10	5	2	1	0.5	0.25	0.075
反滤料Ⅰ	小于某粒径之百分数/%			100	94.1	80.9	50.5	33.1	16.7	12.4	4.6
反滤料Ⅱ		100	94.6	63.1	40.5	22.3	9.0	7.4	4.4	3.8	2.1

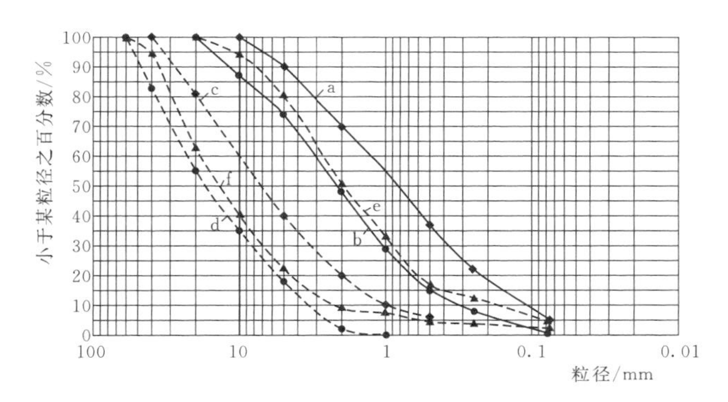

图 5　反滤料Ⅰ和反滤料Ⅱ取样试验级配曲线

a—反滤料Ⅰ上包络线；b—反滤料Ⅰ下包络线；c—反滤料Ⅱ上包络线；d—反滤料Ⅱ下包络线；e—反滤料Ⅰ取样曲线；f—反滤料Ⅱ取样曲线

本加工系统掺砾料和反滤料的级配料采用干法生产，反滤砂采用湿法生产。

4　主要设备选型与配置

4.1　设备的选型原则

(1) 设备的选型应充分考虑设备可靠性、匹配性、经济性，设备的类型、规格、数量满足流程的需要和产品质量、数量的需要。

(2) 选用的破碎设备应适应工程的原料岩性特点，并满足给料粒径的要求，其生产能力、粒度特性满足工艺和质量要求。

(3) 上、下道工序选用的设备负荷应均衡，同一作业的设备尽可能选用相同规格型号及同一厂商的设备，以简化机型，便于维修。

(4) 为提高加工系统的运行可靠性，系统的关键设备应选用技术先进、质量可靠、生产工效高、成熟耐用的加工设备，尽量选用在其他大型类似工程已应用，并取得成熟经验的设备。

(5) 尽量选用便于操作、工作可靠、节省投资、能耗低，以及能降低运行损耗费用的设备。

4.2　主要设备选型与配置

(1) 粗碎设备：选用 1 台 PE900×1200 型颚式破碎机，用于处理渣场回采的粒径小于 900mm 的毛料，单台处理能力 450t/h（排料口 175mm）。高配 160kW 的电机。经测试，破碎砂板岩的实际处理能力达到 620t/h（排料口 200mm），设备负荷率约 85%。

(2) 中细碎设备：配置两台 NP1315 型反击式破碎机（发包人提供的设备），用于破碎粗碎后>100mm 物料及部分 20～100mm 物料，单台处理能力 350t/h，设备负荷率约 71%。

由于在系统设计前未对砂板岩做磨蚀试验，虽然岩石的平均抗压强度不高，但磨蚀系数很大，导致反击式破碎机的板锤在运行中磨损快，需要经常更换，造成生产成本增加。

系统试生产阶段，在半成品料场出料皮带机后安装了 1 台 PYB1750 圆锥式破碎机，经圆锥式破碎机破碎后的物料送入中细碎与第一筛分闭路生产掺砾料及反滤料的级配料，中细碎反击式破碎机仅承担级配平衡后部分 60～100mm 物料的破碎。

根据目前系统设备运行情况，对于磨蚀系数大的砂板岩，中细碎设备不适合采用反击式破碎机。

(3) 超细碎设备：配置两台 CH－PL860E 型立轴式冲击式破碎机，单台处理能力 300～400t/h，设备负荷率约 70%，用于生产<5mm 物料。

庆大河反滤料及掺砾料加工系统系国内水电工程首次采用砂板岩生产级配要求高的反滤料（反滤料Ⅰ中<2mm 粒径含量达 70%）。为了调整反滤砂的级配和控制反滤砂的质量，系统在试生产阶段采取了两项措施：①增加了制砂车间和第四筛分车间，配置了两台对辊制砂机、两台圆振动筛和 1 台螺旋分级机，来调整反滤砂的级配，增加反滤砂的产量；②改变第三筛分车间圆振动筛下层筛网筛孔尺寸，以提高振动筛筛分效率。

制砂设备：配置两台 SLZ850 型对辊制砂机，单台处理能力 60～150t/h，设备负荷率约 75%。该对辊制砂机主要由轧辊、轧辊支撑轴承、压紧和调节装置以及驱动装置等部分组成。两辊轮分别以键固定在两转轴上，轴两端各有一组轴承支撑，固定轮用螺栓固定在机架上，活动轮则装有安全弹簧和滑动轴承盒；两辊轮之间装有楔形或垫片调节装置，调节对辊制砂机的出料粒度；对辊制砂机驱动机构是两台或单台电动机，通过联轴器的软连接带动轧辊，按照相对方向运动旋转。在破碎物料时，物料从进料口通过辊轮，经碾压面破碎，破碎后的成品从底架下面排出。对辊制砂机安装维修方便，出料粒度调节容易，制砂能耗低。

（4）筛分设备：第一筛分配置两台 3YKR2460H 型圆振动筛（筛孔 100mm、60mm、5mm），单台处理能力 120t/h，设备负荷率约 83%。第二筛分配置两台 2YKR2460H 型圆振动筛（筛孔 60mm、40mm），两台 2YKR2460 型圆振动筛（筛孔 20mm、5mm），单台处理能力 120t/h，设备负荷率约 83%。第三筛分配置 4 台 2YKR2460 型圆振动筛（筛孔 10mm、3.5mm），单台处理能力 50t/h，设备负荷率约 80%。第四筛分配置两台 1YKR2460 型圆振动筛（筛孔 3.5mm），单台处理能力 50t/h，设备负荷率约 80%。

（5）反滤料精确掺配系统：由料仓下部廊道内的 10 台 TDG－150 型调速皮带秤、两条廊道带式输送机和 PLC 控制系统组成，每台调速皮带秤的称重能力为 150t/h，系统反滤料Ⅰ的掺配能力为 350t/h，反滤料Ⅱ的掺配能力为 500t/h。

本掺配系统是以调速皮带秤为执行机构的计算机控制的多种料动态连续配料系统，也是国内水电工程的首创应用。该系统通过上位计算机实现对调速皮带秤的联动控制，当其中一种物料缺失时，其他物料自动停止，保证配料比例的精确度，确保反滤料的掺配质量，反滤料的掺配合格率在 99%以上；系统具有良好的人机界面，直观地显示出生产过程的工艺流程及各被控设备的参数，便于操作人员监视和调整生产中的各种工艺参数，提高生产效率。

（6）废水处理系统选用了 1 台 XS－12－500 型细砂回收装置，处理能力为 100～220m^3/h；配置了两台 XMYFZ500/1500－UB 型板框式压滤机，每台过滤面积为 500m^2，基本满足湿法制砂产生的废水的处理。

庆大河反滤料及掺砾料加工系统的主要工艺设备配置见表 5。

表 5　　加工系统主要工艺设备配置表

序号	车间名称	设备名称	规格型号	数量/台(套)	单机功率/kW
1	粗碎车间	颚式破碎机	PE900×1200	1	160
		棒条式给料机	HPF1560	1	15
2	中细碎车间	反击式破碎机	NP1315	2	250
		圆锥式破碎机	PYB1750	1	315
3	超细碎制砂车间	立轴冲击式破碎机	CH－PL860E	2	250
4	第一筛分车间	圆振动筛	3YKR2460H	2	45
5	第二筛分车间	圆振动筛	2YKR2460H	2	45
		圆振动筛	2YKR2460	2	37
6	第三筛分车间	圆振动筛	2YKR2460	4	37
		直线振动筛	ZKR1230	4	8
		螺旋分级机	FC－12	4	7.5
7	制砂车间	对辊制砂机	SLZ850	2	55
8	第四筛分车间	圆振动筛	1YKR2460	2	37
		螺旋分级机	FC－12	1	7.5
9	反滤料精确掺配系统	调速皮带秤	TDG－150	10	
		PLC 控制系统		1	
10	废水处理系统	细砂回收装置	XS－12－500	1	39
		板框式压滤机	XMYFZ500/1500－UB	2	7.5

5　结语

（1）庆大河反滤料及掺砾料加工系统工艺设计合理，利用砂板岩生产的反滤料及掺砾料符合设计颗粒级配要求。

（2）系统投产后的产能测试结果表明，系统成品料总生产能力为 617.73t/h，其中掺砾料 304.06t/h，反滤砂 130.7t/h，5～20mm 物料 76.4t，20～60mm 物料 106.57t。

根据反滤料Ⅰ和反滤料Ⅱ的掺配比例计算，20～60mm、5～20mm物料及反滤砂的产能满足掺配反滤料Ⅰ和反滤料Ⅱ的设计生产能力。

（3）掺配后的反滤料Ⅰ和反滤料Ⅱ的级配能否满足设计级配要求，关键要控制反滤砂的质量。在系统生产过程中，随时抽样检测反滤砂的级配，反滤砂中0.075mm的颗粒含量按小于5%控制，并且＜2mm粒径实际含量达90%以上，才能掺配出符合级配要求的反滤料Ⅰ和反滤料Ⅱ。

地下工程

600m 级高压竖井施工关键技术

杨元红/中国水利水电第十四工程局有限公司

【摘　要】600m 级超深竖井在矿井中比较常见，主要作为通风竖井或交通竖井。但在国内水电站，目前的设计是将竖井设计为 200m 左右一段，而将高压竖井直接设计成 600m 深度范围的，国内无类似工程可借鉴，世界水电史上也罕见。厄瓜多尔科卡科多辛克雷水电站为长引水式高水头电站，由于施工支洞布置的条件限制，无法将竖井分成二段或三段，引水竖井深度达 527m，地质条件十分复杂，施工中采用反井钻机深孔钻进防偏技术实现导井施工，混凝土衬砌采用滑框翻模技术等有别于 200m 级竖井施工技术，成功实现了水工隧洞高压竖井施工技术的大踏步跨越。

【关键词】600m 级　高压竖井　施工关键技术

1　概述

厄瓜多尔科卡科多辛克雷水电站（以下简称“CCS 水电站”）为引水式电站，总装机容量 1500MW，安装 8 台水轮发电机组，年发电量 88 亿 kW・h。主要由首部枢纽、输水隧洞、调蓄水库、地下引水发电系统等四个部分组成。

CCS 水电站共布置有两条压力管道系统，采用一拖四、“T”形分岔的供水方式。压力管道系统由进水口、上平洞、竖井、下平洞、钢管主管、岔管、支管组成。上平洞呈八字形布置，竖井及下平洞平行布置，中心间距 80.15m，压力管道最大静水头 617.50m。

竖井由上弯段、垂直段及下弯段组成；上、下弯段转弯半径 30m，长 47.12m；1＃竖井垂直段长 478.855m，2＃竖井垂直段长 476.195m。采用反井法施工的最大垂直开挖高度 527m（含上下弯段）。断面均为圆形，最大开挖洞径为 8.0m。

压力管道的施工布置见图 1。

根据勘测资料，竖井段Ⅱ类围岩长度为 443m，占全竖井段的 82％；Ⅲ类围岩长度为 61m，占全竖井段的 11％；Ⅴ类围岩长度为 40m，占全竖井段的 7％。

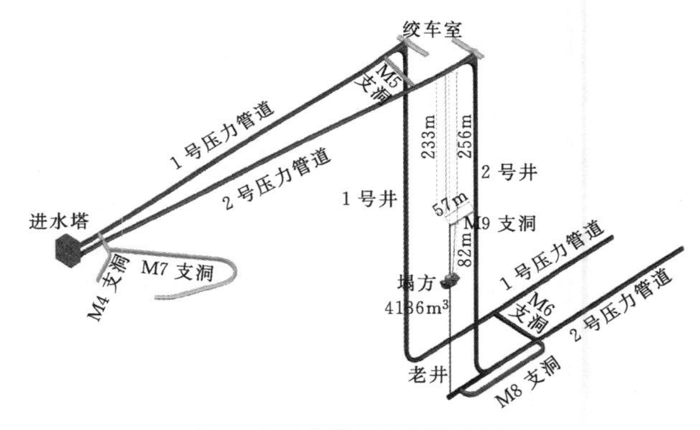

图 1　压力管道施工布置示意图

2　方案的比选

2.1　设计方案的优化

该项目为 EPC 国际承包项目，概念设计由意大利 ELC 公司提供。由于是国际 EPC 项目，概念设计的深度只达到国内的预可研设计阶段，所以设计较为简单，地质勘探工作也不够深入，整个压力管道上平段加竖井只钻取了 5 个勘探孔，且勘探孔深度只有 200m 左右，不能代表竖井的地质情况。原概念设计上平洞为 3％的顺坡且较短，下平洞为 6％的顺坡且较长，两条竖井位置相距较近。在基本设计阶段将竖井向下游移800m，且两条竖井的井间距离变长，同时将上平洞的顺坡坡度调成6%，将下平洞的顺坡坡度调成3%。这样调整的好处有以下几方面：

（1）上平洞为低压管道，下平洞为高压管道，加长低压管道，缩短高压管道，因为高压管道的造价高于低压管道的造价，这样调整有利于降低工程总造价。同时，在运行期间，较少的高压管道有利于运行的安全。另外，从施工的角度来讲，下平洞到竖井下口这个工作面往往是电站的关键线路，减少高压下平洞的长度，可以提前进入竖井内进行施工，从工期上看可为总工期目标的实现赢得宝贵的时间。

（2）由于两条上平洞段呈八字形布置，竖井往下游移800m后，两条竖井的井间距离将加长，有利于竖井施工及运行期间的安全。

（3）将上平洞段和下平洞段的设计坡度改变，有利于施工期间的安全。当然，如上、下平段的坡度都能保证在1%以内，施工期间的安全更有保障，但这样的布置会增加竖井的深度，所以在平洞段能克服自身安全风险的情况下，竖井的深度越小越好。将上平洞坡度由3%调成6%的顺坡，由于开挖阶段是从上游往下游施工，这样，开挖阶段风险最高的出渣工序为重车上坡，可控制车速。而将下平洞坡度由6%调成3%的顺坡，由于开挖阶段下平洞段是从下游往上游施工，这样，开挖阶段风险最高的出渣工序为重车下坡，坡度调小了，有利于长下坡洞段的施工安全。

2.2 施工方案的选择

受地形条件限制，竖井无法在中部设置施工支洞，只能整井一次施工。在施工方案比选阶段，选择了正井伞钻法施工、正井TBM法施工及反井钻机法施工。

正井伞钻法施工为国内矿山竖井施工的常用方法。该方法每开挖一个循环，就用混凝土衬砌一个循环，施工安全性高，成井速度快，但该方法成井的井壁混凝土施工缝太多，作为水工高压隧洞，不利于运行，且竖井需要的提升系统的空间较大。伞钻法比较适合地面井的施工，如施工地下盲井，上井口的扩挖平台太大，将来的混凝土回填量也大，经济指标不优。

正井TBM法施工主要在国外抽水蓄能电站的竖井运用较多，可以大大减少人工投入，但在地下水较多时竖井施工较为困难，且施工竖井井深大都在200m左右。

反井钻机法施工目前主要用于200m级的水工竖井或斜井，个别工程也应用到300m级的竖井或斜井施工，但在600m的高压竖井中施工应用，在国内外均尚属首次。在方案形成阶段，根据200m级反井钻机的成熟施工技术，再结合本工程的地质情况及水文特点，合理地选择反井钻机的型号及施工方法。同时，混凝土施工阶段也结合深竖井的特点，采用与传统施工有别的适合600m级竖井的滑框翻模的混凝土衬砌施工方案。

3 主要施工方案

3.1 导井开挖

600m级导井施工和200m级竖井的导井施工方案有很大差异性，200m导井可采用国内成熟的LM-200型反井钻机，施工方案也较为成熟。而600m级竖井的导井施工就较为复杂，从施工设备到施工工艺都有其自身的特点。

开挖方案选用了水电站常用反导井法先打溜渣井、人工正井钻爆扩挖成型。溜渣井采用RHINO1088型反井钻机，先打直径为280mm导孔，然后反扩成直径2100mm的溜渣井。

从钻孔方法来看，600m级导井和200m级导井的反井钻机施工方法基本是一样的，在上井口架设钻机向下打先导孔，导孔贯通后在下井口更换成扩孔刀盘，然后反扩成井。

3.1.1 超深竖井反井钻机施工防偏技术

钻孔精度与钻杆的刚度、岩石的均匀性、钻孔速度以及稳定钻杆安放等相关，岩石钻机不能在孔内进行纠偏，所以钻机的架设精度、稳定钻杆摆度及钻孔过程控制极为重要。

钻机的架设精度可人为控制，一方面要确保钻机基础牢靠，另一方面钻进过程中要做到不移位变形，开孔角度校准其精度满足要求即可。

（1）稳定钻杆安放。本工程导孔直径为279mm，反井钻机钻杆分为普通钻杆和稳定钻杆两种，普通钻杆直径254mm，稳定钻杆直径279mm。作为几百米深的超深孔，钻机钻杆的刚度不可能设计达到没有挠度或者说受外界影响不变形的程度，几百米钻杆连成整体如果没有外界约束，其刚度较小，因此稳定钻杆的摆放位置及数量至关重要。所谓稳定钻杆，即该钻杆能使钻孔平稳，其直径与钻头一样大，而普通钻杆与钻头直径存在差值，钻孔过程中会有晃动，钻进方法不易掌控，由于受排渣制约，钻杆直径越大，排渣空间就越小，排渣不畅钻孔工效低、极易造成卡钻、埋钻，所以并非稳定钻杆越多越好。根据延长线理论，即钻头向下钻进延伸时，只需钻头后部有一段孔是直的，稳定钻杆受孔壁约束，理论上钻头向前伸也不会产生偏差。基于这一理论，本工程安放6～7根约10m长稳定钻杆即可，从实际施工情况来看，效果是比较理想的。

（2）导孔钻进过程控制。低压慢速开孔非常重要，钻机角度校准后，让钻头在不受推力情况下开孔最好。正常钻进过程中，必须合理控制钻进速度，即要达到钻机施加的推力刚好达到钻头破碎岩石所需，而不额外施压增加钻杆挠度。否则，如遇不良地质带，孔径会变大，更易跑偏，如遇岩石软硬不均匀地带，钻头会偏向软岩位置。本工程中导孔钻进控制参数见表1。

表1　　导孔钻进控制参数

序号	项目	扭矩 /(kN·m)	推力 /t	转速 /(r/min)	备注
1	开孔	＜10	6～9	5～8	钻进速度控制在200min/m
2	完整围岩地层	＜10	＜26	17～19	钻进速度控制在80min/m
3	断层、破碎带	＜10	6～9	15～17	钻进速度控制在100min/m

3.1.2　复杂地质条件反井钻机钻进技术

复杂地质条件下反井钻机钻进技术主要是预防导孔钻进期间卡杆埋钻技术及反扩期间滚刀及刀盘保护技术。导孔钻进期间判断是否会发生卡杆埋钻的主要根据是孔内出渣量是否正常及钻进参数扭矩反应值；反扩期间对滚刀及刀盘的保护至关重要，一方面超深竖井更换滚刀费工费时，另一方面风险也很大，在浅井也发生过刀盘在更换滚刀下放过程中被卡住的实例，还存在遇不良地质带，掌子面塌方，卡住刀盘，上、下不能动弹，导致全井作废的风险。

施工期间不良地质段导孔钻进主要采用降低推进压力来控制钻进速度，以防止导孔跑偏。每根钻杆换杆时必须洗孔干净，以防止卡杆埋钻。钻孔的同时必须记录每根钻杆实际出渣量，并比对实际出渣量与理论出渣量：如果实际出渣量比理论出渣量大，说明孔内出现塌孔，根据出渣量来判断是否需处理，如果量小洗孔时间短则不需处理，否则需采用灌浆等方式护壁后方可继续钻进；如实际出渣量比理论量小，说明渣量不能正常排出，此时扭矩应该增大，如果多根杆连续出现此情况，必须查明原因并采取相应措施使导孔内能正常排渣方可继续钻进——排除水泵设备故障外，一般情况是孔壁出现坍塌形成空腔，在该部位断面加大，水流速不够，携沙能力不足，此时必须护壁处理后方可继续钻孔。

反扩时刀盘上安装有多把滚刀，本工程中2.1m导井刀盘布置有12把滚刀，每把滚刀最大承受力为270kN，在中、硬岩地区钻进，需要的拉力都在1000kN以上，如果掌子面遇岩石破碎，岩面不平，极易形成只有少数滚刀受力，极端情况是只有一把滚刀受力，如果不及时调整拉力，很容易就把滚刀损坏。另一种情况是掌子面异常破碎，如果用力过大，大量岩块掉落在刀盘上，极易卡住刀盘，上下不能动弹，无法转动，如遇这种情况，施加大力转动则会造成反转甚至脱落，即使脱困也会造成换杆困难。所以反扩施工前必须根据地勘资料、反井钻导孔施工参数、孔内返渣及孔内地质摄像等地质信息，确定不良地质段分布情况。穿越不良地质带，其明显特征是钻机异常抖动，操着人员必须根据实际情况调整各项钻进参数，基本原则是平稳钻进，通过调整钻进压力、转速等参数来控制。扩孔钻进控制参数见表2。

表2　　扩孔钻进控制参数

序号	项目	扭矩 /(kN·m)	拉力 /t	转速 /(r/min)
1	开孔	≤50	12～17	2～3
2	完整围岩地层	≤100	＜200	8～10
3	断层、破碎带	≤80	＜100	2～4

复杂地质条件下实施超深竖井钻进，探明孔内地质情况十分必要，一般的地勘资料也是对山体岩层整体性的描述，有着指导意义。反井钻机导孔施工期间，各项施工参数的记录及孔内返渣情况分析比对非常重要。从本工程实际开挖揭露岩石来看，根据导孔推进压力大小和扭矩变化来判断井下岩石强度和岩石完整性的方法是可靠的。

本工程中采用了JL－IDOI（B）智能钻孔全景成像仪对孔内地质状况作进一步确认判断。该仪器自动化程度较高，对节理裂隙用配套软件可分析识别，也可在现场通过视频直观判断，并可保存全孔摄像图片资料。当然，由于该设备需将钻杆全部从孔内取出后才能实施，费工费时，所以只能作为一种井下地质情况判别的辅助手段。

3.1.3　复杂地质条件下超深竖井灌浆技术

在钻进过程中，钻杆遇到断层、裂隙、溶沟、溶槽或软弱夹层等不良地质段时，导孔会发生偏斜，容易导致导孔偏离原设计轴线，甚至会出现突然塌孔、无法返水返渣情况，致使孔内岩渣沉淀而堵塞，钻进无法继续，严重时会导致卡钻、埋钻等后果。遇到因地质情况而无法继续导孔钻进时，通常要进行灌浆处理，直到返水返渣恢复正常后方可继续钻进。

从实际施工情况看，采用孔底返浆、拔管法灌浆方法作为导孔护壁是可行的，效果也比较显著。

3.2　竖井扩挖

竖井扩挖采用人工手风钻自上而下进行钻孔装药爆破，人工扒渣至溜渣导井，下平洞出渣。支护随开挖进行。竖井开挖支护见图2。

竖井采用2.1m导井作为溜渣井，采用人工手风钻造孔，利用溜渣井作为临空面，人工装药爆破，自上而下进行扩挖，周边光爆。为便于扒渣，在竖井范围内形成向溜渣井方向稍倾斜的锅底形掌子面，这样45%～55%的渣在爆破后自然入井，减少了扒渣量。

竖井喷锚支护随开挖进行施工，初喷随开挖及时跟

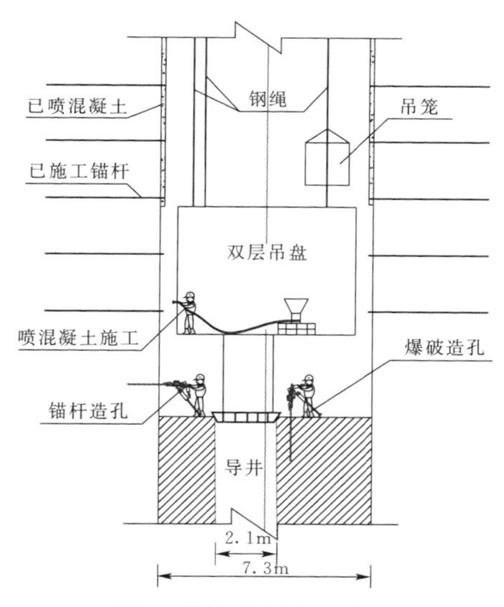

图2　竖井开挖支护示意图

进，挂网和复喷，Ⅲ类围岩滞后开挖掌子面约5m，Ⅳ类围岩每开挖一个循环，支护一个循环。锚杆钻孔施工在开挖掌子面进行，爆破钻孔完成后，紧接着把锚杆孔打完。锚杆全部为锚固剂锚杆，采用手风钻造孔，采用锚固剂注浆设备将锚固剂送入锚杆孔，人工安装锚杆，安装锚杆在吊盘上进行。

根据统计，扩大开挖平均排炮进尺2.7m，平均月进尺73m。

4　深竖井渗水、涌水处理技术

由于竖井较深，穿越不同地层，竖井导孔打通后，经过水量测量，渗水量较大，流量达80～152.6L/s。经过长期观察和检测，竖井地下水补给主要为两部分——地表补给和承压水补给，以地表补给为主。工程所处区域为长年多雨地区，地表补给的渗水量受季节变化影响较小，竖井内长期存在较大渗水量。竖井渗水及涌水主要采取以下方式处理：

（1）排水孔。当洞内有大面积渗漏水时，宜采用钻孔将水汇流引入排水管内。对于岩面裂隙发育、渗水面积较大的区域，通过打排水孔，把分散的裂隙渗水集中从排水孔中用软式透水管或胶管接引到排水主管内。排水孔直径40～50mm，入岩深度3.0m，间距2～3m。

（2）盲沟系统。渗水量不大、分布较散时，布置盲沟系统进行引排，在岩壁上环向和垂直方向埋设截流盲沟，把水从盲沟汇集引排至下平洞。截流盲沟采用胶管、软式透水管或塑料盲沟等，截面尺寸根据渗水面积和渗水量适当选取，环向盲沟和垂直盲沟间距3.0～5.0m。排水盲沟在喷混凝土前，用卡箍和锚钉固定于井壁上，安装时应贴紧岩面。

（3）涌水引排。当涌水较集中时，可采取扩大涌水口，扩成外小内大。在扩大位置埋钢管引排，在钢管上安装闸阀，钢管四周用土工布和锚固剂封堵，直到涌水全部从管内引出。然后在扩大位置浇筑混凝土或喷射混凝土，混凝土内可设置一层钢筋网。引排管采用胶管，沿井壁垂直布置两根胶管，主要用于引排集口涌水。管径根据水量可自上而下逐渐增大，选用50～120mm。为防止管内产生负压，沿管线一定距离设补气管。补气管进口需妥善保护，防止堵塞。

5　深竖井混凝土施工技术

5.1　混凝土输送方式

引水竖井混凝土输送方式为溜管垂直运输，采用高流动混凝土及设置溜管缓降器等手段。垂直运输方式对混凝土性能要求特别高，需保证混凝土强度的同时，还保证混凝土有良好的输送性能和适宜的凝结时间，因此需从混凝土配合比方面解决骨料分离、溜管堵管等技术问题。

5.2　混凝土配合比设计

竖井混凝土强度等级随深度逐步升高。下弯段高程629.94～865.00m为C50混凝土，高程865.00～990.00m为C40混凝土，高程990.00m至上弯段高程1138.89m为C32混凝土。

混凝土入仓方式为溜管。为了方便浇筑，选用一级配高流态（扩展度400～600mm）混凝土。竖井下部的C50混凝土垂直输送距离达到460m，由于混凝土强度高、胶材用量较大，正常拌制出来的混凝土均比较黏稠，很难进行长距离输送；随着混凝土浇筑逐步上升，配合比设计的扩展度也逐渐减小，到竖井混凝土浇筑最后100m启用C32二级配混凝土（扩展度200～240mm）。为了克服这些问题，试验室通过对外加剂和用水量之间的关系进行多次试拌，找出满足施工流动性对应的外加剂最优掺量和最佳用水量，C50、C40、C32混凝土的水灰比分别为0.34、0.40、0.46，用水量均为175kg/m^3。原设计中无混凝土含气量要求，但是为了达到很好的输送效果，配合比中加入一定量的引气剂来改善混凝土的流动性能。根据不同强度的混凝土等级引气剂的掺量控制在0.1～0.3kg/m^3，混凝土的含气量控制在3.0%～5.0%。

从生产性试验来看，整个输送过程大约为3min到达仓面位置，混凝土通过500m竖井垂直运输后混凝土整体容重和骨料均匀性均未发生较大变化；但是扩展度、含气量损失较为严重，混凝土温度上升2℃左右；经过垂直运输后混凝土强度有一定差异，但均在允许偏差范围之内。总体来说，该竖井混凝土配合比在经过500m竖井垂直运输之后仍表现为均匀性良好、和易性良好，满足混凝土施工性能及质量要求。

5.3 滑模的选择

600m级竖井通过采用常规滑模，虽然具有施工速度快、模板用量少、混凝土表面外观成型好等优点，但是滑模工艺要求严格，尤其滑模时间和滑升速度要求较高，滑模过早、过快会造成混凝土裂缝、钢筋与混凝土握裹力下降等质量危害，过迟会造成粘模、滑升困难、混凝土损害等危害。受早强水泥和竖井渗水的影响，要想确定最佳滑模时间非常困难，混凝土的配合比、过程中原材料质量、入模坍落度、和易性，甚至气温等自然条件都会对滑模滑升时间造成影响，其技术含量高，对施工人员的技术水平和施工经验要求较高。另外，滑模施工要求多工种协同工作和强制性连续作业，任何一环脱节都会影响全盘，施工组织管理复杂。600m级竖井采取常规的滑模，不能较好地满足施工要求，因为与竖井的深度密切相关。本工程竖井前期也采用常规滑模浇筑了6m的一段，但效果不理想，经多方案对比，最终选择在常规滑模基础上改进的滑框翻模工艺。竖井直段混凝土采用自爬式滑框翻模进行施工。滑框翻模技术是在滑模的基础上进一步发展而成的，利用滑模的提升架与模板分开运行，各自独立运行，滑升的是提升架，模板体型依靠混凝土的侧压力贴合在提升架的滑杆上，由人工自下而上逐层翻转到上面，循环使用。

滑框翻模主要由模板、围圈、辐射梁、分料平台、提升架、爬杆、千斤顶、抹面平台、液压系统等组成，见图3。

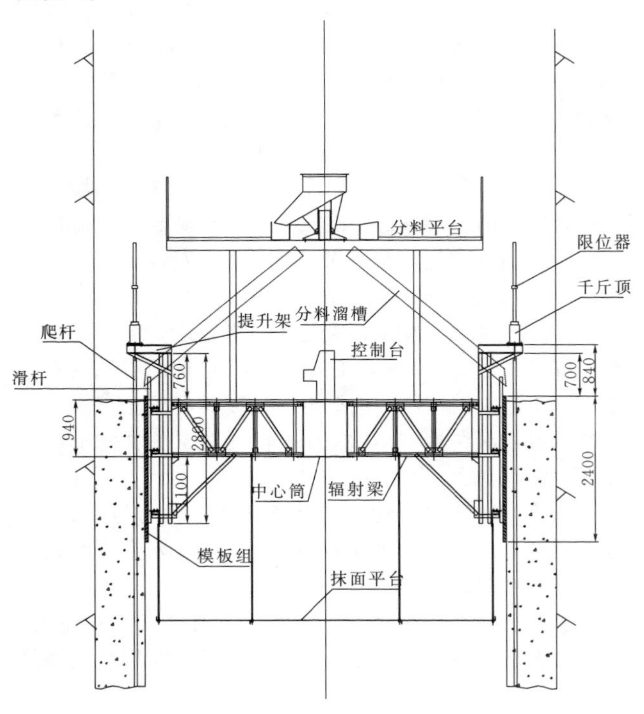

图3 滑框翻模结构示意图（单位：mm）

(1) 模板采用定型组合小钢模，单块模板高30cm，固定于上下围圈上成整体，模板总高度为240cm。

(2) 采用12台QYD-60液压千斤顶，行程为3cm。千斤顶采用液压爬杆式，爬杆采用钢管，千斤顶固定于提升架上，提升架与模板围圈相连。爬杆为$\phi48$钢管，支撑高度0.7～1m，爬杆埋入混凝土中。QYD-60千斤顶每台额定起升能力6t，以其一半计算，12台共可提升36t。

(3) 上部分料平台用于材料堆存及下面施工人员的安全防范。

(4) 抹面平台用于模板拆除、缺陷修补、抹面，并在平台周边布置一道洒水管，对混凝土进行不间断洒水养护。

(5) 液压装置由控制台、针形阀、高压胶管、千斤顶、限位调平器等组成。

5.4 混凝土浇筑

(1) 混凝土溜管。混凝土溜管采用$\phi219\times7$mm的钢管制作，每根3.0m长，用法兰盘连接。每根溜管采用一组$\phi25$的锚杆固定在井壁上，并每隔一定距离安装一个背管式缓降器。缓降器常规每隔12～18m高度设置一个。在工作面有四处缓降器为连续两个安装在一起。在溜管出口设置一轻型缓降器，方便拆装。

溜管安装总长度484m，采用两根$\phi28$的钢丝绳悬吊，作为安全保障。悬吊钢丝绳每隔30～50m设置一个锚固点。

根据现场实际情况，溜管没有发现磨通且磨损大的现象，但缓降器有个别磨损严重。通过检查分析拆下来的溜管及缓降器，一级配混凝土对溜管及缓降器的磨损相当小，缓降器破损的地方主要是缓降器安装垂直度不够使混凝土里的粗骨料直接冲击在管壁上所致。

(2) 混凝土浇筑及脱模。混凝土入仓采用滑模上设置的旋转短溜槽布料。混凝土每次下料起点位置固定，并固定从统一方向旋转，每层铺料以单块模板高度为准(30cm)，铺料厚度均匀，并尽量保持水平，便于此块模板脱模时其范围内的混凝土均已初凝。

振捣采用插入式振捣器进行，振捣跟随下料顺序进行，边下料边振捣，避免漏振。

翻模混凝土脱模时间8～9h。脱模前，先检查脱模范围的混凝土凝固情况，确定具备脱模条件后，尽快完成一环模板的拆除。拆模时，根据下料起点及下料顺序，从下料起点开始拆模，并按下料顺序，依次拆除。

模板拆下后，及时进行清理和刷油，同时抹面工及时进行抹面和错台处理。混凝土养护采用涂刷水溶性养护剂为主、洒水养护为铺的方式进行。

1#竖井正常浇筑历时98d，爬升速度平均每天4.67m，最高每天6.3m。

(3) 影响混凝土浇筑的因素。在保证混凝土质量的情况下，影响竖井混凝土浇筑最重要的因素就是混凝土和易性和流动性能。从整个竖井强度和浇筑合计性能的变化可以看出，随着井深的不断变化，混凝土流动性随深度逐渐在变化，在井深为500m时混凝土扩展度达620mm就能满足溜管垂直输送的要求，在井深达300m时只需550mm左右的扩展度就能满足输送要求，在小于200m时500mm的扩展度即能满足施工要求，余下100m以后的竖井即可采用常规的施工方法和常规混凝土性能输送。

6 深竖井高压固结灌浆施工技术

（1）600m级竖井固结灌浆由于地下水位较高，灌浆施工宜由井口向井底逐单元推进，单元内由低到高灌浆。

（2）灌浆段长度不超过5m的孔全孔一次钻孔灌浆。孔深入岩为6.0m的孔段采取自下而上分段灌浆，第一段入岩0～1.5m，灌浆塞塞在孔口混凝土预埋管内，第二段入岩1.5～6.0m，灌浆塞塞在灌浆段前0.5m的位置。

（3）灌浆压力沿高程降低而递增，分别为2.0MPa、2.3MPa、2.9MPa、3.5MPa、4.1MPa、4.7MPa、5.0MPa、7.0MPa。

（4）固结灌浆浆液采用配比为0.9∶1的稳定浆液，浆液中膨润土比例为1%，减水剂比例为1%。施工现场浆液流变性能测试：开始灌浆前测试一次，每灌注5孔或灌注$1m^3$浆液时测试一次。每50m井深由试验室取样四次进行抗压强度试验，其中Ⅰ、Ⅱ次序各两次。

（5）达到设计压力后，注入率小于1L/min，持续灌注9min可结束灌浆。灌浆达到结束标准后立即关闭孔口灌浆塞球阀，然后关闭灌浆机。

（6）灌浆结束后，对于有明显渗水的灌浆孔，扫孔至孔深2m，采取压力灌浆封孔。孔口段采用水∶水泥∶沙子为0.45∶1∶1的砂浆进行人工封孔。封孔结束后对还存在渗水的灌浆孔，采用化学灌浆处理。

7 600m级竖井与200m级竖井施工技术的差别

（1）在施工反井导孔时，由于600m级的竖井孔较深，地下水位势必就高，通过的地段长，通过的不良地段也会长，加之在地勘阶段，由于地质钻机的钻孔难以钻到底，造成地质方面的不确定因素增加，所以在施工导井的时候，施工管理也应比200m级竖井的施工要细化。如要有详细的钻孔出渣量以检验是否出现塌孔，要有详细的孔深与钻井扭矩、推力的关系曲线并以此确定通过地段的围岩分类，如围岩的分类不是很确定，应在钻孔全部结束后，采用针式孔内摄像进一步确定围岩分类——通过导孔形成的地质情况比地勘孔的更准确，便于在反拉导井时根据地质资料确定扩挖刀的更换位置。

（2）由于600m级的竖井较深，扩挖刀通常在200～300m就要换刀，这与200m级竖井可以不换刀就能一次成型不一样，所以600m级竖井的换刀位置必须事先规划清楚，必须在Ⅲ类围岩地段换刀，如反拉通过Ⅴ～Ⅵ类围岩时换刀，那么换刀风险加大。因为一旦通过Ⅴ～Ⅵ类围岩，由于反导井的扩挖断面为2.1m，虽然扩挖比钻爆法对周边岩体扰动较少，但在600m级的竖井施工中，由于地下水位较高，扩挖后的岩石又没有任何支护手段，往往会形成塌方，一旦形成塌方，扩挖刀盘就无法下放到竖井下口，也就无法更换扩挖刀。

（3）600m级竖井的供水管路和供电电缆的布置也与200m级竖井的布置有所区别。由于600m级的井较深，在开挖到200m后，供水管内的水压力逐步增大，如在管段中间相距一定位置安装减压阀门，理论上是可行的，但竖井的管路是垂直布置，一旦发生减压阀门故障，将对安全造成重大威胁。故在实际施工中主要采用在工作面附近设置调节水箱，施工用水从水箱中二次抽取。而供到水箱的管路在井口设置闸阀，并采用调节闸阀开度给垂直管路供水，避免管路中形成较高水压力。供电电缆由于井太深，也必须采取足够强度的钢丝绳牵引，以保证电缆的使用安全。

（4）600m级竖井的交通布置与200m级竖井的交通布置不一样。200m级竖井的交通可设置人工爬梯，人员可通过爬梯上下。而600m级竖井只需要在上弯段设置爬梯，其他洞段需通过提升系统配置运输施工人员的专用吊篮，来实现人员的上下运输。

（5）600m级竖井的混凝土输送也与200m级竖井的混凝土运输不一样。200m级竖井的混凝土运输，可采取提升系统用吊罐运输，也可采用混凝土垂直输送管路。而600m级竖井如采用提升系统用吊罐运输混凝土，提升系统频繁地在井内穿梭，特别是浇筑下部混凝土时，为了满足混凝土的入仓强度，吊罐在井内运行频繁，给井内的施工安全造成很大隐患，故不能采用。而使用混凝土垂直输送管路，由于井太深，管路的输送型式也与200m级竖井的混凝土垂直输送管路不一样。

（6）600m级竖井的滑模与200m级竖井的滑模不一样。200m级竖井可采取普通混凝土滑模，而600m级竖井宜采用滑框翻模，以适应长距离混凝土垂直输送同时满足浇筑性能的需要。

8 结语

（1）复杂地质条件下超深竖井反井钻机施工在水电施工中尚属首次，无经验可借鉴，从本工程的实施情况来看，钻机的钻孔偏差0.83%～1.24%，导孔钻进速度8.2～10.1m/d，扩孔钻进速度17.0～23.9m/d。该钻孔偏差和钻进速度均满足工程需求，钻进过程控制和现场操作人员的施工经验至关重要。

（2）采用自行研制的背管式混凝土溜管缓降器，解决了混凝土垂直运输问题，从实施情况看，除刚开始下料有 1m^3左右的混凝土有骨料分离外，后续的混凝土均未出现分离现象，入仓的混凝土各项指标均满足要求。

（3）滑模在滑升过程中出现了混凝土粘模现象，给混凝土表面质量带来严重的影响，后经模板改进，采用滑框翻模，模板总高度增加，解决了高强度混凝土粘模的问题。

罗塞雷斯水电站低位泄水孔修复技术

张光辉/中国水利水电第七工程局有限公司

【摘 要】 苏丹罗塞雷斯大坝加高工程低位泄水孔修复利用枯水期进行施工，具有工期紧、工序多、结构复杂、施工难度大、质量要求高等特点。本文从修复工程的施工工序出发，简要阐述各修复工作的设计要求和施工要点。

【关键词】 泄水孔 修复 复合钢板 硅粉 环氧

1 工程概况

罗赛雷斯水电站位于苏丹境内尼罗河的支流青尼罗河上。该工程原大坝于20世纪60年代建成，坝高66m，装机7台共280MW，主要功能是灌溉兼发电。大坝加高工程是将原大坝整体加高10m，同时延长左右岸土石坝，坝体全长由原13.5km增长至25.1km，库容增加40亿m^3，并对坝体老旧结构物和设备进行修复和改造。

本工程共设置6个低位泄水孔，总长约120m，底板及边墙1.5m范围采用不锈钢板做钢衬。由于青尼罗河泥沙含量高，经过多年的冲刷，不锈钢钢衬磨损严重，表面“千疮百孔”，多处被磨穿，经过多次修补，仍不能满足原抗冲磨功能。

2 修复方案

为彻底解决低位泄水孔抗冲磨问题，业主决定对低位泄水孔进行全面修复处理。修复方案如下：割除原有普通不锈钢板，采用碳化铬复合钢板替代，凿除边墙高5.0m范围的老混凝土，浇筑M80/A20硅粉混凝土，在汛期水位线以下的新老混凝土表面均涂刷环氧砂浆（见图1）。

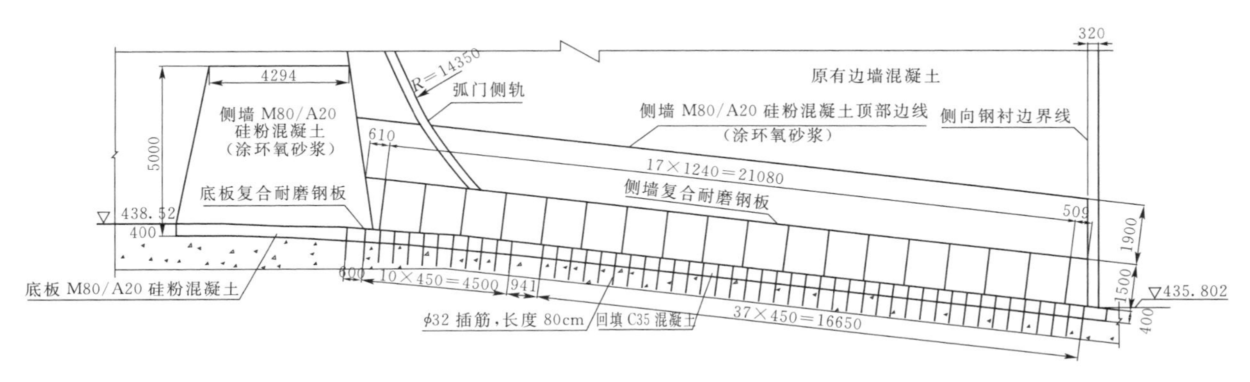

图1 低位泄水孔修复示意图（单位：mm）

泄水孔修复施工程序：围堰修筑→基坑排水→割除原钢板→凿除混凝土→预埋插筋→安装底层钢板（保证安装精度）→回填混凝土→接触灌浆→安装面层复合钢板→浇筑侧墙硅粉混凝土→涂刷环氧砂浆→拆除围堰。

修复工期安排：从2009年11月开始至2012年6月结束，历经3个枯水期（11月至次年6月），每个枯水期完成2孔泄水闸修复任务。

3 施工方法

3.1 黏土围堰施工

低位泄水孔进口采用工作闸门挡水，在出口布置黏土围堰挡水，形成基坑，确保干地施工。黏土围堰沿坝轴线长161m，堰顶宽9m，堰体最大高度14.7m，填筑工程量为49100m³。由于低位泄水孔围堰为总价承包项目，填筑料选用就近弃置的土石坝剥离黏土弃料，以降低施工成本。围堰戗堤填筑采用进占法施工，水面以上分层碾压填筑，20t自卸车运输，TY220推土机摊铺，20t振动碾碾压。

3.2 修复结构拆除

底板原不锈钢钢板拆除采用氧气和乙炔割除，底板混凝土采用风镐凿除40cm深，侧墙老混凝土采用风镐凿除20cm深。

3.3 预埋插筋

为增加新老混凝土的结合能力，在凿除混凝土底板布置ϕ32插筋，长度80cm，锚固60cm，外露20cm，插筋间排距为50cm×30cm。造孔采用YT28手风钻，插筋采用“先注浆、后安装”的方法施工。

3.4 底层钢板安装

底层钢板采用16mm厚的Q345普通钢板，每块底层钢板5.8m×1.38m（长×宽），宽安装精度要求达到0.8mm/1.5m。为确保底层钢板的安装精度，在底板插筋外露端焊接ϕ28连接钢筋，连接钢筋全长30cm，与插筋焊接长度15cm，另15cm套丝，连接钢筋末端插入底层钢板预留孔洞内（以便焊接）。连接钢筋顶端采用螺母顶托底层钢板，调节螺母的高度达到调整底层钢板安装高度和平整度。当底层钢板安装精度满足设计要求后，螺母和底层钢板间采用塞焊固定，连接钢筋末端与底层钢板焊接成整体。

底层钢板采用埋弧焊，其优越性是：生产效率高、焊缝质量优、表面成形美观、劳动条件好、节省焊接材料和电能。

3.5 回填混凝土

底层钢板安装完成后，根据设计要求回填C35混凝土。混凝土采用HB60泵送入仓，通过在底层钢板预留的孔洞（直径28cm，每块底层钢板预留8个孔）灌注，采用ϕ50软轴振捣器振捣密实。

3.6 接触灌浆

在底层钢板钻灌浆孔，采用循环灌浆法，单排作一序孔，双排作二序孔，灌浆压力为0.2MPa。一序孔灌浆时，二序孔作排气孔兼出浆孔。灌浆浆液采用1∶1、0.5∶1两个比级。根据现场情况，经咨询工程师许可，可加入减水剂降低水灰比，外加剂种类和添加量由试验确定。

3.7 面层碳化铬钢板设计与施工

3.7.1 复合钢板设计

面层复合钢板由澳大利亚公司提供，复合钢板由15mm过渡层和16mm碳化铬耐磨面层构成，耐磨层钢板洛氏硬度达到60～62HRC，主要特点：高硬度，耐磨损，抗冲击，耐高温。

3.7.2 复合钢板焊接施工

过渡层和面层焊接，采用焊条电弧焊。在碳化铬耐磨钢板过渡层焊接中，不仅存在着合金元素的稀释和烧损，还有组织和性质上的变化，因此，采用XZ101型焊条，从而保证过渡区的安全性。焊缝焊接需分三次完成，第一层用ϕ3.2焊条进行打底焊13mm，每遍焊接高度不得超过3mm；第二层用507焊条进行填充焊10mm；第三层用90焊丝进行填充及焊缝盖面8mm，加强高度不得超过母材2mm。

为了保证碳化铬耐磨钢板原有的综合性能，应对过渡层和面层分别进行焊接。碳化铬耐磨钢板焊接时，应留意以下几点：

（1）严格按照图样、焊接工艺和有关标准施焊。

（2）遵循先焊接过渡层、再焊接面层的焊接顺序。

（3）为防止粘附焊接飞溅，施焊前需在碳化铬耐磨钢板坡口两侧100mm范围内刷涂防飞溅涂料。

（4）严防碳钢或低合金钢焊条焊接在面层上或过渡层焊条焊在面层上。

（5）焊接过渡层时，为减小稀释率，在保证焊透的条件下，应尽可能采用小直径焊条，并采用小规范反极性进行直道焊，以降低底层对过渡层焊缝的稀释。

（6）面层焊接前，仔细清除坡口边沿面层坡口上的飞溅物。

（7）面层焊接时，为保证焊接质量，必须控制焊接热输进，采取多层多道快速不摆动焊法，尽量采用小的焊接热输进和电流，并快速焊接。

（8）碳化铬耐磨钢板焊接的关键是确保焊缝一次合格率，减少返修次数。由于碳化铬耐磨钢板焊接接头的组织和性能十分不均匀，焊缝返修时经常产生热裂纹。

（9）严格控制钢板表面机械损伤和飞溅物。

3.8 侧墙硅粉混凝土设计与施工

3.8.1 设计要求

合同文件规定采用M80/A20硅粉混凝土进行低位泄水孔的修复。M80/A20表示混凝土的最大骨料粒径为20mm，其28d最小平均抗压强度为80MPa，28d配制强度为92.8MPa。由于工程所在地气温较高，混凝土的运输距离较远，入仓方式困难，考虑到混凝土的坍落度损失，泵送硅粉混凝土的设计坍落度为150～200mm。

3.8.2 原材料选用

水泥使用广西鱼峰水泥股份有限公司生产的普通硅酸盐水泥OPC52.5N，强度等级为52.5。砂石骨料为麦洛维工程的人工破碎骨料，骨料的最大粒径为20mm，根据SMEC咨询工程师要求，粗骨料没有筛分成标准级配的骨料。超塑化剂为江苏博特新材料有限公司生产的

PCA（Ⅰ）超塑化剂，常用掺量（按重量计）为胶凝材料用量的0.6%～1.2%，配制超高强混凝土的用量为1.3%～1.8%。硅粉采用山西凯迪建材有限公司生产的KD－12型硅粉。拌和用水为地下水，来自大坝左岸1#营地内的水井。

3.8.3　配比设计

M80/A20硅粉混凝土配合比设计参数见表1。

表1　　硅粉混凝土配比表

水灰比	砂率/%	硅粉掺量/%	外加剂掺量/%	水泥/kg	骨料/kg	坍落度/mm	抗压强度/MPa	
							7d	28d
0.27	37	8.5	1.6	550	1030	150～200	74.0	93.0

3.8.4　硅粉混凝土施工

硅粉混凝土的配料、拌和、运输、浇筑和养护等工序与普通混凝土施工相同。由于M80/A20硅粉混凝土的水胶比较小，胶凝材料用量较高，为了保证混凝土的拌和均匀性，在拌制硅粉混凝土时，其拌和时间较普通混凝土长。浇筑混凝土前须做好各方面的准备工作，确保混凝土浇筑顺畅进行，任何延误和中途停顿都会对工程质量产生很大影响。在混凝土运输过程中，为避免混凝土产生离析，浇筑时尽可能一次性入仓，避免二次倒运。为确保新浇筑混凝土有适宜的硬化条件，防止混凝土在早期由于干缩产生裂缝，硅粉混凝土浇筑完毕后应立即进行洒水养护，混凝土表面用草袋、麻袋覆盖，保持混凝土表面湿润。

3.9　环氧砂浆设计与施工

3.9.1　设计要求

在汛期水位线以下的支墩老混凝土表面及侧墙新浇混凝土表面涂抹环氧砂浆，以满足未来25年的抗冲耐磨要求。本工程所采用环氧砂浆为德国生产的Sikadur－41CF砂浆。其主要特点为：①组分里含金钢砂细骨料，相比普通的人工砂耐磨性好，表面强度高；②高黏结力的固结体，将该环氧砂浆涂抹在混凝土表面进行黏结力试验时，破坏面未发生在环氧砂浆与混凝土的结合面，而在老混凝土面内，其与混凝土的黏结力能达到10～15N/mm^2；③涂抹后表面平整，光洁，涂抹后的颜色跟混凝土表面接近，呈灰白色，线弹性模量跟混凝土也接近。环氧砂浆材料特性见表2。

表2　　环氧砂浆材料特性表　　单位：kg/L

分组	组分A	组分B	组分C	组分A+B	组分A+B+C
密度	1.7	1.7	1.5	1.7	2.0

3.9.2　配合比

Sikadur－41CF环氧砂浆是将组分A、组分B和组分C按照比例进行混合的，配合比例为：A：B：C＝2：1：3（按照重量法）。

3.9.3　现场施工

对于新浇筑的硅粉混凝土，须在混凝土浇筑结束达到3周强度后，方可在其表面涂抹环氧砂浆。环氧砂浆现场施工要点如下：

（1）修复部位清理。保证所有要涂抹环氧砂浆的老混凝土和新浇硅粉混凝土表面清理干净，方法为：先用高压水枪将表面的油脂、铁锈、表面氧化、磨砂、水垢以及一些松散的附着物冲洗干净，然后自然风干。

（2）老混凝土面涂抹环氧砂浆。将环氧组分按照配比拌和均匀后，用抹刀直接抹到清理干净的部位，按照20cm左右的条带状，从下至上、从左至右依次推进。老混凝土面的涂抹厚度平均为22mm，一次填压而成，每块条带状涂抹的砂浆要均匀，不能厚薄不一，抹刀涂抹时要用力。遇到个别冲刷较为严重的部位，有较大的坑窝出现时，先用环氧砂浆填补深坑，填补后压实，保持环氧砂浆与旧混凝土粘结牢固，然后按上述方法进行压实、抹平。

（3）硅粉混凝土涂抹环氧砂浆。环氧砂浆的涂抹施工方法与老混凝土面涂抹施工方法相同。需要注意的是，涂抹过程中通过在四角钉钉和拉线的方法来控制整体平整度，不能高低起伏，也不能出现连接面的不整齐。环氧砂浆从组分拌和开始到全部用完以不超过40～50min为宜，否则将固结硬化无法使用。

（4）环氧砂浆的养护。修补完毕后12h内不允许对环氧砂浆表面进行触碰和扰动，待其完全硬化后，在表面涂抹一层KD－6养护剂进行养护。

4　结束语

苏丹罗塞雷斯大坝加高工程，低位泄水孔经修复后已运行5～7年，每年汛期均要冲沙泄水，目前运行情况良好，未出现冲磨现象。本工程采用超高强度的碳化铬复合钢板进行泄水孔修复处理，达到设计预期效果，为泥沙含量高的工程泄水建筑设计与修复提供了借鉴经验。

双护盾 TBM 施工中 PPS 与 VMT TUnIS 激光导向系统应用技术研究

梁国辉　何　俊/中国水利水电第四工程局有限公司

【摘　要】本文主要介绍 TBM 隧道掘进机激光导向系统 PPS 与 VMT TUnIS 的组成、工作原理、适用性和技术对比，以及导向系统在 TBM 施工过程中的注意事项。

【关键词】TBM 施工　激光导向　对比

1　引言

在我国经济和社会快速发展的大背景下，地下工程开挖应遵守“安全第一，以人为本”的原则，统筹协调安全、质量、进度、环保和经济的关系；为顺应全国基础建设需要，TBM（Tunnel Boring Machine）掘进施工成为当前重大地下工程建设的首选方式，如中长铁路隧洞、公路隧洞、引水隧洞、城市地铁、地下管廊等工程建设项目都采用该技术。TBM 掘进施工目前已在我国铁路隧道、引水隧道等工程施工中成功展示了它的高效率，在今后长大隧道施工中它也必将发挥重要作用。

TBM 高性能的机械设备是创造高效率的前提，而先进的激光导向系统是 TBM 掘进的“眼睛”，它极大地提高了 TBM 施工的准确性、可靠性和自动化程度。激光导向系统，目前应用最为广泛的有德国 PPS 激光导向系统、德国 VMT 激光导向系统、英国 ZED 公司激光导向系统，以及我国上海力信公司的 RMS－D 激光导向系统等。其中，德国的 VMT 激光导向系统又分为 SLS－T 激光导向系统和 TUnIS 激光导向系统。本文主要介绍 PPS 激光导向系统和 VMT TUnIS 激光导向系统的基本原理、系统组成、主要功能和技术对比，并阐述 TBM 掘进时激光导向中应当注意的一些问题。

2　PPS 激光导向系统的基本组成及工作原理

2.1　基本组成

PPS 激光导向系统由激光全站仪（TCA）、MP 靶（马达棱镜）、倾斜仪、多路器、计算机及掘进软件（PPS 软件）组成。

（1）激光全站仪（TCA）。具有伺服马达，可以自动照准目标和跟踪，并可发射激光束，主要用于后视定向，测量距离、水平角和竖直角，并将测量结果传输到计算机。

（2）MP 靶（马达棱镜）。也称光靶板，是一台智能型的传感器。MP 靶接收全站仪发射的激光束，测定水平和垂直方向的入射点。偏角由 MP 靶上激光的入射角确认，坡度由该系统内的倾斜仪测量，MP 靶在盾构机体上的位置是确定的，即对 TBM 坐标系的位置是确定的。

（3）倾斜仪。与 MP 靶进行信号连接，正确反应机器任何可能的运动。

（4）多路器。保证全站仪工作以及与计算机之间的通信和数据传输。

（5）计算机及掘进软件（PPS 软件）。PPS 软件是自动导向系统数据处理和自动控制的核心，通过计算机分别与全站仪和 PM 通信接收数据，盾构机在线路平面、剖面上的位置计算出来后，以数字和图形形式在计算机上显示出来。

2.2　工作原理

洞内控制导线是支持 TBM 掘进导向定位的基础，激光全站仪安装在位于 TBM 左（右）上侧管片上的拖架上，后视一基准点（后视棱镜）定位后。全站仪自动掉过方向来，搜寻 MP 靶，MP 靶接收入射的激光定向光束，即可获取激光站至 MP 靶间的方位角、竖直角，通过 MP 棱镜和激光全站仪就可以测量出激光站至 MP 靶间的距离。TBM 的仰俯角和滚动角通过 MP 靶内的倾斜仪来测定。MP 靶将各项测量数据传向主控计算机，计算机将所有测量数据汇总，就可以确定 TBM 在全球坐标系统中的精确位置。将前后两个参考点的三维坐标与事先输入计算机的 DTA（隧道设计轴线）比较，就可以显示 TBM 的姿态了。把计算得出的 TBM 姿态与自动导向系统在计算机屏幕上显示的姿态作比较，据实践经验，只要两者的差值不大于设计精度要求，就可以认为自动导向系统是正确的（见图 1）。

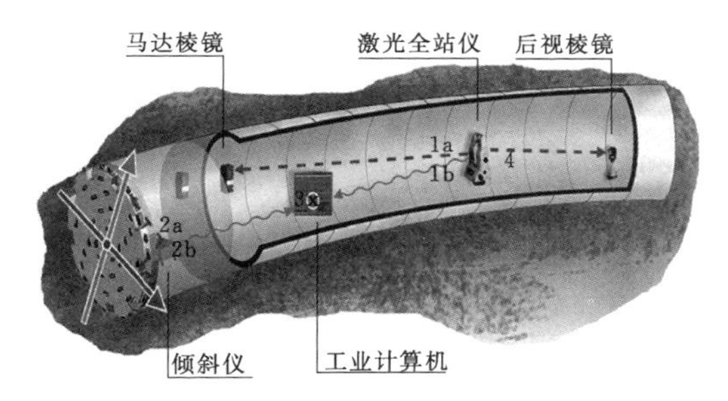

图 1　PPS 激光导向系统工作原理

3　VMT TUnIS 激光导向系统的基本组成及工作原理

3.1　基本组成

VMT TUnIS 激光导向系统是由全站仪、ALTU（激光靶）、通信单元（通信盒 Xlog）、马达盖棱镜、外置双轴倾斜仪和一体式电脑及掘进软件组成（见图 2）。

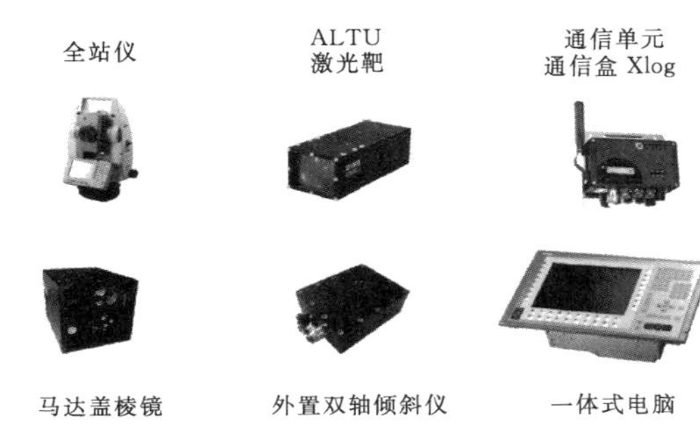

图 2　VMT TUnIS 激光导向系统基本组成

（1）全站仪。具有伺服马达，可以自动照准目标和跟踪，并可发射激光束，主要用于后视定向，测量距离、水平角和竖直角，并将测量结果传输到计算机。

（2）ALTU（激光靶）。ALTU 是一台智能型的传感器。ALTU 接收全站仪发射的激光束，测定水平和垂直方向的入射点。偏角由 ALTU 上激光的入射角确认，坡度由 ALTU 内置的倾斜仪测量，ALTU 在 TBM 盾体上的位置是确定的，即对 TBM 坐标系的位置是确定的。

（3）通信单元（通信盒 Xlog）。它保证全站仪工作以及与计算机之间的通信和数据传输处理。

（4）马达盖棱镜。用于全站仪测量三维坐标来计算整体姿态。

（5）外置双轴倾斜仪。读取 TBM 的仰俯角和滚动角。

（6）一体式电脑及掘进软件。掘进软件是自动导向系统数据处理和自动控制的核心，通过计算机与全站仪和通讯盒接收数据，将 TBM 在设计线路中的平面、剖面上的位置计算出来后，以数字和图形形式在计算机上显示出来。

3.2　工作原理

全站仪安装在位于 TBM 左（右）上侧管片壁的拖架上，后视一基准点（后视靶棱镜）定位后。全站仪自动掉过方向来，搜寻 ALTU 激光靶上方的棱镜然后发射激光，ALTU 激光靶接收入射的激光和内置倾斜仪读取的滚动角和仰俯角，即可获取激光站至 ALTU 激光靶间的方位角、竖直角，通过数据线与固定激光发射器连接把激光投射到 SiLTU（激光靶），通过激光过滤器读取激光点坐标，从而计算出前盾真实姿态。TBM 的仰俯角和滚动角利用前置的双轴倾斜仪来测定，通过数据传输线将各项测量数据传向主控计算机，计算机将所有测量数据汇总，确定 TBM 在全球坐标系统中的精确位置，就可以显示 TBM 的姿态了（见图 3）。

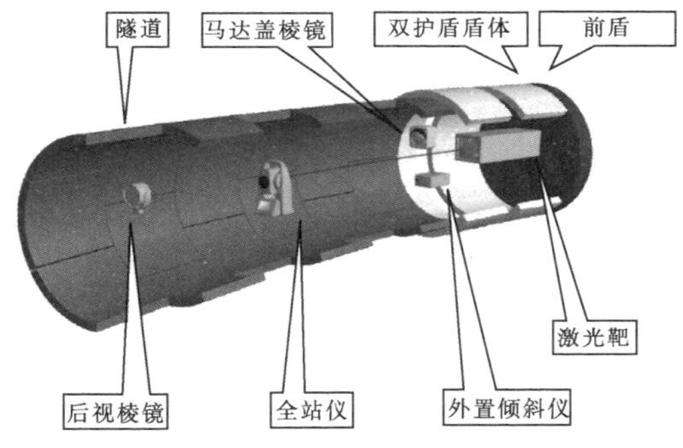

图 3　VMT TUnIS 激光导向系统工作原理

4　PPS 和 VMT TUnIS 激光导向系统常见问题及解决方法

4.1　PPS 激光导向系统常见问题及解决方法

（1）PPM 设置或补偿设置问题。解决方法：检查仪器是否水平，是否有晃动。

（2）测量环境较差。程序连续出现提示，一般是前面灰尘比较大，棱镜处晃动比较大（一般在岩石比较硬的情况下出现）。首先应降低 TBM 推进速度，减小震动，再采取降尘措施，并及时检查激光全仪器是否加固稳定。

（3）自动搜索无法找到目标。解决方法：在测量窗口内检查前面是否有遮挡、人员、物件等。

（4）有多个棱镜目标。解决方法：检查测量窗口内是否有其他目标（反光体等）。

（5）PPS 启动过程中倾斜仪出现错误。首先检查倾斜仪上是否有物件，检查倾斜仪插头供电。同时在主控计算机中检查 PPS—测量—棱镜/倾斜仪测试，尝试打开棱镜 1#、棱镜 2#。如果可以打开或关闭，说明倾斜仪有硬件问题。

(6) 系统启动多路器出现错误。解决方法：重点检查线路连接、端口等位置。

(7) 激光全站仪常态初始化（无法启动）。解决方法：连接线问题，处理更换。

4.2 VMT TUnIS 激光导向系统常见问题及解决方法

(1) 方位检查失败问题。解决方法：检查仪器是否水平，安装完的管片是否有变形。

(2) 激光点未落在 ALTU 激光靶中心。主控计算机连续出现提示，一般是前面灰尘比较大，检查前面是否有遮挡。激光全站仪震动比较大，首先降低 TBM 推进速度，减小震动，再采取降尘措施，并及时检查激光全站仪是否加固稳定。

(3) 启动过程中双轴倾斜仪出现错误。首先检查双轴倾斜仪上是否有物件，检查双轴倾斜仪供电插头。同时在主控计算机中打开双轴倾斜后查看是否有数据反馈。如果无任何数据，说明倾斜仪有硬件问题。

(4) 信号转换器不正常工作。解决方法：查看电源是否正常供电。

(5) ALTU 激光靶不正常工作。解决方法：查看激光全站仪发射的激光是否落在 ALTU 激光靶中心，同时检查 ALTU 激光靶数据传输线连接情况。

(6) SiLTU（激光靶）不正常工作。解决方法：查看固定激光发射器发射的激光是否在 SiLTU（激光靶）靶面上。如果脱离靶面，可以调整固定激光发射器的位置（调整时需要同时更改配置参数）。

5 PPS 与 VMT TUnIS 激光导向系统的适用性及技术分析

两系统的共同点都是需要具有伺服马达的全站仪，通过全站仪获取准确的坐标数据，利用倾斜装置获取滚动角度、倾斜角度以及相对关系计算 TBM 盾体的姿态。基本原理大致相同，不同的是在解算姿态的过程中采用了不同的方法。两系统的适用性及技术分析见表 1。

表 1　两系统适用性及技术分析

系统名称	优点	适用性及技术要求	技术分析
PPS	(1) 为了避免由邻近棱镜反射光束引起的测量误差，棱镜带有伺服马达。在软件的控制下，它能交替地把棱镜遮挡和打开（当全站仪瞄准一棱镜时，该棱镜自动打开，另一棱镜自动遮挡，反之亦然），保证了在任何时刻都能独立、精确地测量每一个棱镜，实现了精准锁定目标； (2) 电脑图形显示直观，且在纠偏过程中会根据水平及垂直偏差量给出一条参考纠偏线； (3) 数据录入方便； (4) 操作快捷简单； (5) 系统运行稳定	(1) 适用范围：大洞径，转弯半径大，安装空间良好，具备良好的通视条件； (2) 技术要求：TBM 盾体应具备较好的设计布局及充足的测量空间（如果在 TBM 双护盾掘进机中将伺服马达棱镜安装在支撑盾上，PPS 的前盾姿态是通过倾斜仪读取的滚动角度和俯仰角度进行推算，在 TBM 换步过程中会出现前盾刀盘姿态不稳定的状态）。利用导向系统代替了人工放样测量，实时进行放样测量工作，故在测量过程中稳定、通视是它的基本要求； (3) 测量人员需定期人工校核导向系统是否正常	(1) PPS 是由全站仪不断地测定仪器对应于各棱镜的距离、竖直角以及后视棱镜、测站与前视棱镜间的水平角，系统自动计算出前视棱镜的三维坐标，并将其坐标信息无线传输到工业用 PC。纵、横向倾倾仪也不断测量刀盘的纵、横向倾斜角度，通过数据传输电缆将这些信息传输给工业用 PC 来显示姿态； (2) 如果安装空间狭小，会导致在转弯或纠偏过程中全站仪无法测量，伺服马达棱镜从而无法获取姿态，故位置及空间是必备条件； (3) 目前测量技术成熟，所以导向系统中所涉及的测量知识就不一一讲解了
VMT TUnIS	(1) 相对受设备空间影响小； (2) 采用数据线与固定激光发射器连接，把激光投射到 SiLTU（激光靶），通过激光过滤器读取激光点坐标，从而计算出前盾真实姿态。运用了软连接方式，避免了通视条件差的问题； (3) PC 显示内容全面，可随时查看任何时间段的姿态，还包括：全站仪是否整平及工作状态、设计线路、历史记录、ALTU（激光靶）工作状态、SiLTU（激光靶）工作状态等；	(1) 适用范围：在 TBM 双护盾模式下，对于转弯半径小、安装空间狭小、前盾通视条件差等都能准确进行实时导向； (2) 技术要求：为保证远程和本地数据的传输流畅，远程和本地的距离不宜过长，频道必须一致；TBM 按照设计轴线前进，在掘进时通过调节 TBM 的 A、B、C、D 四组主推油缸控制，操作手需结合油缸行程和导向系统的姿态显示进行掘进任务，测量人员需定期人工校核导向系统是否正常	(1) ALTU 靶接收入射的激光和内置倾斜仪读取的滚动角和仰俯角，即可获取激光站至 ALTU 靶间的方位角、竖直角，再通过数据线与固定激光发射器连接把激光投射到 SiLTU（激光靶），通过激光过滤器读取激光点坐标，从而计算出前盾真实姿态； (2) 定期对 TBM 盾体进行人工测量并计算姿态，跟导向系统的姿态进行对比，确保姿态真实可靠； (3) 对油缸行程进行分析计算，并结合导向系统的趋势显示论证当前姿态的偏差；

续表

系统名称	优点	适用性及技术要求	技术分析
VMT TUnIS	（4）当全站仪激光被遮挡时可持续5分钟显示推算姿态，减少了TBM停机次数； （5）有利于小洞径、转弯半径小的TBM双护盾硬岩掘进；双护盾模式下换步前后姿态稳定、电脑显示水平垂直趋势直观； （6）数据录入方便； （7）操作快捷简单； （8）系统运行稳定		（4）对TBM的转弯半径进行计算，根据导向系统显示趋势进行纠偏调整； （5）测量人员提供真实准确的控制点坐标

6 导向系统在实际应用中的注意事项

（1）制定适用于 TBM 施工的测量专项技术方案，对设计图纸进行审核；设计线路的录入要准确无误。测量人员与 TBM 操作人员要掌握激光导向系统的组成、原理和性能，严格执行操作规程。

（2）TBM 硬岩掘进时的水平和垂直调向是通过伸缩油缸来实现 TBM 的左右偏移、上下偏移，在掘进过程中调向时必须小幅度缓慢进行，一般情况控制小于 4mm/m 的纠偏量，以防调向过急造成刀盘等相关位置的损坏以及调向趋势过大造成卡机等后果。

（3）由于管片出盾尾时都要受到很大的弯曲应力，所以进洞时应尽量使 TBM 保持头高尾低的姿态，与端头井接收架的高程相当，使管片受到的弯曲应力尽量小，避免 TBM 出现“栽头”的情况。

（4）TBM 掘进时的姿态，是通过全站仪实时测设坐标，反算出 TBM 盾首、盾尾实际三维坐标，从而得出盾构姿态参数控制，因此在移站过程中测量人员必须保证测量精度。移站时还要注意新拼装管片的稳定性，尽量选择较为稳定的部位安装。在掘进过程中，TBM 机械振动会造成管片臂上全站仪的连同振动，因此应在全站仪支架上做减震措施。

（5）在施工首级控制网检测满足精度后，以之作为隧道施工测量的依据，然后进行施工控制网的加密，保证后续的施工测量及隧道贯通测量能够顺利进行。通常地面精密导线的密度及数量都不能满足施工测量的要求，因此应根据现场的实际情况，进一步进行施工控制网的加密，以满足施工放样、隧道贯通测量的需要。洞内平面控制导线布设成等边闭合导线环网。根据现场实际情况，导线设在离洞壁 0.5～1m 处的两侧边墙上，采用强制对中钢架墩标盘，导线点在施工过程中严禁破坏。

在施工中建立洞内导线，目的是以必要的精度控制隧道横向误差，而直线隧道横向误差主要是由测角引起的，故要提高横向贯通精度关键是要提高测角精度。提高测角精度，一是在施测过程中要遵循全圆观测法规则，提高对点精度，尽可能提高照准精度，增加测回（或多期观测）等手段；二是从布网上来说尽可能减少导线点数，增加角度闭合条件。按照与洞外统一的控制测量坐标系统，建立洞内控制系统。

洞内施工导线一般采用支导线的形式向里传递。由于支导线没有检核条件，精度不易保障，所以最好采用双支导线的形式向前传递；采用结点导线连接形式，构成闭合导线，及时对施工导线进行精度评定，确保施工导线满足精度要求。洞内施工导线一般采用在管片最大跨度附近安装强制对中托架，测量起来非常方便，且可以提高对中精度，不影响洞内运输。强制对中托架尺寸形状要控制好，以便可以直接安装在管片的螺栓上面，不需要电钻打眼安装。在曲线段隧道，管片上的导线点间的边角关系经常受 TBM 机的推力和地质条件的影响，所以要经常性复测。

（6）操作人员要密切观察操作台上的工业用 PC 屏幕，监视隧道掘进的实际中线位置与设计中线位置的关系（包括在纵断面内、水平面内的位置偏差，以及刀盘的掘进位置等），及时调整掘进偏差。如果发现突然异常，要停止掘进，找出发生异常的原因，排除故障，确保掘进方向准确无误。

7 结论

TBM 激光导向系统在机械化隧道施工中起着指导掘进方向的重要作用。PPS 和 VMT TUnIS 两激光导向系统在各单元的元器件上有所不同，但即使它们在结构组成中有多少不同，其基本原理是相同的。随着导向技术的不断进步，激光导向系统的各项性能、稳定性、适用性会越来越好。有了好的设备，更需要操作人员具备必要的测绘知识和操作技能。我们解决了激光全站仪受外力振动所导致的无法正常导向的问题、空间狭小时后视支架无法安装的问题、基本导线点坐标上导向测站困难的问题（TBM 设计中对测量空间存在缺陷的情况），在实际操作中仍然会遇到其他诸多问题，还需要我们不断研究探讨，以便充分发挥其优良性能。

压力分散型预应力锚索在溧阳抽水蓄能电站中的应用

张　兵/中国水利水电第三工程局有限公司

【摘　要】750kN无粘结压力分散型预应力锚索在江苏溧阳抽水蓄能电站尾闸室下游边墙塌滑堆积体加固工程中成功应用，本文重点介绍其设计概况、施工工艺、关键工序及差异荷载增量计算方法，为类似工程提供参考经验。

【关键词】塌滑堆积体加固　压力分散型锚索　荷载计算

压力分散型锚索的特征是：内锚固段的数个承载板从不同位置调动锚索锚固区的承载能力，逐级衰减至自由段，锚固力可调性范围大。对承载力比较差的软弱破碎岩体和难以锚穿的较大堆积体，使用压力分散型锚索进行坡面支护具有良好的加固效果。

1　工程概况

溧阳抽水蓄能电站地处江苏省溧阳市境内，电站主要任务是为江苏电力系统提供调峰、填谷和紧急事故备用，同时可承担系统的调频、调相等任务。电站装机容量1500MW（6×250MW），设计年发电量20.07亿kW·h，年抽水电量26.76亿kW·h。电站发电最大水头290m，最小水头227.3m，额定水头259m，洞长水头比为7.9。枢纽建筑物由上水库、输水系统、发电厂房及下水库等组成。

1.1　地质情况

2#闸门井位于尾闸室右侧，断面尺寸为10.3m×6.3m，最大井深17.5m。由于2#闸门井有3#岩脉分布，从开挖中揭露的地质情况看，该处岩脉已严重蚀变，多呈散砂状。受此影响，开挖中导井周围岩块自然塌落，导井断面不断扩大，坍塌范围超出闸门井设计边线。其中上游最大塌滑厚度约1.5m，下游最大塌滑厚度3～4m，塌空区向顶部延伸。

1.2　锚索设计

为保证围岩稳定及结构的安全，确保上部门机正常安全运行，设计增设压力分散型预应力锚索34束。预应力锚索由6根ϕ15.24mm、标准抗拉强度为1860MPa的高强低松弛无粘结预应力钢绞线编制，设计吨位750kN，锁定吨位600kN。锚索设计入岩长度29.5m，锚固段长度9m，自由段长度20m，与边墙成90°夹角，钻孔孔径为120mm。

2　预应力锚索施工工艺

预应力锚索施工工艺流程见图1。预应力锚索施工的关键工序是钻孔成孔（包含固壁灌浆）、锚索制安、孔内注浆和锚索张拉锁定。

2.1　锚索孔钻孔

预应力锚索钻孔孔径为120mm。设计入岩孔深29.5m，钻孔孔深应超出设计孔深0.5m，以确保锚索正常下入孔内，故孔深按30.0m控制。施工前，用全站仪按设计要求测定孔位，钻机安装就位并调整倾角及方位角，将钻机固定后开钻。锚索孔开孔偏差控制在10cm以内。

为加快钻孔进度，尽快完成加固抢险处理施工，锚索钻孔采用XY－2PC型地质钻机先对附壁墙钢筋混凝土钻进，待穿过混凝土层后即用MD－50型锚固工程钻机在基岩内钻孔。钻孔在钢管脚手架上搭设的施工平台上进行，钻机下铺设方木和滑轨，以便钻机固定就位及水平移位。

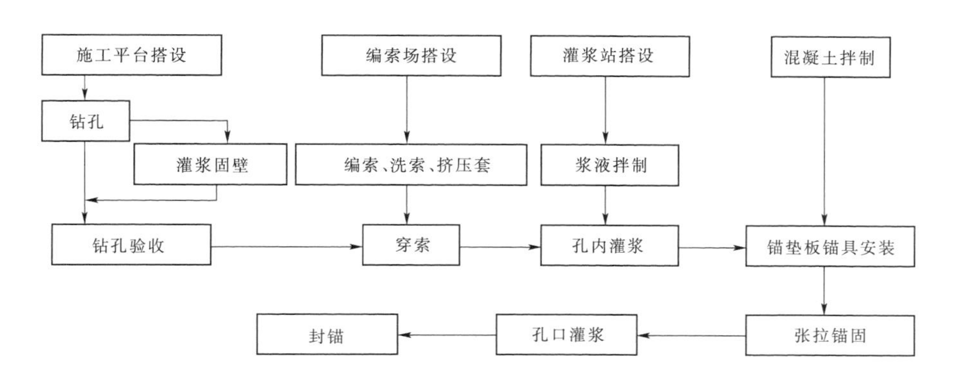

图1　预应力锚索施工工艺流程图

2.2　固壁灌浆

从前期2♯尾水闸门井塌滑体部位抢险灌浆处理钻孔情况看，附壁墙后存在大面积空腔及滑塌堆渣体，锚孔钻进中极易出现不回风、不返渣、塌孔、卡钻、掉块、埋钻等现象。故根据情况及时采用0.6∶1纯水泥浆液进行固壁灌浆，灌浆压力0.3～0.5MPa，灌浆结束后待凝6h后再扫孔钻进，钻孔与固壁灌浆反复进行直至达到设计孔深。固壁灌浆采用单孔纯压式灌浆法，如灌浆中出现相邻锚索孔串浆、附壁墙与回填混凝土接触面漏浆等现象，则根据情况采取嵌缝、低压、浓浆、间歇屏浆及堵漏剂封堵。情况较严重时，经监理工程师同意后，可在浆液中加速凝剂。

扫孔过程中遇到问题及时记录，查明原因加以处理。扫孔结束后，采用高压风冲洗孔道，确保孔内清洁干净。孔道经检查合格后，对孔口临时封堵保护。

2.3　锚索制安

锚索编制程序为：按设计要求进行钢绞线下料→内锚固段与孔口段去皮洗油→钢绞线编号→编制锚束体→安装内隔离支架与灌浆管→安装导向帽。

钢绞线下料在锚索加工场进行。下料长度即为锚索设计长度加张拉操作长度。先根据各单元锚索的不同长度整齐准确下料，误差不大于±50mm，预留张拉段钢绞线长度1.5m，并标识清楚。压力分散型锚索由3个单元锚索组成，每个单元锚索分别由两根无粘结钢绞线内锚于承载体组成，钢绞线通过特制的挤压簧和挤压套对称地锚固于承载体上，其单根连接强度大于125kN。各单元锚索的固定长度分别为L_1、L_2、L_3，共同组成复合型锚索的锚固段（见图2）。挤压头组装时，挤压套、挤压簧要安装准确，挤压顶推进应均匀充分，并严格按钢绞线挤压套挤压工艺操作。组装承载体时应定位准确，挤压套通过螺栓在承载体和限位片间拴接牢固。束线环间距为1.0～1.5m，定位准确，绑扎牢固，每个锚孔口位置必须设置一个束线环。注浆管穿索应深入导向帽5～10cm，导向帽点焊固定于最前端承载板上，并留有溢浆孔。

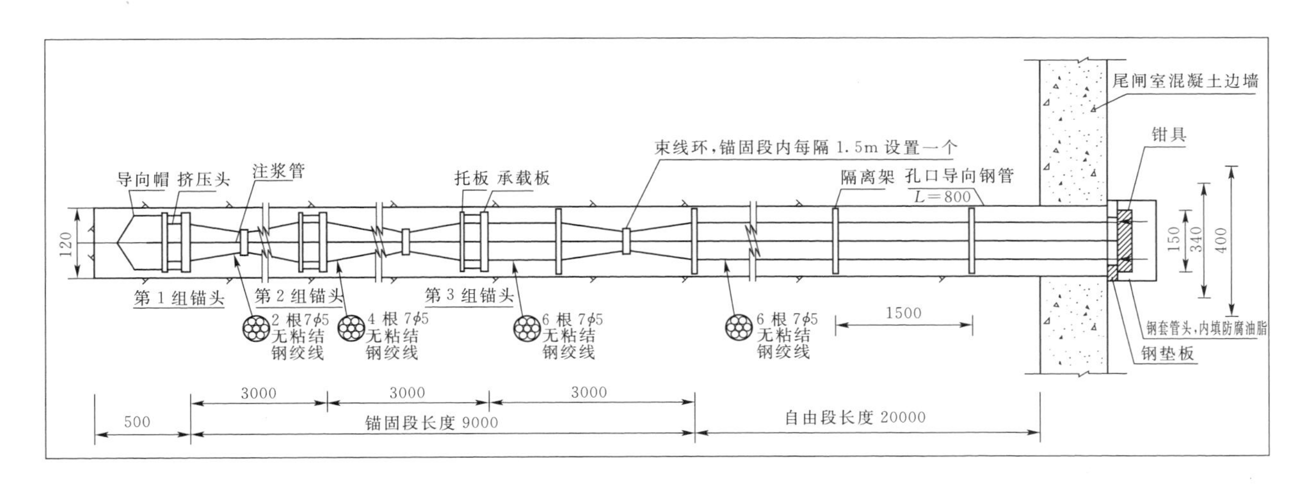

图2　新增锚索结构示意图

2.4 锚索孔灌浆

无黏结锚索灌浆采用一次性灌注全孔段，其要点如下：

(1) 锚垫板厚 2.5cm，上部 ϕ140 孔口管长 80cm，现场增加 ϕ25 排气管，工作锚板上开孔孔位与锚索张拉时的工作锚具一致。

(2) 在定制锚板、钢垫板、外露钢绞线 PE 护套表面均匀涂抹一层润滑油，以便灌浆后剥离表面粘结的水泥结石。

(3) 按照设计图纸，灌浆管与第一组钢绞线长度相同，灌浆管在锚索编制时与 6 根钢绞线水平安装，灌浆管为 ϕ20 PE 管，排气（浆）则利用孔口预埋的 ϕ25 排气管排气（水、浆）。

(4) 灌浆水泥为 P.O42.5 普通硅酸盐水泥，采用水泥浓浆灌注，内锚段浆液水灰比为（0.33～0.4）：1，或按监理指示进行。制浆用 ZJ－400 浆液搅拌机，灌浆用 SGB6－10 灌浆泵。

(5) 灌浆时灌浆管进浆，回浆排气管上安装压力表，采用有压循环灌浆法。开始灌浆时敞开排气管，以排出气体、水和稀浆。回浆管排出浓浆，且浆液比级与灌浆浆液相近或相同时，逐步关闭排气阀，注浆压力 0.1～0.3MPa，吸浆率小于 1L/min 后，屏浆 30min 即可结束。

2.5 锚索张拉锁定

采用 YDC 型千斤顶和 2YB2－80 型电动油泵配套进行锚索张拉，单根预紧及张拉采用 YCN－25 型千斤顶。张拉前其机具须进行配套率定，率定成果作为正式施工依据。锚索张拉操作方法为：

(1) 安装锚板、夹片、限位板、千斤顶及工具锚。安装前锚板上的锥形孔及夹片表面应保持清洁，为便于卸下工具锚，工具夹片可涂抹少量润滑剂。工具锚板上孔的排列位置需与前端工作锚的孔位一致，不允许在千斤顶的穿心孔中发生钢绞线交叉现象。

(2) 压力分散型锚索的各单元锚索长度不同，张拉时要注意严格按设计次序分单元采用差异分步张拉。根据设计荷载和锚索长度计算确定差异荷载，并根据计算的差异荷载进行分单元张拉。张拉采用“双控法”，即用设计张拉力与锚索体伸长值综合控制锚索应力，控制油表读数为准，伸长量校核。实际伸长量与理论值的偏差应在±6%范围内，否则应查明原因并采取措施后方可进行张拉。

(3) 锚索正式张拉前，取 10%～20%的设计张拉荷载，对其预张拉 1～2 次，使其各部位接触紧密，钢绞线完全平直。张拉时按一定速度进行（一般为 40kN/min）。

(4) 压力分散型锚索的张拉程序：安装千斤顶→0→ΔP_1（先张拉 L_1单元，补足 L_1单元差异荷载，量取 L_1单元锚索伸长值 S_1）→$2\Delta P_1$（量取伸长值 S_2，计算 L_1单元锚索 $0-\Delta P_1$的伸长值）→ΔP_2（再张拉 L_1、L_2单元锚索，补足 L_1、L_2单元差异荷载，量取 L_1、L_2单元锚索伸长值 S_3）→12.5%（预张拉，量取伸长值 S_4）→$2\Delta P_2$（量取伸长值 S_5，计算 L_1、L_2单元锚索 $\Delta P_1-\Delta P_2$的伸长值）→25%P（量取伸长值 S_6）→50%P→75%P→100%P→110%P（量取伸长值 S_7）。

(5) 实际伸长值的计算。

L_1单元锚索：$\Delta L_1=(S_7-S_4)+(S_6-S_4)+(S_5-S_3)+(S_2-S_1)$。

L_2单元锚索：$\Delta L_2=(S_7-S_4)+(S_6-S_4)+(S_5-S_3)$。

L_3单元锚索：$\Delta L_3=(S_7-S_4)+(S_6-S_4)$。

锚索的预应力在补足差异荷载后分 5 级按前述张拉程序进行施加，即设计荷载的 25%、50%、75%、100%和 110%。张拉最后一级荷载时，应持荷稳定 10～15min 后卸荷锁定。锚索锁定 48h 内，若发现明显的预应力损失现象，必须及时进行补偿张拉。

(6) 为保证压力分散型锚索的张拉质量，锚索张拉时需注意以下事项：①孔口锚头面应平整，并与锚索的轴线方向垂直；②锚具安装应与锚垫板和千斤顶密贴对中，千斤顶轴线与锚孔及锚索轴线在一条直线上，不得弯压或偏折锚头，确保承载均匀同轴，必要时用钢质垫片调整满足；③注浆体与孔口锚头面的混凝土强度达到设计强度的 80%以上时，方可进行张拉。

3 差异荷载增量计算方法

因压力分散型锚索各单元长度不一，故必须先计算各单元差异伸长量和差异荷载增量，其计算公式（以三单元共六束压力分散型锚索为例）如下。

(1) 差异伸长量。

$$\Delta L_{1-2}=\Delta L_1-\Delta L_2$$

$$\Delta L_{2-3}=\Delta L_2-\Delta L_3$$

$$\Delta L_1=(\sigma/E)\times L_1$$

$$\Delta L_2=(\sigma/E)\times L_2$$

$$\Delta L_3=(\sigma/E)\times L_3$$

$$\sigma=P/A$$

(2) 差异荷载增量。

$$\Delta P_1=(E\times A\times \Delta L_{1-2}/L_1)\times 2$$

$$\Delta P_2=[(E\times A\times \Delta L_{2-3}/L_2)+(E\times A\times \Delta L_{2-3}/L_1)]\times 2$$

式中 L_1，L_2，L_3——第一、二、三单元锚索的长度，且 $L_1>L_2>L_3$；

ΔL_1，ΔL_2，ΔL_3——各单元锚索在给定最终张拉（设计锁定）荷载作用下的伸长量；

ΔL_{1-2}，ΔL_{2-3}——各单元锚索在给定最终张拉（设计锁定）荷载作用下的差异伸长量；

σ——给定最终张拉（设计锁定）荷载作用下钢绞线束应力；

P——给定最终张拉（设计锁定）荷载作用下单根钢绞线束荷载；

A——单根钢绞线束的截面面积；

E——钢绞线的弹性模量；

ΔP_1，ΔP_2——分布差异张拉之第一、第二步级张拉荷载增量。

（3）锚索张拉时的实际伸长值。

$$\Delta L = \Delta L_1 + \Delta L_2$$

式中 ΔL——锚索实际伸长值，mm；

ΔL_1——从初应力至最大张拉力间的实测伸长值，mm；

ΔL_2——初应力以下的推算伸长值，mm，可采用相邻级的伸长值。

4 结语

溧阳电站尾闸室2＃闸门井因3＃岩脉已严重蚀变，多呈散砂状，在开挖中形成塌滑堆积体。采用压力分散型锚索可避免锚固段的压应力集中，使锚固段应力分布更趋均匀，在锚索内锚段受力体不好但又需要提高较大锚固力的部位比较合适。

在尾闸室下游边墙锚索完成7个多月后，通过对锚索测力计和边墙变形观测设备的监测数据分析，2＃闸门井塌滑堆积体段边墙处于稳定状态，加固效果良好。根据本工程经验，对于破碎岩体、断层、裂隙发育地段、大型塌滑堆积体等，采用压力分散型锚索可大大提高围岩的稳定性与可靠性。

黄登水电站右岸缆机平台边坡变形险情处理施工技术

周彩云/中国水利水电第四工程局有限公司

【摘　要】黄登水电站右岸缆机平台施工中出现边坡变形，直接影响工程安全和施工人员安全。为确保边坡变形区域的安全稳定，决定采取预应力锚索配合锚拉板加固措施。本文重点介绍了边坡的加固措施及其施工方法。

【关键词】黄登水电站　边坡变形　险情处理

1　工程概况

黄登水电站位于云南省兰坪县境内，是澜沧江上游曲孜卡至苗尾河段水电梯级开发的第六级水电站，采用堤坝式开发，以发电为主。大坝坝址部位边坡河谷狭窄，两岸山坡陡峻，岩体卸荷较深，岩体分布有层状相对火山角砾岩较软的凝灰岩夹层。

右岸缆机平台高程 1678m，边坡高 169m，自然坡度 30°～45°，设计每级边坡高 15m，马道宽 3m。其中高程 1785m 以下坡比 1：0.5，1785m 以上坡比1：0.75。边坡上部由覆盖层和千枚状泥质板岩组成，岩体倾倒变形强烈，以松散和破碎的散体结构和碎裂结构为主，开挖边坡类似散体均质边坡，稳定条件差。缆机平台及开挖边坡部位分布有 2 号倾倒松弛岩体。该岩体破碎，裂隙张开 1～5cm，岩块间架空不明显，呈镶嵌状，松弛岩体底界折断面呈不连续锯齿状，未形成贯穿连续的折断滑动面。综合分析，2 号倾倒岩体在自然条件下为基本稳定—稳定，右岸缆机部位工程地质条件较差。

2　险情及加固处理措施

2.1　边坡变形险情

受开挖及地质条件等影响，2012 年 9 月 28 日右岸缆机平台高程 1785m 以上、桩号坝横 0+90 下游边坡出现较大范围变形。如边坡塌滑，对下部在建工程，以及施工人员和设备的安全造成极大威胁。

险情发生前两天，预感到该部位要发生变形，即布置临时观测点并测得初始值。9 月 28 日险情发生当日最大变形约 20cm，累计最大变形 60cm，右岸缆机平台高程 1770～1785m、桩号坝横 0+120～0+150 段锚拉板有较大位移，在此桩号范围内 8 束锚索（1777.5-4、5、7、8、9 号，1782.5-8 号，1772.5-14、15 号）相继失效，另高程 1785～1815m 两层边坡（桩号 0+90 下游）变形加剧，情况危急。

2.2　加固处理措施

查看现场后，参建四方立即召开专题会，确定变形加固为紧急抢险项目，并做出以下决定。

（1）暂停高程 1770m 以下边坡开挖爆破施工，避免对险情区域边坡扰动。

（2）对高程 1755～1770m、桩号 0+90 下游已开挖边坡进行反压回填，回填高程控制在 1770m。

（3）对右岸缆机平台高程 1770～1785m、桩号 0+90下游边坡 11 束未施工锚索（孔号 1772.5-6～13 号，1777.5-11、12 号，1785.2-11 号）进行调整，锚索的等级由 1000kN 改为 1800kN，长度由 45m 改为 50m，其余参数不变。已破坏或失效的锚索按调整后参数补打，后续锚索施工完成后用 M50 水泥浆灌注，具备条件后采用钢垫板替代常规墩头进行张拉锁定。

（4）尽快完成高程 1785～1800m、1800～1815m 两

层边坡锚墩，按独立墩头浇筑，墩头混凝土标号由C35提高到C40，3d后采用独立墩头张拉，张拉按设计吨位的50%控制，如遇异常，立即停止。

（5）在高程1785m马道增设临时表观点，加强对永久边坡的变形监测，监测数据及时反馈。

（6）确定设计方案，最终明确增加157束锚索，锚索及锚拉板延伸至下游开口线0+200处。

3 边坡加固处理施工

加固处理前，坡面碎石不断滑落，裂缝持续扩张，边坡随时都会塌滑。而预应力锚索、锚杆支护施工较快，能迅速给边坡提供支护力，故采用预应力锚索、自进式锚杆、喷混凝土、锚拉板加固处理措施（见图1）。锚索等级均为1800kN，长度50m，间排距为5m。

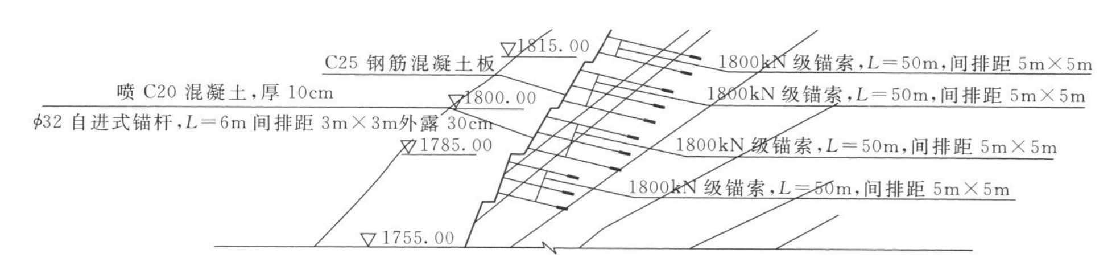

图1 边坡加固剖面示意图

为使处理措施充分发挥加固作用，采用先素喷、打设浅层锚杆支护确保稳定，再采取预应力锚索锚固。加固施工的主要程序为：清理坡面危石→搭设脚手架→喷射混凝土→锚索和锚杆孔定位→锚索和锚杆安装→墩头安装和制作→锚索和锚杆灌浆→锚索张拉锚固→锚索张拉段回填灌浆→锚拉板混凝土浇筑→锚索张拉段锚固→排水孔钻孔和安装。

3.1 喷射混凝土施工

排除坡面危石后即喷混凝土对边坡封闭，以减小施工期间的危险；封堵裂缝，防止雨水灌入岩体内部。喷射混凝土为C20素混凝土，原材料为P.O 42.5水泥、中粗砂和碎石，配合比1∶2.17∶2.55，水灰比0.45，用PZJ-5型混凝土喷射机喷射。因坡面极不规则，平均厚度需大于10cm。

3.2 自进式锚杆施工

自进式锚杆是一种将钻进、注浆和锚固功能集于一体的锚杆。本工程地质条件复杂，为了对边坡实施有效加固，采用长6m的自进式锚杆。锚杆钻机使用潜孔钻机，在潜孔钻上套上专用的纤尾套，将锚杆与纤尾套连接牢固，并在第1节锚杆的前端套上钻头，钻至设计深度。

3.3 预应力锚索施工

本工程锚索均为全长无粘结锚索，锚索体材料使用12根高强度低松弛钢绞线。对预应力钢绞线进行抽样并做力学性能试验，结果表明其性能指标符合《预应力混凝土用钢绞线》（GB/T 5224—2003）的规定。

3.3.1 锚索的钻孔

采用YG-80型钻机配空压机钻锚索孔，孔径150mm。在钻孔前用全站仪逐一放出各锚索孔位及方位，并标识清楚。钻机就位后，按设计的高程、方位角及倾角调整，用罗盘仪和水平仪检查无误后加固机架。钻孔采用偏心跟管钻进，跟管进入基岩1m，钢管为Q235钢材，终孔孔深宜大于设计孔深40cm，以便将锚索送入孔底。为了顺利安装锚索及增加注浆体与锚索体的黏结强度，钻孔完毕后，连续不断地用高压风彻底清理孔内岩粉和碎渣，孔深验收合格后立即安装锚索。

3.3.2 锚索的制作与安装

钢绞线的截断长度为锚索设计长度与张拉作业长度之和，张拉作业长度取2.0～2.5m。除去内锚固段范围内钢绞线外的PE塑料管，并清洗干净钢绞线上的油脂。在内锚固段与自由张拉段相连部位，PE塑料管端部均用胶带缠封，以免灌浆时浆液浸入。沿索体轴线方向每隔2m设1个硬质塑料对中隔离环，锚固段加密至1m。隔离环两端及2个隔离环间用12号无镀锌铁丝捆牢，使整个内锚固段呈1串枣核状。每根钢绞线保持顺直不交叉，在锚束中心布置2根ϕ25塑料灌浆管，其中1根为备用。张拉段采用土工布和细帆布包裹，避免灌浆时浆液沿岩体裂隙流失，减少锚索安装后灌浆量，使张拉段浆液能充填密实，对索体起到保护作用。锚索底部端头需套上导向帽。

3.3.3 锚索的灌浆与锚墩头制作

设计要求锚固段水泥浆液结石强度为M35，外锚墩混凝土强度C35。锚索施工期，边坡仍处于蠕滑变形状态。为实现快速锚固，快速形成堆积体锚固力，需尽快完成锚索张拉。为此，提高锚固段水泥浆液结石强度至M50、外锚墩混凝土强度至C60，部分混凝土锚墩调整为钢锚墩（见图2、图3）。

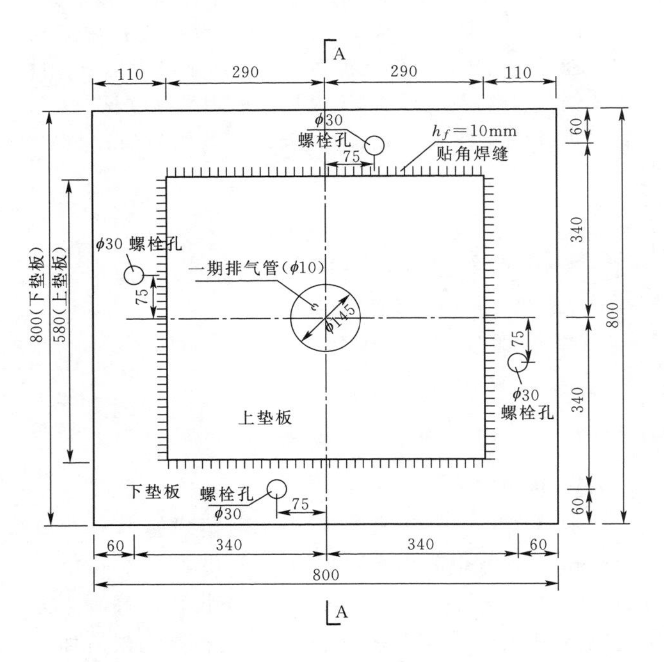

图2　钢锚墩结构图

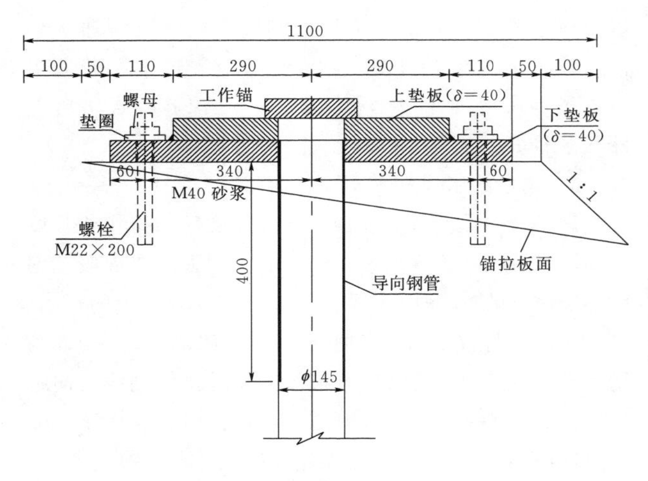

图3　钢锚墩剖面图

被锚固的倾倒蠕变岩体厚度大于10～50m，呈碎裂状，强风化，由孤石、块石及碎石组成。孤石及碎石缝隙中填充粉砂土，部分岩体风化、卸荷、崩塌及岩体蚀变等较发育。锚固段灌浆时，经多次灌注仍难以达到灌浆结束标准，不能保证设计锚固长度。过量注入水泥浆，不仅效率低，成本高，且会堵塞有效排水通道，从而降低排水效果。为此，采取锚固段固壁灌浆、限制灌注浆量和自由段包裹土工布及细帆布等措施，有效地解决了上述难题。灌浆水泥使用普通硅酸盐水泥，采用浓浆灌注，水泥浆28d抗压强度不低于M50，水灰比由室内试验确定并经批准后实施。浆液由孔底注入，空气和水由排气管排出。锚固段灌浆完后将排气管上部拔出1～2m，以排气管作为张拉段的灌浆管。遇岩石裂缝采用间歇灌浆。采用GJY-Ⅲ灌浆自动记录仪和人工记录对灌浆全过程监控。

3.3.4　锚索张拉

待锚固段内水泥浆液结石强度达设计强度值的75%及外锚墩混凝土强度达合格条件后即可对锚索进行第一次张拉，张拉荷载达到设计永存力的50%后固定。然后拆除排架，浇筑锚拉板混凝土。再重新搭设排架，锚拉板和墩头混凝土强度达设计要求后，钢锚墩部位预先用M40砂浆混凝土抹平或采用钢板垫平，进行第二次张拉，最终荷载按设计值控制。再按要求进行张拉段灌浆和锚头保护。

张拉程序：张拉设备及压力表率定→分级拉力理论值计算→外锚墩混凝土强度检查→张拉机具设备安装→预紧→分级张拉→锁定→张拉工序签证验收。

3.4　锚拉板混凝土施工

锚拉板混凝土模板可为钢模、木模、夹板模。采用翻模工艺，每节模板上口高于上层仓号底部约10cm，以抬高浇灌口，使上下层仓号的混凝土紧密接触。采用跳仓跳层浇筑方法，即仓号1第1层混凝土浇筑完成后，接着浇仓号3第1层混凝土，安装仓号1第2层模板，待仓号3第1层混凝土浇筑完成后，接着浇仓号1第2层混凝土，依次往上循环浇筑。混凝土由拌和楼拌制，混凝土罐车运至高程1785m平台，泵车送至溜筒分别入仓，自下而上铺料，插入式振捣器斜插入模板内振捣。

3.5　排水孔施工

边坡裂隙较多，地面降水容易渗入裂缝形成压力水，使边坡下滑力增大，对边坡稳定极不利。为此，在边坡上设6排共157个排水孔。根据现场条件及钻孔深度，排水孔用QY-100D型潜孔钻机造孔，钻孔结束后，将符合长度、直径、形式等要求的软式透水管插入孔内，并外露一定的长度。

4　处理效果

在边坡加固区域设12个临时监测点，从2012年9月28日开始施工至11月25日，对监测点水平和垂直位移进行监测。由图4可知，随着新增锚索陆续完成，该区域边坡逐渐趋于平稳。后期施工中原有裂缝虽有所扩张，但加固项目全部完成后，重新用水泥浆封堵，没有发现新的裂缝出现。

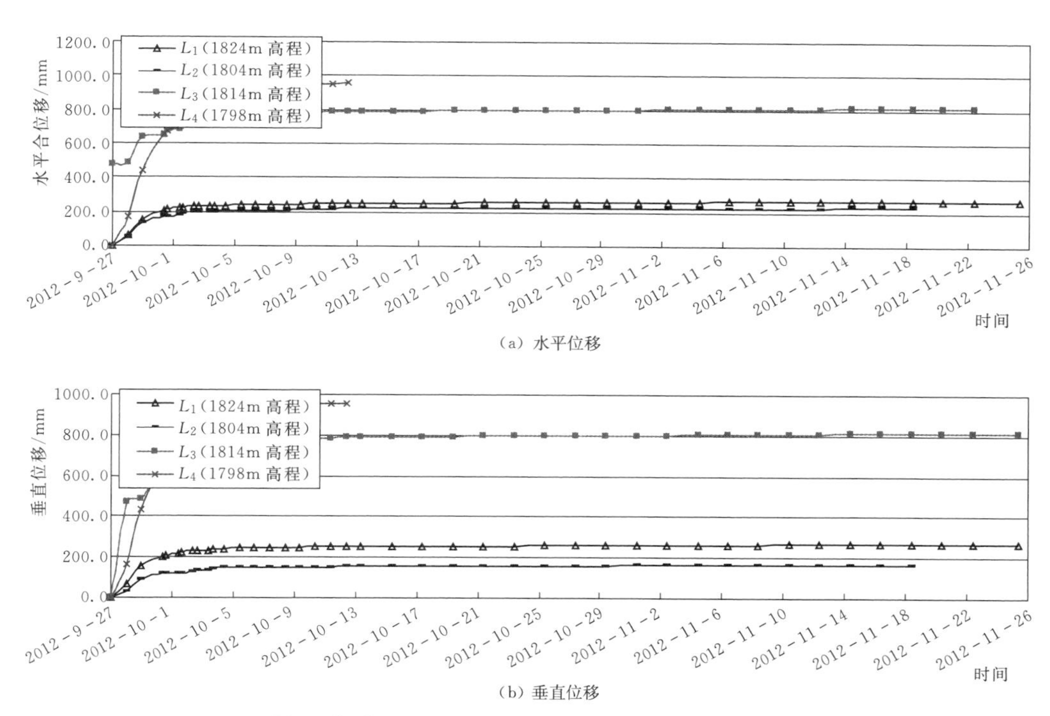

图4　临时监测点 L_1～L_4 水平位移和垂直位移变化曲线

5　经济效益分析

5.1　锚索施工效益分析

预应力锚索自由段外包土工布和细帆布减少了锚索自由段灌浆量，锚索孔灌浆平均每孔节省水泥 8t（锚索 157 束），每吨水泥按 350 元计，仅采用锚索外包土工布这一项就节省 43.96 万元。

5.2　边坡抢险效益分析

边坡塌方量约 37.95 万 m^3，若全部挖除需花费 2041.33 万元和 3 个半月工期，且高程 1785m 以下开挖和支护等作业必须停止。而锚索加锚拉板方案增加 157 束 1800kN 级预锚索和 1524m^3锚拉板，工期 3 个月，抢险施工期间其下部可同时施工。锚索需 181.71 万元，锚拉板需 58.33 万元，比全开挖方案减少 1859.62 元投资，少半个月工期，且对抢险部位以下施工干扰小，使主体工程施工顺利进行。如果加固不能及时完成，导致边坡滑移破坏，不仅使缆机平台边坡开挖工期推迟，而且在国内外将造成极坏的社会影响，故增加的加固项目投资是值得的。

另外，采取提高锚固段水泥浆液结石强度和锚墩混凝土强度，部分混凝土锚墩调整为钢锚墩，减少了锚索施工期 16～18d，使边坡加固处理实现了快速施工，避免了边坡的垮塌。

6　结束语

本工程为抢险加固项目，施工存在较大风险。为确保安全，采取先稳后锚的措施。为此施工前速喷一层混凝土，防止边坡落石，也有利于边坡稳定。接着对边坡尽快实施锚固，从而保证加固工程顺利实施。实践证明，锚固技术对边坡变形抢险处理非常有效、可靠，工程中取得的经验可供类似工程借鉴。

从江航电枢纽一期子围堰防渗施工方案优化

李荣清/中国水利水电第五工程局有限公司

【摘　要】为加快施工进度，确保贵州省从江航电枢纽左岸一期工程2014年安全顺利度汛，针对一期子围堰防渗施工工期短、围堰堰基存在5～6m厚的漂卵石覆盖层等问题，调整了原设计高压摆喷参数，并将部分围堰改为黏土防渗围堰，解决了漂卵石层中高压摆喷灌浆的技术难题，降低了工程造价，加快了进度。

【关键词】高压摆喷参数　漂卵石层　方案优化　效益分析

1　工程概况

都柳江从江航电枢纽工程正常蓄水位193m，装机2×22.5MW，枢纽从左至右依次布置：左岸重力坝（长50m）、厂房（长58.46m）、泄水闸（7孔，孔口宽度16m，总长137.5m）、船闸（长26m）、右岸重力坝（其中泄水闸闸检室段27m，船闸闸检室段22.9m，接头重力坝段28.8m，总长78.7m），坝顶总长350.66m，坝顶高程205.3m。工程枢纽布置能满足通航、泄洪、发电的要求。

1.1　一期子围堰设计参数

左岸一期子围堰为土石围堰，围堰上下游与左岸岸坡相接，全长535.724m。其中上游围堰轴线长约155.047m，顶宽7m，挡水高程182.3m，堰顶高程184m；下游围堰轴线长53.484m，顶宽7m，挡水高程181.13m，堰顶高程182.5m。纵向围堰轴线长327.193m，顶宽7m，围堰高6～10m，堰顶高程184～181.5m。子围堰迎水面和背水面的坡比均为1∶1.5。考虑水流冲刷影响，纵向围堰堰面采用钢筋石笼防冲保护。一期子围堰堰基和堰体采用高压摆喷灌浆防渗，设计参数见表1。

1.2　围堰堰基地质情况

子围堰位于河床及左岸滩地上，地面高程约171～177m，地形平缓。其堰基地质情况如下。

表1　高压摆喷灌浆设计参数

孔距/m	摆角/(°)	高压水		压缩空气		水泥浆			提升速度/(cm/min)	喷嘴个数/个
		压力/MPa	流量/(L/min)	压力/MPa	流量/(m^3/min)	压力/MPa	流量/(L/min)	密度/(g/cm^3)		
1.4	30	35～40	75	0.6～0.8	0.8～1.2	0.6～0.8	80	1.6～1.7	6～10	2

（1）覆盖层：洪冲积层粉质黏土②，可塑—硬塑，厚1.5～6m；粉质黏土③，可塑—软塑，厚1.4～2m，分布于左岸坡脚；砂卵砾石层⑤，中密—密实，厚2～5m，分布于河床及漫滩。上游围堰左端接头段覆盖层厚度约6m，下游围堰左端接头段覆盖层厚度3～8m。

（2）围堰段基岩为上板溪群清水江组粉砂质板岩夹轻变质粉砂质泥岩及轻变质粉砂质泥岩夹粉砂质板岩，部分基岩裸露。

（3）断层F1斜穿围堰上游段，产状320°～355°/SW∠65°～80°，为逆断层，破碎带宽0.5～2m。

子围堰建在洪冲积层砂卵砾石层及基岩上，砂卵砾石层透水性较强，F1断层破碎带也构成透水通道，为此采用高喷灌浆对堰基及堰体进行防渗处理，高喷灌浆体进入弱风化岩体至少1m。

2 现场高压摆喷试验情况

按原设计参数进行现场高喷灌浆试验，钻孔时部分高喷孔钻入砂卵石层后不返水，高压喷杆下至孔底开始喷射施工时，孔口正常返浆。随着高压喷杆的提升，孔口不返浆，同时围堰外侧河床砂卵石层冒出气泡和水泥浆。按监理工程师要求，在孔口加砂和水玻璃并降压后，仍有部分孔不返浆。

经多次高喷灌浆及静压注浆试验，分析出影响高压摆喷灌浆防渗效果的因素为：

（1）堰基存在5～6m厚的大块漂卵石覆盖层，且架空严重。

（2）围堰填筑正处于汛期，水位较高，水下抛填的堰体较松散。试验时在造孔和高喷施工过程中造成堰体塌陷，护壁PVC管变形，喷杆无法正常下落。

3 施工重点难点

漂卵石架空地层围堰的防渗施工有如下特点：

（1）工程量大、工期短。一期子围堰高压摆喷灌浆钻孔6745m，灌浆6464m，单位耗费水泥798kg/m以上，工程量巨大。一期子围堰是从江航电枢纽工程的重要节点之一，因前期征地严重滞后，围堰施工工期紧迫，按每天灌浆140m计算，最快需48d时间才能完成。这将导致纵向混凝土围堰混凝土开始浇筑时间严重滞后，直接影响2014年安全度汛目标的实现，施工工期非常短。

（2）动水条件。一期子围堰填筑堰体与基岩结合处有5～6m厚的漂卵石覆盖层，地层严重架空，且有流动水。因此，即使上下游水位差不大、渗径较长，在围堰中仍可能存在流动水，且可能有相当的流速。

（3）钻孔难度大。围堰填筑正处于汛期，水位高，水下抛填的堰体松散。造孔和高喷施工过程中造成堰体塌陷，导致已成型灌浆孔变形、塌孔，喷浆管无法下至孔底进行喷射施工。

4 施工过程中采取的措施及方法

4.1 现场勘察与分析

（1）从纵向混凝土围堰开挖及布置图可见，纵向混凝土围堰下游桩号下0+103.2～下0+172段（⑫～⑮号堰段）建基面开挖高程为174m，该时段水位高程为177m。经现场勘察，并结合设计相关资料，确定下游⑫～⑮号堰段建基面岩石出露高，具备一定的挡水条件。为加快施工进度，利用该段地形特征，将该段一期子围堰防渗方案调整与优化，可加快施工进度，减少工程投资。

（2）根据现场试验情况，一期子围堰D4点往上88m处至D1点间地质情况与原设计提供的地质资料有一定差异，堰基局部为厚5～6m的卵砾石，级配不良，架空严重，透水严重，采用原设计相关参数和工艺达不到防渗要求。因此，该部位采用在原方案基础上调整后的参数和工艺进行施工。

4.2 采取的技术措施

4.2.1 优化部分围堰防渗方案

（1）取消原设计D4点往上88m处至D6点间161.484m围堰高压摆喷灌浆，在该段新增防渗黏土反斜墙形成临时围堰，适当加强基坑排水措施。新增临时围堰平面布置见图1。新增临时围堰填筑时沿一期子围堰内侧下游端部开始往上游填筑，填至⑧号堰段与消力池连接在一起形成临时防渗黏土围堰，填筑高程控制在181m左右。临时围堰填出水面以上1m左右时，采用长臂反铲在其中部掏深槽（挖至岩石）换填黏土，掏槽宽约3m，按一期子围堰填筑标准碾压密实。临时围堰总长约200m，堰顶宽6m，两边放坡1：1.5，填筑完成后在堰顶填筑70cm左右厚的石渣，并碾压密实。

（2）为防止围堰两端结合部位出现大的渗水点，在临时围堰两端衔接部位采用1.6m^{3}挖掘机和长臂反铲配合掏深槽（挖至岩石）换填黏土，并碾压密实，掏槽约宽3m，深度现场确定。并在⑫、⑬号堰段混凝土浇筑至182m高程时，从一期子围堰D4点往上88m左右处填筑土石围堰连接至⑫号堰段，采用高压摆喷灌浆将该段封闭，从而形成基坑封闭。

（3）为防止洪水对一期子围堰边坡的冲刷，保证其稳定，使用基坑石方开挖大块石代替原设计一期子堰边坡铅丝石笼防护，块石防护平均厚度按1.5m控制，防护高度为堰顶至坡脚。

（4）临时基坑抽排水。该段临时黏土围堰闭气后，仍有一定的渗水。开挖时，在开挖体型以外较低处设临时集水坑，并在开挖层以外设临时性排水沟槽，随基础开挖下降逐层下降，将积水引入集水坑（井）里。施工中，零星排水采用4台7.5kW污水泵抽排，基本满足干地施工条件。

4.2.2 调整高压摆喷相关参数

由于一期子围堰D4点往上88m处至D1点间堰基存在5～6m厚架空严重的漂卵石覆盖层，为确保防渗效果，对该段原高压摆喷施工参数和工艺进行调整。

（1）将摆角由原设计30°调整为45°，孔间距由1.4m调整为1.2m，水灰比1：(0.8～0.5)，喷射时提升速度在覆盖层按5～6cm/min控制，堰体按10cm/min控制，其他参数按原设计要求进行。

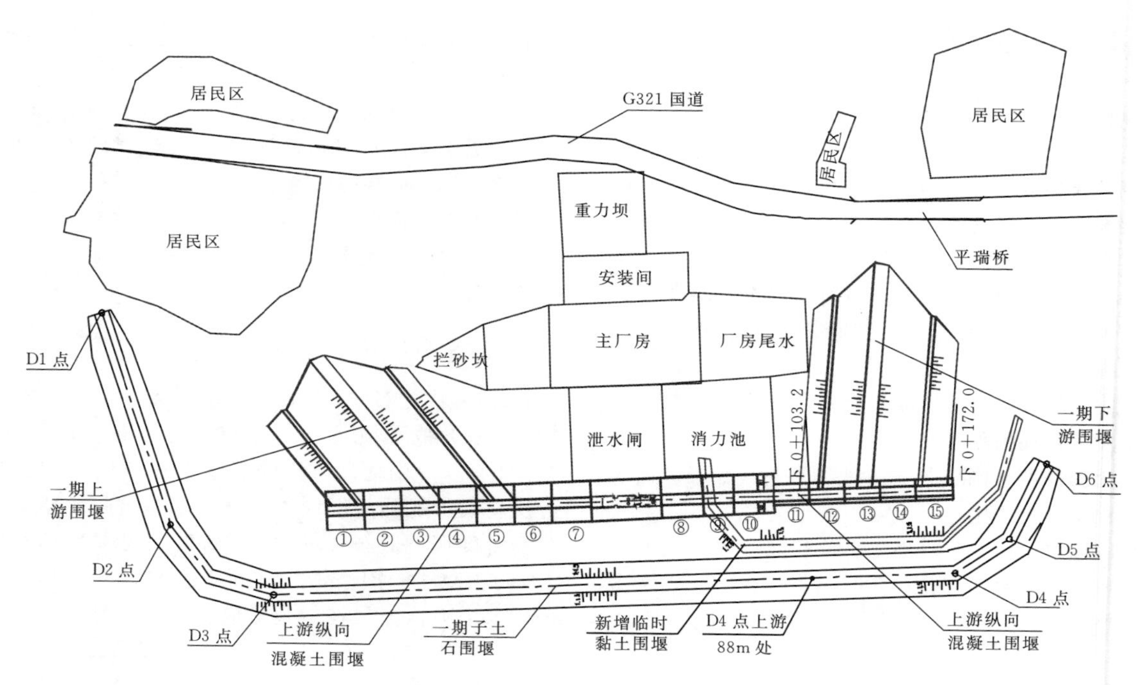

图 1　新增临时围堰平面布置图

（2）施工中对孔口不返浆的Ⅰ、Ⅱ序孔作出标示，并增加Ⅲ序孔进行加密高喷灌浆。Ⅲ序孔按照设计及规范要求用孔口加砂、加水玻璃的方法进行，对单孔不返浆段采取降压（水压 20～25MPa，气压、浆压按原设计要求）、浓浆、提速等措施。

（3）为保证工期，对个别采取处理措施后仍未返浆的孔，详细记录该孔不返浆段的顶、底孔深，明确标示后，按终孔处理，转入下个孔进行高压摆喷灌浆作业。

高压摆喷灌浆试验成果参数见表 2。

表 2　　高压摆喷灌浆试验成果参数表

孔号	孔序	孔口高程/m	起止深度/m	喷射长度/m	提升速度/(cm/min)	摆角/(°)	摆动速度/(次/min)	浆压/MPa	浆流量/(L/min)	进浆密度/(g/cm³)	回浆密度/(g/cm³)	气压/MPa	气量/(m³/MPa)	水压/MPa	水量/(L/min)	水泥注入量/kg		试验日期	备注
																总用量	每米注入量		
GS1	Ⅰ	181.84	14.0	13.5	8.19	45	7	0.8	72	1.64	1.22	0.7	1.0	39	74	11083.8	821.02	2013.11.02	
GS2	Ⅱ	181.85	14.0	13.5	8.54	45	7	0.8	72	1.62	1.21	0.6	1.0	37	72	9770.0	723.7	2013.11.03	
GS3	Ⅰ	182.15	10.0	9.5	8.80	45	7	0.8	72	1.65	1.21	0.8	1.0	37	72	7303.0	768.74	2013.11.02	
GS4	Ⅱ	182.16	10.0	9.5	9.05	45	7	0.6	54	1.67		0.7	1.0	37	73	6528.5	687.21	2013.11.03	不返浆
GS4+1	Ⅲ	182.16	10.0	9.5	9.05	45	7	0.6	54	1.67	1.25	0.7	1.0	23	52	5688.8	598.82	2013.11.08	
GS5	Ⅰ	182.93	14.5	14.0	8.00	45	7	0.8	67	1.64		0.7	1.0	37	71	10389.7	742.12	2013.11.05	不返浆
GS5+1	Ⅲ	182.93	14.5	14.0	8.48	45	7	0.8	56	1.65	1.22	0.7	1.1	25	52	10043.7	717.41	2013.11.12	
GS6	Ⅱ	182.94	14.5	14.0	8.00	45	7	0.8	67	1.63		0.7	1.0	37	71	10758.2	768.44	2013.11.06	不返浆
GS6+1	Ⅲ	182.94	14.5	14.0	8.00	45	7	0.7	55	1.66	1.2	0.7	1.1	23	50	9728.8	694.91	2013.11.12	
GS7	Ⅰ	183.10	14.0	13.5	8.18	45	7	0.8	77	1.63	1.23	0.6	0.8	39	76	11659.1	863.64	2013.11.04	
GS8	Ⅱ	183.11	14.0	13.5	8.80	45	7	0.7	67	1.67	1.23	0.7	1.0	38	77	10597.2	784.98	2013.11.05	

4.3 效果评价

采取上述措施后，左岸一期子围堰高喷灌浆工程于2013年11月24日全部完成，施工中采用的参数是在原方案基础上经参建各方共同制定的参数。对基坑开挖的排水量及高喷灌浆防渗墙有无集中渗水点进行了统计和分析，计算出高压摆喷完成后围堰渗透系数为 0.6×10^{-5}cm/s，小于设计要求的 1.0×10^{-5}cm/s，满足了设计要求。一期子围堰高喷防渗墙施工质量和防渗效果良好。

施工方案的优化和高喷灌浆参数的调整不仅没有影响施工进度，反而可使下游纵向围堰的混凝土浇筑提前施工，即上游一期子围堰与下游纵向围堰混凝土浇筑平行施工。纵向混凝土围堰第一仓混凝土浇筑时间为2013年11月7日，比原计划工期提前11d。

5 经济效益

对部分围堰原防渗方案进行优化取得了经济效益。优化前原方案一期子围堰D4点往上88m处至D6点间需钻孔1456m，灌浆1375m，成本1177659.84元。优化后新增防渗黏土填筑量11790.1m^3，中间拉槽土方开挖1260m^3，优化后该段成本448788.662元，节约投资728871.178元。

6 结语

都柳江从江航电枢纽工程左岸一期子围堰施工中，有针对性地采取了相应的技术措施，成功地完成了在堰基5～6m厚漂卵石覆盖层中高压摆喷防渗施工。

浅谈钻孔灌注桩后压浆施工技术

曾岩峰　冯改革　胡克山/中国水利水电第三工程局有限公司

【摘　要】 目前钻孔灌注桩应用非常广泛，尤其是在桥梁建设中。利用后压浆技术的钻孔灌注桩，其优点是对各类地质条件适应性强、无挤土效应、无振害，且具有较高的承载力，施工简便，造价低，施工周期短等。本文结合郑州市立交桥桩基工程，浅析后压浆施工工艺、采取的措施及取得的效果。

【关键词】 钻孔灌注桩　后压浆　施工技术

1　工程概况

郑州市北三环快速化工程位于城区北部，规划为城市高架桥快速通道。路段全长 7.9km，文化路半互通立交的上跨桥及匝道部位共有桩基 532 根，其中 1.5m 桩径 472 根，1.8m 桩径 38 根，2.0m 桩径 12 根，桩长 30～69m。

工程采用桩侧和桩端同时注浆的复合后压浆技术，以提高灌注桩的竖向承载力和减少沉降，消除桩底沉渣隐患。工程实施后，桩与桩底土黏结力得到提高，同时降低了工程成本，节省了工期。

2　后压浆施工原理及技术优势

2.1　施工原理

2.1.1　桩端压浆

桩端压浆，即通过注浆管（见图 1）在桩端压注水泥浆，浆液渗透到疏松的桩端沉渣间隙中，与沉渣结合形成水泥凝固体。由此，可提高桩端的承压面积，从而提高钻孔灌注桩的桩端承载力。当注浆压力升高、注浆量增加时，浆液沿桩侧逆流，冲填间隙，使钻孔灌注桩类似于嵌岩桩。

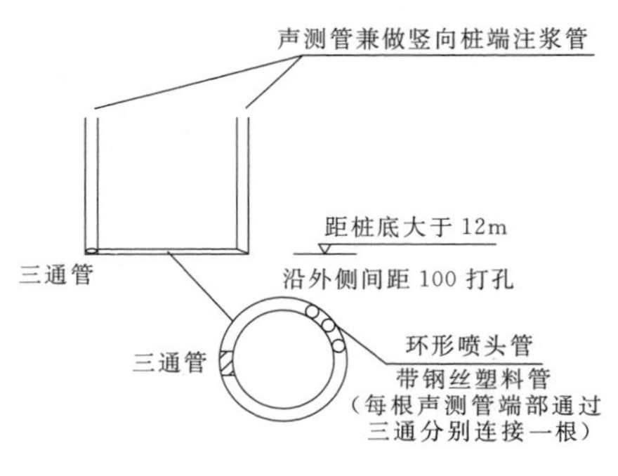

（a）桩端注浆管构造图

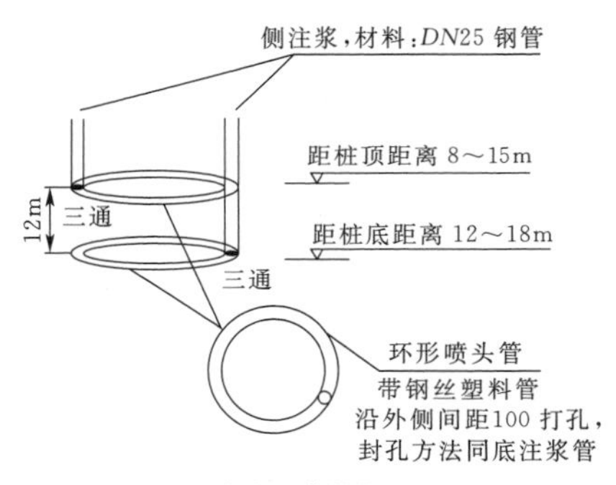

（b）桩侧注浆管构造图

图 1　注浆管构造示意图

2.1.2　桩侧压浆

高压力水泥浆的扩渗、挤压和胶凝作用，使桩底虚土得到固结挤密，减少了群桩的桩土相对变形，降低了桩群内部侧阻力发挥，提高了桩身周围侧阻力和端阻力，且使沉降变形减小而均匀，因而单桩承载力较高。

2.2　技术优势

（1）沉渣和泥皮固化效应。粗粒沉渣被浆液固化为中低强度混凝土，细粒沉渣或虚土被固化为网状复合土；桩表面泥皮因水泥浆物化作用而固化，由此端阻力和侧阻力均有提高。

（2）渗入胶结效应。桩底桩侧为粗粒土（卵石、砾石、粗中砂）时，水泥浆的渗入胶结效应，使其强度显著提高。

（3）劈裂加筋效应。桩底桩侧为细粒土（黏性土粉土、粉细砂）时，劈裂注入水泥浆形成强度和刚度较高的网状加筋复合土。在非饱和细粒土中，劈裂-压密注浆使土体得到增强。

（4）扩底扩径效应。桩底形成扩大头，桩表面形成紧固于桩体的10～50mm厚水泥结石层，起到扩底扩径的效应。

3 后压浆技术的施工要点

3.1 压浆管安设

（1）桩底注浆。桩端注浆用声测管作为注浆管，将其绑扎在钢筋笼内侧随钢筋笼下入孔底。桩径1.5m，设3根声测管，呈等边三角形；桩径1.8m和2.0m，设4根声测管，呈十字交叉形。声测管为直径57mm、壁厚3.5mm的钢管，顶端高出地面50cm，用堵头封严，防止泥浆进入。选2根声测管作为注浆管，下部分别用三通和单向阀连接1根ϕ25cm带钢丝的柔性高压塑料管作为注浆喷头管。非注浆管的声测管底部用76mm×76mm×10mm钢板焊死。注浆喷头管绕桩身环形布置，间隔10cm，并在管壁贯穿钻ϕ6mm孔，再在外面包一层透明胶布密封。2根中1根为备用管，注浆管注浆失效时使用。

（2）桩侧注浆。桩长45m及以上设3道侧注浆阀。桩长45m以下设2道，且按以下位置布置，即最下面1道距桩底12～18m，最上面1道距桩顶8～15m，每道侧注浆阀竖向间距12m。每道注浆阀对应1根注浆管（为$DN25$钢管），钢管绑扎在钢筋笼外侧，并连接三通、单向阀和1根ϕ25cm带钢丝的柔性高压塑料管作为注浆喷管，布置同桩底注浆喷管。

3.2 水泥浆配制

注浆浆液为纯水泥浆，浆液水灰比按0.55～0.60控制，采用P.O42.5普通硅酸盐水泥，水泥要求新鲜、不结块。水泥浆搅拌时间不少于2min，浆液通过3mm×3mm滤网过滤后，放入贮浆筒，并不断搅拌。

3.3 注浆压力和控制要求

（1）注浆应满足设计要求的压力和持续时间。桩侧注浆压力为2～2.5MPa，桩底注浆压力为2～4MPa，压力达到设计值后持续时间不应小于5min。

（2）为减少管路系统对注浆压力的损失，注浆泵与注浆孔口距离不宜大于30m，并确保注浆过程中注浆管路不发生弯折。

（3）注浆流量应控制在70L/min，注浆泵最高额定压力应大于10MPa，流量大于5m^3/h。

（4）压浆过程按“双控”条件进行控制，当满足下列条件之一时可终止压浆：

1）注浆总量和注浆压力均达到设计要求。

2）注浆量达设计值，注浆压力未达设计值，间歇注浆，再注入30%设计值的水泥浆。

3）注浆压力达设计值并持续5min后，注浆量虽小于设计值，但不低于设计值的80%。

4 后压浆施工中的注意事项

（1）加工时逐根检查注浆管，防止管内有杂物及管子破损裂缝。埋设时要严密组织，精心施工，尽量不要堵塞压浆管。入孔时操作需小心谨慎，避免损坏。

（2）注浆前要用清水打通通道，注水畅通后再注水泥浆。

（3）压浆前检查设备是否正常运转，检查搅拌好的水泥浆稠度及初凝、终凝时间，配制的水泥浆是否满足压浆需要。

（4）施工过程中，发现异常应及时采取相应处理措施。

（5）按要求认真做好出浆记录，记录注浆时间、注浆压力、注浆量。

5 施工过程中常见问题的处理

5.1 压浆过程中经常出现的几种情况

（1）压力逐渐上升，但达不到设计要求的压力。这可能是浆液在黏土中形成脉状劈裂渗透，或浆液浓度低、胶凝时间长，或部分浆液溢出。

（2）压浆开始后压力不上升，甚至离开初始压力值呈下降趋势。这可能是浆液外逸。

（3）压力上升后突然下降。这可能是浆液从注浆管周围溢走，或注速过大，扰动土层，或遇到空隙薄弱部位。

（4）压力上升很快，而速度上不去。这表明土层密实或胶凝时间过短。

（5）压力有规律上升，即使达到容许压力，压浆速度也变化不大。这表明压浆成功。

（6）压力上升后又下降，而后再度上升，并达到预定的要求值。这可认为是第三种情况的空隙部位已被浆液填满，这种情况也是成功的。

5.2 间歇注浆

注浆压力长时间低于正常值或地面出现冒浆时改为间歇注浆，间歇时间30～60min，或调低浆液水灰比。

6 注浆失败与处理

因施工操作不当（如注浆单向阀门反向安装）或地层原因导致注浆孔堵塞，引起后注浆施工中的预设注浆管失效，导致浆液不能注入，或管路虽通但实际注浆量达不到50%，且注浆压力达不到终止压力，视为注浆失败。此时，应分析原因并及时通知设计单位协商处理。

6.1 桩侧注浆失败的处理

在桩侧重置注浆孔，通过埋设的注浆管补充注浆，注浆量与注浆压力宜超出正常注浆设计指标的 30%～50%。

6.2 桩端注浆失败的处理

(1) 采用抽芯方法埋设注浆花管补充注浆。注浆花管应采用单向阀装置（见图 2），花管长度不小于 500～800mm（直径大时取高值），注浆孔可设在直径 1/3 处且不少于 2 处，对 1.8m 直径桩宜布置 3 个，并对称布置。

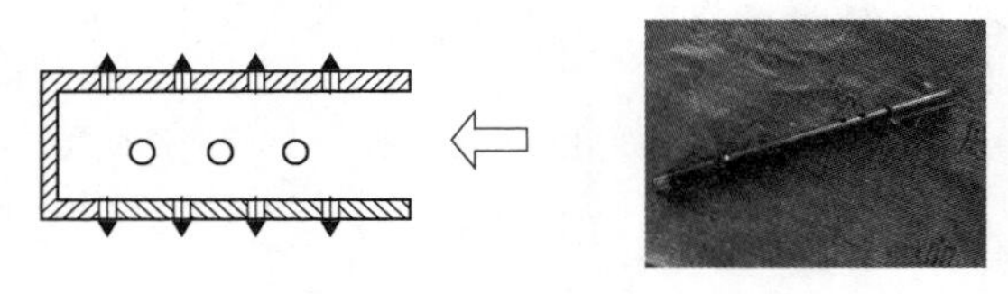

图 2　桩端注浆花管喷头布置

(2) 花管喷头出浆孔径 5～8mm，间距 100mm，十字轴对称布置间隔 50mm，端部出浆孔与注浆管底距离 30～50mm，出浆孔预先插入长杆图钉封堵，外缠包装胶带铁丝固定，注浆管底部焊死。

(3) 注浆压力宜超出正常注浆设计值的 30%。

7　结语

郑州市北三环快速化工程桩基工程引入了复合后压浆技术。经试验阶段测试数据对比分析，及工程实施阶段检测和试验，复合压浆侧阻的增强系数在 1.5～2.0 之间，与《建筑桩基技术规范》推荐值 1.4～2.0 较吻合；对应桩端阻力增强系数为 1.5～2.2，与《公路与桥涵工程地基基础设计规范》推荐值 1.5～2.0 较接近。经抽检单桩竖向抗压静载试验，加载达到设计要求的最大加载值时，桩顶沉降均达到相对稳定标准，最大沉降量在 10mm 以内，满足相应建筑设计要求。由此，桩底注浆取得良好的效果，提高了灌注桩的竖向承载能力，减少了沉降，并降低了工程成本，节省了桩基工程工期。

自制气压式注浆器在苏布雷水电站钢衬接触灌浆中的应用

王　昭　胡雄兵　李　玮/中国水利水电第五工程局有限公司

【摘　要】本文针对低压灌浆工程施工时普遍存在的质量控制难点进行分析，通过使用自制气压式注浆器对灌浆施工工艺进行了优化。实践证明，气压式注浆器具有轻便灵活、质量可控、操作性强和经济适用等优点，通过储气冲洗与注浆相结合的双作用功能，钢衬接触灌浆质量得到有效控制。
【关键词】苏布雷水电站　气压式注浆器　钢衬接触灌浆

传统的接触灌浆工艺的资源配置，多以建立临时或集中制浆站，以及配置常规制浆、灌浆设备进行施工。为了消除常规钢衬接触灌浆中的弊端，自制了气压式注浆器，应用于苏布雷水电站钢衬接触灌浆中，取得了良好的效果。

1　概况

苏布雷水电站位于科特迪瓦苏布雷市境内的萨桑德拉河上，大坝最大设计高度20m，长4.5km，电站安装4台发电机组，3台90MW，1台5MW，总装机容量275MW，总设备流量764m³/s。

压力管道全线采用钢板衬砌，主厂房尾水管采用弯肘型尾水管。压力钢管上平段方变圆段及主机尾水肘管的钢衬均要进行接触灌浆。

2　传统接触灌浆工艺的缺点及自制气压式注浆器的优点

2.1　传统接触灌浆工艺的缺点

传统的钢衬接触灌浆施工中，工作面多且分散，因配置的灌浆设备较多且笨重，往往造成资金投入大、设备转移难、浆液输送和灌浆距离长等问题。

为避免接触灌浆对钢衬结构造成变形破坏，灌浆压力的控制尤为重要。特别是在灌注量持续减少、压力持续上升时，较浓浆液在控压阀处易产生拥塞，甚至瞬时压力大大超过设计值，待发现时钢衬结构已产生变形。而传统接触灌浆工艺对应急控制压力的能力明显不足。

2.2　自制气压式注浆器的优点

针对传统接触灌浆施工工艺的缺点，苏布雷水电站钢衬接触灌浆中采用自制气压式注浆器进行注浆，其主要优点如下。

（1）有储气、冲洗功能。气压式注浆器有存储功能，可利用小型空压机提供压缩空气，在保证灌浆孔与排气孔连通的情况下开启排气阀门，通过大风量瞬时冲走脱空区的残渣和积水，有利于灌浆质量的提升。

（2）有储浆、注浆功能。在脱空度较大区域采用机械制浆，较小区域人工制浆，待浆液储存到一定容量后经过压缩空气施压注入灌浆孔内，有效保障了灌浆施工的连续性。

（3）灌浆压力可控。利用压缩机可将调压安全控制阀的压力调整到适宜于冲洗孔和灌浆的允许压力，克服了传统灌浆时压力难以控制的情况，有效避免了灌浆质量事故的发生。

（4）转移灵活、经济适用。转移时只需转移轻便器材和延长工作面输浆管路即可作业，克服传统灌浆设施投入大、准备周期长等缺陷，适用于工作面零散与制浆站距离较远情况。

（5）可操作性强。根据对不同脱空度灌区的鉴定，采用不同方法制浆，有效地控制了浆液耗材的浪费及对作业面的污染，优化了传统灌浆方式的可操作性。

3　气压式注浆器设计和试验

3.1　注浆器设计

3.1.1　设计原则

自制气压式注浆器总体设计主要根据苏布雷水电站各零散接触灌浆作业面的需要，解决传统灌浆设备转移不便、可操作性不强、质量不受控等问题，采用轻便灵活、质量可控、操作性强的灌浆系统进行接触灌浆。

3.1.2 结构设计

结构设计考虑储气冲孔、储浆、灌浆和冲洗等功能，在满足灌浆需求的前提下，解决钻（预留）孔冲洗、拆卸方便、浆桶清洗等问题。故在结构设计时，通过顶部法兰盖螺栓连接解决了全密闭式浆桶清洗难题，通过浆桶底部漏斗形椎体结构设计解决连续作业的浆液累积造成罐体堵塞问题。

3.2 制作与检测

3.2.1 注浆器制作

自制气压式注浆器由浆液容器、进浆漏斗、滤网、进气管、排气管、出浆管、抗震压力表及控制阀等部件组成。注浆器利用现场自备管材、阀门等加工而成。浆液容器采用 ϕ200mm 钢管制作，进浆料斗由 ϕ200mm 钢管切割和卷底焊接而成。气压式注浆器细部结构见图 1。

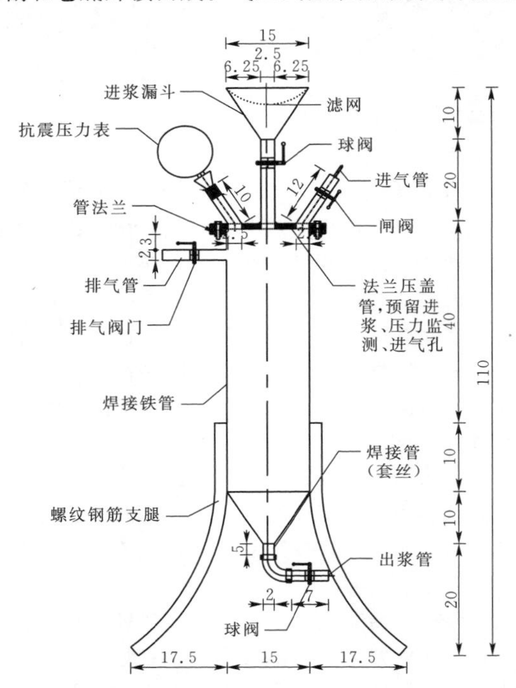

图 1　气压式注浆器细部结构图（单位：cm）

3.2.2 注浆器试验

注浆器制作完成后，用上海捷豹 ZB－0.14/8－B40 便携式小型空气压缩机供气。当储气压力达到 0.8MPa 时停止供风，关闭注浆器所有阀门，稳压 24h 压力无明显衰减后结束试验，检查所有焊缝无开裂，罐体无结构变形即可通过检测。

4 施工方法

气压式注浆器首次应用到 2 号机组尾水椎管钢衬接触灌浆施工中，接触灌浆总面积为 43m²。根据随机锤击检查脱空情况，采用 YY－23D 型磁座钻钻孔，孔径 ϕ16mm，所有钻孔均焊接 ϕ20mm 镀锌单丝管作为进浆、排气与排浆管（见图 2）。

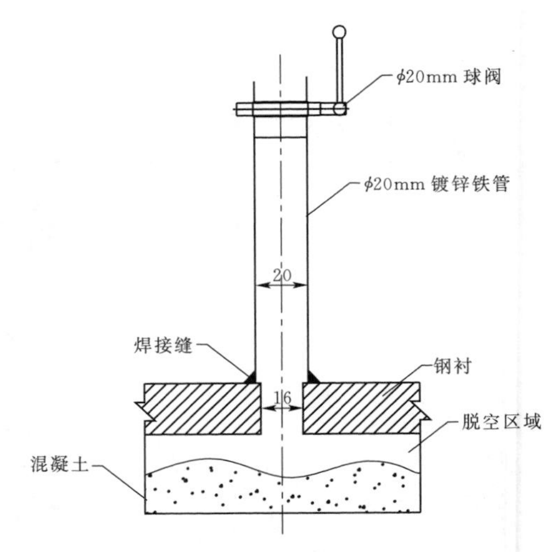

图 2　进浆、排气与排浆管施工简图（单位：mm）

4.1 安全压力调节

安全压力调节分为冲洗孔压力调节和灌浆压力调节两个阶段。

（1）冲洗孔压力调节。考虑 ZB－0.14/8－B40 便携式小型空气压缩机供风能力不足，储（排）气量满足不了灌浆孔的冲洗孔要求，需要利用注浆器储存一定气量来满足钻孔冲洗要求。在制作过程中已通过 0.8MPa 耐压测试，安全储气压力初定为 0.5MPa，调整空气压缩机安全调节阀，直至达到 0.5MPa 压力上限时空气压缩机停止供风为止。

（2）灌浆压力调节。苏布雷水电站工程接触灌浆压力为 0.2MPa，为确保钢衬结构的安全，灌浆压力必须受控。压力调整按 0.2MPa 控制，调整步骤同冲洗孔压力调节。

4.2 布孔原则

尾水肘管对面积大于 0.6m² 的脱空区进行接触灌浆，采用锤击检查脱空情况随机布孔，在同一脱空区域布孔均不少于 2 个，最低处与最高处均进行钻孔（见图 3）。

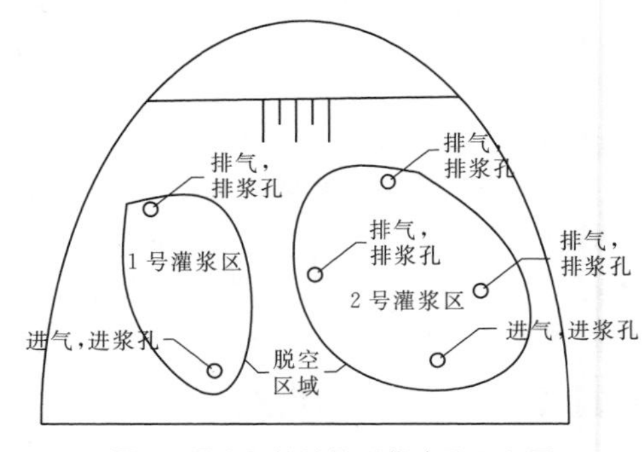

图 3　尾水肘管接触灌浆布孔示意图

4.3 钻孔

采用YY-23D型磁座钻钻孔，孔径为16mm。钻孔结束后，对每孔脱空度进行检测并作详细记录。

4.4 冲洗孔、连通检测

连接进气、进浆管与注浆器出浆管，关闭除进气管以外所有阀门。当压力升至0.5MPa时停止供风，然后开启注浆器出浆阀门，利用气压注浆器所储风量对脱空区清洗，最大冲洗压力不超过灌浆压力为宜。当连通性较好时，则逐渐加大风量直至孔内无明显积水、吹出杂质为止；在布置有多排气、排浆孔的情况下，则需逐一开启排气、排浆阀门直至无明显积水、吹出杂质为止。在冲洗过程中，需对每一排气、排浆孔连通情况做详细记录并作标识。

4.5 接触灌浆

4.5.1 制浆

为避免浆材浪费，保证灌浆的连续性，选择适宜的制浆方法尤为重要。根据现场情况，对最大脱空度小于50mm的灌区采用人工制浆，对最大脱空度大于50mm的灌区采用机械制浆。

4.5.2 接触灌浆施工

初始灌浆水灰比为0.8∶1（重量比），结束灌浆水灰比为0.5∶1。将制配好的浆液加入浆液漏斗，待排气管流出浆液后关闭漏斗阀门、排气阀门，然后开启进气阀门通过气压直接压入灌浆孔内，待排气、出浆孔排出与进浆浓度一致的浆液时依次关闭阀门。灌浆结束条件：注浆器稳定在0.2MPa压力下，关闭进气阀门，在5min内压力表值无衰减时关闭灌区所有进、排浆阀门，即可完成灌浆。

对脱空度较大的区域，需再次进行锤击检查。在确定脱空区域后进行补灌，直到满足设计要求为止。

5 应用成果

在苏布雷水电站厂房尾水肘管接触灌浆施工中，首次采用自制气压式注浆器，完成了1号和2号机组尾水肘管的接触灌浆施工，应用效果良好。在灌浆结束7d后进行锤击检查，脱空范围均满足设计要求，有效解决了常规灌浆方式设备转移不便、可操作性不强、质量不易控制等难题，取得了很好的质量效益与经济效益。灌浆成果见表1。

表1　苏布雷水电站尾水肘管接触灌浆成果统计表

工程部位	单元	灌区编号	面积/m²	最大脱空度/mm	最小脱空度/mm	灌浆压力/MPa	水泥注入量/kg	钢衬变形观测值/mm	检查结果
厂房1号尾水肘管	G1	1	17.5	34	2	0.2	786.5	0	合格
		2	16.2	17	4	0.2	664.3	0	合格
厂房2号尾水肘管	G2	1	21.5	234	3	0.2	1743.7	0	合格
		2	6.4	167	3	0.2	842.5	0	合格
		3	8.2	37	2	0.2	580.4	0	合格

6 结束语

科特迪瓦苏布雷水电站钢衬接触灌浆采用自制气压式注浆器施工新工艺。与传统钢衬接触灌浆工艺相比，自制气压式注浆器可重复灌浆，管路布设简单可靠性高，一次灌注密实范围大，灌浆压力可控，明显减少了钢衬接触灌浆时的钻孔量，提高了钢衬整体性能，降低因钻孔对钢衬表面防腐、抗磨涂层的破坏，提高了施工质量。

地下连续墙渗漏水的预防和处理

毕文东/中国水利水电第十三工程局有限公司

【摘　要】地下连续墙技术经过几十年的发展已经越来越成熟，逐渐代替很多传统的施工方法。本文研究的主要内容为针对地下连续墙在施工中可能出现的渗漏水问题，分析渗漏水的原因、预防措施及处理方法。
【关键词】地下连续墙　原因分析　预防措施　处理方法

1　前言

地下连续墙的施工是在泥浆中进行的，肉眼无法观测，仪器也不易探测，对墙体质量好坏的判定大多是到基坑开挖后才得出结论。若施工过程中操作不当，容易在后期出现渗漏水、露筋、侵限、鼓包等质量问题，严重影响后续主体结构施工与安全。本文针对地下连续墙渗漏水问题产生的原因、所采取的预防措施及处理办法谈谈认识和体会，供工程技术人员参考和借鉴。

2　地下连续墙渗漏水原因分析

随着基坑的开挖，地下连续墙墙体或接缝处可能会出现渗水、漏水，严重的可能出现漏砂、管涌现象。

2.1　墙体夹泥

（1）墙体混凝土灌注过程中，由于槽壁坍塌或者杂土落入，导致地下连续墙墙体夹泥。在开挖过程中，夹泥位置的泥土受坑外水土压力溢出，形成通道，发生渗漏水。

（2）槽段接头清刷不彻底，造成先后施工的地下连续墙接缝中的泥皮、渣土等有残留，导致在混凝土灌注完成后地下连续墙接缝夹泥。在成槽过程中，夹泥位置泥土受坑外水土压力作用脱落，形成通道，发生渗漏水。

（3）成槽垂直度偏差过大，先后施工的地下连续墙在下部发生错位，导致地下连续墙接缝处分叉，分叉处出现漏水、漏砂现象。

2.2　混凝土灌注中断

墙体混凝土灌注过程中出现混凝土灌溉中断，导致墙体出现裂缝，形成渗漏水通道，在开挖过程中发生渗漏水。

2.3　导管堵塞、脱落

墙体混凝土灌注过程中发生导管堵塞、脱落、卡在钢筋笼中等问题，在处理导管的过程中，已初凝的混凝土或导管内混凝土直接落入槽段中，导致墙体出现冷缝或蜂窝，形成渗漏水通道，导致开挖过程中发生渗漏水。

2.4　槽段接头处理不当

混凝土灌注时发生绕流，对绕流混凝土处理不彻底而造成侧壁清刷困难，或锁口管没有锁定而落入槽内，导致无法拔出，地下连续墙接缝处在基坑开挖后发生渗漏。

2.5　支撑不及时

基坑开挖时，由于支撑不及时，造成地下连续墙变形过大，致使地下连续墙接缝拉裂而漏水。

3　地下连续墙渗漏水预防措施

3.1　避免地下连续墙墙体夹泥

（1）在地下连续墙的施工过程中，保持墙体四周地表清洁，确保无杂土掉落槽段中。

（2）做好清槽换浆，确保刷壁效果，避免出现接缝夹泥。

（3）确保混凝土灌注前和灌注过程中泥浆性能满足表1中的循环泥浆各项指标要求。在混凝土灌注过程中，每车混凝土测一次坍落度，每拆两节导管测一次泥浆密度。

（4）施工过程中，施工技术人员应严格执行24h值班制度，混凝土灌注过程，监理应旁站监督。

(5) 钢筋笼的吊装、下放和连接应紧凑，避免停滞时间过长，以减小混凝土灌注前孔底沉渣厚度，避免破坏侧壁泥皮。

(6) 钢筋笼入槽就位后、混凝土灌注前必须进行二次清底，沉渣厚度不得超过100mm。

(7) 槽段垂直度检测，用超声波侧壁仪器在槽段左中右三个平面位置分别入槽扫描槽壁壁面，扫描记录中壁面最大凸出量或凹进量（以导墙面为扫描基准面）与槽段深度之比即为壁面垂直度，三个位置的平均值即为槽段壁面平均垂直度。槽段垂直度的表示方法：X/L。其中X为壁面最大凹凸量，L为槽段深度。允许偏差1/300。

(8) 对于灌注混凝土时的局部坍孔，可将沉积在混凝土上的泥土用吸泥机吸出，继续灌注。

表1　　地下连续墙成槽泥浆参数表

泥浆性能	新配置		循环泥浆		废弃泥浆		检验方法
	黏性土	砂性土	黏性土	砂性土	黏性土	砂性土	
密度/(g/cm³)	1.04～1.05	1.06～1.08	<1.10	<1.15	>1.25	>1.35	密度计
黏度/s	20～24	25～30	<25	<35	>50	>60	漏斗计
含砂率/%	<3	<4	<4	<7	>8	>11	洗砂瓶
pH值	8～9	8～9	>8	>8	>14	>14	试纸

3.2 保证混凝土连续供应和连续灌注

(1) 施工前与商品混凝土搅拌站签订混凝土连续供应协议，并签约备用商品混凝土搅拌站，确保混凝土连续供应。

(2) 制定施工现场混凝土连续灌注专项应急预案，确保出现泥浆外运、设备故障、停水、停电以及其他可能导致混凝土不能连续灌注的突发状况时，按事先制定的对策进行有效故障排除，确保混凝土连续灌注。

(3) 坚持施工技术人员到混凝土搅拌站驻场制度，确保混凝土原材料质量符合配比要求，还应满足水下混凝土的施工要求，具有良好的和易性和流动性。混凝土配比中水灰比一般小于0.6，坍落度控制在18～22cm。对不符合配比要求的混凝土坚决退场，不得使用。

3.3 保证导管不脱落、不堵管

(1) 严格验收钢筋笼，确保导管仓加强筋按要求制作。

(2) 导管拼装过程中需有专人进行监督，导管拼接满足气密性要求、拼接牢固。

(3) 施工过程中，再次检查导管仓，割除影响导管通道的措施钢筋，保证导管上下容易，不被卡滞。

(4) 控制首次混凝土灌注量，保证埋管深度不小于500mm。

(5) 实测槽孔混凝土灌注时的混凝土顶面深度，计算导管埋深，确保导管埋入混凝土中的深度保持在2～6m之间，及时按导管埋入混凝土的要求深度进行拔、拆导管，以防导管埋入混凝土过深，导致堵管事件发生，并防止导管被拔出。

(6) 控制两导管混凝土面的高差不应大于0.5m，避免出现墙体夹泥现象。

(7) 坚持每车混凝土测坍落度，并观察混凝土中粗骨料的最大粒径，要求混凝土中粗骨料的最大粒径不超过25mm。

3.4 避免地下连续墙因未封闭发生渗漏

混凝土绕过型钢后，终凝形成混凝土块（见图1），不但影响下一幅地下连续墙钢筋笼的下放及地下连续墙整体刚度，还由于混凝土块凸起，接头部位在使用刷壁装置清除泥皮时会有刷不到的地方，这部分泥皮沉积后，在两幅墙体中间形成贯通的泥缝，基坑开挖后形成漏水通道，给基坑开挖带来隐患。

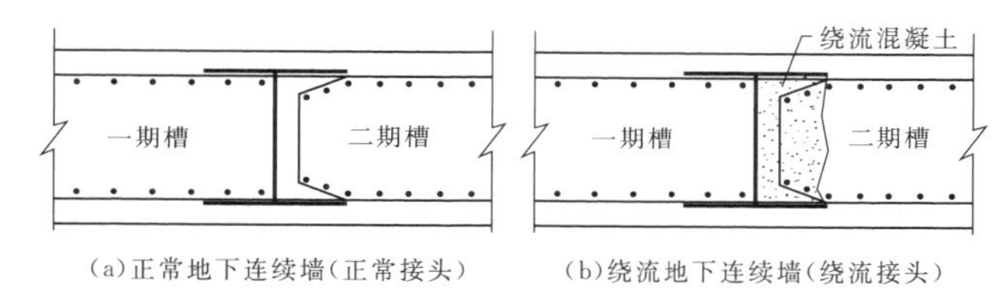

图1　地下连续墙绕流示意图

(1) 为控制混凝土绕流，钢筋笼加工时应在有型钢一侧设防绕流的铁皮。在浇筑混凝土过程中，铁皮张开，起到防绕流效果。同时在型钢两侧焊接止浆角钢（见图2），可以对绕过止浆铁皮的部分混凝土起到二次阻挡作用。

(2) 带型钢接头的施工缝，宜采用接头箱封闭接头，并在外侧回填砂袋，以防止绕流。这种方式主要是用接头箱加砂包充填型钢后侧空腔，当混凝土浇筑初凝后可拔掉接头箱，如图2所示。

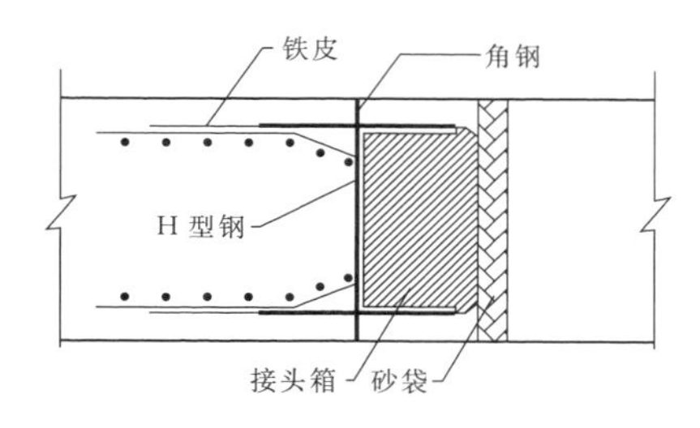

图2　接头箱防绕流措施

3.5 先撑后挖

基坑开挖时遵循“开槽支撑、先撑后挖”原则，及时安装支撑，禁止超挖，以避免支撑不及时造成的连续墙变形过大。

4 地下连续墙渗漏水处理方法

4.1 地下连续墙渗漏水

如果地下连续墙出现渗漏水现象，不具有明显水压力时，可以注聚氨酯进行封堵，或对地下连续墙面进行剔凿清理后，用堵漏灵或快硬水泥封堵。

4.2 地下连续墙轻微管涌

如果地下连续墙出现轻微管涌，具有较明显的水压力，用以图3所示方法处理。

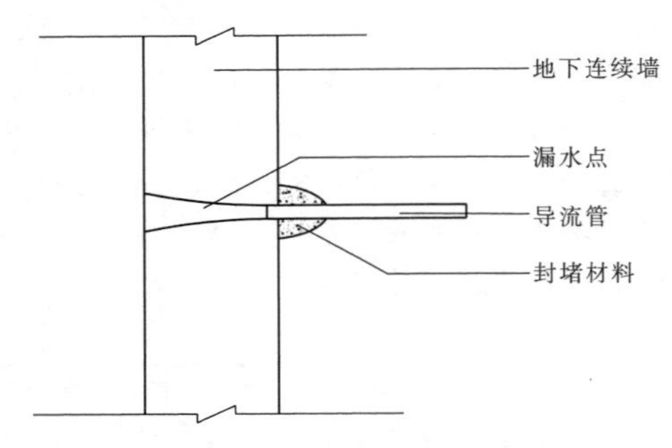

图3 地下连续墙堵漏（轻微管涌）

处理步骤：①剔凿清理漏水点，满足设置导流管和粘连封堵材料即可；②插设导流管；③用堵漏灵或双快水泥封堵导流管周边；④封堵导流管；⑤可以在地下连续墙外侧注浆处理或者进行旋喷桩止水加固，又或在地下连续墙内侧漏水点下方水平注浆处理。

4.3 地下连续墙严重管涌

基坑开挖过程中，如果地下连续墙出现严重管涌，具有明显水压力，这种情况下用第二种方法封堵有难度，可采用图4所示方法处理。

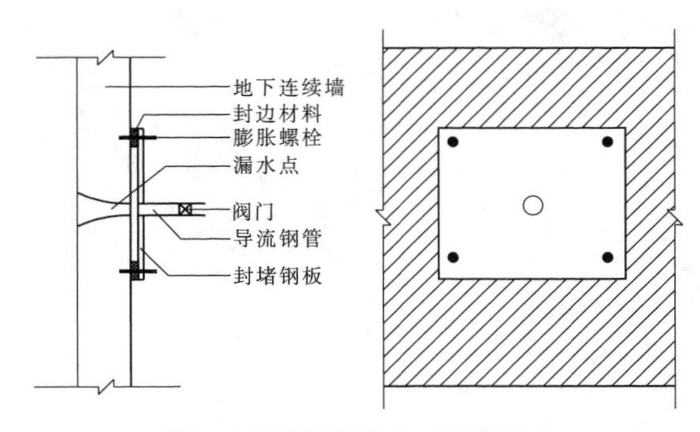

图4 地下连续墙堵漏（严重管涌）

（1）处理步骤：①如地下连续墙面有较明显突出不平现象，简单进行剔凿处理；②把预先加工好的封堵钢板贴置于地下连续墙面上，漏水点与导流钢管正对，水流通畅；③打入膨胀螺栓，使封堵钢板固定牢固；④用棉纱拌和黏状油脂材料封边，用扁状钢钎沿封堵钢板四周缝隙打入，使封堵钢板与地下连续墙之间缝隙填充密实，然后用堵漏灵或快硬水泥封堵钢板周边；⑤关闭阀门；⑥在地下连续墙外侧注浆处理或在地下连续墙内侧漏水点下方1m左右位置处水平注浆处理。

（2）注意事项。

1）基坑开挖前需加工好封堵钢板。

2）封堵钢板与导流钢管焊接，导流钢管前端应设置阀门。封堵钢板四角位置提前打眼，以备固定膨胀螺栓。封堵钢板以800mm×800mm为宜，不宜过大，以免过重不宜操作。

4.4 开挖面阴角部位管涌处理

基坑开挖过程中，如地下连续墙与开挖土体的阴角部位出现管涌，可用图5所示方法处理。

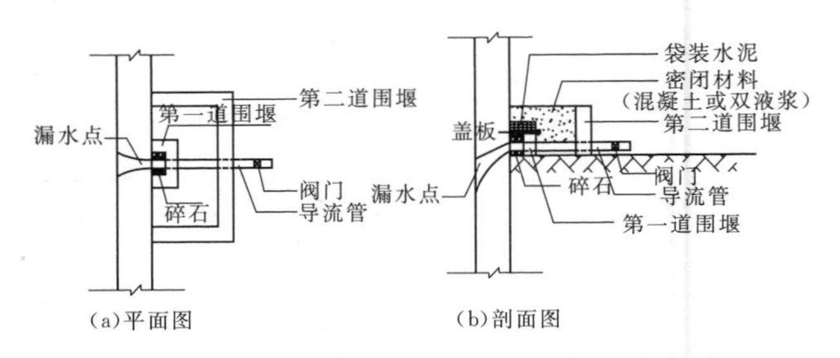

图5 地下连续墙与开挖土体的阴角部位出现管涌堵漏

（1）处理步骤：①插入导流管，尽量与地下连续墙漏水点接触紧密；②用袋装水泥筑第一道围堰，同时筑第二道围堰；③在第一道围堰与地下连续墙形成的空仓内填入碎石，然后用木板加盖，再在盖板上用袋装水泥覆压；④在第二道围堰与地下连续墙形成的空仓内浇筑混凝土，边浇混凝土边灌入水玻璃，使之快速凝固。或灌入水泥浆液，边灌水泥浆边灌水玻璃，使之快速凝固；⑤关闭阀门；⑥在地下连续墙外侧注浆处理。

（2）注意事项。

1）导流管要提前加工好，且要加装阀门。

2）此方法如未达到预期效果，则用土方或混凝土大量覆压封闭。

3）第一道围堰内的碎石要认真填满，起到滤砂作用。

4.5 地下连续墙外侧注浆

如果渗水量较大，有泥沙带出时，需要在基坑外侧封堵。可采用双液速凝注浆法、旋喷桩或双重管法，即使用地质钻机将水泥-水玻璃双液浆或水泥浆液注入地下连续墙外侧土体，使土体固结形成防水帷幕。注浆孔不宜离漏点太远，也不能太近，一般距离为1～2m，孔距1m。

5 结语

随着各大城市地铁建设的蓬勃发展，我国广泛应用地下连续墙作为围护结构越来越多，地下连续墙施工技术也越来越完善，但预防重于处理，施工中要做好各种预防措施。相信在科技的不断进步，以及技术人员与施工人员的共同努力下，通过不断地探索学习，强化操作人员责任心，同时在实践中多观察、多比较，出现问题后多分析、多总结，一定能够更好地预防和处理地下连续墙渗漏水问题。

卢旺达戈萨哈泵站控制系统设计与应用

梁　平/中国电建市政建设集团有限公司

【摘　要】本文介绍了卢旺达戈萨哈灌溉项目真空泵控制系统和水泵控制系统的控制流程和运行要求。

【关键词】泵站　控制系统

1　工程概述

卢旺达戈萨哈灌溉项目位于卢旺达东部省区，临近 Nyabarongo 河。业主为卢旺达农业部，电气监理来自法国。所有设备均按照业主的要求进行供货，设备设施应符合 ISO、IEC 规范，或符合 EN、AFNOR、UTE、DIN、VDE 等欧洲标准，或同等标准，或高一级标准，且必须符合 ISO 9001—2000 规范。

灌溉系统共设两个泵站。泵站 1 为取水泵站，由两个 4kW 真空泵通过虹吸管从 Nyabarongo 河抽水到蓄水池，然后由 4 个 22kW 水泵按照两用两备的原则从蓄水池抽水到灌渠内来满足农作物用水。泵站 2 为排水泵站，当雨季来临时，由两个 30kW 水泵按照一用一备的原则从排渠内抽水到出水池，当出水池内水位超过一定高度时，水通过溢流堰流到 Nyabarongo 河。另外，泵站 2 在出水池建有取水口，在特别干旱季节也可以打开闸门取水。

2　控制系统要求

2.1　电气设备要求

电力设备首先要符合卢旺达现行规范，以及 Electrogaz（卢旺达电力公司）要求和 IEC 规范或 UTE 规范，尤其是在没有国家规范的情况下，必须要符合 NF C 13—100 和 NF C 15—100 规范。

控制装置主要包括：“手动－自动”选择器；各个电动机的“运行－停止”按钮；灯的试验按钮、报警停运按钮、故障解除按钮，以及其他用于监视和控制各种运行构件的所有控制装置。每个泵组的专用控制装置均安装在各自泵房隔间前面，其他控制装置安装在自动化隔间前面。信号装置则主要包括：中压和低压控制装置状态的信号装置；每个泵组运行、停止信号装置；泵送水箱和灌溉渠道负荷水池内的水位信号装置；每个泵组用于表示自启动的闪烁预信号装置；故障指示信号装置；电力和水利观测设备指示器；流量指示器。每个泵组的专用信号装置安装在各个泵组控制柜隔间的前面面板上，其他信号装置则安装到自动化隔间的前面面板上。

当出现故障时，相应信号装置指示灯闪烁。操作员按下响应按钮之后，该指示灯必须为以下两种情况：①如果故障持续，则指示灯继续亮；②如果故障消失，则指示灯熄灭。并且，出现故障时，不仅是信号装置闪烁，而且能通过声音信号装置发出声音信号。操作者按动“喇叭停止”按钮之后，声音信号装置应停止运行。如果上次故障依旧，再次出现故障时喇叭也必须运行。喇叭必须要有 0～3min 的可调延时。防水接线板式喇叭安装在外面，并进行穿孔保护或安装铁栅栏保护，要确保泵站内外都能听得见警报声。

2.2　控制要求

要求泵站能通过控制柜实现自动运行和手动控制运行两种模式，并且能手动进行速度调节。禁止同时启动所有水泵，且同一水泵两次启动之间必须有 10～300s 的可调延时。手动或自动启动命令时应考虑各自的水位条件：每个泵站水泵控制均必须依靠泵池和出水池内的水位计及渠道内的流量计，并且通过泵池和出水池内的浮球阀进行干运行保护和溢流风险保护。其中，水泵运行数目和速度调整随着水位计和流量计的变化而变化。

流量调整追求的目标是：泵送流量与灌溉流量相匹配，减少启动次数，且减少比耗，以节约能量。

要求水泵在泵池（进水池）水位达到超低水位（停止水位）时立刻停止运行，以免造成水泵的干运行而损坏水泵，所以在停止水位以上 30cm 处预设一个低水位浮球阀进行预报警。为了预防主渠水的溢出，在水泵运行期间且下游无取水的情况下，出水池内的高水位浮球阀会停止水泵运行。相应地，当出水池内水位降到最低运行水位时，低水位探测器会启动水泵运行。

在每个泵站的灌渠安装一个流量计，实时反映灌溉区域的流量变化。由水泵生产商提供的水泵性能曲线应能确保在可接受范围内控制流量变化和发动机转速，且流量值与发动机转速相匹配。在泵池（进水池）内水位达到超低水位或出水渠水位达到最高水位时，信号装置将禁止水泵启动，只有在泵池（进水池）内水位大于或等于启动水位高程时才允许再次启动水泵。在出水池内水位降到一定高度时，通过可调延时继电器，水泵相继启动运行。同样，在泵池内水位降到一定高度时，通过可调延时继电器，水泵相继停止运行。

当水泵出现故障时将自动被替换，且循环切换应确保至少每小时启动一次，以平衡水泵运行时间的分配问题。自控装置的系统必须安装在非易失存储器上。除去用可编程自动装置来保证主要保护功能（干运行、溢流、每小时启动次数限制和水泵允许启动次数）之外，这些保护功能还需用手动方式保证。水泵故障时将自动被替换，当故障排除和修复后，被修复的水泵将依旧纳入等待启动的水泵行列。

3 泵站平面布置图

以泵站 1 为例进行阐述。泵站平面布置图见图 1。

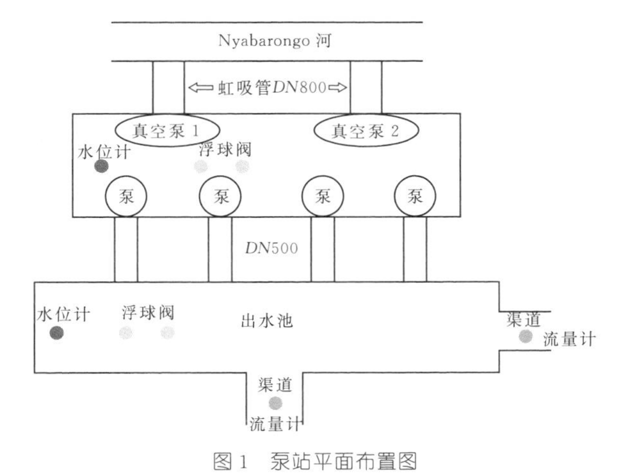

图 1　泵站平面布置图

3.1 控制系统构成及运行原理

泵站控制系统由真空泵控制系统和水泵控制系统两部分构成，分别设计成手动模式和自动模式。每个真空泵组由两个真空泵和两个电机以及一个真空罐构成。真空泵的运行是依靠两个真空泵给与管道相连的真空罐抽真空使管道内形成负压，依靠大气压力使管道两端的高水位端的水自动流向低水位端，从而使得水池水位固定保持与河道内水位一致。真空泵控制系统的控制是依靠上位机实现的，在手动模式下，用户可以通过上位机使真空泵 1 或真空泵 2 单独运行；在自动模式下，通过 PLC（可编程控制器）使得两个真空泵处于交替运行状态。而水泵控制系统能处于自动模式和手动模式，在自动模式下，水泵能自动根据河道水位状况和灌溉流量变化需要自动开启；在手动模式下，需要人为地通过启动和停止按钮来启停水泵。

3.2 真空泵控制流程图

真空泵控制流程图见图 2。

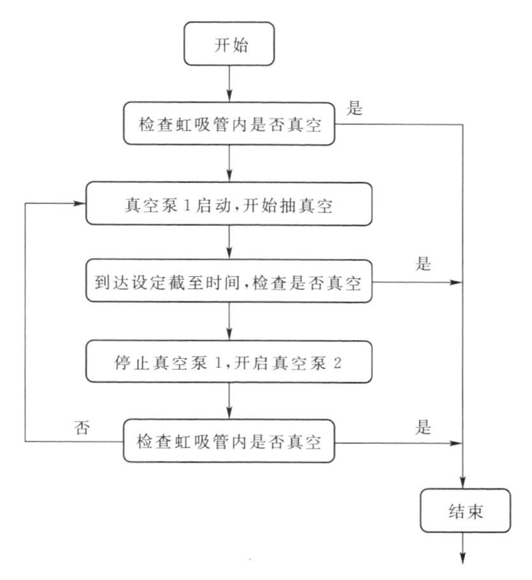

图 2　真空泵控制流程图

3.3 水泵控制系统流程图

3.3.1 启动流程图

启动流程图见图 3。

3.3.2 停止流程图

停止流程图见图 4。

3.4 控制系统硬件配置

控制系统实际是一种数字运算操作的电子系统，主要由 PLC 专为在工业环境下应用而设计。其硬件结构基本上与微型计算机相同，主要有电源、中央处理单元（CPU）、存储器、数据采集单元和 I/O 端口以及其他计数器、计时器等功能模块。其硬件系统主要由 PC 上位机和 PLC 下位机构成。CPU 对所采集的数据进行分析，

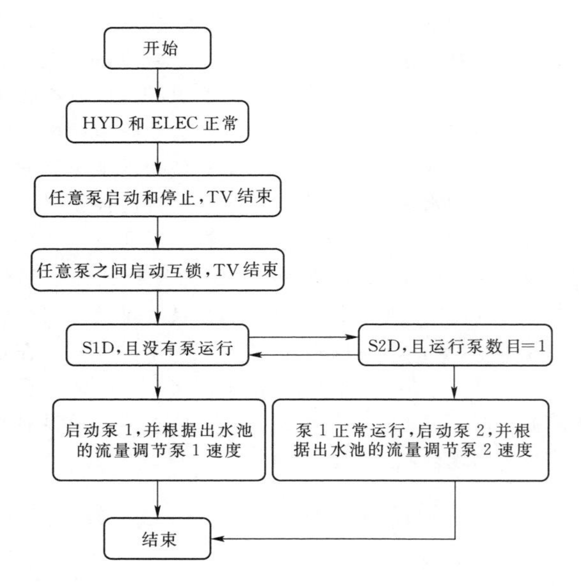

图3　启动流程图

HYD—水利；ELEC—电力；TV—两次连续动作之间的互锁时间，以确保所有级联启动和级联停止；S1D—控制器发出开启一个水泵的命令；S2D—控制器发出开启两个水泵的命令

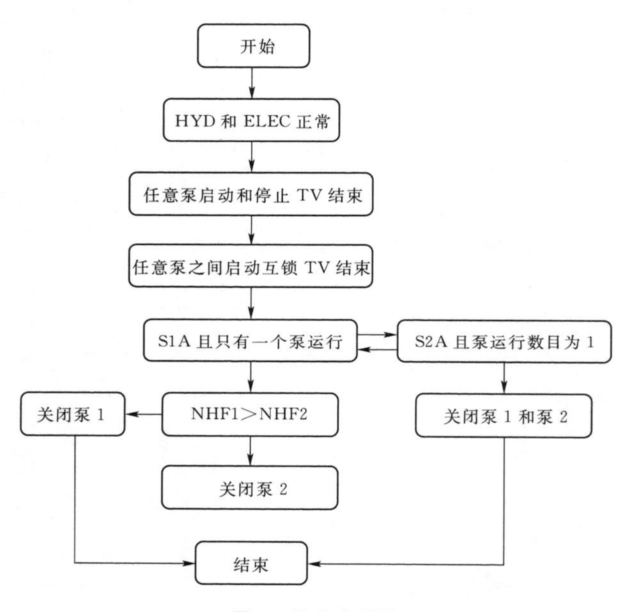

图4　停止流程图

S1A—控制器发出关闭一个水泵的命令；S2A—控制器发出关闭两个水泵的命令；NHF—运行小时数

计算和发出控制指令；数据采集单元主要通过隔离装置对输入模拟数据进行采集并转换为PLC可以直接处理的数据。

3.4.1　真空泵控制系统

真空泵控制系统见图5。

当真空罐内液体处于低液位时，真空泵开始启动抽真空，达到真空或真空罐处于高液位时，真空泵停止，打开真空罐通风阀开始排气，以避免真空罐中形成浮动表面。当真空罐低液位再次达到时，低液位开关导通，真空泵重新启动抽气。而在真空泵运行过程中，由于真空泵运行需要工作水并依靠水形成密封进行抽气和排气，但是在不同情况下，需要的工作流体的量不同，所以需要伺服流体电磁阀来控制工作流体的量。

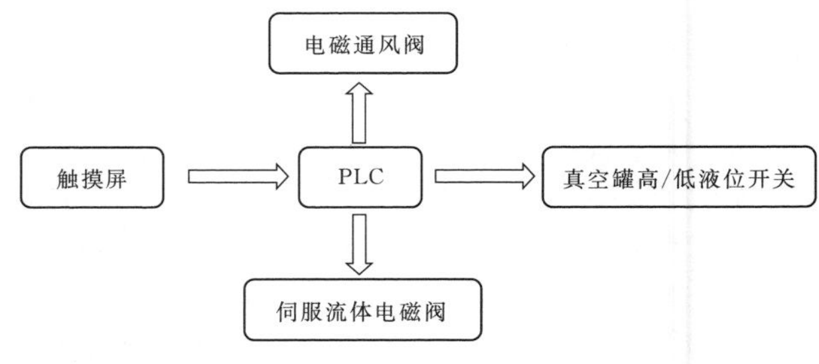

图5　真空泵控制系统

3.4.2　水泵控制系统

水泵的开启和关闭与泵池和出水池内的浮球阀有关。泵池内有两个浮球阀，一个是低水位浮球阀，另一个超低水位浮球阀。当泵池内水位达到低水位时，低水位浮球阀动作，水泵2开始减速直到关闭，低水位指示灯亮；而当泵池内达到超低水位时，超低水位浮球阀动作，水泵必须全部关闭，避免泵的干运行，超低水位指示灯亮。出水池内有两个浮球开关，分别为低水位浮球阀和高水位浮球阀。当达到高水位时，高水位浮球阀动作，所有水泵立刻关闭，防止灌渠内的水溢出，高水位指示灯亮；而当达到低水位时，水泵开始级联运行，以防止渠道内的水干枯，影响灌溉。水泵泵池和出水池内各安装有一个超声波水位计，一是可以随时监测泵池和出水池内的水位，以防止因为浮球阀的损坏造成误动作和不动作；二是依靠水位计的水位状况来控制水泵的运行数目。在出水池的两个主灌渠内分别有一个流量计，一是可以显示渠内流量状况，可以实时监测农田灌溉状况；二是可以依据流量计的流量统计出不同时期内的灌溉量，为今后的灌溉做准备；三是依据流量计的流量状况来实时调节泵速度，以最小的能源实现最大的灌溉需要。

3.5　组态软件

全集成自动化软件TIA PORTAL V13是西门子工业集团开发的一款全集成自动化软件。它是业内首个采用统一的工程组态和软件项目环境的自动化软件，适用于任何自动化任务。借助该全新的工程技术软件平台，用户能够快速、直观地开发和调试自动化系统。作为未来软件工程组态包的基础，可对西门子全集成自动化所涉及的所有自动化和驱动产品进行组态、编程及调试。TIA具有可灵活扩展的软件工程组态能力和性能，能够满足自动化系统的要求，同时，能够将已有组态传输到新的软件中，使得软件移植任务所需的时间和成本显著减少。

4 结束语

灌溉泵站是防洪除涝体系的重要组成部分，主要承担所在地区的防洪防涝、调水灌溉以及生活供水等任务，为卢旺达戈萨哈农田灌溉创造了良好条件，推动了水资源合理配置和利用，保护着当地居民的生命财产安全，对保证该国粮食安全、社会稳定起到了关键性作用。

随着国家经济的逐步发展及长期以来受到欧洲国家科学技术的影响，自动化技术在非洲灌溉项目中已经逐渐普及。卢旺达戈萨哈灌溉项目通过使用真空泵控制系统、水泵控制系统、水位计、流量计和浮球阀等测量装置，能实时根据河内水位进行取水和根据农业灌溉要求进行灌溉，能更精确更全面地对灌溉流量进行控制，避免了人为的频繁操作，以及灌溉效率和质量低的状况，既实现了按需取水和按需灌溉，又可以对以后的灌溉流量预测，节约了人工和电能，提高了灌溉质量和效率。

盾构钢套筒密闭始发施工技术研究

丁　盛/中国电建集团铁路建设有限公司

【摘　要】 本文以哈尔滨轨道交通2号线土建施工六标人中区间工程实例，对钢套筒密闭空间提供平衡掌子面水土压力的技术及应用进行分析介绍，可为其他城市复杂地层条件的地铁盾构始发提供参考。

【关键词】 钢套筒　盾构始发　水土压力平衡

1　概述

盾构始发是盾构施工的重大风险点之一。当始发端头地层条件较差时，为保证始发施工安全，需要对始发端头地层进行加固。传统的地层加固方法有旋喷桩加固法、冷冻法、化学注浆加固法等。这些方法均要求对洞门端头进行各种施工处理，对围护结构要求较高，加固质量难以保证，存在较大风险。

哈尔滨轨道交通2号线一期工程土建六标人民广场站—中央大街站区间（简称“人中区间”）为单洞单线隧道，起自人民广场站大里程端，沿经纬街敷设，终至中央大街站小里程端。区间右线隧道全长701.587m，左线隧道全长759.45m。采用土压平衡盾构法，2台盾构机同时进行左右线隧道施工，分别从人民广场站始发，向中央大街站掘进。

人中区间始发端头位于繁华地带，周边建筑物密集，始发时极易出现地层塌陷、涌水涌沙等事故。盾构始发端头地层主要为杂填土、＜2-1-1＞粉质黏土、＜2-2＞粉砂、＜2-3＞细砂、＜2-3-1＞中砂、＜2-4＞中砂，地层富水性好，透水性强，与松花江水力联系密切。勘察期间通过干钻测得孔隙潜水初见水位埋深2.50～8.20m，地下水静止水位埋深2.30～7.30m。

针对特殊工程地质条件，经研究，在隧道施工中采用钢套筒密闭始发施工技术，以确保盾构始发安全，降低风险。

2　技术原理

盾构密闭始发工法是根据平衡原理进行盾构始发施工的。密闭始发施工，即是在盾构掘进前在盾构始发井内安装钢套筒，盾构机安装在钢套筒内，然后往钢套筒内填充回填物，通过钢套筒内形成的密闭空间提供平衡掌子面的水土压力，盾构机在钢套筒内实现安全始发掘进。

3　施工工艺

3.1　施工总体流程

钢套筒密闭始发施工工艺流程见图1。

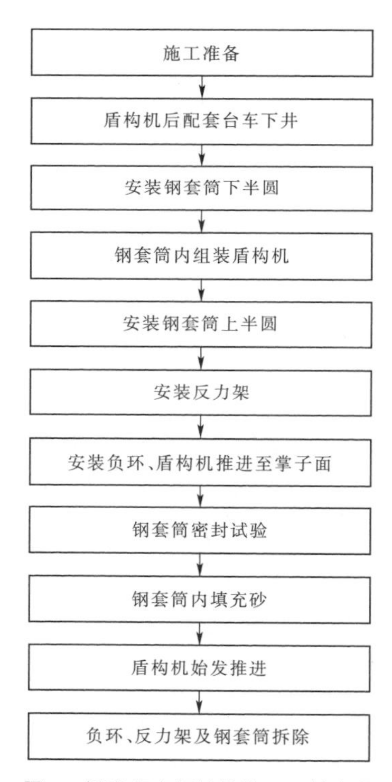

图1　钢套筒密闭始发施工工艺流程

3.2　钢套筒安装

（1）在盾构井底板混凝土浇筑前，在基坑内确定出井口盾体中心线，并预埋钢板。预埋钢板应埋设准确，并与主体结构底板钢筋焊接牢固。

(2) 吊下第一节钢套筒的下半部，使钢套筒的中心与事先确定好的井口盾体中心线重合，然后依次吊下钢套筒的第二、三、四节筒体。在筒体的连接过程中要注意水平位置与纵向位置的一致，确保螺栓孔对位准确，并用高强螺栓连接紧固，连接部位均采用 8mm 厚橡胶垫密封。钢套筒组装完成后，应重新对钢套筒的位置及标高进行复测，确保钢套筒的中心线与隧道中心线重合后进行钢套筒与预埋钢板的焊接，焊接应牢固，并经检测后符合要求。

(3) 安装过渡环。过渡环与洞门环板通过焊接连接，焊缝沿过渡环一圈内外侧满焊，焊缝必须饱满。如出现过渡环与洞门环板无法密贴的情况，在空隙处填充钢板并连接牢固。在确定过渡环与洞门环板全部密贴后将过渡板满焊在洞门环板上。焊接完成后必须经过探伤检测合格。

3.3 钢套筒顶撑加固

为防止盾构机盾体和钢套筒整体发生扭转、倾覆，在钢套筒两侧每间隔 2m 安装一根工字钢横撑，横撑采用 20 工字钢制作，并直接与钢套筒焊接成一个整体，作用在侧墙上。

3.4 钢套筒内安装轨道

在钢套筒底部安装两根 43kg/m 钢轨，两钢轨之间相距 2755mm，与钢套筒中心成 50°夹角。参见图 2。

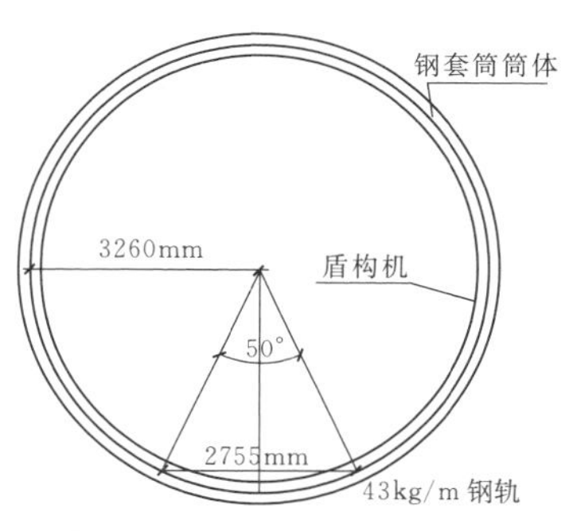

图 2　钢套筒内钢轨安装示意图

3.5 钢套筒底部回填砂

在钢套筒底部两根钢轨之间铺砂并压实，每个位置的铺砂高度高出相应钢轨的高度 15mm，待盾构机放上去之后进一步压实，确保底部砂层提供充足的防盾构机扭转摩擦反力。

3.6 钢套筒内安装盾构机

在钢套筒内安装盾构机主体，并与连接桥和后配套台车连接。

3.7 安装钢套筒上半圆

盾构机主体安装好后，安装钢套筒上半圆。安装好以后，需进行压紧螺栓的调整；检查各部连接处，需对每一处连接安装的地方进行检验，确保其连接牢固，尤其是对于钢套筒上下半圆以及节与节部分之间连接的检查，发现有隐患，要及时处理。

3.8 安装反力架

反力架的安装与常规盾构始发反力架安装一致。根据始发井大小、钢套筒长度、洞门标高等确定水平位置和标高。

3.9 钢套筒上部支撑安装

钢套筒安装完成并检查确认后，即安装筒体上部支撑。钢套筒每边共设置 6 道横向支撑，顶在侧墙上。

3.10 安装负环、盾构机刀盘推进至洞门掌子面

钢套筒、反力架安装完毕，盾构机调试完成后，安装负环、盾构机向前推进至刀盘面板贴近洞门掌子面但不切削掌子面。

3.11 钢套筒检查

如果出现钢套筒本体连接端面或者筒体本身出现变形量较大时，要立即采取加强措施，在变形量较大处焊接加强肋板。加强肋板可利用现场钢板制作。

3.12 钢套筒密封试验

钢套筒上设置检查孔，从加水孔向钢套筒内加水，至加满水后，检查压力。如果压力能够达到 3bar[❶]，则停止加水，并维持压力稳定。如水压无法达到 3bar，则将水管解开，利用空压机向钢套筒内加入空气，直至压力达到 3bar 为止。对各个连接部分进行检查，包括洞门连接板、钢套筒环向与纵向连接位置、钢套筒与反力架的连接处有无漏水。

每级加压过程及停留保压时间说明：按每分钟 0.1bar 加压，0～1.0bar 每级加压时间控制在 10min 左右，停留检测时间 10min；1.0～2.0bar 每级加压时间控制在 15min 左右，停留检测时间 25min；2.0～2.5bar 加压时间控制在 25min 左右，停留检测时间 45min；2.5～3.0bar 加压时间控制在 45min 左右，停留检测时间 120min。

加压检测过程中一旦发现有漏水或焊缝脱焊情况，必须马上进行卸压，并及时处理，如上紧螺栓或重新焊

❶　1bar=0.1MPa。

接，完成后再进行加压，直至压力稳定在3bar且未发现有漏点时方可确认钢套筒的密封性。

3.13 钢套筒内回填砂

当负9环管片推出盾尾一半时，盾构机停止向前推进，在靠近基准环位置进行小流量注浆，将钢套筒下半部填满，约13m^3。浆液配比（1m^3）：500kg水、400kg砂、300kg粉煤灰、150kg水泥、50～100kg膨润土。

盾构机向前推进至刀盘面板贴近洞门掌子面后，向钢套筒内填砂，将整个钢套筒填充满。

3.14 盾构始发推进

洞门连续墙为C30混凝土玻璃纤维筋连续墙，盾构机在切削连续墙时，推进速度控制在3～5mm/min，扭矩不大于2000kN·m，千斤顶总推力不大于600t。通过洞门后，速度可逐步提升至10mm/min，千斤顶总推力逐步调整到1000t。施工过程中采用信息法施工，根据施工情况及时对施工参数进行调整。

4 始发质量控制措施

（1）在进行钢套筒、反力架及第一环负环管片的定位时，要严格控制钢套筒、反力架及第一环负环管片的安装精度，确保管片姿态与盾构始发姿态符合。

（2）第一负环管片定位时，管片的后端面应尽量与线路中线垂直，负环管片轴线应与线路的切线重合。

（3）始发前钢套筒应根据始发线路定位。

（4）盾构在钢套筒上向前推进时，通过控制推进千斤顶行程使盾构机沿导向轨道向前推进。

（5）在始发阶段，由于设备处于磨合阶段，要注意推力、扭矩的控制，同时也要注意各部位油脂的有效作用。掘进总推力应控制在后盾支撑承受能力以下，同时确保在此推力下刀具切入地层所产生的扭矩小于盾构钢套筒提供的反扭矩，防止反力架变形和盾体扭转。

（6）始发阶段应加强地表沉降监测和建（构）筑物监测，根据需要加密监测，如有异常，尽快反馈，并根据反馈信息调整操控参数。

（7）负环管片拼装前需粘贴止水条及缓冲垫。钢套筒后端通过加强环梁和负环管片连接，连接处设置止水橡胶圈，负环管片外侧与钢套筒之间的间隙通过管片壁后注双液浆进行密封。

5 结语

盾构始发是地铁施工中不容忽视的关键环节，在如今全国范围的大规模地铁施工中，不同城市都或多或少存在地质条件复杂、地表风险源众多的情况。盾构机钢套筒密闭始发技术解决了复杂地层条件风险问题，能有效保证盾构安全顺利始发，加快施工进度，节约地面空间，同时保证了盾构始发端头周边建筑物的安全，取得了显著的社会效益，具有良好的借鉴意义，能够为其他城市的地铁盾构始发提供参考。

高扬程大跨度辐射式缆机架空系统拆除技术

王存成/中国水利水电第四工程局有限公司

【摘　要】 结合官地水电站枢纽布置特点及25t辐射式缆机技术参数，以官地水电站高扬程大跨度辐射式缆机架空系统拆除为例，通过对缆机主索拆除时各辅助机具的受力分析，重点研究了高扬程大跨度辐射式缆机拆除临时承载索等机具的布置原则、锚固方式，解决了缆机拆除的技术难点。

【关键词】 高扬程　大跨度　辐射式缆机　架空系统　拆除技术

1　工程简述

1.1　官地水电站缆机布置

官地水电站碾压混凝土重力坝施工设计布置2台设计工况25t辐射式缆机。左岸为固定端（主塔），右岸为移动端（副塔），基础平台宽11m、长155.66m；左岸缆机主机房平台基础高程1406.00m，右岸缆机平台基础高程1450.00m，缆机主索左岸支点高程1436.00m，右岸支点高程1452.00m。2台20t辐射式缆机的跨度735m，扬程240m，工作控制线距离147m，2台辐射式缆机同平台布置，同轨运行，最大辐射角10°。

1.2　缆机主要设备特性参数

官地水电站辐射式缆机移动小车重7.8t；吊钩重3.5t；承码单重75kg/个，共计14个；索头装置为10t/每端；缆机主索直径82mm，单位重量39.3kg/m；起升索、牵引索直径30mm，单位重量4.127kg/m。

2　施工程序

辐射式缆机拆除通用的施工程序如下：施工准备→拆除起吊系统（吊钩、过江电缆）→拆除支索器（承码夹）→拆除起升索及小车系统→利用临时承载索道拆除牵引索→利用临时承载索道拆除主索→拆除临时承载索→拆除缆机操作室及辅助设施→现场规整及设备运输入库。

3　拆除辅助机具受力分析及选用

3.1　临时承载索受力分析及选用

缆机主索拆除过江临时承载索相对垂度拟定为7%。根据拆除施工工序安排，临时承载索最不利荷载组合为临时承载索自重、主索自重、辅助承码及风荷载。

临时承载索的两个支承点位于不同的水平面上，左岸为高程1418.00m平台，右岸为高程1450.00m平台，相差高度为32m，受力分析计算简图见图1。

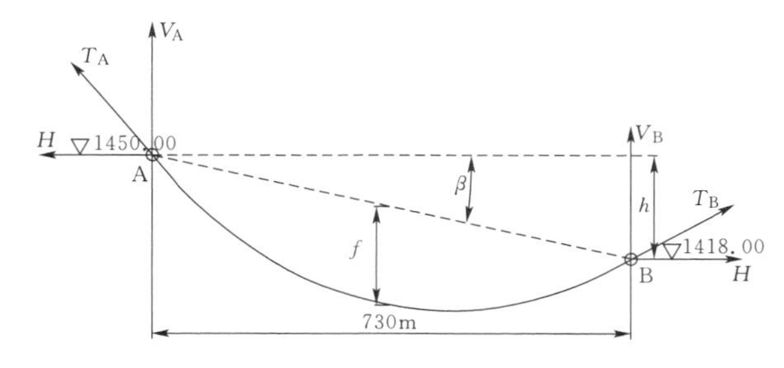

图1　临时承载索受力分析计算简图

采用试算法，假定临时承载索选用2根ϕ48mm钢丝绳，则临时承载索单位重量为8.55kg/m。

依据钢丝绳破断拉力计算公式：

$$F_p = \frac{1700r^2 \times 0.36}{1000}\ (\text{kN})$$

式中　r——钢丝绳直径，mm。

可计算得：ϕ48mm钢丝绳最小破断拉力F_p=1370kN。

3.1.1 受力分析

(1) 风作用荷载计算。临时承载索拆除主索时风作用荷载主要为风对其组件系统的共同作用荷载。

根据计算公式：

$$q_{风} = WA$$

式中 W——按照规范计算钢缆绳风压；

A——钢缆绳单位长度的受风面积。

可计算得出临时承载索辅助拆除主索时最不利工作状态下其单位长度上所受的风荷载：

$$q_{风} = \sum WA = 250 \times 0.082 + 250 \times 0.048 = 32.5\ (\text{N/m})$$

(2) 主索对临时承载索作业荷载计算。

$$q_1 = \frac{mg}{n} = \frac{39.3 \times 9.81}{2} = 192.77\ (\text{N/m})$$

式中 m——主索单位长度重量；

n——临时承载索数量。

(3) 临时承载索自重荷载计算。

$$q_2 = mg = 8.55 \times 9.81 = 83.88\ (\text{N/m})$$

(4) 辅助承码对临时承载索作用荷载计算。辅助承码重量为75kg/个，拟设置数量按照36个计，则：

$$q_3 = \frac{mg}{nl} = \frac{75 \times 36 \times 9.81}{2 \times 730} = 18.14\ (\text{N/m})$$

(5) 临时承载索拆除主索时最不利荷载计算。

$$q = q_{风} + q_1 + q_2 + q_3 = 32.50 + 192.77 + 83.88 + 18.14 = 327\ (\text{N/m})$$

3.1.2 校核计算

根据《水利水电工程施工组织设计手册》第五卷第九章第四节架空缆索理论计算公式：

$$H = \frac{ql^2}{8f\cos\beta} + \frac{P_k l}{4f}$$

$$V_A = \frac{ql}{2\cos\beta} + \frac{P_k}{2} + H\frac{h}{l}$$

$$V_B = \frac{ql}{2\cos\beta} + \frac{P_k}{2} - H\frac{h}{l}$$

$$T_0 = T_A = \sqrt{V_A^2 + H^2}$$

式中 β——两个悬吊点的连线与水平线的夹角；

h——两悬吊点的高差，$h=32$m；

q——作用于钢索的单位均布荷载；

l——钢索两悬点之间的跨度；

P_k——作用于钢索的集中荷载。

(1) 临时承载索水平张力。

$$\cos\beta = \frac{l}{\sqrt{l^2+h^2}} = \frac{730}{\sqrt{730^2+32^2}} = 0.999$$

$$\text{tg}\beta = \frac{h}{l} = \frac{32}{730} = 0.0438$$

$$H = \frac{ql^2}{8f\cos\beta} = \frac{327.28 \times 730^2}{8 \times 7\% \times 730 \times 0.999} = 427047\ (\text{N})$$

(2) 临时承载索垂直分力。

$$V_A = \frac{ql}{2\cos\beta} + H\frac{h}{l} = \frac{327.28 \times 730}{2 \times 0.999} + 427047 \times 0.0438 = 138293\ (\text{N})$$

$$V_B = \frac{ql}{2\cos\beta} - H\frac{h}{l} = \frac{327.28 \times 730}{2 \times 0.999} - 427047 \times 0.0438 = 100853\ (\text{N})$$

(3) 临时承载索最大张力。

$$T_0 = T_A = \sqrt{V_A^2 + H^2} = \sqrt{130627^2 + 403376^2} = 448881\ (\text{N})$$

(4) 安全系数。

$$K = \frac{T_p}{T_{\max}} = \frac{13700000}{448881} = 3.21 > 3.0$$

式中 T_p——临时承载索破断拉力。

K取值范围为3.0～3.2。

(5) 临时承载索选用。根据缆索吊车承载索设计要求，安全系数不宜小于3。通过试算，工程选用的ϕ48mm承载索可满足施工设计要求。

3.2 往返牵引索受力分析及选用

往返牵引索相对垂度拟定为7%。根据拆除工序安排，临时承载索张紧时往返牵引索受力及卷扬机受力最大。

临时承载索张紧时不利荷载组合：临时承载索自重及钢索所受的风荷载，不受其他集中荷载。

采用试算法，假定往返牵引索采用ϕ28mm钢丝绳。

3.2.1 受力分析

(1) 风作用荷载计算。临时承载索张紧时往返牵引索风作用荷载主要为风对其组件系统的共同作用荷载，则根据计算公式$q_{风} = WA$，可计算出临时承载索辅助张紧时最不利工作状态下其单位长度上所受的风荷载：

$$q_{风} = WA = 250 \times 0.048 = 12\ (\text{N/m})$$

(2) 临时承载索自重荷载计算。

$q_2 = mg = 8.55 \times 9.81 = 83.88\ (\text{N/m})$，其中$m$为临时承载索单位长度重量。

(3) 临时承载索张紧时往返牵引索最不利荷载计算。

$$q = q_{风} + q_2 = 12 + 83.88 = 95.88\ (\text{N/m})$$

3.2.2 临时承载索张紧受力计算

根据架空缆索理论计算公式可计算出：

(1) 临时承载索张紧时水平张力。

$$H = \frac{ql^2}{8f\cos\beta} = \frac{95.88 \times 730^2}{8 \times 7\% \times 730 \times 0.999}$$

$=125100\ (N)$

（2）临时承载索张紧时垂直分力。

$$V_A=\frac{ql}{2\cos\beta}+H\frac{h}{l}$$

$$=\frac{95.88\times730}{2\times0.999}+125100\times0.0438$$

$$=40512\ (N)$$

$$V_B=\frac{ql}{2\cos\beta}-H\frac{h}{l}$$

$$=\frac{95.88\times730}{2\times0.999}-125100\times0.0438$$

$$=29544\ (N)$$

（3）临时承载索张紧时最大张力。

$$T_0=T_A=\sqrt{V_A^2+H^2}$$

$$=\sqrt{40512^2+125100^2}$$

$$=131497\ (N)<15t$$

（4）往返牵引索安全系数。根据作用力与反作用力，临时承载绳张紧时往返牵引索最大受力为 T_0，则

$$K=\frac{T_p}{T_{max}}=\frac{479000}{131497}=3.65>3.5$$

式中 T_p——往返索破断拉力。

（5）往返索选用。根据缆索吊车承载索设计要求，安全系数不宜小于3，本工程拟选用的 ϕ28mm 往返牵引索可满足设计要求；同时左、右岸各选用1台15t卷扬机作为往返牵引索制动及临时承载索张紧使用，可满足要求。

3.3 往返牵引索辅助拉绳受力分析及选用

往返牵引索辅助拉绳相对垂度拟订为7%。根据拆除工序安排，往返牵引索张紧时辅助拉绳受力最大。辅助拉绳张紧时荷载主要为往返牵引索自重及钢索所受的风荷载，不受其他集中荷载。

采用试算法，假定辅助拉绳采用 ϕ16mm 钢丝绳，则自重为2.91kg/m。

3.3.1 受力分析

（1）风作用荷载计算。

根据计算公式 $q_风=WA$，可计算出往返牵引索张紧时最不利工作状态下其单位长度上所受的风荷载：

$q_风=WA=250\times0.028=7\ (N/m)$

（2）辅助拉绳自重荷载计算。

$q_2=mg=2.91\times9.81=28.55\,(N/m)$，其中 m 为临时承载索单位长度重量。

（3）辅助拉绳工作时最不利荷载计算。

$q=q_风+q_2=7+28.55=35.55\ (N/m)$

3.3.2 辅助拉绳张紧受力计算

根据架空缆索理论计算公式可计算出：

（1）临时承载索张紧时水平张力。

$$H=\frac{ql^2}{8f\cos\beta}$$

$$=\frac{35.55\times730^2}{8\times7\%\times730\times0.999}$$

$$=46382\ (N)$$

（2）临时承载索张紧时垂直分力。

$$V_A=\frac{ql}{2\cos\beta}+H\frac{h}{l}$$

$$=\frac{35.55\times730}{2\times0.999}+46382\times0.0438$$

$$=15020\ (N)$$

$$V_B=\frac{ql}{2\cos\beta}-H\frac{h}{l}$$

$$=\frac{35.55\times730}{2\times0.999}-46382\times0.0438$$

$$=10953\ (N)$$

（3）临时承载索张紧时最大张力。

$$T_0=T_A=\sqrt{V_A^2+H^2}$$

$$=\sqrt{15020^2+46382^2}$$

$$=48754\ (N)<15t$$

（4）往返牵引索安全系数。

$$K=\frac{T_p}{T_{max}}=\frac{156000}{48754}=3.21>3.0$$

式中 T_p——辅助拉绳破断拉力。

（5）往返牵引索辅助拉绳及卷扬机选用。根据缆索吊车承载索设计要求，安全系数不宜小于3，本工程拟选用的 ϕ16mm 辅助拉绳迁移往返牵引索过江可满足设计要求；同时左、右岸各选用1台15t卷扬机作为往返牵引索制动及临时承载索张紧使用，可满足要求。

3.4 主索牵引拉绳选用及受力分析核算

根据拆除工艺，缆机主索拆除过江时主要为临时承载索受力。左、右端牵引拉绳主要作用为克服主索与辅助承码之间的摩擦力，促使主索移动。

$$F=Nu$$

式中 u——钢材间的摩擦系数，一般取0.3。

（1）缆机主索拆除过江时左、右岸卷扬机牵引力约为：

$F=39.3\times730\times9.81\times0.3=84431\ (N)<10t$

（2）拉绳安全系数。采用试算法，假定左、右段端主索索头拉绳采用 ϕ28mm 钢丝绳，则依据计算公式

$$F_p=\frac{1700r^2\times0.36}{1000}\ (kN)$$

计算可得：ϕ28mm 钢丝绳破断拉力约为469kN。

带入公式可得：

$$K=\frac{T_p}{T_{max}}=\frac{469000}{84431}=5.554>3.5$$

（3）校核计算结论。根据缆索吊车承载索设计要求，安全系数不宜小于3，本工程拟选用的 ϕ28mm 拉绳可满足设计要求；同时左、右岸各选用1台10t卷扬机作为主索过江拉绳使用，可满足要求。

3.5 卷扬机基础锚固设计及受力核算

3.5.1 往返牵引索卷扬机基础锚固设计及受力核算

往返牵引索绕过卷扬机卷筒将力最终传递给卷扬机基础锚杆，根据相关计算，临时承载索过江时左、右岸15t卷扬机受力最大，最大受力131497N，卷扬机基础砂浆锚杆选用9根Ⅰ级ϕ32mm钢筋，砂浆选用M30砂浆，锚杆入岩2.8m，则单根地锚承受拉力为14.61kN。

根据《水利水电工程施工组织设计手册》第四卷锚杆基础的单根锚杆抗拔能力及单根锚杆的截面面积计算公式：

$$P_d \leqslant \pi DLf$$

$$A_g = \frac{KP_d}{R_g}$$

式中 P_d——单根锚杆抗拔力，N；

A_g——单根锚杆截面面积，mm^2，选择ϕ32mm钢筋，$A_g=803.84mm^2$；

D——锚杆孔直径，cm，取5cm；

L——锚杆的有效锚固长度，cm，取280cm；

f——砂浆与岩石间的容许黏结力，N/cm^2，本次取值$19.62N/cm^2$；

K——安全系数，取2.0；

R_g——锚杆的抗拉设计强度，N/cm^2；Ⅱ级钢筋为$310N/mm^2$，Ⅰ级钢筋为$210N/mm^2$。

则对ϕ32mm的锚杆：

$P_d=210\times803.84=168.806$（kN）$>$｛$3.14\times5\times280\times19.62=86.250$（kN）｝$>14.61$（kN）

即：基础锚杆设置满足要求。

3.5.2 左、右岸10t卷扬机基础及卷筒基础锚杆设计及受力核算

缆机主索拆除过江时，左、右岸牵拉绳绕过卷扬机卷筒等部位将力最终传递给左、右岸10t卷扬机基础锚杆，根据前述计算成果，缆机主索过江时左、右岸10t卷扬机受力最大，最大受力84431N。

主索回收卷筒基础砂浆锚杆选用9根Ⅰ级ϕ32mm钢筋，砂浆选用M30砂浆，锚杆入岩2.8m，则单根地锚承受拉力为9.38kN。

同上计算，对ϕ32mm的锚杆：

$P_d=310\times803.84=124.6$（kN）$>3.14\times5\times280\times19.62=86.250$（kN）$>9.38$（kN）

即：基础锚杆设置满足要求。

4 施工机具布置

根据上述分析计算，官地水电站20t辐射式缆机拆除现场施工机具布置见图2。

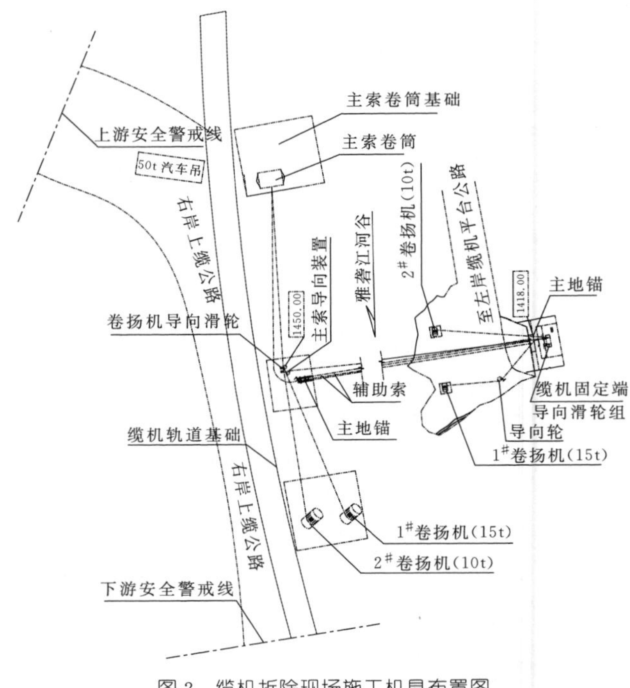

图2 缆机拆除现场施工机具布置图

5 架空系统拆除

5.1 辅助索安装

5.1.1 卷扬机上绳

左岸2#卷扬机缠绕一根ϕ16mm的钢丝绳850m，1#卷扬机缠绕一根ϕ48mm的钢丝绳850m（该绳为临时承载索）。右岸1#卷扬机缠绕一根ϕ28mm的钢丝绳1600m，2#卷扬机缠绕一根ϕ16mm的钢丝绳850m。

5.1.2 往返索架设

通过缆机移动小车将左岸2#卷扬机的钢丝绳拉至右岸主地锚处，将ϕ16mm的钢丝绳绳头与右岸1#卷扬机ϕ28mm的钢丝绳连接，启动左岸2#卷扬机、右岸1#卷扬机，将右岸1#卷扬机上ϕ28mm的钢丝绳牵引过江，将往返索牵往左岸直至卷入2#卷扬机卷筒停车，临时固定往返索，拆除ϕ16mm的辅助绳，再将往返索卷入2#卷扬机卷筒固定，开动左岸2#卷扬机，调整往返索垂度，跨中垂度控制在7%左右，并在往返索上夹上悬挂装置，往返索架设完毕。

5.1.3 临时承载索过江安装、调整

临时承载索共2根，直径48mm，用于悬挂辅助承码承托主索过河，临时承载索平行布置，间距为600mm。

将左岸ϕ48mm临时承载索的绳头通过导向装置拉到主地锚处，同时与左右岸往返索ϕ28mm进行卡接，卡接好后由左向右放，右岸1#卷扬机收绳，左岸1#卷扬机和2#卷扬机同时放绳，将临时承载索牵引过河。

同时用30m钢卷尺测量临时承载索的长度，并做好记录与标志。当临时承载索的长度达到设计长度后，做好标记，继续放绳直到将临时承载索绳头固定在右岸的主地锚上，然后左岸1#卷扬机收绳，直到做好标记回到主塔主地锚的拆除位置后将其临时固定。用测量仪器测量、观察此根临时承载索的垂度，直到此根临时承载索的垂度满足设计要求，将临时承载索的索卡扭紧，达到设计扭矩值，第一根临时承载索安装完毕。

利用左右岸卷扬机之间的相互配合，使用同样的方法安装第二根临时承载索。

当两条临时承载索全部安装完毕后，用测量仪器测量、观察两根临时承载索的垂度，直到两条临时承载索的垂度满足设计要求，并且保证两条临时承载索的垂度一致，临时承载索的绳夹扭紧。

5.1.4 辅助承码保距绳安设

将右岸2#卷扬机 ϕ16mm钢丝绳拉至右岸主地锚处，将 ϕ16mm的钢丝绳绳头与往返索 ϕ28mm钢丝绳连接。2#卷扬机上 ϕ16mm辅助承码保距绳，与辅助承码的索卡连接，依次每隔20m安装一个辅助承码。

启动左岸2#卷扬机、右岸1#卷扬机，将右岸2#卷扬机上 ϕ16mm的钢丝绳牵引过江，使辅助承码均匀悬挂在临时承载索上，调整垂度并与左、右岸主地锚端临时固定。

5.2 缆机主索拆除

5.2.1 主索卷筒支架

主索拆除时从左岸向右岸牵引过江，主索卷筒支架布置在右岸高程1450.00m平台主索拆除轴线上游30m处，固定在混凝土平台上。

5.2.2 缆机主索拆除

（1）左岸1#卷扬机上缠绕 ϕ28mm钢丝绳150m，右岸回收副卷筒上缠绕 ϕ28mm钢丝绳300m，另一头缠绕在右岸2#卷扬机上。

（2）将右岸回收卷筒准备好，副卷筒上缠绕 ϕ28mm钢丝绳300m，另一头缠绕在右岸2#卷扬机上。

（3）利用副车张紧装置放松主索，使主索托在辅助索承码上，主索的端头分别与左、右岸卷扬机上 ϕ28mm的牵拉绳卡接。

（4）利用左岸1#、右岸2#卷扬机配合，拆除主索端头的固定销轴，并最终使主索的左侧端头与 ϕ28mm往返索卡接。

（5）利用左岸2#卷扬机送绳、右岸1#和2#卷扬机收绳，将副塔端主索头拉牵至主索回收卷筒上进行缠绕，利用副卷筒钢丝绳的反缠绕力把主索缠回卷筒，每一层涂抹防锈油脂。

5.3 辅助索拆除

5.3.1 临时承载索拆除

（1）左岸主塔1#卷扬机上缠绕150m ϕ28mm的钢丝绳，副塔右岸2#卷扬机上缠绕300m ϕ28mm的钢丝绳。

（2）利用左岸1#卷扬机上缠绕的钢丝绳和滑轮组配合，将临时承载索从主地锚拆下，并放1#卷扬机使临时承载索垂度加大，拉力减小。

（3）利用右岸2#卷扬机上钢丝绳和滑轮组配合与临时承载索连接，将临时承载索从主地锚拆下，并最终与往返索卡接。

（4）由右向左，左岸1#卷扬机、2#卷扬机收绳，右岸1#卷扬机同时放绳，将临时承载索全部缠绕到主塔1#卷扬机上。从1#卷扬机上倒出临时承载索，包装好。

（5）用同样的办法完成第二条临时承载索拆除。

5.3.2 往返牵引索拆除

（1）启动左岸2#卷扬机将往返牵引索垂度加大，减少拉力。

（2）利用左岸1#卷扬机上缠绕850m的 ϕ16mm钢丝绳和滑轮组与左岸2#卷扬机往返索头卡接。

（3）由左向右，左岸1#卷扬机放绳，右岸1#卷扬机同时收绳，将往返索牵往右岸直至卷入1#卷扬机卷筒，停车。

（4）临时固定 ϕ16mm辅助拉绳，从1#卷扬机上倒出往返索，包装好。

5.3.3 辅助拉绳拆除

（1）利用右岸2#卷扬机上缠绕850m的 ϕ16mm的钢丝绳和滑轮组配合将2#卷扬机 ϕ16mm的钢丝绳绳头与左岸1#卷扬机绳头卡接。

（2）启动左、右岸卷扬机将卷扬机浆 ϕ16mm拉绳放至地面后割断，两面的卷扬机同时回收，拆除卷扬机运回设备库，清理施工场地。

6 结束语

通过对缆机主索拆除时各辅助机具的受力分析，以及高扬程大跨度辐射式缆机拆除临时承载索等机具选用原则、锚固方式的研究，成功解决了缆机拆除的技术难点，经验可供其他类似工程借鉴。

荒漠地质固定式光伏电站施工技术

梁　平　杨　明/中国水利水电第十三工程局有限公司

【摘　要】本文结合阿尔及利亚南部荒漠地质固定式光伏电站工程，对光伏电站开始建设至结束全过程的施工技术进行分析研究，总结关键工序施工经验，可供类似工程借鉴。

【关键词】光伏电站　施工技术

1　工程概况

光伏电站位于阿尔及利亚南部荒漠，总装机容量53MW，包括7个3～20MW不等的电站。光伏电站由桩基支架系统、光伏组件、汇流系统、逆变升压系统、中压集电系统、防雷接地系统、监控通信系统、消防系统、辅助系统等组成。每兆瓦光伏子阵由93架光伏支架组成，每架光伏支架上安装44块英利YL245P-29b组件，每22块组件串联为一个组串，使用光伏电缆输出至8进1出光伏专用直流防雷一级汇流箱、4进1出直流防雷二级并置箱、4进4出直流汇流三级总箱，经过2台500kW并网逆变器逆变为315V三相正弦波交流电，通过3×240mm^2低压交流铜芯电缆连接到双绕组升压变压器低压侧升压，各1MWp发电单元通过30kV中压铝芯电缆互相连接，使用SF6环网柜组成环网结构接入30kV开关站，最后通过30kV单回线路接入当地电网。

2　光伏电站施工流程

光伏电站施工流程见图1。

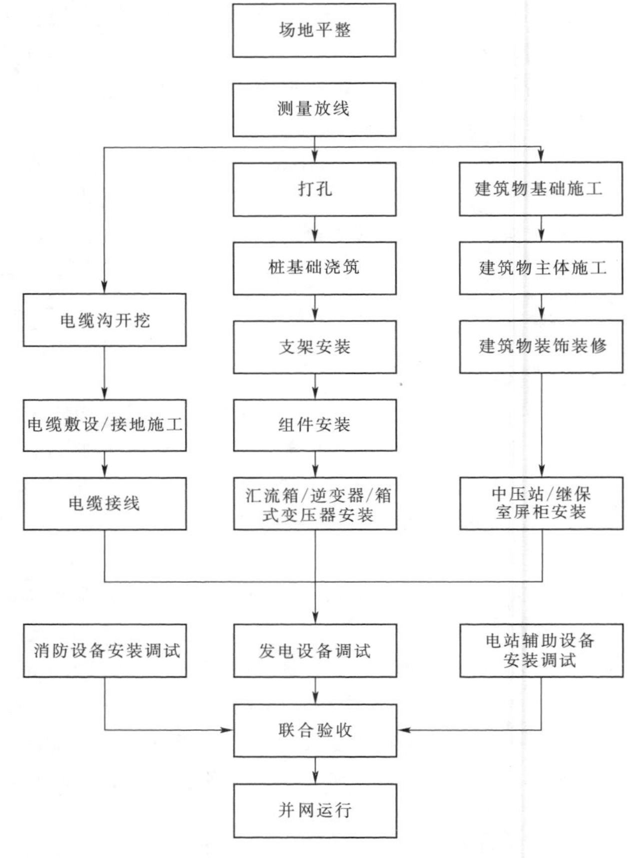

图1　光伏电站施工流程图

3　关键线路施工工艺

3.1　桩基、支架系统施工

光伏电站采用的桩基形式为灌注桩基础，固定式支架。

灌注桩基础施工主要流程为：测量放线→钻孔→钢筋制安→混凝土浇筑→拆模养护。

根据施工图纸给出的桩基坐标数值，利用全站仪定位出单方阵4个角点桩的具体位置，然后利用拉线法加密定位出方阵内其他桩的位置，利用旋挖钻或者潜孔钻机进行造孔；在加工区按照图纸样本对钢筋笼进行预制，之后转往施工现场，放入已钻好的孔洞中；将钢筋笼提升，使其离孔底5～8cm，且使钢筋笼外围到孔壁四周尽量等距，放置预埋螺栓和PVC圆管模板，采用高精度可调节模块化浇桩支架定位一组桩基之间的相对位置，调整好后浇筑混凝土；待混凝土强度达到规定之后，拆除PVC圆管模板，浇水，套塑料薄膜减缓蒸发。

固定支架安装施工主要流程为：布料→前后立柱、主龙骨安装→次龙骨安装→角码、压码安装。

按照图纸，利用叉车、装载机、随车吊等设备将各部件运至指定位置。先将前后立柱与主龙骨进行预安装，再按照图纸要求的角度将其固定到前后桩基上，将次龙骨与主龙骨进行连接，然后在次龙骨预制的孔洞上组装角码及压码。

3.2 光伏组件施工

光伏组件施工主要流程为：布料→组件上架→组件调整紧固→组件接线。

按照组件分级将同一电流档位组件运至支架旁；由2人一组将组件搬运至支架上，需注意保护组件，避免组件正面玻璃、背板等碰触支架被划伤，且严禁踩踏组件；使用方钢管进行调整，使每列组件保持在同一直线上，然后将边压码、中压码上的螺栓紧固；用组件背部的电缆按照“正”“负”相连的办法将每串组件连接成组件串，然后接入汇流箱。

3.3 汇流系统施工

汇流系统是指将光伏组件发出的电通过各种电缆分级汇至汇流箱、总箱、逆变器的系统。其施工内容包括汇流箱安装及电缆敷设两大部分。

汇流箱施工主要流程为：布料→汇流箱安装→电缆接线→封堵。

按照图纸标注的位置将汇流箱运至相应地点；汇流箱一般安装于光伏支架上，通过预制的支架进行固定；制作进、出线电缆鼻子，套好电缆编号套管及套牌，按照既定规则有序将各组串分别接入汇流箱；使用防火泥将汇流箱底部电缆进、出线部分封堵。

电缆施工主要流程为：电缆沟开挖→电缆放线→电缆沟回填。

按照图纸标注的走向，利用小型挖掘机开挖一定宽度及深度的电缆沟，电缆沟开挖在桩基浇筑完成之后即可进行，在组件安装之前完成开挖较为合适；先在电缆沟底部按规定厚度铺上一层细沙，然后采用布线机将各种低压、中压、通信、消防、光纤等电缆按规定间距布置于电缆沟中，起始及终点位置预留一定余量，使用波纹管进行套管防护，并保证不同型号电缆之间的距离符合规范要求；用细沙将电缆掩埋至一定深度之后放置防护网或防护瓦，再用原土回填至地面高度，并注意剔除原土中的石块等。

3.4 逆变升压系统施工

逆变升压系统包括逆变器、变压器等，采用集装箱式外壳，将逆变器、变压器在工厂预装进集装箱，现场施工只需将逆变器房（兆瓦房）和箱变吊装至预制的混凝土基础上即可，节省现场修筑房屋的时间。

逆变升压系统施工主要流程为：基础浇筑→设备吊装→电缆接线→交接试验→防火封堵。

基础浇筑需提前进行，在混凝土强度到达要求之后方可进行吊装；将兆瓦房及箱变用吊车吊至安装位置，并进行调平找正，保证其安装误差小于规定要求；先按照各电缆预接入的位置，剪去多余长度电缆，制作电缆鼻子，然后将各电缆固定在铜排上，套好套牌，此部分包括从汇流箱侧的直流电缆和箱变侧的交流电缆，施工注意电缆的弯曲半径符合规范要求，电缆布线横平竖直，进出入兆瓦房箱变时要有保护措施。核对每根电缆与标牌一致，核对正负极无误，测量其绝缘电阻大于200MΩ。

变压器绝缘测试使用绝缘电阻测试仪，选择DC 2500V每次持续15s依次测量高压绕组对低压绕组及对地、低压绕组对高压绕组及对地、铁芯对地的绝缘电阻。通过标准为高压绕组对低压绕组及对地的绝缘电阻大于1000MΩ，低压绕组对高压绕组及地的绝缘电阻大于100MΩ，铁芯对地绝缘电阻大于2MΩ。

变压器绕组直流电阻测试，测量绕组温度，依次测量高低压绕组各相间绕组的直流电阻阻值，各相测得值的相互差值应小于平均值的4%，线间测得值的相互差值应小于平均值的2%；变压器的直流电阻，与同温下产品出厂实测数值比较，相应变化不应大于2%。

变压器联结组别测试，所有分接头位置上，分别测量高压绕组对低压绕组变压比及联结组别，所有分接头的电压比，与制造厂铭牌数据相比应无明显差别，且应符合电压比的规律，变压器的三相接线组别和极性相同且与出厂试验数据一致。

变压器交流耐压试验，分别测试高压侧绕组对低压侧绕组及对地、低压侧绕组对高压侧绕组及对地、低压侧绕组对低压侧绕组及对地的耐压情况。交流耐压试验电压为出厂值80%，高压侧为56kV，低压侧为8kV（出厂值：高压侧对低压侧及地70kV，低压侧对高压侧及地10kV），时间1min。

使用阻火板、防火泥填充电缆进出线位置，电缆上涂刷防火涂料。

3.5 中压集电系统施工

中压集电系统包括中压环网柜、中压电缆、中压开关柜、升压变压器等设备，按照设计的电压等级接入相应电网。施工主要流程为：设备吊装→中压电缆连接→交接试验。

将中压开关柜吊至开关站室内，注意柜间间隔及水平度符合设计要求；制作各端电缆终端，套好套管，将各区环网柜连接之后接入中压开关柜。

交接试验主要有绝缘测试、熔丝直阻测量、回路电阻测试、避雷器特性测试、相序核对、交流耐压试验等。

分别测量相间和相与地间的绝缘阻值，阻值应大于1000MΩ；用直流电阻测试仪测量熔丝直阻，测试结果不应超过产品技术条件规定，且三相的熔丝直阻数值不应有明显差别；测试环网柜各相之间的电阻，测量断路器导电回路的电阻值，宜采用电流不小于100A的直流压降法。测试结果，不应超过产品技术条件规定（C-C <300μΩ、C-F <700μΩ）。

测量金属氧化物避雷器直流参考电压和0.75倍直流参考电压下的泄漏电流，金属氧化物避雷器对应于直流参考电流下的直流参考电压，整支或分节进行的测试值，应符合产品技术条件的规定。实测值与制造厂规定值比较，变化不应大于±5%。0.75倍直流参考电压下的泄漏电流值不应大于50μA。

利用试验工装分别测试每相之间及相对地之间的耐压情况，试验电压为出厂值的80%，接地和电相之间为56kV（出厂试验：接地和电相之间为70kV），时间1min。

3.6 防雷接地系统施工

防雷接地工程分为光伏场区及开关站区两个部分，通过设置大面积接地网以达到合格的接地电阻。施工主要流程为：接地极埋设→接地沟开挖→降阻剂添加（可选）→铜绞线敷设→设备与地网连接→接地电阻测试。

利用潜孔钻机钻出深度符合设计的孔，将接地极放入孔内；接地沟开挖可与汇流系统的电缆沟同时进行；在土壤电阻率高的地区需添加降阻剂以满足接地电阻要求；将各接地极用铜绞线进行放热焊接，形成接地网；将光伏支架、兆瓦房、箱变、各建筑物、建筑物内设备等与地网连在一起；测量接地电阻阻值应小于4Ω。若未达到设计要求，采取增加接地极等措施。

3.7 二次系统施工

二次系统主要包括监控系统、保护系统、自动控制系统及通信系统等。监控系统采集电站各设备运行情况并反映到集控室内电脑上；保护系统保护电站各设备在一定参数范围内运行；自动控制系统控制主要设备的开关状态；通信系统包括站内通信及站外通信，站内通信采用对讲机，站外通信使用载波或光纤与调度部门进行通信。其施工主要流程为：二次屏柜就位→柜间配线→对点调试→继电保护测试→通流通压测试。

按照图纸将各种屏柜安装至指定位置；将各屏柜互相连接，将开关柜等设备二次回路引入测控系统屏柜；核对每根电缆起始位置是否与图纸一致，测试每个开关状态是否与监控系统界面显示一致；使用继电保护测试仪对设定的保护定值进行模拟测试，测试其过欠电压、电流、频率等情况下，保护装备是否可靠动作；利用继电保护测试仪在电压互感器及电流互感器等端子上输出换算之后的电压及电流，在计量系统及监控系统查验电压电流数值、相位角等是否正确。

3.8 消防系统施工

消防系统包括消防探测及灭火系统，按地区区分为光伏场区消防系统和开关站区消防系统。其主要施工流程为：布线→消防设备安装→系统调试。

按照设计图纸将各种不同型号的信号、电源电缆布置与光伏场区或开关站区；将感温烟感探头、手动报警按钮、警报喇叭、消防主机等设备安装在指定位置并通过电缆连接起来；模拟超温、烟雾等信号，测试每个探头是否正确报警。

4 施工难点与施工质量控制措施

4.1 桩基精确度控制

桩基的精确度影响到支架的稳定性，控制好桩基之间的相对位置、高程、平行度、地脚螺栓的平行度等是保证支架稳定的重要措施。经施工探究，使用模块化的浇桩支架可解决上述问题，模块化的浇桩支架使用方钢管、可调节螺栓地脚螺栓固定卡等焊接组成，将浇桩支架置于已钻好的孔洞上，调整其自身水平度，并保持与相邻支架同一高程，预装地脚螺栓，之后即可同时浇筑一组12根桩基，最终可获得精确度很高的一组桩基。

4.2 电缆敷设质量控制

荒漠地质光伏电站场区内各种电缆采用埋地敷设方式，电缆种类型号多，包括中压、低压交流、低压直流、信号、通信、光纤、接地线等不同功能的电缆。电缆敷设质量控制应从电缆沟开挖开始，电缆沟深度及宽度符合设计要求，在同一电缆沟敷设的电缆要注意其间距敷设规范要求，中压电缆与低压、信号、通信等电缆净距离应保持在50cm以上，电缆敷设前电缆沟底部应铺垫一层细沙，电缆敷设要求美观、易查找，回填时也须先用细沙覆盖电缆波纹管10～20cm之后再使用原土进行回填，并在离地40cm处铺垫一层防护网。

4.3 中压电缆终端制作

中压电缆终端为全封闭式终端，与普通中压电缆终端制作相比更为复杂，但安全性更高。中压电缆终端制作难点在于其工艺要求高、安装非常复杂。作业前应先熟悉各种不同型号终端的制作要求和说明，作业过程中要求专职质检员全程进行监督，作业时必须选择无雨无风沙的天气进行，且周围不能有粉尘施工作业。制作完成之后，要对电缆终端进行全面细致检查测试，保证其成品质量达到优等。

5 结束语

日益减少的化石资源及严重的大气污染促使人类积极寻找其他清洁能源，太阳能作为新型绿色能源已经通过光伏、光热等途径大规模应用，光伏电站是未来能源发展的一个重大方向，随着光伏组件转换效率以及并网技术的不断发展，光伏电站的建设会越来越多。光伏电站具有建设周期短、工程量大、气候条件差、地质情况复杂等特点，不断创新的施工技术促使光伏电站建设从质量、成本、工期等方面向着最优的方向前进，也为中国施工企业开拓海外新能源市场奠定坚实基础。

DFIG2.75MW - 120 型风力发电机组吊装

赵军峰/中国水利水电第一工程局有限公司

【摘　要】随着新能源发电技术的快速发展，我国风力发电的装机量迅速提高，单机功率不断增大，设备制造水平更趋精细，新型发电机组投产节奏加快，对施工技术提出了更高要求。本文通过对华能铁岭头道风力发电场风机吊装施工技术的分析，总结GE公司DFIG2.75MW - 120型风力发电机组的吊装施工技术，为今后同类工程提供借鉴。

【关键词】风力发电　机组　吊装

1　工程概况

华能铁岭头道风力发电场位于辽宁省昌图县境内，60台风机，总装机110MW，单机功率分1.5MW、2.0MW、2.75MW三种型号，风机高度80～90m。其中单机2.75MW风机型号为DFIG2.75MW - 120型，该型号风机国内在云南大理龙泉风电场首次装配，本工程属同期开展该型风机安装的工程，其安装技术尚处于与设备特点融合探索阶段。

DFIG2.75MW - 120型风机由通用电气公司（General Electric Company，简称GE）制造，其机型完整说明为"双馈2.75MW - 120m叶轮直径 _ 85m轮毂高"。该机型在地面塔基环以上的部分主要包括4节塔筒、预装配电源模块（PPM）、机舱、轮毂与整流罩、叶片（3片），各组件重量及尺寸见表1。

表1　DFIG2.75MW - 120型风机主要吊装组件重量及尺寸表

组件名称	重量/kg	尺寸/m	尺寸标注备注
塔筒顶段	36000	24.4－3.1/4.3	高度－顶部直径/底部直径
塔筒中段A	46000	23.9－4.3/4.3	
塔筒中段B	52500	20.6－4.3/4.3	
塔门段	46000	12.0－4.3/4.3	
轮毂与整流罩	27100	3.5×3.8×3.3	长×宽×高
叶片	13628×3	58.7/2.4	单片长度/叶片根部外径
机舱	83500(max)	9.5×4.0×3.8	长×宽×高
总吊装重量	331984		

2　吊装设备选用

根据设备吊装的部位和自重，选用功能性能相符的起重、运输和力矩设备，并经计算校核，主要设备见表2。

表2　DFIG2.75MW - 120型风机主要吊装及相关作业设备表

序号	设备名称	型号规格	数量/台(套)	施工部位
1	履带式起重机	三一重工800t	1	主吊设备
2	履带式起重机	中联重科70t	1	辅助吊装
3	汽车起重机	三一重工350t	1	配合吊装、设备装卸
4	汽车起重机	中联重科70t	1	配合吊装、设备装卸
5		中联重科25t	2	
6	半挂车	100t	1	机舱、塔筒及其他部件的运输
7		60t	2	
8		30t	1	
9	专用叶片升举车	—	3	叶片运输
10	液压扳手	—	4	力矩作业
11	柴油发电机	10kW	2	力矩作业
12	电动扳手	—	3	螺栓紧固

3　吊装施工

3.1　风机基础面处理及吊装场地处理

验证风机基础混凝土强度报告、灌浆层试验检测报告、塔基环预埋螺栓张拉报告、基础环水平度检测报告，确保符合设计及风机设备的安装要求，DFIG2.75MW-120型风机基础环水平度必须满足0.1°，且在安装前完成接地电阻安装并达到设计接地电阻值。同时，去除塔基环表面毛刺、蚀点和污点，并对基础混凝土表面进行除尘除冰清理，准备10mm厚的钢板垫块，用以PPM设备安装时找平基础面。

风机周边的吊装设备站位、风机设备摆放应提前做好布置，进行必要的基础整平、加固和排水，必须满足吊装设备的工况要求和风机设备临时存放标准。

3.2 风机设备的运输及进场验收

1台350t和1台70t汽车起重机配合完成机舱、塔筒和电气设备的卸货，机舱和塔筒采用专用支架运输设备运输至现场，施工作业应尽量避免二次倒运，但受施工进度、临时征地、道路条件等诸多因素的影响，会发生一定数量的二次倒运，此时可采用100t半挂车运输机舱，2台60t半挂车运输塔筒。叶片采用专用的叶片升举车运输，配2台25t汽车起重机装卸。设备装卸均采用配有柔性保护的专用吊带吊装。

进场后的风机部件在安装前需进行必要的清理，防腐层受损部位应用白色聚氨漆修补，检查是否有运输及存放造成的损伤，如有应联系制造商进行专业修补。

风机部件可露天存放，配备专用托架，底部采用沙袋或方木垫高，并防止地基下沉。塔筒两个互相垂直方向的直径应符合 $D_{max}/D_{min} \leqslant 1.005$；机舱及电气设备需检查外包装有无破损，并作防尘、防潮保护。

3.3 电源模块（PPM）安装

DFIG2.75MW-120型风机的预装配电源模块（PPM）是该机型的一个突出特点。PPM的三个节段——第1节段（变压器平台）、第2节段（控制器平台）、第3节段（变频器平台）均内置于第一节塔筒内部，对吊装的操作和安装细节要求很高。

PPM安装前必须首先考虑首节塔筒门的定位，以确定PPM安装方向，塔筒门应在基础环焊缝90°范围外，现场工程师予以确定。

PPM组件的吊装由主吊进行，主要过程如下：

（1）将变压器平台放置在基座上，安装梯架组件，钢板垫块及调平螺栓调平并控制水平位置。

（2）将控制器平台放置到变压器平台上，组装完成，扭锁固定。为保证PPM组件的安装稳定，可在第1、2节段上使用导链加固至塔基环上。

（3）将变频器连同其支撑架放置到控制器上部，组装固定。

（4）安装临时滑轨对齐系统，供首节塔筒安装使用。

3.4 塔筒安装

首节塔筒安装必须充分结合PPM系统和确定塔筒门位置进行，对应塔基环的螺栓孔进行对位编号并标识。

将第一节塔筒与塔基环连接所用的螺栓、螺母、垫片放进基础环内，基础环上法兰面外缘与孔边间涂施12mm宽Sikaflex胶，塔筒对应PPM安装临时滑轨对齐系统，两端法兰部位按四点吊装法安装专用吊环，底部法兰部位十字交叉点连接四处导绳。主吊车与70t履带式起重机双抬起吊，起吊垂直后，人工牵引导绳配合主吊车将塔筒就位于PPM临时滑轨系统，缓慢下落至距塔基环10cm左右的距离，对应编号准确后，下方穿入螺栓并手动拧紧螺母后继续下落就位，并立即进入力矩作业。

力矩作业未完成前，主吊车不摘起重钩，其余各节塔筒的安装方法与首节相同。

3.5 机舱安装

拆除机舱包装，检验无问题后，密封运输罩所有边缘，安装风速风向仪、气象平台并理顺线缆，完成机舱内部清理。

将机舱梯子、底部吊装孔盖板、底部运输孔盖板、主机与叶轮系统的连接螺栓以及安装工具放到机舱内安全位置并固定好，随主机一起吊装；安装机舱与塔筒的工具和螺栓全部准备好放置于第三节塔筒顶部平台待用。

完成第四节塔筒顶部法兰面清理，严禁涂抹密封胶。在机座4个吊座上安装机舱专用吊运梁，机舱前后各安装一根导绳，800t履带式起重机起吊。起吊至机舱1～2m，清理机舱底部法兰。徐徐提升机舱至塔筒正上方，通过人工牵引导绳配合主吊车将机舱法兰与顶部塔筒法兰孔对位，在法兰中插入4个相对螺栓，作为对齐辅助工具，缓慢将机舱下降至距塔筒法兰面1cm左右时，吊机停止，调整机舱纵轴线与主风向保持90°。机舱完全落下，螺栓连接，进行力矩作业，完成吊装。

3.6 轮毂叶片组装安装

DFIG2.75MW-120型风机的轮毂与叶片在轮毂组装专用支座上进行，需在施工前完成专用支座的安装。轮毂就位于专用支座上并固定，主吊车及两台70t吊车共同完成叶片吊组，第一台吊车吊点在叶片根部1m以内，第二台吊车吊点距离叶片根部4m处，第三台吊车拆除支架。两台吊车抬吊叶片平稳移向轮毂对位，将叶片0°位对好后，缓慢将叶片插入变桨轴承内圈上，套上垫圈，旋入螺母。使用电动扳手快速上紧所有螺母，按要求力矩值的50%预紧螺栓，依次完成其余两片叶片组装。

叶片组装完成后，完成整流罩、主吊环安装。从尾管叶片开始，叶片旋转－90°，后缘面朝上，连接主吊车至吊环，70t履带式起重机辅吊尾叶片，并连接导绳。双机起吊，至主吊车独立起吊轮毂叶片竖直，缓慢提升至机舱面完成对吊安装，并进行力矩作业。

3.7 力矩作业

力矩作业是风机吊装的重要作业环节，自塔筒安装开始贯穿在各部件组装的各个环节。风机螺栓连接力矩表见表3。

表3 DFIG2.75MW－120型风机螺栓连接力矩表

连接位置	型号	力矩值/(N·m)	备注
基础环和第一节塔筒、第一节和第二节塔筒	M48×310	6500	法兰间涂Sikaflex胶
第二节和第三节塔筒、第三节和第四节塔筒	M36×235	2800	法兰间涂Sikaflex胶
第四节塔筒与机舱	M36×310	1500	加转60°，螺纹上严禁喷涂MoS_2
机舱和转子	M36×330	2400	加转120°，严禁喷涂MoS_2
叶片和轮毂	M36×620	500	加转120°，螺纹上需喷涂MoS_2
发电机地脚螺栓		20～40	
齿轮箱和底座	M36	1500	加转270°

各环节力矩作业应按照作业指导书，校准液压表读数，确保达到设计力矩值。

4 安全技术控制

(1) 现场安全距离为荷载高度1.5倍。此外，作业人员经批准在吊车主臂1倍以内范围作业，施工车辆在吊车主臂2倍以外范围作业，其他人员在吊车主臂3倍以外范围作业。

(2) 施工现场临时用电必须保证稳定的变压和频率输出，电压保证在380V±5V范围内。

(3) 施工作业必须进行吊装最大和最小风载计算，叶轮吊装时风速限制在8m/s以下，其他部件安装风速控制在10m/s以下，风速在15m/s时禁止出舱作业，低于12m/s时叶轮需锁住。

(4) 严禁在塔筒内进行气割作业，禁止在转动部件周围进行焊接作业，严禁动用明火进行电缆热缩作业。如动火作业，必须配备足够的灭火器材。

(5) 塔筒内作业工具袋必须是封口式。

5 结语

通过对铁岭头道风电场DFIG2.75MW－120型风机吊装技术的总结，其风机制造和配件水平及精度较国内同类风机确有先进性，对吊装作业的流程控制、指标控制及工具配备均提出了很高的要求。实践证明，现场的设备选用及吊装技术的实施，符合厂家安装技术要求，成机效果良好，为今后同类风机的吊装积累了一定经验。

高速公路预制梁场地基处理与计算

陈希刚　张宝堂　刘福高/中国水利水电第十三工程局有限公司

【摘　要】为保证预制梁场地基承载力符合设计要求，并且经济、合理、适用，我们选择松木桩进行地基处理。本文主要讲述了高速公路预制梁场松木桩地基处理施工方案。

【关键词】地基承载力　松木桩

1　工程概况

中开高速全线总长 152.743km，主线起于中山市东部横门岛，与拟建深中通道相接，终点位于江门开平市，全线采用双向六车道高速公路技术标准建设施工。

本标段路线施工区域位于中山市附近，主要是鱼塘和园艺，辅以稻田，地质为淤泥、淤泥质土、粉质黏土、强中风化泥岩、中风化含砾砂岩，具有地下含水量高、高孔隙性、低渗透性、高压缩性、低抗剪强度、较显著的触变性和蠕变性等不良特点。此外，还具有埋深较浅、厚薄不一、局部断续、大部连续成片分布等特征。

预制梁场（以下简称梁场）选址为鱼塘，地质剖面图见图 1。该处地质情况较差，表层换填砖渣、素填土地基承载力为 60～100kPa，下卧软弱淤泥层厚度 2.5～7.5m，承载力约为 60kPa。

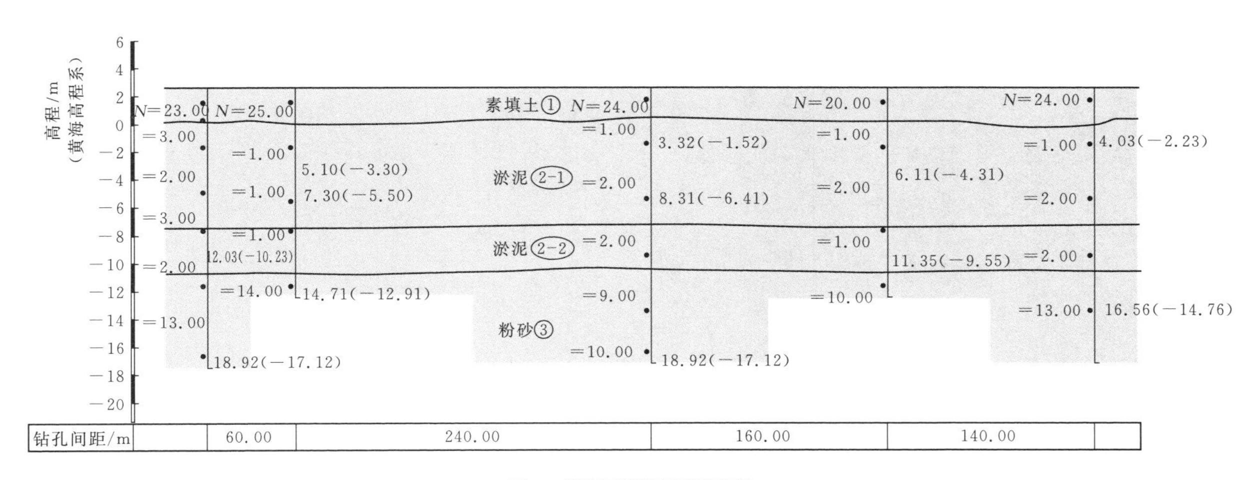

图 1　梁场工程地质剖面图

梁场主要为预制区和存梁区，预制区位于线路左侧，存梁区位于线路右侧，根据设计地勘资料选取 K46＋939.2 右 8.2m 及 K46＋879 左 8.2m 自上而下各土层参数作为预制区和存梁区地质参考，见表 1、表 2。

梁场原为香蕉地，选址确立之后，对现场原有香蕉树进行清理，清除原地表腐殖土，换填砖渣等建筑垃圾，分层碾压。换填厚度 0.5～1.0m，其中场北侧 50m 处有一条横向水沟，宽约 2.5m，深约 2m，全部采用砖渣进行填实碾压。原地面标高约为 1.6m，填实后地面标高约为 2.2m。

表 1　K46+879 左 8.2m 自上而下各土层参数

序号	土层名称	层底高程/m	分层厚度/m	承载力基本容许值/kPa	摩阻力标准值/kPa
1	素填土	0.10	1.70	—	—
2	淤泥	−1.30	1.40	110	35
3	淤泥	−8.20	6.90	60	20
4	粉砂	−11.20	3.00	110	35

表 2　K46+939.2 右 8.2m 自上而下各土层参数

序号	土层名称	层底高程/m	分层厚度/m	承载力基本容许值/kPa	摩阻力标准值/kPa
1	素填土	0.10	1.50	—	—
2	淤泥	−2.40	2.50	60	20
3	粉砂	−11.40	9.00	110	35

本标段共有预制箱梁 2215 片，本方案选取 30m 的预制梁为计算标准。

2　地基处理方案

2.1　方案选择

软弱地基的处理方法有很多种，项目结合当地属情，分析施工进度计划，拟选择松木桩和水泥搅拌桩其中一种为施工方案。

（1）水泥搅拌桩是软基处理的一种有效形式，将水泥作为固化剂的主剂，利用搅拌桩机将水泥喷入土体并充分搅拌，水泥与土发生一系列物理化学反应，使软土硬结而提高地基强度，在地基处理上是较为普遍应用的地基加固方案。

其优点是适用土质类型广，加固深度大，能够保证地基处理效果，安全系数高，适用工程范围广，工艺成熟，应用普遍等。

（2）松木含有丰富的松脂，而松脂能很好地防止地下水和细菌对其的腐蚀，有“水浸万年松”之说，所以松木桩适宜在地下水位以下工作。其工作原理，一是桩体的支撑作用，二是挤密作用，并具有以下优点：①高强度且密度小，具有轻质高强的优点；②弹性韧性好，能承受冲击和振动作用；③在适当的保养条件下有较好的耐久性；④连接构造简单，易于加工；⑤较强的吸湿性和湿胀干缩性；⑥较好的抗拉、抗压、抗弯和抗剪四种强度。

（3）目前针对该区的地质状况及临时工程的特点，为降低经济成本，保证梁场基础的稳定性及施工进度的要求，应选用合理、适用、最优的地基处理方案。由于本标段的梁场存在工期紧、任务重的现象，为了能够提高建设速度，保证工期，对梁场地基的处理方案作进一步优化是必要的，也是必须的。

2.2　方案成本费用的比较

我们对广东省中山市做市场调研，ϕ50cm、桩长 10m 的水泥搅拌桩每延米费用为 50～60 元，ϕ10cm、桩长 4m 的松木桩每根价格为 40～50 元。根据本标段梁场建设面积、现场规划和施工进度计划的需求，制梁台座 40 个、存梁台座 50 个、梁场长度 360m，预估水泥搅拌桩需 2020 根，松木桩需 16160 根。方案成本费用比较见表 3。

表 3　方案成本费用比较

序号	方案名称	单位	数量	单价/元	金额/元
1	松木桩	根	16160	50	808000
2	水泥搅拌桩	根	2020	550	1111000

2.3　方案操作可行性的比较

（1）松木桩方案较水泥搅拌桩方案施工周期短、设备投入少。

（2）松木桩方案较水泥搅拌桩方案工艺控制简单，容易保证施工质量。

（3）松木桩方案经济性较水泥搅拌桩方案更优。

（4）松木桩方案较容易推广和应用。

（5）在竣工后临时征地复耕上，松木桩方案比水泥搅拌桩方案更经济可行。

由于对梁场基础稳定性要求较高，为保证梁场基础不变形沉降，提高地基的强度，保证地基稳定性，保证梁板生产的质量，必须重视地基的变形沉降及稳定性，降低软弱地质的压缩性，减少基础的沉降和防止不均匀沉降。

经过详细的论证，并对两种方案的建设成本、可操作性进行比较，最终选择最经济合理、方案最优的松木桩作为地基处理的首选方案。

3　梁场基础处理

梁场区表层换填砖渣、素填土地基承载力约为 60～100kPa，下卧软弱淤泥层承载力约为 60kPa。地层承载力低，地面承载力按 60kPa 考虑，用沉桩法加强地基承载力，木桩采用 ϕ10cm、桩长 4m 的松木。

3.1　预制梁台座地基处理

预制梁端扩大基础木桩布置间距为 40cm×40cm，中间段木桩间距为 0.5m×1.0m。扩大基础承载力不小于 1/2 最大梁重的 2 倍，扩大基础为 3m×3m，最大梁板重 120t（取 30m 箱梁边梁）。

3.2 存梁台座地基处理

地基处理打入木桩间距为 0.4m×0.4m，每两条台座存梁（30m 箱梁）10 片，总重量按最大梁板重量计算，为 1200t。存梁台座设置为条形基础，扩大基础宽度 2m，基础深 0.6m。

3.3 龙门吊轨道地基处理

梁场安装 100t 龙门吊进行提梁、运梁，龙门吊自重取值 60t，基础地基处理打入木桩间距为 0.4m×0.4m，梁板重量取 30m 箱梁最大重量 120t，安全系数取 1.3。

4 松木桩地基承载力计算

（1）地基采用打入木桩加强承载力，地基处理后按复合地基计算其容许承载力，打入木桩按沉桩计算其单桩承载力。根据《公路桥涵地基与基础设计规范》（JTG D63—2007），沉单桩承载力按下式计算：

$$[R_a] = \frac{1}{2\left(u\sum_{i=1}^{n}\alpha_i l_i q_{ik} + \alpha_r A_p q_{rk}\right)}$$

式中 $[R_a]$——单桩轴向受压承载力允许值，kN，桩身自重与置换土重（当自重记入浮力时，置换土重也记入浮力）的差值作为荷载考虑；

u——桩身周长，m；

n——土的层数；

l_i——承台地面或局部冲刷线以下各土层的厚度，m；

q_{ik}——与 l_i 对应的各土层与桩侧摩阻力标准值，kPa，宜采用单桩摩阻力试验确定或通过静力触探试验测定；

A_p——桩的截面积，m²；

q_{rk}——桩端处土的承载力标准值，kPa，宜采用单桩试验确定或通过静力探触实验测定；

α_i、α_r——振动沉桩对土层桩侧摩阻力和桩端承载力的影响系数，打入桩取 1.0。

现场采用一端直径为 10cm，一端为 6cm，平均直径取 8cm，单根长 6m 的松木桩。查表，q_{ik} 取值为 20kPa，q_{rk} 取值为 1000kPa。

（2）根据《建筑地基处理技术规范》（JGJ 79—2012）计算复合地基承载力：

$$f_{spk} = \lambda m \frac{R_a}{A_p} + \beta(1-m)f_{sk}$$

式中 λ——单桩承载力发挥系数，按地区经验取值，取 0.9；

R_a——单桩竖向承载力特征值，kN；

A_p——桩的截面积，m²；

β——桩间土支承力发挥系数，按地区经验，取 0.9；

f_{sk}——处理后桩间土承载力特征值，kN，可按地区经验确定，取 60kPa。

由于制梁台座、存梁台座和龙门吊轨道地基处理均为打入间距为 0.4m×0.4m 的松木桩，所以它们的面积置换率相同，计算公式为：

$$m = \frac{d^2}{d_c^2}$$

式中 d——桩身平均直径，m；

d_c——单根桩分担的处理地基面积的等效圆直径，m，正方形布桩 $d_c = 1.13s$，s 为桩间距。

故 $$m = \frac{0.08^2}{(1.13\times 0.4)^2} = 0.0313$$

复合地基承载力计算表见表 4。

表 4　复合地基承载力计算表

处理部位	横向间距/m	纵向间距/m	桩径/m	单桩区域面积/m²	木桩截面积/m²	置换率（面积比）	木桩换算承载力/kPa	桩间土承载力/kPa	复合地基承载力/kPa
制梁台座地基	0.4	0.4	0.08	0.16	0.005	0.0313	4020	60	166.6
龙门吊地基	0.4	0.4	0.08	0.16	0.005	0.0313	4020	60	166.6
存梁台座地基	0.4	0.4	0.08	0.16	0.005	0.0313	4020	60	166.6

根据《建筑地基处理技术规范》（JGJ 79—2012），地基复合承载力采用平板静荷载试验进行检验，试验应在桩顶设计标高进行。承压板底面以下宜铺设粗砂或中砂垫层，垫层厚度取 100mm，试验标高处的试坑宽度和长度不应小于承压板的 3 倍。

加载等级可分为 8～12 级，测试前预压荷载不应大于总加载量的 5%。最大加载压力不应小于设计要求承载力特征值的 2 倍。每加一级荷载前后均应记录承压板沉降量一次，以后每 0.5h 记录一次，当 1h 内沉降量小于 0.1mm 时，即可加下一级荷载。

当沉降急剧增大，或承压板的累计沉降量大于宽度或直径的 6%，或达不到极限荷载，而最大加载压力已大于设计要求压力的 2 倍时终止试验。

试验点数不应小于 3 点，但满足其极差不超过平均值的 30%时，可取其平均值作为复合地基承载力特征值，当其极差超过平均值的 30%时，应分析离差过大的原因，需要时应增加试验数量，并结合工程具体情况确定复合地基承载力特征值。

5　30m 箱梁制梁梁场基础设计

30m 箱梁制梁台座布置如图 2 所示。

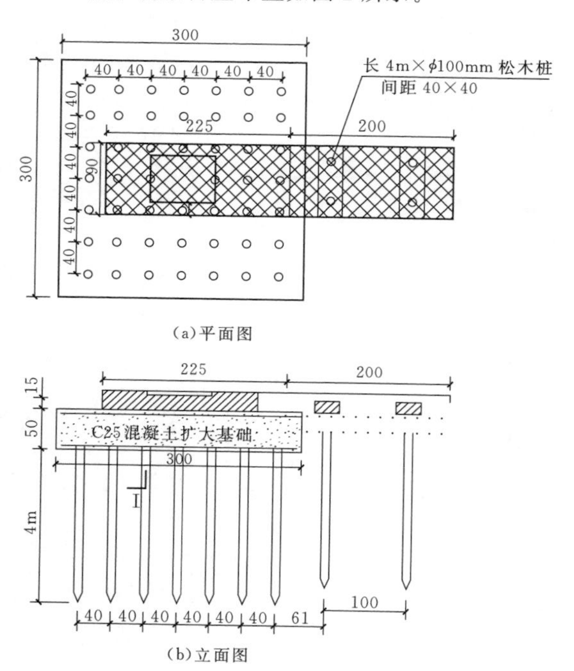

图 2　30m 箱梁制梁台座布置图（单位：cm）

5.1　30m 箱梁制梁台座基础

从上往下依次为：面板为 6mm 不锈钢复合板，面板下分布 5 根［10 槽钢分配梁，面板每 2m 一节。台座两端为扩大基础外，中间部分采用间隔支墩支撑钢板，支墩宽为 90cm，长为 30cm，高度为 30cm，间距为 70cm，两侧采用 L50mm 角钢包边，C40 混凝土浇筑。台座基础厚度 30cm，宽 150cm；梁端扩大基础长 3.0m，宽 3.0m，厚 0.5m，采用 C25 混凝土浇筑。

5.2　存梁台座基础

相邻存梁台座净距为 1.0m，运梁通道宽度 3.3m，保证足够的空间方便吊梁、移梁、运梁工作。存梁台座基础做成 17.5m×2.0m×0.6m（0.3m）的倒 T 形条形基础，每组存梁台座单层的存梁能力为 5 片，双层存梁，共设置 8 组存梁台座，存量能力为 80 片，存梁底座设计为 C30 钢筋混凝土，存梁台座基础下插打 ϕ10cm×4m 松木桩，间距为 0.4m×0.4m，呈梅花形布置。

台座采用 C30 混凝土，倒 T 形基础长 17.5m，底宽 2m，顶宽 1m，底厚 30cm，顶厚 30cm，扩大基础底宽 4m，顶宽 2m。

存梁台座基础剖面如图 3 所示。

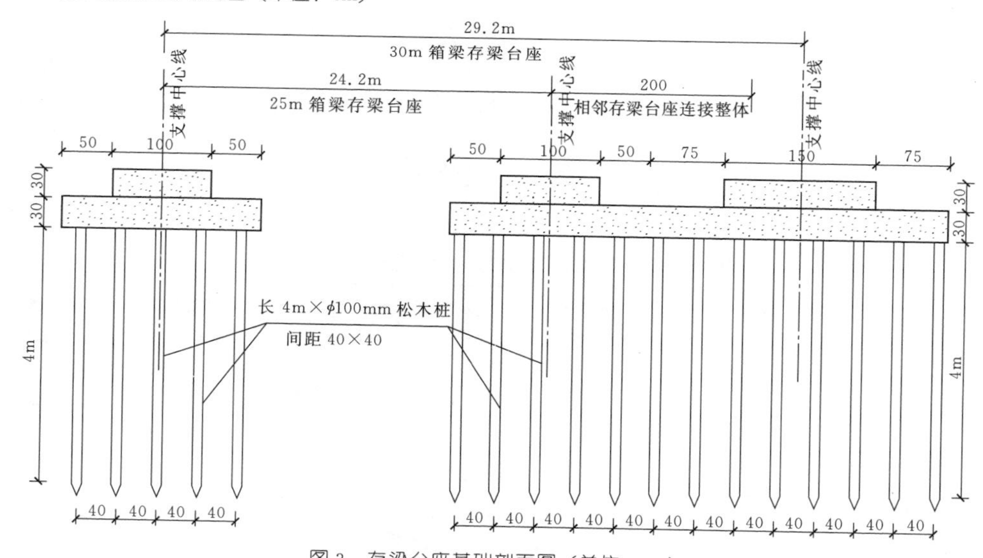

图 3　存梁台座基础剖面图（单位：cm）

5.3　龙门吊轨道基础

龙门吊轨道基础采用扩大基础，基础深度 80cm，扩大基础宽 1.6m，C30 钢筋混凝土。龙门吊基础配筋采用 ϕ10mm、ϕ12mm 钢筋，详见图 4、图 5。基础打设松木桩，木桩纵横向间距为 0.4m×0.4m，呈梅花形布置；松木桩直径 10cm，长度不小于 4m。轨道采用 43 轨，每节长度 12.5m，轨道用 ϕ16mm 圆钢（间距 50cm）固定牢固。轨道纵坡不大于 0.1%，轨道两端设置限位器。轨道外侧 1m 范围预留电机、线圈行走空间。

台座采用 C30 混凝土，倒 T 形基础宽 1.6m，顶宽 0.6m，扩大基础底厚 0.5m，顶高 0.3m。

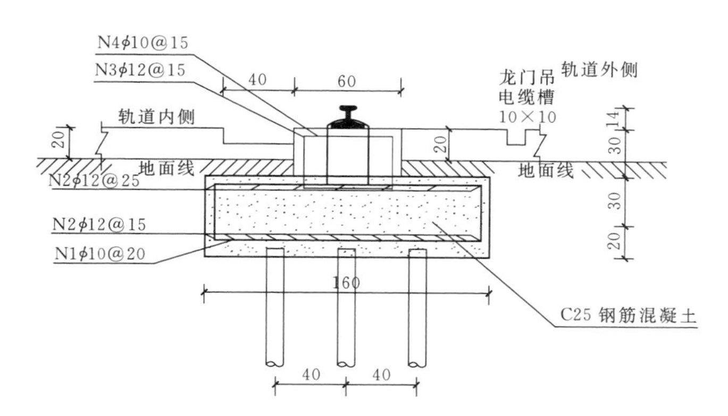

图 4　龙门吊基础配筋图（单位：cm）

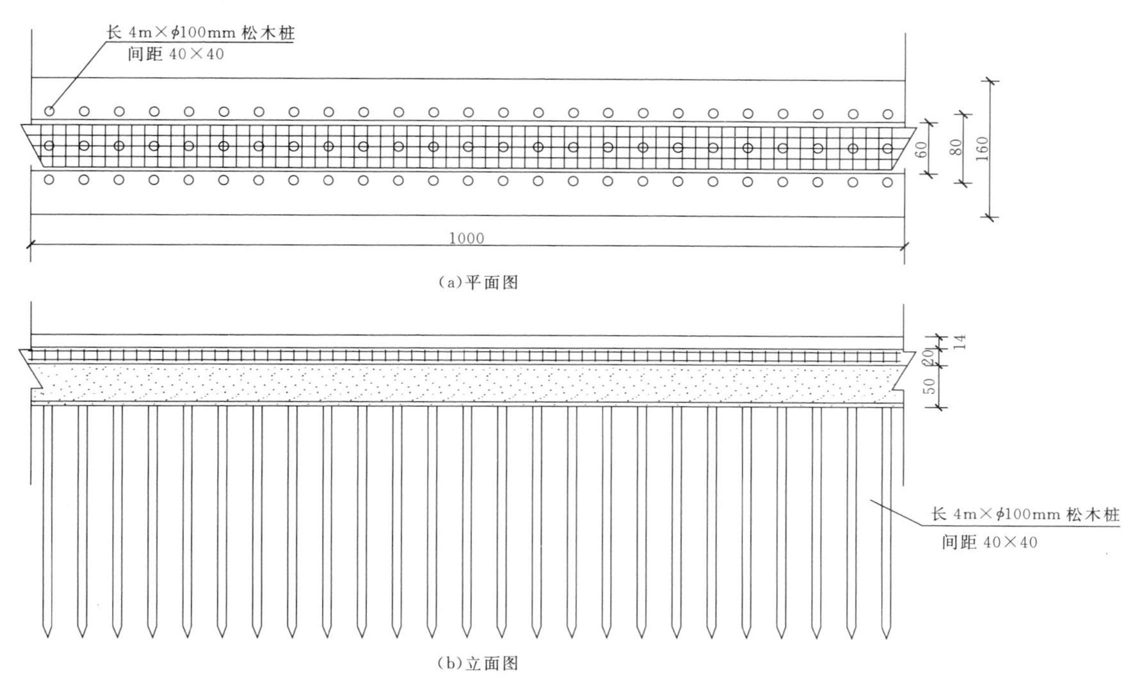

图 5　龙门吊轨道基础布置图（单位：cm）

6　梁场基础承载力验算

6.1　制梁台座荷载分析

根据《建筑地基基础设计规范》（GB 50007—2011）进行荷载分析。

工况 1：混凝土浇筑完成，模板未拆除，未进行张拉。此情况制梁台座均匀承受梁体钢筋混凝土及部分模板的自重荷载。

工况 2：制梁模板拆除，张拉完成。此时梁体施加预应力后中间部位有上挠度，与台座中间段脱离，梁体自重集中在前后梁端台座位置。对于台座梁端基底处取工况 2 的荷载进行最不利验算，对于台座中间段取工况 1 的荷载进行最不利验算。

在工况 1 下，中间台座均匀受力，荷载按顺梁长向每延米梁体自重加模板自重考虑。此外还考虑台座及基础混凝土自重产生的荷载，混凝土自重按 $26kN/m^3$ 计算。

在工况 2 下，由台座两端承受梁体的自重，即每端承受荷载为 1/2 梁重计算。

计算过程如下（表 5）：

（1）箱梁混凝土。

1）30m 箱梁自重：120t；土的容重：$19.48kN/m^3$。

2）梁体一端自重：590kN。

（2）基础混凝土。

1）扩大基础自重：3×3×0.5×26＝117（kN）。

2）大支墩长 190cm，宽 90cm，高 30cm，自重：1.9×0.9×0.3×26＝13.338（kN）。

3）小支墩长 30cm，宽 90cm，高 30cm，间距 70cm，自重：0.9×0.3×0.3×26＝2.106（kN）。

4）台座基础厚 30cm，宽 150cm，长 1m，自重：0.3×1.5×1×26＝11.7（kN）。

5）制梁台座端部台座基础及支墩自重：117＋13.338＝131（kN）。

6）制梁台座中间段台座基础及支墩自重：2.106＋11.7＝13.806（kN）。

7）梁体一端自重：590（kN）。

（3）施工荷载。施工人员、设备及振捣混凝土时产生的荷载标准值为：6×1.9×0.9＝10.26（kN）。

（4）荷载分项系数。恒荷载分项系数取 1.2，活荷载分项系数取 1.4。

工况 2：基础底面承载力：116.59×3×3＝1049.31（kN）。

梁端安全系数：

$$\frac{1049.31}{(590+131)\times 1.2+10.26\times 1.4}=1.19。$$

梁端扩大基础附加应力：

$$p_0=\frac{(590+0.6+131)\times 1.2+10.26\times 1.4}{9}-19.48\times 0.5=88\ (\text{kPa})。$$

工况 1：中间段每延米梁及模板重 5t，地基承载力 60×1.5×1＝90（kN）。

中间段安全系数：$\frac{90}{13.806+50}=1.41$。

附加应力：$p_0=\frac{50+13.806}{1.5}-19.48\times 0.3=36.7\ (\text{kPa})$。

表 5　30m 箱梁安全系数及附加应力一览表

台座基础部位	基础结构尺寸/m	基础底面承载力/kN	台座基础及支墩自重/kN	梁体及模板自重/kN		安全系数	附加应力/kPa
制梁台座梁端	3×3×0.5	1049.31	131	590	1/2 梁重 59t	1.19	88
制梁台座中间段	1.5×1×0.3	90	13.806	50	每延米梁及模板重 5t	1.41	36.7

6.2　存梁台座荷载分析

30m 箱梁考虑存放 2 层，每个台座由两侧组成，对应存放两层梁，每层 5 片梁（包括 3 片中梁、2 片边梁），则每侧台座承受 10 片梁重的 1/2，取 30m 箱梁最重梁型进行计算。30m 箱梁存梁台座扩大基础宽度设置为 4.0m，顶宽设置为 2.0m，厚 0.3m，长 17.5m。此外考虑台座混凝土自重产生的荷载，混凝土自重按 2.6t/m^3 计算。

复合地基承载力：116.59×4×17.5＝8161.3（kN）。

扩大基础自重：（4×17.5×0.3＋2×17.5×0.3）×26＝819（kN）。

10 片梁自重 11800kN，一边重 5900kN。

安全系数：$\frac{8161.3}{5900+819}=1.21$。

附加应力：$p_0=\frac{5900+819}{4\times 1.75}-19.48\times 0.3=90.14\ (\text{kPa})$。

6.3　龙门吊基础荷载分析

100t 龙门吊自重 60t，共 2 台。43 轨道 12m 一根。

梁体与龙门吊自重：（1200＋1200）/2＝1200（kN）。

台座基础自重：（12×1.6×0.5＋12×0.6×0.3）×26＝305.76（kN）。

应力：（1200＋305.76）/（12×1.6）＝78.425（kPa）。

安全系数：116.59/78.425＝1.49。

7　地基沉降验算

取 30m 箱梁制梁台座端部基础进行最不利验算。

7.1　计算参数

木材弹性模量 E_m＝9000MPa。

淤泥土压缩模量 E_s＝2.54MPa（地勘资料提供数据）。

面积置换率 m＝0.0313。

淤泥土及淤泥质粉砂土容重 γ＝19.48kN/m³。

基底尺寸：长 3.0m×宽 3.0m×厚 0.5m。

扩大基础基底附加应力 P_0＝70.64kPa。

7.2　压缩层深度计算

地基压缩层厚度取基底附加应力与地基自重应力比小于 10％处。从扩大基础基底算起，取压缩层厚度为 6m 进行试算，上层 4m 为木桩加强复合地基土，下层为淤泥土，如图 6 所示。

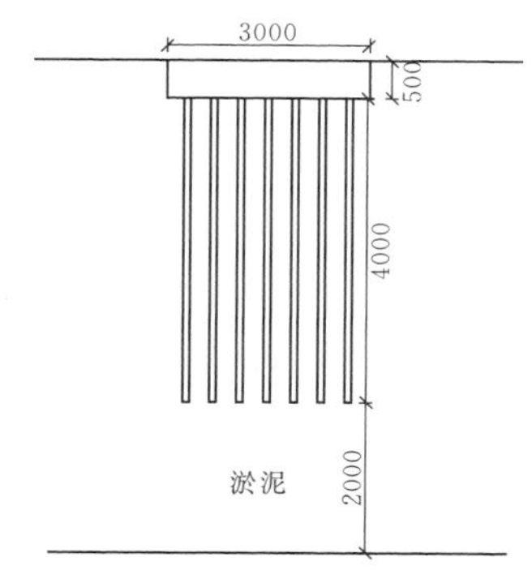

图 6　压缩层深度示意图（单位：mm）

矩形基底用角点法计算附加应力时，$l=b=1.5$m，基底处 $z=0$，附加应力系数 α 可查表 6 得。

表 6　　基底附加应力与地基自重应力计算表

l/b	z/m	z/b	α	$\sigma_z=4\alpha P_0$/kPa	γh
1	0	0	0.25	70.64	
1	1.2	0.8	0.2	56.512	23.376
1	2.4	1.6	0.112	31.647	46.752
1	3.2	2.133	0.075	21.192	62.336
1	4	2.667	0.054	15.258	77.92
1	5	3.333	0.037	10.455	97.4
1	6	4	0.027	7.629	116.88

由表 6，压缩层厚度取 6m 时，基底附加应力与地基自重应力比为 7.629/116.88＝6.53%＜10%，因此 6m 可作为压缩层厚度。

7.3　沉降计算

以基底中点的沉降代表基础的平均沉降。由于同一深度处，基础中心点下的附加应力最大，向两边逐渐减小，故采用中心点计算沉降量比实际要偏大。

沉降量计算公式：

$$S=m_s\frac{\sigma_z}{E}h$$

式中　S——沉降量，cm；

m_s——沉降计算经验系数，复合地基土层取 0.2，淤泥土层取 1.5；

σ_z——某层土顶面与底面附加应力平均值，MPa；

E——该层土的压缩模量，MPa；

h——该层土的厚度，cm，土的分层厚度不大于基础宽度（短边或直径）的 0.4 倍。

复合地基压缩模量 $E=mE_m+(1-m)E_z=284.16$（MPa）。

基础沉降量见表 7。

表 7　　基础沉降量一览表

层数序号	深度范围/m	平均附加应力/kPa	沉降量/cm
1	0～1.2	63.576	0.00537
2	1.2～2.4	44.08	0.00372
3	2.4～3.2	26.42	0.00223
4	3.2～4	18.225	0.00103
5	4～5	12.875	0.7603
6	5～6	9.042	0.534

所以最终沉降量 $S=1.31$cm，小于设计 4cm，满足要求。

8　台座及龙门吊基础沉降观测

在制梁台座、存梁台座及龙门吊轨道基础使用的过程中，为避免基础出现局部沉降或存降不均匀而造成基础混凝土断裂或倾斜，对梁的预制及存放带来安全及质量隐患，特制定了沉降观测的方案，对预制台座、存梁台座、龙门吊轨道基础进行观测，实时监控，即时发现隐患，采取处理措施，从而避免事故的发生。

8.1　观测部位

（1）对于制梁台座，主要观测部位在梁端处，中间段观测 $L/4$、$L/2$、$3L/4$ 这三个截面，单个台座观测 10 个测点。制梁台座沉降观测点布置如图 7 所示。

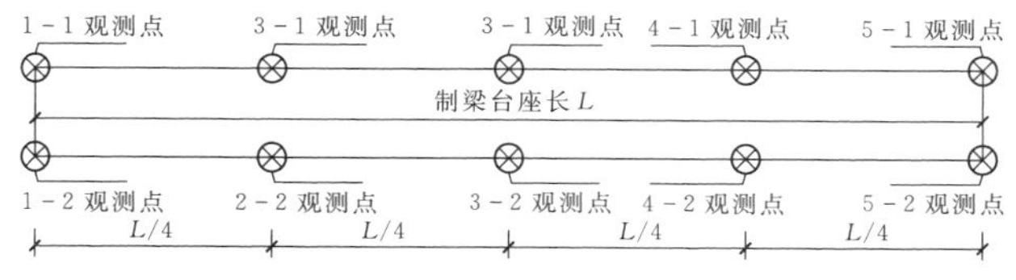

图 7　制梁台座沉降观测点布置图

（2）存梁台座观测 5 个截面，每个截面测 2 个点，每个台座测 10 个点。存梁台座沉降观测点布置如图 8 所示。

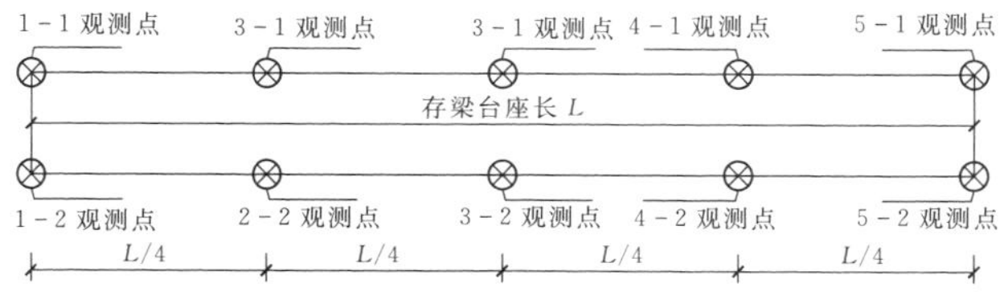

图 8　存梁台座沉降观测点布置图

（3）龙门吊轨道基础沿轨道中线每 10m 观测 1 个点。龙门吊轨道基础沉降观测点布置如图 9 所示。

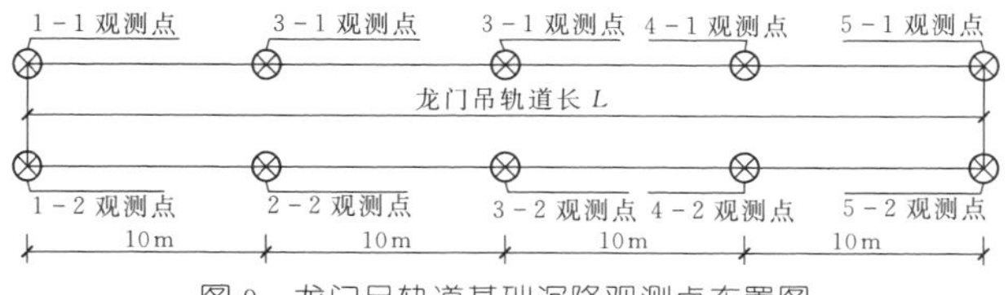

图 9　龙门吊轨道基础沉降观测点布置图

8.2 观测方法

沉降观测采用水准仪加塔尺进行。因为观测周期较长，观测点采用绝对高程，利用主线路水准点在梁场附近加密 4 个观测基准点，基准点选择应考虑观测方便，尽量减少转站观测，且埋设在稳定车辆不经过的硬化地面上。每个观测区域内的观测点须固定采用同一个观测基准点进行观测。沉降观测点用红油漆做好明显标记，并保护好。

8.3 观测频率

制梁台座：每个台座第一次投入使用时，浇筑混凝土前观测 1 次作为初始值，浇筑完混凝土后再观测 1 次，混凝土浇筑完至开始张拉期间观测频率 1 次/d，梁体张拉完成后提梁前观测 1 次。以后过程中观测频率为 1 次/周，通过数据分析无沉降趋势后，观测频率调整到 1 次/月。

存梁台座：每个台座存梁前观测 1 次作为初始值，第一次存梁观测频率为 1 次/d，直至台座达到最大存放量后，分析观测数据，为无沉降趋势的，观测频率调整到 1 次/月。

龙门吊轨道基础：使用前观测 1 次作为初始值，前 2 个月使用过程观测频率为 3 次/周，分析观测数据，为无沉降趋势的，观测频率调整到 1 次/月。

观测频率以最初频率高、随使用时间增长频率逐渐降低为原则。遇连续长时间降雨的情况，观测频率恢复到 1 次/d。

8.4 观测结果的分析

梁板预制或吊运前，分别在制梁台座、存梁台座及龙门吊轨道等部位布设沉降观测点，沉降观测结果见表 8～表 10。

表 8　　制梁台座沉降观测

沉降值 / 观测时间	台座 1	台座 2	台座 3	台座 4	台座 5
浇筑前	0	0	0	0	0
浇筑中	5.7	4.9	4.3	5.5	4.7
浇筑完	9.7	9.6	9.2	8.9	9.4
第 1 天	10.3	9.9	10.5	9.4	10.1
第 2 天	10.4	10.1	10.5	9.6	10.2
第 3 天	10.5	10.3	10.5	9.7	10.3
第 10 天	10.5	10.3	10.5	9.7	10.4
第 40 天	10.5	10.3	10.5	9.7	10.4
梁体全部浇筑完	10.5	10.4	10.5	9.8	10.4

表 9　　存梁台座沉降观测

沉降值 / 观测时间	台座 1	台座 2	台座 3	台座 4	台座 5
存梁前	0	0	0	0	0
第 1 天	5.7	4.9	4.3	5.5	4.7
第 2 天	5.8	5.0	4.4	5.6	4.8
第 3 天	5.8	5.1	4.5	5.6	4.9
第 4 天	5.9	5.1	4.6	5.7	4.9
第 5 天	5.9	5.2	4.6	5.7	5.0
第 35 天	6.2	5.8	5.3	6.0	5.3
第 65 天	6.2	5.8	5.3	5.0	5.3

表 10　　龙门吊轨道沉降观测

沉降值 / 观测时间	台座 1	台座 2	台座 3	台座 4	台座 5
使用前	0	0	0	0	0
第 1 天	2.5	2.3	2.8	3.1	2.9
第 4 天	2.7	2.6	3.1	3.3	3.1
第 7 天	3.0	2.9	3.3	3.3	3.3
第 10 天	3.0	3.2	3.3	3.5	3.4
第 14 天	3.3	3.5	3.4	3.6	3.6
第 44 天	3.6	3.7	3.6	3.7	3.8
第 74 天	3.6	3.7	3.6	3.7	3.8

观测的原始数据统一汇总进行数据分析，以 1 个台座为单位对观测的数据进行整理，分析沉降趋势。并将整理的数据报给项目部，及时反映情况。

制梁台座设计沉降平均值不大于 15mm，存梁台座设计沉降平均值不大于 10mm，龙门吊轨道设计沉降平均值不大于 5mm。实际观测数据显示，地基承载力完全符合设计要求。

9　结束语

在实际工程中，松木桩处理软弱地基的问题较少提及。笔者认为，在条件许可的情况下采用短木桩处理某些软弱地基不仅施工较为便捷，费用也最经济合理。实践证明，短木桩处理软弱地基有施工方便、经济效益明显的优点，它可避免大量的土方开挖。因而，在松木资源较为丰富的地区，用松木桩处理软弱地基不失为一种处理软弱地基的有效手段。

摩洛哥拉巴特绕城高速公路圆形带底检查井施工工艺

陈丽萍　袁幸朝　黄红占/中国水利水电第五工程局有限公司

【摘　要】 摩洛哥拉巴特绕城高速公路项目检查井，由项目部设计加工的一种圆形带底检查井快速成型装置（混凝土检查井预制模板）一次预制成型，缩短了工期，降低了成本，保证了质量，可供类似工程借鉴。

【关键词】 检查井　预制模板　法国 CCTP 技术规范

1　工程概况

摩洛哥拉巴特绕城高速公路连接摩洛哥第一大城市卡萨布兰卡至拉巴特现有高速公路及出城公路，对进出拉巴特的车辆进行分流，可以改善摩洛哥东部及北部经济核心地区的交通状况，并起到摩洛哥南北、东西交通大动脉的枢纽作用。

公司承建该公路主线全长 42km，其中有高桥 2 座、下通道 16 道、上通道 14 道、人行通道 2 道、汽车通道 6 道、管涵 99 道、箱涵 36 道、半幅管 61 道、服务区和收费站各 1 座。其中一项排水工程为位于公路中央隔离带的 V 形混凝土排水沟，有 35km，排水沟每隔 60m 就须布置一个圆形带底的检查井汇集排水，再通过管涵排放。该项目检查井共计 560 个，检查井尺寸：内径均为 0.6m，壁厚为 0.06m，底座混凝土厚度为 0.16m，井口为倾斜型，中轴线高度为 1.34m，如图 1 所示。由于检查井工程量大，施工工期紧张，项目部经过多番论证和现场模拟，设计制造了混凝土检查井预制模板。

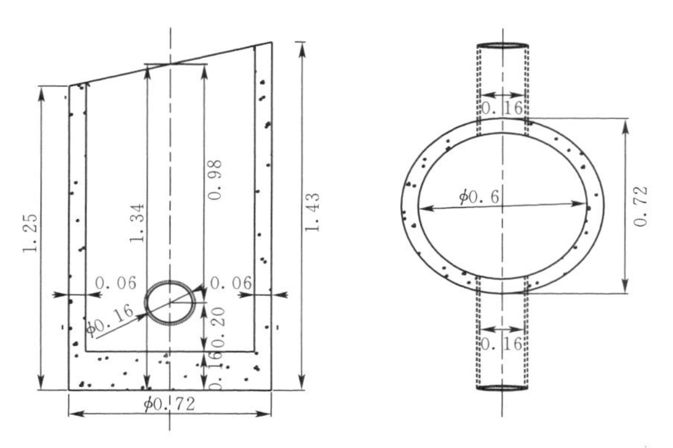

图 1　检查井标准断面图（单位：m）

2　传统的检查井施工方法

国内外圆形检查井的施工方法各异，没有一个行之有效的方法。例如现在国内大多采用以下两种方法进行施工。

（1）坐浆法。先预制无底圆形井，预制现场对安装基地进行处理，铺筑砂浆然后安装井身。这种方法的缺点是井身和井底不能很好结合，经常出现漏水现象，高程不容易控制，而且现场施工空间有限，保证不了质量，效率也较低，需要投入大量的人力物力，成本高。

（2）分期预制法。在预制场先进行检查井底板预制，首先支设底板模板，绑扎底板钢筋，然后浇筑底板混凝土，在底板预留钢筋，待底板拆模混凝土达到规定强度之后再进行井身钢筋的绑扎，绑扎完成后进行内外模板的安装，之后再进行井身混凝土浇筑。这种方法的缺点是在井底和井身结合处有一道施工缝，若结合不好，时间久了会出现漏水现象，而且施工工序多，工期长。

3　利用成型装置施工检查井方法

由于传统的检查井施工方法存在较多缺陷，为此项目部经过多番论证和现场模拟，设计制造了一种混凝土检查井预制模板。其检查井的施工工艺流程如图 2 所示。

3.1　混凝土配合比设计

预制的圆形带底检查井由于井壁较薄，只有 6cm，对混凝土配合比要求比较严格，坍落度小的混凝土不易振捣密实，容易产生裂缝。坍落度大的检查井浇筑过程

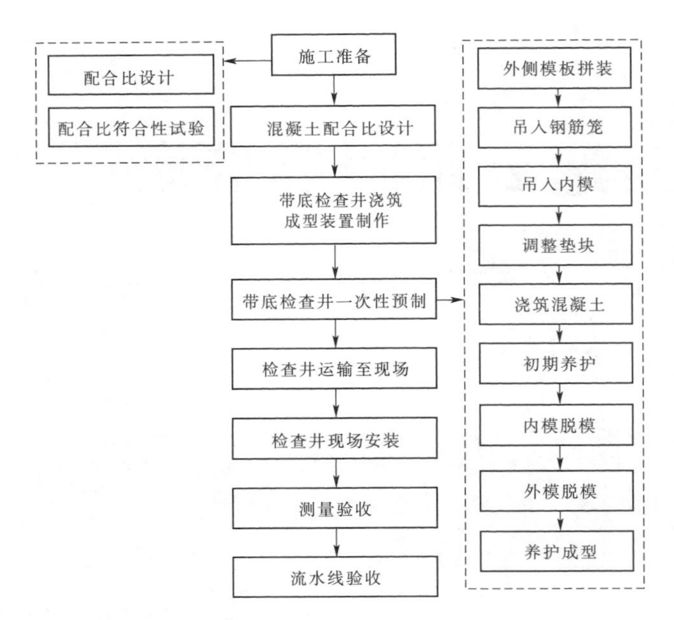

图2　预制模板检查井施工工艺流程图

中容易形成超振，造成井底碎石集中，易产生漏水情况。项目部采用马拉喀什生产的CPJ45普通硅酸盐水泥，水泥用量330g/m³，用水量175kg/m³，Sika fluid R减水外加剂5.28kg/m³，坍落度为12～15cm，混凝土28d抗压强度约25MPa。混凝土配合比见表1。

表1　　检查井混凝土配合比　　单位：kg/m³

水泥	水	海砂	机制砂	小石	中石	外加剂
330	175	340	595	420	635	5.28

注　CCTP－LOTD技术规范中规定，海砂在其氯离子含量超过规范规定值时，在合适的水洗后能够获得满足标准的混凝土和灰浆的情况下，承包商在其质控文件中提出相应的使用条件并上报监理批准后可以使用海砂。

3.2　预制模板制作

圆形带底检查井快速预制成型装置分为外侧模板骨架、外侧模板、内侧模板、内侧模板骨架。装置的外模和内膜加工图分别见图3和图4。外模板采用3mm钢板加工而成，外模做成半圆。外侧模板外面焊接外侧模板骨架。两外侧骨架①材料为3#角钢，角钢预留连接孔，方便两个半圆外模合成一个整体，采用U形卡连接。内侧模板采用3mm钢板根据圆形检查井内侧板展开图进行下料，并卷成圆形，先不封闭焊接，进行内模骨架加工，②～⑨材料采用$\phi 20$或$\phi 25$的钢筋进行加工。骨架焊接完成后，焊接内模底模和内模侧模并打磨。要求打磨要光滑，以减少脱模时的摩擦力。在加工内模时，注意内模半径比设计半径要减少1～2cm，以方便脱模。组装前的外模骨架见图5，预先加工好的外模钢筋笼如图6所示。

模板使用前必须进行仔细地检查，要求不得弯曲、变形。模板在使用前，内侧进行打磨清理老混凝土，均匀涂抹一层脱模剂。带底检查井左、右两部分利用U形卡将外侧模板骨架拼装成一个整体。要求连接牢固，确保在浇筑过程中无漏浆现象。

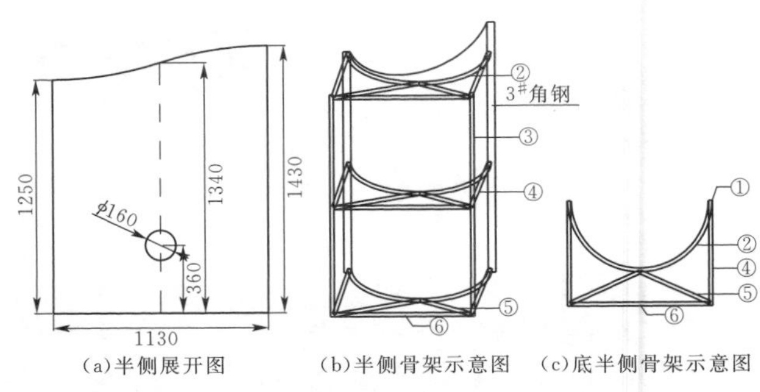

图3　检查井预制成型装置外模加工图（单位：mm）

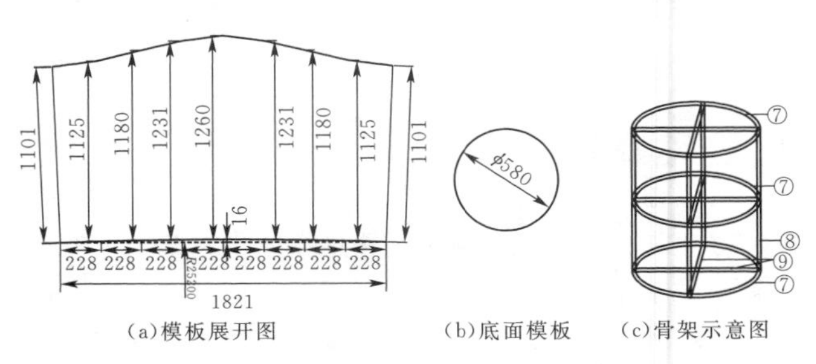

图4　检查井预制成型装置内模加工图（单位：mm）

图5　组装前的外模骨架

图6　预先加工好的外模钢筋笼

3.3 检查井的预制

（1）组装外模，吊入加工好的钢筋笼，再将检查井内模利用倒链吊入组装好的钢筋笼内。在吊入前，内侧模板采用在外壁包裹一层塑料膜的方式来减少脱模时模板对混凝土的摩擦力，详见图7。内模吊入后调整垫块位置。垫块为按设计的保护层厚度事先预制好的混凝土垫块，垫块设置在内侧和外侧钢筋骨架上，间距控制在0.5m左右，确保混凝土保护层满足规范要求。将附着式振捣器安装在外模两侧，安装高程控制在预制件高度的1/3处。同时安装排水管预留装置，在周围塞海绵条防止漏浆。

（2）混凝土的浇筑。拌和站混凝土运至现场经实验室现场对坍落度、温度检测合格后方可入仓浇筑。浇筑过程中严格控制浇筑速度，不宜过快。浇筑至井底上面1～2cm厚，开启附着式振捣器，开启时间不宜过长，控制在1～2min，主要是保证底板混凝土密实，并排除底板混凝土表面与内模底模接触部分的气泡。继续进行混凝土浇筑，在浇筑至检查井2/3高和浇筑至检查井顶部时分别开启附着式振捣器1～2min，以保证混凝土的密实。浇筑完成后对构件进行覆盖养护。

（3）混凝土的拆模与养护。内模拆模时间要把握好：拆模时间过早，混凝土没有强度，很容易造成混凝土表面裂纹或者损坏；拆模太晚，内模和混凝土牢牢粘在一起，内模不容易拆除。根据现场经验，选在混凝土初凝之后临近终凝时拆模。内模拆除后继续进行养护，天气炎热时要进行覆盖并洒水养护。在浇筑24h后进行外模的拆除，并继续养护直至混凝土达到规范强度要求。

图7 吊入内模图

检查井预制尺寸允差标准见表2。尺寸满足要求后进行储水试验，24h无渗水现象才合格。

表2 检查井预制尺寸允差标准表 单位：mm

项目	平面投影	垂直投影
检查井	10	5

3.4 检查井的运输

检查井预制件达到设计强度后，在运输前对预制件进行检查，杜绝运输不合格预制件。运输车辆采用大吨位卡车或平板拖车。在吊装作业时明确指挥人员，统一指挥信号。装车时先在车厢底板上铺两根100mm×100mm的通长木方，木方上垫15mm以上的硬橡胶垫或其他柔性垫，以防构件在运输途中因震动而受损，严禁预制检查井上下层堆叠。检查井运进场地后，按规定或编号顺序有序地摆放在安装的位置，避免二次转运，保证堆放地坚实，防止不均匀沉降使构件变形。

3.5 检查井的安装

检查井基础开挖与盲沟开挖要求相同，开挖底部满足平面误差为±1cm，高程误差为±5mm。先将基础进行压实，压实度不小于95%。再将检查井的安装位置进行放线，在纵向和横向方向各测出两个定位点，然后将检查井根据测量放点位置进行安装，检查井斜截面应与路基边坡平行，检查井安装好后要确保底部穿过的排水管流水顺畅。

3.6 检查井的验收

检查井安装完成后，测量检测员按照规范要求进行逐个测量验收，测量验收合格后进行盲沟排水管的安装。在排水管安装完成后，在上游检查井中注入适量水，观察其是否可以顺畅地从下游检查井排出。检测合格后进行下一道工序施工，不合格的进行原因查找并处理。

4 应用效果

摩洛哥拉巴特绕城高速公路项目采用预制成型装置施工带底检查井具有以下优点：

（1）采用的定制模板制作简单，制作材料就地取材。

（2）采用的定制模板一次预制，使预制件整体好，井身和井底能很好结合，避免后期漏水现象，高程容易控制，保证了质量，效率也高，减少人力物力投入，节约了成本。

（3）避免了传统施工方法施工工序多、工期长的弊端，能加快施工进度。

（4）安全可靠、减少返工处理，可有效减少设备燃油消耗，节能环保，且对操作手技术要求不高。

5 结语

摩洛哥拉巴特绕城高速公路工程采用预制模板施工检查井，一次成型达到设计体型和质量要求，提高了施工效率，节约了施工成本，可为类似工程提供借鉴。

桥面铺装混凝土表面裂缝控制措施

时贞祥　罗佳男/中国电建市政建设集团有限公司

【摘　要】桥面铺装质量影响桥梁的整体寿命，而桥面铺装混凝土表面裂缝又是最常见的质量通病。本文介绍了桥面铺装混凝土表面裂缝形成的原因，重点介绍了通过优化施工配合比、施工工艺预防裂缝产生的措施及其他控制预防措施，有效控制了铺装混凝土的表面开裂，提高了桥面铺装层的耐久性。

【关键词】桥面铺装　表面裂缝　控制措施

1　引言

随着公路桥梁事业的发展，对工程质量的要求越来越高。其中桥面铺装施工是整个桥梁混凝土工程的最后环节，其质量和外观直接影响沥青混凝土面层的施工质量，乃至影响整体工程的形象、行车的稳定性、舒适性、安全性及桥梁的使用寿命。

桥面铺装的裂缝是桥面铺装施工控制的关键，裂缝正是桥面铺装施工中最常见、最关键的问题。桥面铺装施工后，强度增长期内，铺装生出了一些裂纹，其特点是呈现网状及纵横错状，由于种种原因，部分裂纹逐渐转变为裂缝，甚至呈贯穿性。铺装裂缝的出现，降低了混凝土的强度，提高了渗水性，产生冻胀，破坏混凝土的结构，降低混凝土的耐久性，从而降低大桥的使用寿命，因此桥面铺装裂缝的预防和控制至关重要。

2　工程概况

外环线东北部调线工程作为天津市外环线向东北部的延伸，其功能与外环保持一致，所形成的新快速外环是天津市规划的“二环＋四射”快速骨架路网中的重要一环，承担着中心城区交通保护壳的作用，并将承担沿线组团大部分的交通需求，通过主线出入口及互通立交的设置，将极大带动沿线组团的经济发展。

由中国水电十三局承建的天津市外环线东北部调线工程第五标段工程修筑范围为WK10＋456～WK14＋038.9，本标段包含两座大桥、路基、排水管线及3＃泵站工程，路线全长3582.9m，桥梁最大单跨42m，新建排水管道4630m，新建雨水泵站1座，工程造价43422.8731万元。其中永金引河1＃大桥桥面铺装面积26903.5m^2，津蓟快速路互通式立交桥面铺装面积35101.9m^2，预制小箱梁桥面铺装厚度为10cm，预应力连续箱梁桥面铺装厚度为8cm，均采用C40防水混凝土，铺装宽度分左右幅，各16.5m。由于桥面混凝土铺装厚度比较薄，铺装混凝土表面的裂纹控制是本标段桥梁施工的重点。

3　桥面铺装混凝土裂缝形成的原因分析

桥面铺装早期塑性变形裂缝产生的影响因素比较多，与施工过程中混凝土配合比、施工环境、相对湿度、温度、风速等因素有很大的关系。当桥面铺装混凝土浇筑完后，暴露于环境温度、湿度中，外界温度变化比较大，在内部化学反应等作用下，混凝土产生温度收缩、干燥收缩、化学收缩等变化，收缩应变超过混凝土表面的极限抗拉应变时，混凝土就会出现表面微裂缝，并在各种内力共同作用下不断迅速发展，最后形成肉眼可见的大小不等裂缝。裂缝的形成主要由以下几个方面原因造成。

3.1　混凝土表面干燥收缩

当桥面混凝土铺装施工处于高温天气或者大风天气时，环境和相对湿度越低，水泥浆体的干缩量越大。对于暴露面积很大的桥面铺装因环境温度变化较快、风速大，再加上铺装混凝土过分干燥会使桥面铺装混凝土表面水分散失更快，这种干燥过程是由外表向内部逐渐扩散，由此形成明显的表面干燥收缩变形裂缝。

3.2　温度裂缝

桥面铺装混凝土结构在混凝土硬化过程中产生大量的水化热，使温度上升，混凝土内部体积膨胀，而夜间混凝土铺装表面温度降低，以及由于湿水养护导致冷却收缩，或混凝土整体温度下降引起收缩，这样混凝土内部膨胀、面部收缩产生了很大的温度应力，当温度应力超过当时混凝土的极限拉应力时，出现裂缝。

3.3 施工因素引起的裂缝

如果桥面钢筋网片被踩踏下沉，造成混凝土保护层厚度严重过厚，出现混凝土表面开裂。如混凝土浇筑过程中，由于振捣过度水泥浆上浮，表面粗骨料较少，产生表面龟裂。龟裂是大面积混凝土常见的裂缝。

4 桥面铺装C40混凝土预防裂缝措施

桥面铺装混凝土的开裂主要是由于混凝土中拉应力超过了混凝土的抗拉强度，或由于拉伸应变达到或超过混凝土的极限拉伸值而引起的，通常混凝土的抗拉强度越高，胶凝材料用量越多，其极限拉伸值就越大，但水泥用量的增加势必带来水化热温升等问题，对混凝土抗裂性不利。由于影响混凝土抗裂性能主要是变形性能和热学性能，而这与混凝土配合比设计密切相关，优化配合比设计，用改善骨料降低水灰比、掺加混合料等方法从混凝土配合比源头上预防裂缝产生。

（1）优化水泥，选安定性合格、质量稳定、低水化热的水泥，不宜选用早强性和硬化速度较快的水泥，尽量减少水泥用量，降低水灰比。

（2）骨料的粒径选择对混凝土的各项参数有一定的影响，在试配混凝土配合比时应及时调整，石料粒径过细导致水泥用量增加，收缩裂缝不宜控制。因桥面铺装厚度较薄，粗骨料粒径过大可能导致混凝土不密实，宜选用公称粒级5～20mm的粗骨料和中砂。

（3）掺入缓凝减水剂，宜选用聚羧酸高性能减水剂，使混凝土缓凝，推迟混凝土水化热峰值出现，使升温期延长，有足够时间使混凝土强度增长，提高混凝土的抗拉强度。

（4）适量掺入粉煤灰、矿粉，它不仅可以改善混凝土的工作性，减少水泥用量，还可以利用石灰减少混凝土中氢氧化钙的含量，提高混凝土的耐久性。

（5）适当引入引气剂，对于桥面铺装混凝土而言，降低其刚性，增加其柔性，但不降低其抗折强度，有利于提高桥面铺装混凝土质量。

（6）适量掺入钢纤维，它能有效阻止混凝土收缩的发展，阻止混凝土干缩。

5 桥面铺装施工工艺预防裂缝措施

针对可能出现的裂缝，对施工的各道工序进行严格控制，并采取了正确的应对措施，有效提高了桥面铺装施工质量，提高了工程质量。其具体控制措施如下。

5.1 施工准备

（1）钢筋采用桥面（D11）焊网，经验收合格后用于桥面铺装。

（2）C40混凝土配合比经中心试验室平行试验后，已取得批复，可用于本工程桥面铺装。

（3）施工人员、机械等已进场，能满足施工的要求。

（4）施工前将进行施工技术交底、安全交底，使每个现场施工人员能够熟悉并掌握桥面铺装施工要点。

（5）清理桥面杂物，桥面铺装混凝土浇筑前对梁板顶面进行清理，梁板顶面用凿毛机凿毛，把表面浮浆凿除露出石子为原则，对于凿毛不彻底的地方继续凿毛至满足规范要求为止，并清除多余混凝土，然后用高压水冲洗干净，保证桥面铺装层混凝土的厚度，确保梁面混凝土与桥面铺装混凝土能有效结合。调整倒伏的预埋钢筋，准备工作一切就绪，进行下道工序施工。

5.2 精确放样与高程控制

对所使用的高程控制点与附近的高程点进行联测，以保证桥面铺装混凝土标高的准确性。认真仔细复测梁顶标高，确保桥面铺装层厚度满足设计要求。根据控制点准确放出桥面铺装混凝土和钢筋网片的平面位置，弹出墨线。顶面标高采用圆钢滑道控制。根据设计标高，测出各点梁板的标高，计算铺装层厚度，焊接滑道支腿调整圆钢顶面标高至设计标高。平面控制直线段内按5m一个点放样，曲线段加密测量点。

5.3 钢筋网片安装

按设计图纸要求确定钢筋轮廓，弹出墨线，纵、横向搭接长度按设计要求布设，将钢筋网运至现场。根据桥面预埋钢筋的现状，采用适应的支垫方式，确保钢筋网的定位准确及保护层厚度满足要求。钢筋网中的钢筋采用绑扎搭接方式连接，绑扎完成后，对桥面进行再次清洗。进行现浇桥面施工时，按照设计图纸位置预留好伸缩缝隙工作槽、伸缩缝预埋钢筋及泄水管安装孔。

浇筑桥面铺装时，焊井字架钢筋，纵向间距0.8m，横向间距10m（振捣梁长12.0m），上放$\phi28$圆钢作为振捣梁的行走轨道。安装井字架钢筋时，其顶部高程控制是控制桥面铺装层高程的关键，必须通过水准测量严格控制。

桥面铺装按常规采用振捣梁施工，铺装钢筋网片的高度应严格按设计定位，不得将钢筋网片下压。严格控制铺装层混凝土厚度，最小厚度允许按－5mm控制，最大厚度允许按＋10mm控制。严格控制平整度和横坡，平整度允许偏差按3mm控制。

5.4 混凝土浇筑及振捣

通过混凝土罐车将其运至现场，采用泵车泵送到施工作业面，人工配合耙浆、初摊平、振捣梁找平施工（往返若干次）、人工表面收浆、抹面施工。

（1）按批准后的配合比进行混凝土拌制，桥面铺装混凝土应严格控制坍落度和混凝土质量。

（2）混凝土浇筑前，先用高压风枪将桥面杂物再次清除干净，再对箱梁表面进行充分湿润，但不得有积水。

（3）混凝土浇筑要连续，从下坡向上坡方向进行，人工局部布料、摊铺时，应用铁锹反扣，严禁抛掷和搂耙，靠边角处应采用人工布料，桥面混凝土铺装宜避开高温时段及低湿大风天气，否则将造成桥面混凝土表面因干缩过快而导致开裂。

（4）摊铺混凝土时，考虑到混凝土振捣后下沉，布料高度应高出设计 2～3mm，首先采用振捣梁沿轨道振捣，沿摊铺面振动，拖平 2～3 遍，直至混凝土振捣密实，使混凝土表面平整并泛水泥浆，随振捣梁刮去高出的混凝土，凹处则人工铲混凝土及时补足振实。

（5）振动梁操作时，应设专人控制振动行驶速度、铲料和填料，确保铺装面饱满、密实及表面平整。二滚轴摊铺机紧跟振动梁后，对混凝土进行提浆、整平，并时时注意混凝土面是否和滚轴严密接触，然后用铝合金方管作为刮尺横桥方向，拉动混凝土面，并均与向前滑移尺杆精确找平，并由专人检查尺杆与面层的接触情况，振完后达到表面平整成型，不露石子。在混凝土初凝前用磨光机进行混凝土表面的初磨。

（6）一次抹面：磨光机作业完毕后，作业面上架立人工操作平台，作业工人在操作平台上用木抹子进行第一次抹面，用短木抹子找边，并应控制好大面平整度，揉压出灰浆使其均匀分布在混凝土表面。二次抹面：混凝土终凝前，采用电钢抹子进行二次抹面。二次抹面应控制好局部平整度，注意封闭气（水）泡眼。必要时进行多次电钢抹子抹面。

5.5 混凝土养护

在混凝土初凝后应采用土工布进行覆盖养护，覆盖时不得损伤或污染混凝土的表面。开始养护时不宜洒水过多，防止混凝土表面起皮，待混凝土终凝后，再浸水养护，养护期在 7d 以上。桥面铺装若赶在气温骤变或大风天气施工时，施工完毕应立即用塑料薄膜和土工布双层覆盖保水保温，以防桥面混凝土发生收缩裂缝。

6 其他预防裂缝控制措施要点

（1）桥面铺装层的设计较薄，其设计特点也只是用于梁面找平，不满足过重交通需要，在柔性路面未铺设前严禁重型车辆甚至超载工程机械车辆、压路机等通过，避免其重复荷载应力超过混凝土抗疲劳强度，由此造成刚性桥面开裂并且发展。

（2）桥面铺装混凝土浇筑施工时，密切注意钢筋网片是否下沉。网片的下沉直接导致铺装混凝土的整体性、抗冲击性、抗疲劳及抗碎能力削弱。

（3）在施工工期安排上紧前不紧后，桥面铺装尽量安排在气温较低、变化不大、无大风气候进行。

（4）桥面混凝土摊铺前梁面湿润是关键。桥面铺装前必须将梁顶混凝土表面充分湿润降温，阻止梁板因过分干燥而迅速吸收铺装混凝土内部的水分引起桥面铺装混凝土快速干燥而开裂。

（5）养护对裂缝的防治起关键作用。加强初期保湿、保温养护，可以大大减少早期裂缝的产生。因此，在施工过程中要求在混凝土浇筑收浆后尽早喷洒足量养护剂或者覆盖土工布以阻止水分蒸发，安排专人 24 小时不停洒水，确保桥面混凝土达到保湿养护效果，防止温缩开裂和干缩开裂的产生。

7 结语

桥面铺装混凝土出现裂缝的原因有多种，而且是一个复杂的过程，应根据混凝土特性，从配合比设计、施工工艺、施工因素等方面采取具有针对性的预防措施。天津外环线项目 62000m^2的桥面铺装施工取得了良好效果，避免了因温度收缩、干燥收缩及施工过程质量等因素引起铺装混凝土的早期开裂，提高了桥面铺装层的耐久性，产生了良好的社会效益。

微振控制爆破技术在地铁车站施工中的应用

张　磊　张　雯/中国电建集团铁路建设有限公司

【摘　要】本文以深圳地铁 7 号线皇岗村车站基坑开挖为例，结合实际情况进行现场试验，采用城市建设中基坑明挖微振控制爆破技术，通过调整爆破参数、段装药量、连线方式等爆破条件，保证了石方爆破施工的安全高效。连续的爆破振速监测证明优化后的爆破方案切实可行，爆破振速满足要求，开挖效果得到保证。
【关键词】微振控制　爆破参数　连线方式　爆破振速

1　引言

在地铁建设中，车站的建设是重要的一部分。在基坑开挖过程中，若地质条件恶劣，机械开挖难以满足工程需要时，施工时间短、破岩效率高的爆破开挖便成了工程施工首选。然而，由于地铁建设往往在城市乃至闹市区进行，而爆破施工的瞬时荷载极大，极有可能造成基坑及基坑周边建筑物的剧烈振动，如果振动最大速度超过基坑和建筑物承受的极限，就会发生基坑、建筑物垮塌的工程事故。

本文以深圳地铁 7 号线皇岗村车站基坑开挖为例进行分析研究，采用城市建设中基坑明挖微振控制爆破技术，严格控制爆破产生的噪声和振动，保证了邻近建筑物及管线的安全。

2　工程概况

2.1　周边环境

皇岗村站主体基坑位于益田路与金田路之间的福民路段，车站主体呈东西走向，采用地下连续墙和钢管支撑作为围护结构。北侧从东到西距皇达东方雅苑 23.4m，距吉龙二村最近建筑物 35.2m，距皇轩酒店地下室约 16.6m，南侧距碧云轩地下室 30.8m，距水围社区边坡（挡土墙）19.5～25.0m，距边坡上居民房 22.0～27.0m。皇岗村站基坑施工围挡已建成，北侧预留皇轩酒店进出单向车道及人行道，社会车辆从南侧双向四车道通行。基坑两侧车辆、行人密集，地下管线交错，环境复杂。基坑所在位置及周边环境见图 1。

图 1　车站基坑周边环境图

2.2　地质条件

皇岗村站下伏基岩为粗粒花岗岩，风化岩中有存在差异风化现象的可能，表现为在全—强风化岩中存在微风化岩石，即“孤石”。站内基坑开挖底部存在 0～10.8m 的中风化、微风化岩层，岩性概述如下：

（1）中等风化花岗岩：岩体节理裂隙较发育—发育，最大揭示厚度 6.10m，在车站场地勘察范围内分布较广泛，部分钻孔有揭露；层顶高程 −29.98～−8.88m，层顶埋深 11.50～36.00m，岩石完整性差。

（2）微风化花岗岩：岩体节理裂隙发育，车站范围内普遍分布；层顶高程 −29.98～−8.87m，层顶埋深 15.30～26.30m；饱和单轴抗压强度为 37.10～101.0MPa，本场地微风化花岗岩为软硬岩—坚硬岩，岩芯较破碎，岩体基本质量等级为Ⅲ级。

3 总体方案

深圳地铁7号线车站基坑爆破作业点均位于市区，爆破环境相对复杂，且部分作业点距离建筑较近，爆破方案的选择应充分考虑最大限度降低爆破振动、飞石、噪声等有害效应的负面影响，同时保证爆破施工安全。

根据爆破作业点的实际情况，结合深圳市对民爆作业管理要求，车站石方爆破宜采用浅眼微差松动控制爆破，爆破参数应依照浅孔、密布、弱爆、循序渐进的原则，并必须经过现场试爆后确定。采取有效措施降低和减少爆破有害效应对车站及其他爆破作业点周边居民及保护对象的影响，确保施工安全。

4 关键技术

4.1 爆破参数确定

首先根据项目部实施的方案进行监测，对爆破参数进行了解。通过对现场连线的测试，掌握了目前施工的真实情况，在此基础上进行相应爆破参数的优化，同时进行爆破振动监测，通过不断调整和试验，最终得出适应不同环境的爆破参数。

（1）爆破参数设计。在市区基坑石方爆破时，应先采用浅孔爆破。如果爆破振动满足振速要求，在爆破效果满足施工要求的前提下，可以尝试深孔爆破。浅孔爆破炮孔布置示意图如图2所示，爆破参数见表1。

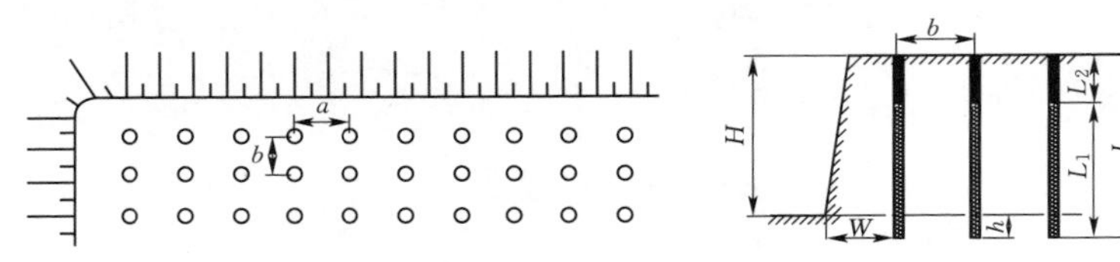

图2 浅孔爆破炮孔布置示意图

使用乳化炸药，爆破参数的计算公式如下：

最小抵抗线 $W=30d$

钻孔超深 $h=0.3W$

炮孔深度 $L=H+h$

填塞长度 $L_1=(1.0\sim1.3)W$

装药长度 $L_2=L-L_1$

孔距 $a=1.2W$

排距 $b=W$

单孔药量 $Q=q\cdot a\cdot b\cdot H$

或 $Q=q\cdot W\cdot a\cdot H$

炸药单耗 $q=0.35\sim0.42$

表1 浅孔爆破参数

台阶高度 H/m	孔径 d/mm	最小抵抗线 W/m	孔距 a/m	排距 b/m	孔深 L/m	填塞长度 L_1/m	炸药单耗 q/(kg/m³)	单孔药量 Q/kg
1.2	42.0	0.8	0.9	0.8	1.5	1.2	0.35	0.3
2.0	42.0	1.0	1.2	1.0	2.3	1.4	0.38	0.9
3.0	42.0	1.2	1.3	1.2	3.4	1.5	0.41	1.9

注 施工时进行试爆和振动监测，视爆破效果确定合理的爆破参数指导实际施工。

（2）装药结构及填塞。使用ϕ32条状乳化炸药连续装药，每孔装1发5m非电微差导爆管雷管，填塞长度1～1.3m，填塞材料采用岩粉或粗砂填实。

（3）起爆顺序。首段起爆孔应布置在有较好侧向临空面的位置。

（4）起爆网络。非电管采用簇连方式，起爆方式为非电管击发针起爆器。

4.2 爆破方案优化

上述方案能够实现逐孔起爆，但是工人在连线工作中耗时较长，项目部根据前面所进行的测试结果进行分析，进行了相应的调整。根据前面对震动波传播规律的研究，提出采用图3所示的连线方案。该方案虽然不是逐孔起爆，但可以做到逐排起爆，目的就是为了在满足爆破振速的前提下尽量节省连线时间，加快爆破施工速度。

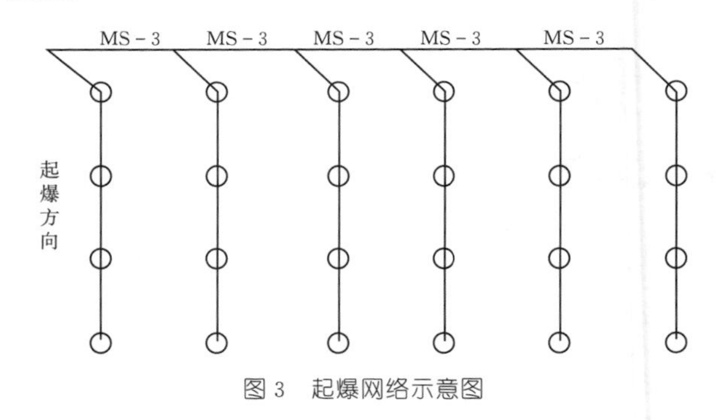

图3 起爆网络示意图

5 施工监测

5.1 控制标准

车站石方爆破拟采用浅眼微差松动控制爆破，采取有效措施降低和减少爆破有害效应对车站及其他爆破作业点周边居民及保护对象的影响，确保施工安全。根据

《爆破安全规程》(GB 6722—2014),并结合深圳地铁7号线爆破作业点的实际情况和深圳市对民爆作业的管理要求,爆破振速按照以下标准控制:①市政公共建(构)筑物:2.0cm/s;②居民小区等:1.0cm/s;③燃气管道等在开挖前已迁出施工区域,在燃气管道旁进行爆破作业需得到产权单位的同意。

5.2 监测结果

通过在爆破参数调整期间对爆破振动的连续监测,得出了在不同距离处的爆破振速情况,且每次振速都能满足设计要求。新的爆破参数及爆破方案考虑了工人的操作时间,加快了爆破施工。表2是监测单位的监测结果。

表2 爆破振动监测结果

单段药量/kg	距离/m	速度/(cm/s)	主频/Hz
3.6	18	0.65	38.5
3.6	24	0.22	20
3.6	60	—	—
2.2	18	0.13	13.2
2.2	24	0.14	25.6
2.2	18	0.11	6.8
2.2	18	0.20	35.7
2.2	24	0.22	30.3
2.2	60	0.18	50.1
2.2	18	0.16	41.7
2.2	18	0.16	41.7
2.2	24	0.14	47.6
2.2	57	—	—

5.3 效果分析

基坑石方爆破,爆破方案既要满足爆破振速设计要求,又要满足施工开挖要求。前者不满足要求,则危害建筑物安全,影响居民生活,不利于文明施工;后者不满足要求,则影响施工进度。所以从爆破振速和开挖效果两方面分析,优化爆破方案。

(1)爆破振速分析。从爆破振速数值上,通过长时间监测,没有发现振速大于1cm/s允许振速值,说明爆破振速满足设计要求。分析所得波形图,发现出现多段峰值,证明爆破方案中段与段被隔开,没有发生叠加现象。施工中根据波形图信息随时调整爆破参数,使得单段起爆药量取值合理,确保了爆破振速不超标。

(2)开挖情况分析。从爆破效果上看,前期方案整体上满足施工要求,但是也存在机械二次破碎的情况。分析原因,是由于基坑地质条件复杂。当开挖工作面不平整,或者岩石节理裂隙发育或变化较大时,钻孔很难保证准确的间距和排距,造成了大块岩石的存在。不过这种现象出现不多,后期通过调整段装药量来弥补间排距上的不足,保证了岩石破碎效果。爆破破碎情况见图4。

图4 爆破破碎情况

6 结论

本文对深圳地铁7号线皇岗村车站基坑石方爆破开挖采用基坑明挖微振控制爆破技术,通过现场试验,调整爆破参数、段装药量、连线方式等爆破条件,保证了石方爆破安全高效,得出如下结论:

(1)城市地铁车站石方爆破宜采用浅孔爆破,因为浅孔爆破可以降低段装药量,减少爆破振动;当条件具备时可考虑深孔爆破,但应严格控制段装药量和优化爆破参数。

(2)城市地铁车站石方爆破可采用逐孔起爆的形式,也可以采用逐排起爆的形式,逐孔起爆连线工作繁琐,耗时长,但是爆破振速小,逐排起爆段装药量变大,连线省时,施工中应根据实际情况进行调整。

通过连续的爆破振速监测,证明优化后的爆破方案切实可行,爆破振速满足要求,开挖效果得到保证。

简析近期政策对社会资本发展 PPP 模式的影响

仵义平/中国水利水电建设集团有限公司

【摘　要】PPP 模式下，建筑市场正在发生翻天覆地的变革。近期财政部等国家部委印发了系列文件，目的在于进一步规范地方政府举债，进一步规范 PPP 业务发展。通过近期文件梳理发现，防范系统性财务风险是短期内政府的工作重点，国家规范地方债务管理的长远治理思路没变，积极发展 PPP 模式的思路没变。社会资本参与 PPP 模式将面临更规范的政府管理、更广阔的市场需求、更丰富的融资渠道。

【关键词】政策　社会资本　PPP 模式　影响

目前，积极推动 PPP 模式已成为国家中长期发展战略之一，是国内投资体制改革的大事，是转变政府职能的主要措施，是供给侧改革的主要内容。防范系统性财务风险是短期内政府的工作重点，国家规范地方债务管理的长远治理思路没变，积极发展 PPP 模式的思路没变。

1　供给侧改革推动 PPP 市场快速发展

1.1　从全国项目情况来看

截至 2017 年 6 月末，财政部全国入库 PPP 项目共计 13554 个，投资额 16.3 万亿元。从项目分布看，交通运输、市政工程、城镇综合开发是主要行业。三个行业的项目总投资居前 3 名，分别为 5.1 万亿元、4.4 万亿元和 1.6 万亿元，占全国入库项目总投资的 68.0%。从回报机制看，政府付费和政府市场混合付费占比提高。政府付费和政府市场混合付费项目数 8625 个，投资额 11.4 万亿元，分别占 63.6%和 69.5%。从签约落地情况来看，PPP 项目落地加快。截至 2017 年 6 月末，全国范围内已公布成交信息的 PPP 项目 3774 个、总投资 5.57 万亿元，其中已设立项目公司进入实施阶段的项目 2044 个，总投资 3.4 万亿元，占已公布成交项目总投资的 61.1%。2017 年上半年，全国已公布中标 PPP 项目总投资 16275 亿元，同比（10573 亿元）增长 53.9%。从执行情况来看，国家示范项目落地率高于非示范项目。截至 2017 年 6 月末，国家示范项目总数 700 个，总投资 1.7 万亿元，已签订合同进入执行阶段的示范项目 495 个，投资额 1.2 万亿元，落地率 71.0%。

1.2　第四批示范项目可期，交通旅游融合发展市场大

2017 年 4 月 28 日，财政部召开 2017 年 PPP 工作领导小组第一次会议，提出“规范推出第四批示范项目，进一步优化发展环境，推动 PPP 工作取得更大成效”。之前 2 月 28 日，交通运输部等六部门联合印发《关于促进交通运输与旅游融合发展的若干意见》，推进交通旅游融合发展，提出到 2020 年，我国将基本建成结构合理、功能完善、特色突出、服务优良的旅游交通运输体系，要求积极探索采取基础设施特许经营、政府购买服务、政府和社会资本合作（PPP）等模式，鼓励整合旅游和土地资源，实现沿线交通运输和旅游资源开发一体化发展，积极争取开发性、政策性等金融机构信贷资金支持。

1.3　小结

政府不断增加有效供给。从全国 PPP 项目入库、中标、落地来看，PPP 市场需求越来越大，政府付费及可

行性缺口补助项目占比增大，社会资本机会越来越多，项目落地不断加速。

2 PPP政策环境进一步健全

2.1 法律建设进一步完善

《中华人民共和国预算法》（2014年修正）完善了地方债务管理的法律基础，指出地方政府“可以在国务院确定的限额内，通过发行地方政府债券举借债务的方式筹措。举借债务的规模，由国务院报全国人民代表大会或者全国人民代表大会常务委员会批准。省、自治区、直辖市依照国务院下达的限额举借的债务，列入本级预算调整方案，报本级人民代表大会常务委员会批准。举借的债务应当有偿还计划和稳定的偿还资金来源，只能用于公益性资本支出，不得用于经常性支出”，将地方政府购买服务及财政补贴等PPP项目地方支出均纳入预算统一管理。可以说，新预算法就是政府推进PPP模式的基石。

2.2 地方债务机制逐步健全

2.2.1 加强地方债务管理

国务院发布《关于加强地方政府性债务管理的意见》（国发〔2014〕43号），目的是建立“借、用、还”相统一的地方政府性债务管理机制，有效发挥地方政府规范举债的积极作用，切实防范化解财政金融风险，促进国民经济持续健康发展；坚持“疏堵结合、分清责任、规范管理、防范风险、稳步推进”的原则，赋予地方政府依法适度举债融资权限，加快建立规范的地方政府举债融资机制。同时，坚决制止地方政府违法违规举债，提出“地方政府债务余额只减不增”，政府债务只能通过政府及其部门举借，不得通过企事业单位等举借，规定主体仅限省级政府，省级以下无举债权。43号文的核心思路是将地方融资平台与地方政府的职能分离，放开地方政府举债的权限，将地方政府债务纳入统一监管的范畴，剥离融资平台为政府融资的职能，政府也不再为融资平台背书，而是按照“谁用、谁借，谁借、谁还”的原则举债。可以说，43号文是政府推进PPP模式的起点。

2.2.2 建立地方政府债务限额管理机制

财政部《关于对地方政府债务实行限额管理的通知》（财预〔2015〕225号）及《关于印发新增地方政府债务限额分配管理暂行办法的通知》（财预〔2017〕35号），提出切实加强地方政府债务限额管理，建立健全地方政府债务风险防控机制、妥善处理存量债务，并建立基于地方财力（地方财力分别为一般公共预算财力和政府性基金预算财力）省级政府由全国人大或常委会审批债务限额，县、市级政府由省级人大或常委会批准债务限额的管理机制。一系列文件的出台，要求PPP项目的财政补助纳入预算管理，且要求作出中长期规划。可以说，政府举债不再任性，将统一纳入预算管理。

2.2.3 进一步规范地方政府举债行为

2017年4月26日，财政部、发展改革委、司法部、人民银行、银监会、证监会印发《关于进一步规范地方政府举债融资行为的通知》（财预〔2017〕50号），目的是牢牢守住不发生区域性系统性风险的底线。《通知》提出规范地方政府与社会资本方的合作行为，要求地方政府规范政府和社会资本合作（PPP），允许地方政府以单独出资或与社会资本共同出资方式设立各类投资基金，依法实行规范的市场化运作，严禁地方政府利用PPP、政府出资的各类投资基金等方式违法违规变相举债。地方政府与社会资本合作应当利益共享、风险共担，除国务院另有规定外（政府购买服务、可行性缺口补助属于PPP模式三种付费机制的两种，符合政策规定，截至目前，政府部门也未将PPP项目中的政府付费义务纳入地方政府债务管理），地方政府及其所属部门参与PPP项目、设立政府出资的各类投资基金时，不得以任何方式承诺回购社会资本方的投资本金，不得以任何方式承担社会资本方的投资本金损失，不得以任何方式向社会资本方承诺最低收益，不得以借贷资金出资设立各类投资基金，不得对有限合伙制基金等任何股权投资方式额外附加条款变相举债。该通知短期看会影响PPP发展速度和规模，长期看可使PPP市场更规范、更持续。

2.3 社会资本参与PPP项目融资渠道更丰富

（1）开通存量PPP项目资产证券化通道。2016年12月21日，国家发改委、中国证监会印发《关于推进传统基础设施领域政府和社会资本合作（PPP）项目资产证券化相关工作的通知》（发改投资〔2016〕2698号），提出PPP项目资产证券化条件：一是项目已严格履行审批、核准、备案手续和实施方案审查审批程序，并签订规范有效的PPP项目合同，政府、社会资本及项目各参与方合作顺畅；二是项目工程建设质量符合相关标准，能持续安全稳定运营，项目履约能力较强；三是项目已建成并正常运营2年以上，已建立合理的投资回报机制，并已产生持续、稳定的现金流；四是原始权益人信用稳健，内部控制制度健全，具有持续经营能力，最近三年未发生重大违约或虚假信息披露，无不良信用记录。这意味着PPP项目将获得资产证券化这一融资渠道的大力支持。2016年12月26日，协会披露，国家发改委与中国证监会联合启动传统基础设施领域的PPP项目资产证券化工作。2017年3月10日，首批4单项目高效落地，标志着PPP资产证券化新时代的开启。2017年5月4日，国家发改委向中国证监会推荐了第二批资产证券化PPP项目清单。

（2）开通在建及新开工 PPP 项目专项债券融资通道。2017 年 4 月 25 日，国家发改委办公厅《关于印发〈政府和社会资本合作（PPP）项目专项债券发行指引〉的通知》（发改办财金〔2017〕730 号），目的在于创新融资机制，拓宽政府和社会资本合作（PPP）项目融资渠道，引导社会资本投资 PPP 项目建设，扩大公共产品和服务供给，积极发挥企业债券融资对 PPP 项目建设的支持作用。PPP 项目专项债券募集的资金，可用于 PPP 项目建设、运营，或偿还已直接用于项目建设的银行贷款。

（3）开通保险资金进入 PPP 项目通道。2017 年 5 月 5 日，保监会印发《关于保险资金投资政府和社会资本合作项目有关事项的通知》，针对 PPP 项目公司融资特点给予了充分的政策创新支持：一是拓宽投资渠道，明确保险资金可以通过基础设施投资计划形式向 PPP 项目公司提供融资；二是创新投资方式，除债权、股权方式外，还可以采取股债结合等创新方式满足 PPP 项目公司的融资需求；三是完善监管标准，取消对作为特殊目的载体的 PPP 项目公司的主体资质、信用增级等方面的硬性要求，交给市场主体自主把握；四是建立绿色通道，优先鼓励符合国家“一带一路”、京津冀协同发展、长江经济带、脱贫攻坚和河北雄安新区等发展战略的 PPP 项目开展融资。通知为保险资金参与 PPP 项目投资提供了有效路径，有利于解决 PPP 项目公司融资难的瓶颈制约，将促进保险业和实体经济的双赢。

2.4 小结

新预算法的实施建立了地方政府债务管理的法律基础；中央加强地方债务管理，不仅注重长远化解地方政府债务问题，同时更加注重短期衔接的风险；地方融资平台与地方政府政企分开改革，为大型企业充分发挥融资能力建设 PPP 项目开辟了更广阔领域；除传统融资方式外，开通的资产证券化、专项债券、险资入 PPP 等通道，为社会资本发展 PPP 业务开通了更多渠道。

3 近期 PPP 市场特点及对社会资本的影响

3.1 社会投资人选择市场竞争化

政府推动 PPP 模式以来，各级政府通过公开招标、邀请招标、竞争性谈判、竞争性磋商等多种竞争性方式，公开择优选择具有相应建设管理、专业能力、融资实力及信用状况良好的社会资本作为合作伙伴。随着竞争的加剧，近两年 PPP 项目的招标中业务利润呈现下滑的态势。2017 年社会资本中标的 PPP 项目较 2015 年收益率平均下滑了约 2 个百分点。如葛洲坝南京海绵城市收益率为基准利率的 40%，即 1.96%；中铁建港航局中标的东营港 PPP 项目 0 收益中标；公司 2017 年以来中标的 PPP 项目较 2016 年的收益率下降了约 1 个百分点。

3.2 PPP 项目招投标推行电子化

六部委积极推进电子招标。国家发改委、工业和信息化部、住房城乡建设部、交通运输部、水利部、商务部等六部委联合印发《“互联网＋”招标采购行动方案（2017—2019 年）》，提出建立“三大平台”，实行“三权分立”，即公共服务平台免费公开信息，交易平台完成在线招投标、采购交易等，行政监督平台对全过程进行实时在线监管，鼓励社会资本建设运营电子招标投标交易平台。这是国务院印发《关于促进建筑业持续健康发展的意见》，提出“尽快实现招标投标交易全过程电子化，推行网上异地评标”，以及《电子招标投标办法》颁布以来，六部委联合推出的一个较为全面的关于电子化招标采购发展方向的重要文件。

3.3 全产业链要素竞争是 PPP 市场竞争新特点

在 PPP 发展模式下，建筑市场正在发生翻天覆地的变革，建筑企业将从传统的现汇结算业务模式，升级为向客户提供从前期的投融资、规划设计、施工建设、运营养护等全产业链的服务。在 PPP 发展模式下，建筑企业的资质优势逐渐丧失，建筑企业的核心竞争能力已逐步变化为融资能力，尤其是低成本融资能力。

3.4 小结

社会投资人选择的竞争化，PPP 项目招投标的电子化，全产业链要素竞争、尤其是融资能力与运营能力已成为 PPP 项目竞争取胜关键。

4 结论

社会资本发展 PPP 模式将面临更规范的政府管理、更广阔的市场需求、更丰富的融资渠道。国家积极推动 PPP 模式，政府行为更加规范。政府不断规范债务管理，不断增加 PPP 项目供给，鼓励支持社会资本参与 PPP 项目，企业发展机会更多。社会资本的全产业链要素能力尤其是融资能力与运营能力已成为其参与 PPP 项目的核心竞争力。

海外电力投资项目前期开发关键环节探析

王树洪/中国电建集团海外投资有限公司

【摘　要】本文在总结海外电力项目投资开发实操过程和相关实践经验的基础上，从电力项目投资人角度，探讨分析海外电力项目投资开发的一些重要环节、关键工作和主要控制事项，勾勒出实际操作海外电力项目投资前期开发的过程，以期为准备在海外开展电力项目投资的企业提供参考。

【关键词】电力项目　海外投资　关键环节　前期开发

1　引言

在国家“一带一路”战略的引领下，据资料统计，截至2017年5月底，共有47家中央企业在“一带一路”沿线国家进行参与、参股、投资等经营活动，和沿线国家的企业合作共建项目达到1676个。投资主要以基建、能源、合作园区为重点，其中，能源类项目投资是中国对“一带一路”相关国家直接投资规模最大、最为重要的产业领域。

“一带一路”覆盖的国家总人口达46亿人，经济总量超过21万亿美元，但人均年用电量不到1700kW·h，远低于全球平均3000kW·h，也低于我国4000kW·h水平。随着经济发展和用电量需求增加，“一带一路”沿线国家对加快电力基础设施建设的愿望越来越迫切，“一带一路”沿线国家的电力基础设施建设市场空间较大。

国内电力产业目前产能饱和，行业需求处于漫长下行的调整周期中，加大力度开拓海外市场是电力建设企业必然的战略选择。国内电力设备制造商和电力施工企业技术实力已进入全球第一梯队，电力设备制造成本及电力工程总包价格均低于欧美日韩等发达国家企业，相比我国电力企业拥有明显的国际竞争优势。

“一带一路”沿线国家多为发展中国家，发展阶段差异较大，国情复杂多样，在为我国电力行业投资者在海外市场开拓提供广阔空间的同时，也存在着海外电力项目投资开发的风险，机遇与风险并存。

2　国别投资环境调查分析

中国企业海外投资中遭遇的与国别有关的主要障碍包括：东道国法律不健全、政策不稳定（40%的中国企业海外投资中遭遇过），东道国政府投资审查（44%），投资项目中的“本地化”要求（36%），税务纠纷（34%），知识产权争议（21%），群体性劳务纠纷（17%）[1]等。

海外电力项目投资需要评估的国家风险（主要为政治风险、经济结构风险、主权风险、货币风险和银行部门风险）及项目有关风险（比如通货膨胀风险、货币兑换和汇率风险、法律变化风险、行业改制风险、投资环境风险等），可以通过电力投资项目国别市场调查来进行全面研判。

除了对政治因素、社会因素、经济因素等基本国情详细调查外，还应重点对投资环境和电力投资市场进行完整调研。

2.1　投资环境调查内容

（1）国家投资和信用评级。包括：中国进出口信用保险公司出具的国家主权信用风险评级和国家主权信用风险展望；标普主权信用评级；穆迪政府信用评级和展望；惠誉主权信用评级和展望等。

（2）投资法规。包括《投资法》《税法》《劳动法》和进出口、土地、企业经营、企业生产、投资优惠政策、外汇管理等有关的相关法规，了解投资主管部门、行业主管部门、投资审批经管部门和流程、投资方式限制等。

（3）土地使用。土地使用日益成为项目投资关键制约因素，也是融资机构重点关注事项，应调研土地法规对土地相关权属的确认、使用和转让的具体规定。

（4）税收。重点调查涉及项目总投资和项目运营的相关税种，比如进出口关税、增值税、企业所得税、

[1] 新华网数据．2016—2017年度中国企业“走出去”调研报告。

财产税、分红税、利息税、资源税等。可通过聘用会计事务所对具体项目开展针对性税务调查，进行税务筹划。

（5）外汇管制。专项调研项目所在国外汇管理法规，在投资协议中落实项目外汇兑换、汇率波动、外汇汇款、外汇使用等风险。

（6）劳工政策。重点关注对外国劳务准入限制，评估其对项目成本、工期的影响。

（7）环境影响评价。调研当地有关环境影响的法律要求、环境标准、环评报告要求内容、审批流程等。

2.2 电力市场调查

主要对目标国电源点现状、电网现状、电力需求、电力消纳、各类型电站潜力、电价水平、电网建设、电力规划、电力交易、收益水平、电费支付能力等，以及已成功实施的典型电力投资项目模式（游戏规则），已成功进入该国市场电力项目投资商（竞争对手）背景，展开深入研究，综合评估，作为目标国别电力投资项目是否有投资潜力的基本依据，也是该目标国相关电力项目投资评估时的基础支持材料。

3 项目信息筛选

鉴于“一带一路”沿线国家面积、人口不同，电力市场空间大小不同，电力市场发展和需求不同，电力市场开放竞争程度不同，在项目信息跟踪和筛选时，要针对不同国家采取不同的方式和策略。

海外电力投资项目信息来源一般有：

（1）项目所在国公开出版物项目、电力规划中计划拟开发项目、招商引资机构推荐项目。

（2）法律事务所、会计事务所、融资机构、融资保险顾问、投行等推荐项目。

（3）中国驻项目所在国大使馆经参处、中国商会等推荐项目。

（4）项目所在国当地潜在合作伙伴、中间人等推荐项目。

在电力需求大、电力投资运作成熟的国别，一般项目信息都比较多，但良莠不齐，需要仔细甄别，谨慎跟进。最好选择背景单纯、结构清晰、技术成熟、有稳定电力消纳、商业化程度高的电力项目重点跟进。

在开放程度低、投资环境相对较差的国别，尽管电力投资项目风险水平有可能较高，但市场竞争少，项目开发条件好，回报丰厚，在做好风险控制措施的基础上，也仍然有投资开发价值。

对规模较大的电力项目，由于政治、社会、非政府组织影响等因素，往往竞争相当激烈，开发过程长，前期投入大，成功率较低；但一旦获得此类项目，能快速获得较大影响力，适合有一定承压能力的投资人考虑。

因此，企业应根据自身实力，针对不同国别、不同电力项目的具体情况，确定筛选标准；在项目初步筛选上下功夫，选择合适项目，以免铺大饼，盲目出击，造成不必要的人力物力时间成本浪费。

4 可行性研究

海外电力项目投资开发中最重要的基础工作之一是项目可行性研究。与国内项目的可行性研究相比，其有自身特点：

（1）程度不同。海外电力项目可行性研究深度和完成的工作量相当于国内预可研的深度，且要求在较短的时间里完成。

（2）目的不同。海外电力项目可行性研究主要用于申请项目开发权，估算项目总投资，出具融资银行可接受可行性研究报告来获取项目融资。

（3）标准不同。随着中国技术走出国门日益增多，中国标准在一些国家也能被接受，但一般而言，海外电力项目的技术标准跟中国标准存在差异，习惯采用欧美规范，标准不同，对项目的技术方案和投资成本会有较大影响。

（4）审批不同。海外电力项目可行性研究报告除了需要项目所在国相关政府机构批复外，也需要水利部水利水电规划设计总院或电力规划设计总院的评审，如果银行要求，一般还需要像中国国际咨询工程公司这样的独立第三方评审。

（5）要特别重视项目用地的获取。“有地才能有项目”，海外电力项目土地征用往往情况复杂，土地所有权存不存在争议性需要慎重落实。项目用地日益成为项目融资关注的关键条件。

（6）技术方案。在选取技术方案时，技术的先进性和项目的经济性要同时兼顾。在控制投资前提下，应采取合理和较为成熟的技术和设备。

（7）环境影响评价。项目所在国当地社会各阶层、非政府组织等都高度关注项目环境方面的负面报道，未来环境问题往往成为影响项目能否顺利实施的关键因素。在做可研时，最好委托有资质、有经验的当地环评咨询机构完成环评部分内容。

（8）经济评价。在搭建财务模型进行经济评价时，需要重点关注总投资组成、当地税费、融资和保险成本、运营成本等。

在实际完成可行性研究时，通常聘请国内有资质的设计院开展可行性研究工作的技术部分，投资人自己完成投资估算和经济评价部分，设计院整体负责可研报告汇编出版。同时聘请业内专家召开专业评审会，分别对技术和经济可行性审核出具针对性专家意见书，作为项目评审论证的补充材料。

5 当地合作伙伴

能否获取项目开发权是海外电力投资项目前期开发最关键的前提条件。

要获得项目开发权，在项目所在国能否寻找到有相当实力的当地合作伙伴是一个决定因素，通过强有力的当地合作伙伴来运作海外电力投资项目也是通行的做法。

有能力的当地合作伙伴除了能成功获取项目开发权并打开工作局面外，在项目开发过程中协调政府高层推动项目能力较强，也能及时协调解决当地对外关系矛盾，为项目开发争取到有利条件。

当然，这样的合作伙伴必然要价高，在商谈合作协议时要把握如下原则：

(1) 双方合作符合项目所在国和中国相关法规，保障项目长期投资的安全性。

(2) 慎重起草和签署合作协议，双方在合作协议中要明确约定，按持股比例履行出资人义务及享有权利，契约化纯商业化运作项目。

(3) 通过独立审计机构确认合作伙伴前期所做贡献，前期贡献适宜量化在总投资中，避免作为资源股(不出资、只分红)后期受益。

(4) 妥善处理为小股东垫付资本金问题。

(5) 在股东协议中控制合作伙伴小股东一致同意事项权利范围，慎重考虑给予合作伙伴回购股份权利。

(6) 所有合作协议的谈判都要建立在保证项目经济可行的基础上。

(7) 聘请律师事务所设计投资架构和交易模式。

尽管如此，当地合作伙伴很可能仍然是项目融资的薄弱环节，作为大股东的投资人常常要为当地合作伙伴提供项目融资的直接支持，这也是在"一带一路"沿线国家与当地合作伙伴合作推动电力投资项目时经常遇到的情况。

6 购电协议谈判

购电协议作为海外电力投资项目最为重要的投资协议，是保证项目长期投资收益的法律依据，是整个投资过程最为核心的协议，需要审慎对待。本文不对购电协议核心条款进行详细解读，只探讨如何组织购电协议谈判，以及谈判过程应重点关注哪些内容。

(1) 聘请有经验的律师事务所直接参与谈判，全面审读购电协议条款，梳理风险点。

(2) 聘请设计单位介入谈判，负责确定购电协议技术条款和参数。

(3) 后续具体实施的项目团队提前介入谈判，有利于建设、营运阶段保障购电协议实施的连续性。

(4) 将购电协议主要条款汇报融资银行和保险机构，请其提出针对性意见。

(5) 将整个购电协议分为电价谈判和协议条款谈判两部分进行，可以有效加快谈判进程。

(6) 针对不同国别，调查购电人信用状况，设计电价支付担保措施；特别关注计价货币、支付货币、汇兑限制和保证、汇率兑换损失；仔细辨识容量电价和电量电价计量支付条件；专项列出涉及违约罚款事项；量化不可抗力影响项目时的赔付条件等。

(7) 融资关闭日 (financial close)、商业运营日 (commercial operation date) 是购电协议中最具影响力的截止日期，附带保函和违约损失，项目实施时确保按期达成里程碑节点。

7 EPC 承包商选择

海外电力投资项目选择合格胜任的 EPC 承包商是项目成功实施的基本保障。

中国电力项目承包商已具有国际竞争力，海外项目经验足够丰富，且数量众多的中国电力承包商走出国门，这让选择 EPC 承包商时在技术上和价格上都有较大的选择空间。

确定 EPC 承包商需要重点关注以下事项：

(1) 选择过程。通过邀请招标确定承包价格和合同条件，锁定 EPC 承包商和 EPC 合同价格。

(2) 承包价格。竞标项目宜采用固定总价不调价合同，议标的投资项目也可选择固定总价的单价合同，合同币种根据购电协议、贷款协议币种相应确定，规避、分担汇率波动风险。

(3) 进度和工期。项目工期与购电协议直接相连，EPC 承包商需背靠背承担购电协议项下误期违约罚款责任。

(4) 质量。EPC 承包商保证电站性能满足购电协议要求，需背靠背承担购电协议项下性能不达标违约罚款责任。

(5) 关键人员。投资人需要严格审核承包商派驻项目现场领导班子，对关键人员资质、履历、驻现场时间严格监管。

(6) 融资支持。EPC 承包商向投资人提供项目融资支持，包括履约保函、完工担保、商业保险等。

8 项目可融资性

项目是否能顺利完成融资是决定海外电力投资项目开发能否成功的最关键环节。融资银行重点关注的项目可融资性主要包括以下方面：

(1) 项目的技术可行性。通过聘请第三方独立评审项目可研报告，审核设计单位、承包商、运维商、主要设备制造商资质等来确定。

(2) 投资人能力。通过审核股东业绩经验、专业特长、财务能力、项目股东协议等，判断投资人持续经营、出资能力、抗风险能力等。

(3) EPC 承包合同。审核其成本超支、完工拖期、保修、测试运行等条款，审核 EPC 承包合同风险控制手段的完备性。

(4) 土地征用和环评审核。土地和环评成为融资银行越来越关注的融资条件。

(5) 项目现金流。主要对购电协议电价构成、电价调整、电价支付、违约处理、支付担保等进行审核。

(6) 运维协议。运维商必须满足购电协议确定的产出要求，严格控制固定运维成本和可变运维成本，确保运维不超支。

(7) 供煤协议。燃料供应对于项目现金流有很大的影响，主要关注供应商信用、供应及运输设施、供应价格控制、煤源和煤质、供应量/购买量等。

(8) 保险。审核项目购买的商业险和海外投资保险生效条件和承保范围。能否获取项目海外投保险，是能否获取银行资金的一个关键因素。

9 风险管控

要建立严格谨慎的项目开发过程风险管控体系，对每一个电力投资项目都要做到能识别风险，评价风险发生概率，评价风险影响后果，逐一采取有效措施进行规避，要分担开发过程中可能遇到的风险，杜绝可能带来颠覆性后果的重大风险。风险管控要贯穿到项目开发过程准备期、施工期、运营期，要做到全过程风险管控。

10 战略决策

电力项目开发前期所做的全部工作，其最终目的都是为电力投资人的投资决策提供依据。

海外电力投资项目投资决策考量的主要因素是项目本身的投资收益水平和项目重大风险因素的管控。任何环节出现任何重大不可控风险时，项目开发应当即时调整开发节奏，暂缓或者停止运作。在具体决策时，针对具体项目，应按照不同的市场战略，选取和匹配合适的投资收益水平，审时度势，抓住机遇，果断出击，快速获取和保证项目落地。

海外电力项目由于其高度复杂性，开发时间长，不可控因素多，一个电力投资项目往往需要多年经营，投资开发和决策需要保持极大耐性，成熟一个决策一个。

11 结语

我国海外电力项目承包商，从外派劳务开始，到承担单项分包、土建和安装工程合同、EPC 合同、EPC＋融资，再到复杂的电力投资项目，一路走来，能力越来越强，影响越来越大，已成为海外市场电力项目的主力。

随着世界经济发展和一体化进程日益加强，单纯的施工承包已走到尽头。我国“一带一路”战略的实施，为中国电力项目投资人和承包商走出去提供了强有力的支持，搭建了更广阔的平台。在目前国内各大电力投资人都积极走向海外，不断取得重大成果的基础上，海外电力项目投资从数量上、规模上都将迎来快速扩张时期。

国际EPC水电站项目设备采购管理与实施

唐　俊/中国水利水电第十四工程局有限公司

【摘　要】在EPC水电站项目中，设备采购管理作为贯穿整个工程建设运行周期中的一个重点管控项目，从设备招标、采购合同确定到供货、运输、到货、验收各个环节的管控都关系到整个工程按期完工整体目标的实现，同时设备到场时间影响着整个施工进度，因此设备采购管理成为EPC工程能否按期完工的关键因素之一。

【关键词】国际EPC项目　成套设备　采购管理　实施

1　引言

厄瓜多尔Coca Codo Sinclair电站为引水式电站（以下简称CCS项目），电站总装机容量为1500MW，为厄瓜多尔最大的水电站项目及中国企业在南美市场承建的最大EPC水电站项目。工程主要包含首部枢纽工程、24.8km输水隧洞工程、调蓄水库工程、引水发电系统工程和出线工程。

在EPC项目建设实施过程中，设备采购管理由总承包商负责，对EPC项目管理具有重要的现实意义。采购管理是实现EPC项目招投标及工程设计意图、有效防止发生违约风险、顺利实施工程项目的重要保证；同时设备采购管理也在EPC项目中处于举足轻重的地位，对整个工程的工期、质量和成本都有直接影响。

2　国际设备采购管理

CCS项目设备采购管理通过实践形成了一套采购管理模式，总结出设备采购管理方面的一系列经验，为建立高效运作的规范化采购管理流程、对各采购环节形成标准化工作模式积累了经验。

2.1　引入先进设备采购管理经验

结合项目实际情况，CCS项目设备采购管理面临的困难是：合同条件苛刻，机组性能技术要求高、运行工况复杂，所涉及的施工设备种类繁多，设备采购范围覆盖国内和国外，各设备接口问题繁杂、采购工作任务繁重且协调工作量大。必须在传统采购管理理念中引入设备全生命周期成本理论、强矩阵组织机构管理理论。

2.1.1　设备全生命周期成本理论

设备的全生命周期管理须统筹兼顾设备运行安全、运行效能和周期成本三者的关系，从系统的总体目标出发，覆盖规划、设计、采购、建设、运行维护、财务、绩效等多个专业领域，在满足既定功能的前提下追求全生命周期最小成本。引入设备全生命周期成本的思想和理念，在设备采购管理实践工作中不断总结经验，改进现有的设备采购管理体系，构建设备采购管理信息系统，实现对设备的动态跟踪与动态控制，降低企业设备采购成本。

2.1.2　强矩阵组织机构管理理论

矩阵式组织机构的最显著优点是能够在项目之间实现资源共享，达到资源的最大化利用和在项目内部的快速反应。矩阵式组织机构分为强矩阵和弱矩阵，两者的区别是强矩阵的项目经理来自专门的项目经理部，而弱矩阵的项目经理可以来自于与项目相关的任何部门。简单说，强矩阵的项目经理是专职的，而弱矩阵的项目经理是兼职的。

2.2　构建强矩阵型采购管理组织机构

依据强矩阵组织结构管理理论，结合CCS项目采购自身情况，项目部成立了专门的采购组织机构来满足采购需求。设立了一名设备经理，下设机电管理部（现场）、成套设备部（国内）两个专职部门，以及设计单位、技术部、安装施工部等辅助部门，设备经理全部负责协调各部门接口、沟通工作。

2.3　施工设备采购

企业在不断提升自身竞争力的同时也越来越重视成本的控制，施工设备作为企业的生产工具，其采购金额巨大，占据了EPC项目总成本的大量份额，而通过国际招标采购能够实现以最低的价格、最优的技术、最佳的质量、最短的时间完成工程任务。

以 TBM 采购为例说明施工设备国际招标采购流程，详见图 1。

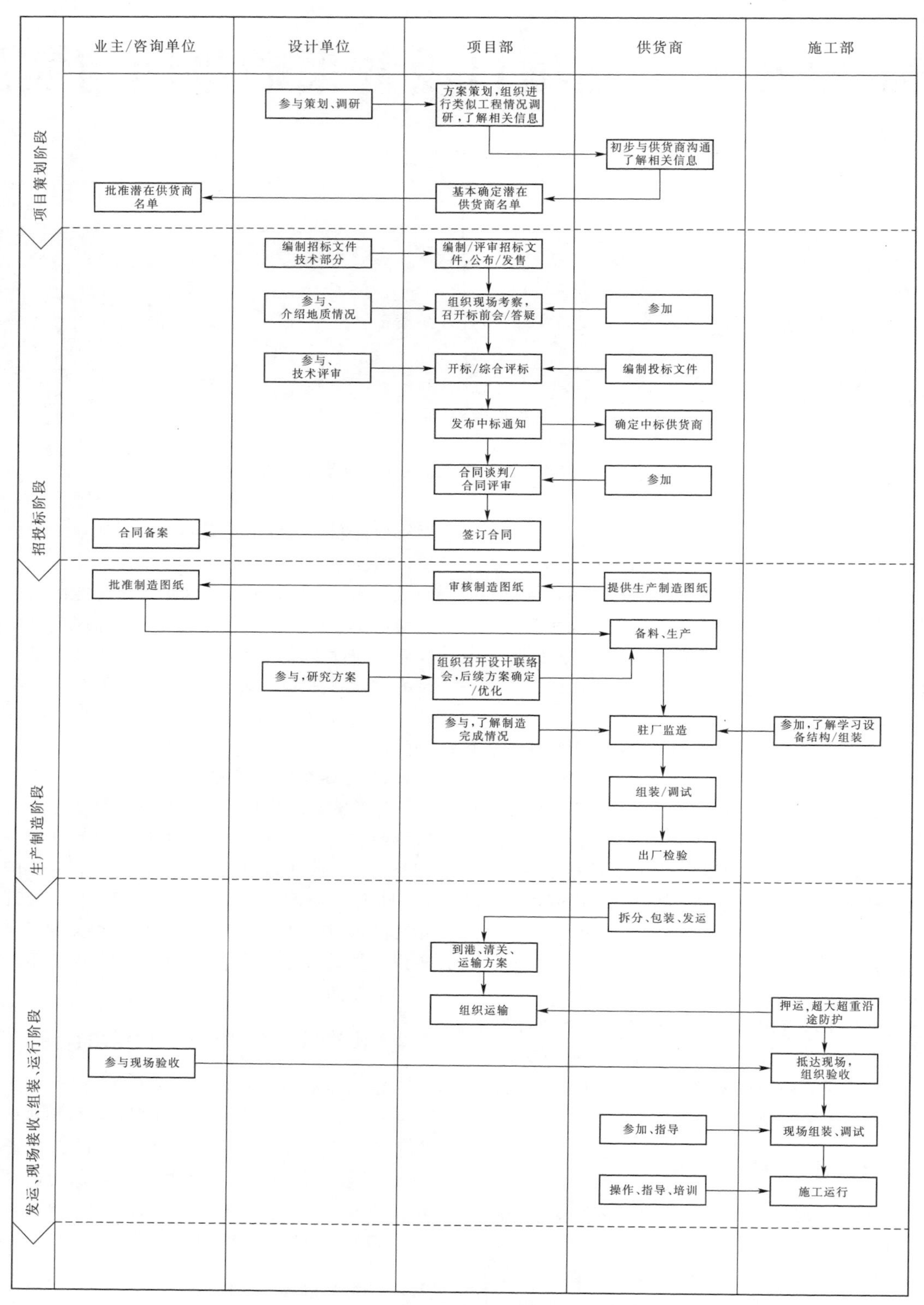

图 1　TBM 国际招标采购流程

大型施工设备在 TBM 国际招标采购中需注意以下几个问题：

（1）策划调研。在施工方案策划调研阶段，对多个类似工程项目进行调研，对设备的施工条件、地质情况、施工流程、施工进尺、维修保养等进行充分调研，对其进行风险分析及评估，并对潜在设备生产企业进行调研，了解设备相关信息。

（2）设计单位采购全过程参与。在施工方案策划阶段及招标阶段，引导设计单位全过程参与，在施工方案策划阶段明确开挖支护断面等设计参数及地质条件，参与方案讨论，解决技术问题。在招标阶段，了解设备生产企业、设备参数及生产能力等相关信息，对设计方案进行论证，确定最优设计方案；设计单位承担完成招标文件中相应技术章节的编制，参与评标工作，并提供技术支持。

（3）标前会议。招标阶段在标书发售后，投标前组织各个潜在供应商进行施工现场实地查勘，重点了解施工环境及实际场地情况、设备进洞的施工支洞布置及地质情况，召开标前会，对各潜在供应商进行答疑回复。

（4）合同谈判。合同谈判期间应注重索赔内容，在设备主要性能参数中明确规定各部件达到的工况或达到的参数、正常运行保障时间或寿命周期、施工保障月进度等指标参数，有利于保护企业自身，降低企业施工承担的风险。

（5）设计联络会。在执行合同进行设备制造过程中，需高度重视设计联络会。设计联络会的实质是检查供应商制造设备的完成情况，通过设计联络会确定设备的设计方案及相关图纸，制造、组装、调试、验收、最终交货计划；讨论确定最大件重量和尺寸运输方案（超大超重件需对运输道路的桥梁进行加固处理），混凝土管片设计方案，后配套系统，到场组装方案，进洞滑行方案等。同时设计联络会能及时有效地解决制造过程中出现的缺陷问题，提出完善补救方案。

（6）驻厂监造。驻厂监造是对供应商制造质量和进度的全面监督。监造人员能够及时发现设备组装、调试中存在的问题，以及出现设计缺陷或管线布置不合理等问题，及时提出并要求供应商改进解决，避免设备到场后处理困难的情况；能够掌握设备制造进展情况，及时协调处理过程中出现的问题。同时驻厂监造也是一个重要的培训学习过程，能够充分了解设备关键部件的结构，深刻理解和认识设计图纸，掌握工作原理，为设备在后期进行系统维护积累经验。

（7）运输方案。在 TBM 制造合同中，对制造商的设备装箱和运输要提出明确的要求。如要求厂家提供解体部件裸件、集装箱明细，以便招标人尽早确定运输计划；并要求厂家明确最重件重量、超宽超长超高件尺寸等，以便招标人能提前对运输线路进行加固或改造。如遇改造或加固后仍不能满足的运输件，厂家必须调整设备最重件及超宽超高超长件制造或分解方案。

（8）备品备件方案选择。以 CCS 项目 TBM 为例，备品备件及刀具消耗品直接影响着 TBM 施工成本。CCS 项目 TBM 备品备件和刀具的供应采用两种形式采购，前 5km 隧洞掘进所需备件及刀具采用总价包干方式，5km 以后掘进所需备件及刀具采用订单采购方式。国际采购的备件供应方案需考虑运输周期、存储成本、当地市场等可能带来的负面影响等因素，进行不同供应方案比较，最终确定适合项目的备品备件供应方案。

2.4 成套机电设备采购

国际 EPC 水电站项目成套机电设备安装是项目最后的施工环节，成套机电设备采购、物流和到货验收等任何环节出现问题都有可能影响到机电设备安装的进行，从而影响项目的完工日期。所以在 CCS 项目成套机电设备采购中，建立行之有效的机制及流程，是项目顺利进行的强有力保障。下面以 CCS 项目成套机电设备采购管理为例说明。

成套机电设备采购准备阶段，设计单位根据工程设计供图计划提供成套机电设备图纸及对应的技术要求，并提交业主/咨询；经批准后，由成套设备部、机电管理部联合制定成套机电设备采购计划，并按照采购流程上报集团公司审批。成套设备部、设计单位、机电管理部联合完成成套机电设备招标文件的编制工作，其中成套设备部、机电管理部及项目部相关部门配合完成商务部分的编制，设计单位负责完成技术部分编制，招标文件形成后首先提交业主/咨询审批。由成套设备部负责进行成套机电设备招标、评标、签订合同、发运等工作。机电管理部负责过程中资料的报批工作与协助沟通，负责设备到港后的运输、验收、仓储、管理工作。安装施工部进行现场成套机电设备安装、调试工作。成套机电设备采购、制造、供货、验收流程见图 2。

成套机电设备种类繁多，专业化程度高，制造工艺复杂，采购周期较长，在招标采购中需注意以下几个问题：

（1）确定供应商。成套机电设备的质量与供应商的技术水平和生产能力有直接关系。在设备招标前，EPC 项目总承包商需报批潜在供应商资质资料，经业主/咨询审批确定后的供应商才能与 EPC 项目总承包商签订采购合同。由于成套机电设备专业性强，设备制造工艺复杂，满足条件的潜在供应商较少，EPC 总承包商多采用邀请招标，从企业的合格供应商名录中选取 5～6 家潜在供应商报送业主/咨询审批，以保证通过资格预审的供应商不少于 3 家。潜在供应商资质文件资料包括：企业简介、企业资质资料、相关产品样本详细资料、企业业绩简介及最近 3～5 年业绩表、用户书面反馈证明材料。

（2）招标文件和采购合同。招标文件技术部分由设计单位编制成册，报送业主/咨询审批。考虑到技术文件审批时间及设计单位根据审批意见修改所需时间，招标文件的技术文件应在招标前至少 3 个月提交。技术文件的内容应严谨，应符合当前的制造水平，满足主合同

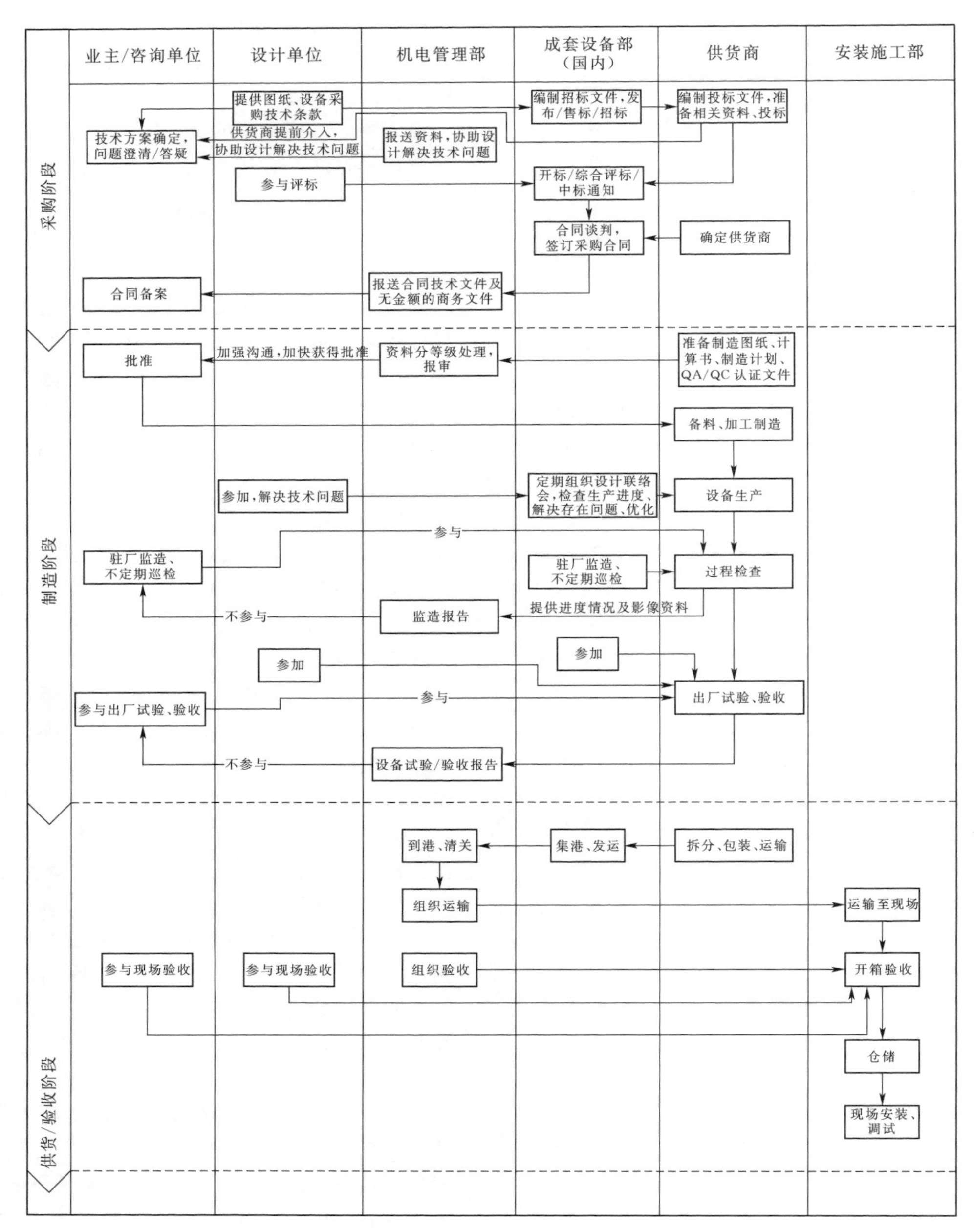

图2 成套机电设备采购、制造、供货、验收流程

要求标准即可，不宜提出过高的要求，以免造成困难或无法实现，从而增加制造成本。招标文件应增加现场技术服务和培训部分等相应条款，设备发运的包装方式需满足长距离、长时间海运要求，并增加防潮防湿等相关保护措施。采购合同的技术部分应与已批准的招标文件技术内容一致，如有差异，供应商应及时提供合同差异表报咨询审批，批准后执行。

（3）体系认证与资料报批。QA/QC认证体系文件由签订制造合同的供应商提前组织人员进行翻译及公证，待需要报审时能够及时提交。在设备制造前，供应商应按主合同和采购合同要求提供设备设计图纸及计算书报业主/咨询审批；批准后进行备料及加工制造，报批过程中因报批资料工作量繁重、报批时间不可控，可能影响设备生产进度。报批资料提前与业主/咨询进行沟通，对成套机电设备进行等级划分，按照设备重要性、技术难度、制造复杂程度等各方面因素综合分析后划分不同等级，约定各等级所需报批资料内容，按照各等级区分报批资料，等级划分报批资料能有效提供工作效率。在设计图纸和计算书批复阶段，可能存在难以批准的设计资料，承包商和供应商应克服困难，主动积极与业主/咨询沟通说明，加快批复进度或获得带意见可用于生产的批复；留有意见的内容在生产过程中更新修改，同时需要对业主/咨询提出的意见进行细致甄别，对业主/咨询提出超过主合同技术要求或高于制造生产水平等意见，承包商和供应商应坚持按照主合同技术要求，充分做好支撑资料准备，加强沟通，按照提出的意见逐条解释说明，以获得认可。

（4）设计联络会及审查制造图纸。在设备正式投产前，为了使设备更好地满足工程运行要求，加强对制造图纸的审查力度，把好设备制造事前控制关，及时组织包括设计单位、设备设计单位、供应商、外请专家等参加的设计联络会议，对制造图纸进行详细审查。通过设计联络会，很多技术性的问题都能得到妥善解决，特别是设备投产、设计与工厂制造工艺方案的结合上，设计联络会能起到非常关键的沟通作用。

（5）制造过程的质量及进度检查和控制。设备制造生产是供应商履约最重要的环节。对于设备制造质量、进度的管控，宜以供应商自控、承包商巡检、驻厂监造相结合的方式进行。首先，充分发挥设备供应商建立的质量保证体系及“三检制”的有效运行，这是保证设备制造进度和质量的基本前提。其次，驻厂监造人员实行过程监控和“复检”有效结合，对关键部件和关键工序进行旁站跟踪监督和见证。承包商通过对关键设备的关键制造阶段实行巡检，检查供应商质保体系的运作情况，了解和掌握整个制造的质量和进度情况，了解驻厂监造人员的工作情况，及时解决制造过程中出现的各种问题。

对于国际工程，承包商可安排人员进行不定期巡检，业主/咨询虽然按照主合同规定可在设备制造生产过程中到供应商工厂进行检查，但是由于路程及各供应商厂址分散，业主/咨询没有足够的能力全过程参与设备制造的监造工作。为了让业主/咨询了解掌握设备制造情况，承包商和供应商可以按时段编制设备制造报告，将制造过程中的图片、影像资料，下一步的制造进度安排，过程中出现或存在的问题及相应的解决措施等及时提交业主/咨询，让业主/咨询及时了解设备制造过程和状况。

（6）出厂试验及验收。试验验收是设备制造的最后一个环节，业主/咨询、承包商、设备供应商、设计单位、第三方检验机构代表在设备出厂前进行试验验收，合格后出厂发运。水电站的成套机电设备都较为复杂，在制造过程中涉及的试验检验工作，按常理需要合格后才能进入下一道工序。但是由于是国际工程，业主/咨询不能参加设备所有的试验检验工作，一般由设备供应商提前编制试验检验计划，提交承包商审核后报送业主/咨询审批，批准后按此试验检验计划进行制造过程中的各项试验检验。因此，承包商应提前将具体的试验检验项目及试验检验时间告知业主/咨询，征求是否参与；若业主/咨询不参与，供应商可提供试验验收报告作为依据，对设备制造过程试验验收中及出厂试验验收资料和最终的设备报告进行整理存档，正式提交承包商报业主/咨询批准。

3 国际设备采购中的两点体会

（1）注意当地环保要求对设备采购的影响。国际EPC项目采购的设备是服务于工程所在国的市场，因此应满足所在国相关的环境要求和业主方关于环境的要求。而规避这种采购风险行之有效的方法就是在EPC合同签订后，及时了解当地的环境要求，在对设备进行招标采购的同时，将这种环境要求变成招标要求，让供货商根据当地对环保的要求对设备进行相应地调整或改造，保证采购到场的施工设备满足环保要求，能够正常投入工程施工。

（2）建立设备采购专家咨询团队。国际EPC项目策划阶段就需要高度关注设备采购风险对工程造成的负面影响，必要时需考虑建立设备采购专家咨询团队，充分发挥专家咨询团队在设备采购中的咨询作用，参与设计联络会，协助解决设备选型、施工方案评审、招标文件及合同文件评审以及委派监造等问题。

4 结语

在工程项目施工中，设备的采购管理直接影响项目的经济效益，体现项目管理水平。CCS项目设备采购管理所摸索出的设备采购管理组织机构、采购管理流程以及国际招标采购经验，对类似项目有一定的借鉴和参考价值。

传统水电施工企业如何进行专利挖掘

张玉彬/中国水利水电第十四工程局有限公司

【摘　要】传统水电施工企业施工技术和自主创新能力都比较强，但是专利申请是薄弱环节，原因在于缺少对相关施工技术方案申请专利进行保护的意识。本文结合笔者近几年专利管理的经验，就传统水电施工企业如何进行专利挖掘管理、专利挖掘方法、专利挖掘应注意的问题等进行阐述。

【关键词】专利挖掘　管理　方法

作为传统水电施工企业，在施工中经常会遇到许多复杂的施工难点，这就要求企业自主开展科技项目研究，以寻求解决施工难题的方法。企业通过自主研究解决了施工中遇到的难题，并形成了相关研究成果，但是很多施工企业并没有把它及时转化为专利，没有形成对企业自主知识产权的有效保护。因此，怎样把这种创新变成专利是我们传统水电施工企业急需解决的难题，需要在创新过程中进行专利挖掘。

1　专利挖掘的概念

专利挖掘是指在技术研发或产品开发中，对所取得的技术成果从技术和法律层面进行剖析、整理、拆分、筛选以及合理推测，进而取得各技术创新点和专利申请技术方案的过程。

要有效地实现专利挖掘，往往需要遵循一定的挖掘思路和有效的分析方法，最终做到技术成果向专利申请素材的全面转化，并通过合理推测，得出更多的专利申请素材，然后才能进行专利申报。

2　专利挖掘的意义

从国家的角度来讲，有效的专利挖掘是增加我国自主知识产权的量与质，建设创新型国家的需要；从企业自身的角度来讲，专利挖掘是增加企业竞争实力的需要，可以获得市场的占有率，进而实现利益最大化。通过专利挖掘建立周密的专利保护网，可以实现对企业技术，特别是核心技术的全方位保护，避免给竞争对手留下可乘之机，避免核心技术被他人侵犯。通过有效的专利挖掘，可以增加专利的拥有量，提高企业的无形资产含量，增加和竞争对手谈判的筹码。对于科研工作来说，专利挖掘思路还可以对技术研发起到十分重要的指导和提示作用，且大多数的科技项目研究成果中都设置了申请专利的要求。

3　专利挖掘的原则

专利挖掘实际是技术方案的挖掘。技术方案包括三要素：技术问题（起因）、技术手段（过程）、技术效果（结果）。通过技术方案的比选，找出现有技术方案的缺点，针对缺点找出改进措施，从而形成新的技术方案。

专利挖掘的思路是发现问题并解决问题，即：现有技术怎样→现有技术有什么问题→为什么有这些问题→怎么解决→能产生什么有益效果。

专利挖掘的六字箴言是：找区别、看效果。专利挖掘的原则是只要感觉跟现有技术有差别，就顺藤摸瓜，看看差别是否导致了技术效果，只要有技术效果，就拿出来申报专利。科研工作者普遍存在低估自己科研成果的问题，应本着“宁错挖一千，不漏过一项”的原则去挖掘自己科研成果中的专利技术。这里说的技术效果应该是因技术手段或技术原因产生的，而不能是因为其他因素而产生的。比如，安全性能增加，生产成本降低，产能提高，使用便捷，丰富现有技术，施工质量和精度提高，减少污染，提高品质等都是技术效果。

4　专利挖掘的方法

传统水电施工企业，往往没有专门的研发机构，也缺乏专职的研发人员。身处一线的技术人员缺乏专利申请意识，需要负责专利技术交底书的编写。由于工作任务重，他们对完成技术交底书有一定的抵触情绪，缺乏积极性，效率不高。鉴于现状，需要进行专利基础知识的培训及普及，帮助技术人员形成检索与阅读专利文献的习惯。为了有效推进专利挖掘，应认真做好以下几个方面的工作。

4.1 建立专利开发制度

4.1.1 成立专利开发小组

针对行业的特殊性，以及施工项目点多面广的特点，可以成立以企业工程科技部门和分公司工程科技部门或技术部门为主的专利开发领导小组，项目部则成立专利开发小组（以下简称开发小组），层层把关，确保专利开发数量和质量。

确定开发小组成员。在施工过程中，根据项目人员配置情况，选择技术水平高、具有一定写作能力的施工技术人员作为专利开发小组的成员，同时开发小组的成员要涉及各个领域。

作为传统水电施工企业，在施工中，除有总体的施工组织设计外，还有针对某个分部分项工程的技术方案；不但有针对某种施工环境施工方法的研发，还有针对某个领域施工设备的研发。因此，必须让各个领域的专业人员都参与进来，才能顺利完成专利开发工作。

4.1.2 制订计划，下达专利开发任务

针对工程情况和施工技术特点，综合考虑二级单位或直管项目部的技术实力，企业工程科技部门制定年度专利开发任务，下发至各二级单位和直管项目部。各二级单位和直管项目部同时要分解年度开发任务，并下发至各个项目部，做到计划的层层分解，认真组织落实。

4.1.3 制订专利管理办法，建立有效的激励机制

积极与企业决策层沟通，建立并实施以激励为主的专利考评制度。企业决策层专利意识的提高，对推动企业内部专利工作具有非常重要的意义。现在不论是高新技术企业的认定，还是科技项目和科技进步奖的申报，都将授权专利作为决定作用的考评指标；通过制定专利管理办法和激励制度，对发明人的每一项专利，在通过受理、授权时给予一定的物质奖励，有效激励技术人员专利申报的积极性。

建立专利绩效考核评分制度，将专利申请与整个工作的绩效考核挂钩，对年度绩效考核作出相应的评估，并建立相应的奖惩措施，通过制度的、经济的手段促进专利申请工作的有效开展。

4.2 营造创新氛围

培育创新文化，应在企业内部努力营造尊重知识、尊重人才、鼓励创新、宽容失败的技术创新氛围，充分肯定专业技术人才对公司发展的重要作用，使广大工程技术人员爱岗敬业，潜心钻研技术，在本职岗位上建功立业，进而推动企业科技进步，实现科技兴企、科技强企的目的。

此外，利用新员工入职教育、科技管理培训、技术交底等各种渠道，加强广大工程技术人员的创新意识，开展多种形式的技术创新活动。比如定期搜集和发布企业项目单位科技动态信息，加强科研技术在企业内部的信息交流，相互学习、相互沟通、相互促进。

为保证专利挖掘具有足够的素材，还需要有完善的创新工作机制。鼓励企业每个技术人员提出自己有新意的构思，利用网络等通信工具在企业内建立关于所有构思的交流沟通平台，允许每个人就任何构思发表看法、进行优化，通过集思广益完善技术创新，以此来保障专利来源的数量和质量。

4.3 开展专利培训

针对技术人员、管理人员等不同岗位，开展不同内容、不同层次的专利工作培训。培训是专利挖掘工作的基础，针对企业员工全面开展培训是提升专利业务水平的重要前提。技术人员是专利挖掘的主力军，应着重培养他们的专利意识和专利素质，使得每个人不仅了解自己的研发方案、掌握知识产权的基础知识，还善于利用检索工具进行专利检索。企业知识产权部门的管理人员是专利挖掘的领队，在研发项目进展的过程中要参与和指导研发人员进行专利挖掘，使科研成果得到充分保护。

培训可采取走出去请进来、分散与集中的培训方式，培养科技管理与技术工作相结合的人才，引导工程技术人员学习专利法律、法规，形成阅读专利文献的习惯，撰写专利申报材料的方法，提高他们对相关内容的认识，发挥工作的主动性，逐步建立和形成企业创新的文化体系。

根据企业的实际情况，可以建立企业总部—二级单位—项目部的分级培训制度，对所有技术人员进行与专利有关的知识培训，培养对创新点的敏感性，加强创新意识，提高专利申报材料编写能力。

4.4 加强科技项目研究与专利挖掘的同步管理

将专利挖掘与科技项目开展同步进行，能够较好地保证专利的时效、数量和质量。在面临新的技术问题时，可以利用专利数据库中的海量信息进行检索，看是否已有他人解决了该问题，或从他人的方案中获得启发，从而有效地指导研发，节约研发成本，避免走弯路。在工程问题解决之后，考虑其是否值得申请专利保护。

同时，专利管理人员应深入研发一线，及时了解科技项目研发状态，加强过程的监督，指导好专利技术交底书编写，有了好的创新点，还需要好的专利撰写，才能获得好的保护。

4.5 按照《企业知识产权管理规范》的要求进行贯标认证工作

国家标准《企业知识产权管理规范》（GB/T 29490—2013）于2013年3月1日实施，用于指导企业

策划、实施、检查、改进知识产权管理体系。根据标准要求编制适应本企业发展需要的《知识产权管理工作手册》，规范知识产权管理工作涉及的部门、人员、工作流程及职责，形成全员知识产权的理念，规范企业知识产权管理工作。切实把国家标准和本企业实际相结合，从而制定适合本企业的知识产权工作管理规范。

5 专利开发过程中应注意的事项

在施工中，有许多新方法、新设备没有及时形成自己的专利，主要是工程技术人员专利意识不够，缺乏对自主知识产权的保护意识。专利开发过程中应注意以下事项。

5.1 申报专利前检索

把总结出来的关键技术写成专利前，应先对所申报的专利进行检索，避免毫无价值的重复劳动，造成申报的专利与以前专利类似。知己知彼、百战不殆。因此，科研人员要通过专利检索和论文、工法检索，进行有针对性的开发，缩短研发时间、降低风险、增加专利授权的可能性。

5.2 专利具有时效性

对于技术较难的工程，在施工前找出需要解决的难题，编制施工方法，然后将施工方法进行检索，如无类似的施工方法，应及时将该施工方法编制成专利进行申报。

5.3 专利挖掘时机

在满足专利法有关公开充分要求的前提下尽早进行，而不是等产品已经生产出来或者方法已经投入生产才申请专利。作为一个研究课题，不是把所有的工作都做完才申请专利，而是在研究过程中每获得一个创新点就提出一份专利申请。

5.4 语言应通俗易懂，内容充实

授权后的专利是对外公开的，别人拿你的专利说明书能够实施并解决相应的技术问题，因此，说明书中应尽量使用技术术语，并解释不常见的技术术语，出现缩写时解释其中文含义和英文含义，同一部件用同一名称来描述。

对于机械产品的发明创造，应详细说明每一个结构零部件的形状、构造、部件之间的连接关系、空间位置关系、工作原理等。

对于电器产品，应描述电路功能模块的组成、电器元件的连接关系及工作机理、原理分析。

对于无固定形状和结构的产品，如粉状或流体产品，化学品、药品，应描述配方、制造工艺条件和工艺流程等。

对于方法发明，应描述操作步骤、工艺参数等。

5.5 与工法、论文的关系

专利一旦形成，应立即申报；等专利受理后，再申报工法；工法申报后，再总结成论文。但工法和论文里要做好技术保密工作，对于专利关键技术要一笔带过，避免发明专利在进行实质性审查中出现已公开的关键技术，造成专利申报无效。

在专利还未完全开发成功之前，必须做好核心商业秘密保护工作，待专利开发完成后立即申报，防止竞争对手以相同内容提出专利申请而丧失专利权。

6 结语

目前，传统水电施工企业大多数处于专利形成与专利挖掘阶段，授权发明专利数量较少，拥有自主知识产权的核心技术（产品）更是屈指可数。因此，只有深入了解企业生产现状，通过以技术研发为基础的专利挖掘，再加以自身业务素质的提高，积极将研发成果转化为专利，对确实保护企业自主知识产权、提高企业核心竞争力具有重要的意义。

欧盟工程承包市场项目环境保护管理实践

陈国梁/中国电建集团海外投资有限公司

【摘　要】为进一步提升企业品牌美誉度和国际化水平，我国建筑工程施工企业正在积极尝试向资金保障较强、信誉良好的欧美等发达国家工程承包市场拓展业务。作为欧盟成员国，波兰在环境保护的立法和执行方面具有高端市场规范化、专业化、精细化的典型特点，对工程施工企业管理要求较高，了解分析其环境保护体系运作机制，不断积累经验，可为我们的投标履约等经营活动提供有益参考。

【关键词】欧盟　环境　职业健康　安全　管理

1　概述

波兰弗罗茨瓦夫河道疏浚与船闸改造升级工程位于波兰下西里西亚省弗罗茨瓦夫市奥德河流域，主要工程有长度为 3.7km 的城市运河清淤、护坡，长度为 10.7km 的奥得河河道拓宽疏浚、护坡，运河上现有船闸的改造升级，以及新建生态补偿岛等。项目于 2012 年 10 月签约，合同额约 8800 万美元，2013 年 2 月 8 日正式开工，2016 年 10 月 26 日完工。业主为波兰弗罗茨瓦夫市地方水务管理局，咨询公司为英国 URS 等四家单位组成的联合体。资金来源为世行、欧行，部分为业主自筹。

本项目由中国电建集团负责实施。在履约过程中，承包方以遵守合同要求为前提，深入研究工程所在国有关环境保护方面的政策、法案和规范，积极调整经营理念，从组织体系、制度建设、过程管控诸方面与欧盟环境保护标准接轨，取得了丰富的经验，为集团持续拓展欧盟业务打下了基础。

2　环境保护管理的组织特点

2.1　专业管理人员本土化

波兰于 2004 年加入欧盟，其工程承包市场的管理理念、模式、技术规范均采用欧盟标准，在环境保护管理方面，对从业资质严格要求，技术规范标准高，执行严谨；对有关环境保护从业人员的要求具体，呈现出专业化、精细化的特点，如合同对承包商需配置的关键岗位的环保专家专门做出要求（见表 1）。

表 1　关键岗位有关环保专家的类别要求

序号	关键岗位	序号	关键岗位
1	考古专家	5	爬虫类专家
2	植物学专家	6	鸟类专家
3	动物学专家	7	蝙蝠专家
4	鱼类专家	8	其他哺乳动物专家

由于上述环保专家需要具备当地资质、获得当地机构认可，因此，从本土聘用专业人员或者寻找具有相应资质的专业咨询机构是顺利执行项目的优先选择。

另外，合同也明确要求承包商配置现场经理、水利工程师、电气工程师、钢板桩施工工程师、水环境工程师等关键施工管理人员。波兰建筑工程施工实施体系中，现场经理是项目履约的关键人物，波兰建筑法赋予其承担接收现场、组织施工、确保安全健康的职责，因此，在与监理工程师、建筑设计、施工图设计（本项目建筑设计由业主负责、施工图设计由承包商负责）、文物保护、消防、移民等部门沟通协调等方面，现场经理均起到不可替代的枢纽作用。且法律规定，现场经理需要通过波兰行业组织机构举行的考试以获得从业资格。

因此，基于法律和合同的规定，为了保障工程施工的顺利启动，承包商应及早开展当地籍现场经理的选择工作，并策划组建施工作业及保障队伍，如现场施工作业经理、相关专业技术工程师、安全工程师、外委环境保护专业机构以及工程施工、试验分包单位。聘请当地专业环保机构提供环境保护相关工作的服务，包括对由承包商负责的施工图设计审核、环保方案编制、现场施工与环境保护有关活动的监督，以及与监理工程师、政府机构的沟通联系。

2.2 中方和本土人员的融合

承包商工程项目部的施工组织管理层，以波兰籍工程师为班底，配以适量中方人员。作为中资公司的中方员工选择，应本着宁缺毋滥、少而精的原则配置，中方人员应具有较为广阔的国际视野、职业化的工作态度、扎实的专业知识，应起到真正融入本土化队伍、管控分包单位的作用，从而实现充分利用当地资源、为项目的实施形成合力的目的。项目部管理组织体系见图1。

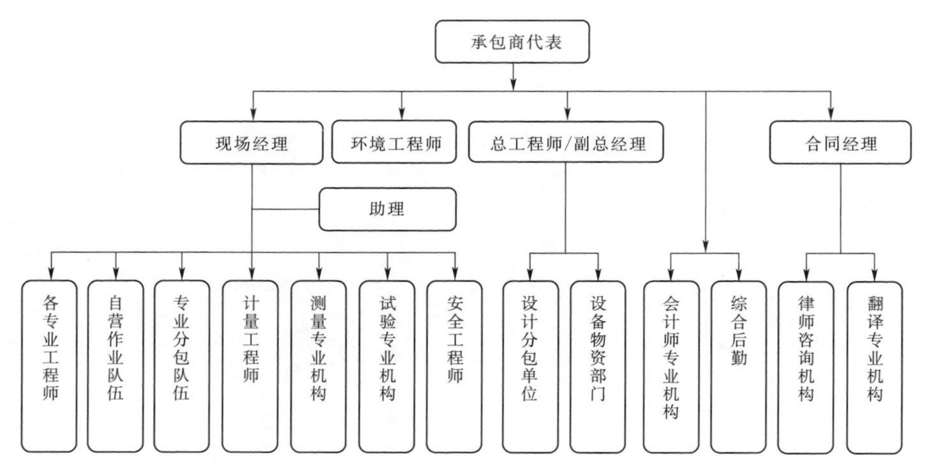

图1 项目部管理组织体系

3 研究环境保护要求，制定有效实施方案

3.1 熟悉当地工程相关法规规范要求

波兰市场成熟、竞争规范有序、制度体系健全，政府、社会、舆论监督有力，合同化、法制化深入人心，环境管理体系同样具有上述特点。

环境保护服务外委专业机构到位后优先开展的工作是梳理适用于本工程项目的各项法规、政府决定，以及与项目相关的各类文件，熟练掌握其中有关环境保护管理的具体要求，如《建筑法》《环境保护法案》，本工程建筑设计文件及政府和有关机构的批复、意见、建议，以及工程行业规范。只有在精准把握上述要求的基础上，才能有针对性地开展施工图设计、施工方案及进度计划的编制，及早开展施工设备和材料的订货采购及施工分包单位的选择等工作。

通过对本项目环境保护有关规定的梳理，列出对施工具有重要影响的典型要求，见表2。

表2 环境保护典型要求及应对措施

序号	施工活动	有关环境保护管理的规定	应对措施
1	临时建筑物	所有地面经过夯实的临时设施布置（如临时道路、停车场等），应经过动植物专家论证； 施工红线内禁止住宿及炊事； 对临时营地的安全、职业健康等要求相当严格，且设计审核周期长	租用专用集装箱办公；租用民房办公、住宿
2	生态调查	对施工红线内的生态进行全面调查登记，确认受保护的动植物及分布	委托当地环保专业机构实施
3	动植物迁移	要对多达数十种受保护动植物进行迁移、移植并持续看护	部分区段开挖前，先在指定区域修建生态补偿岛
4	伐树	伐树前，需调查树上生活的受保护蝙蝠、甲壳虫等动物，并将其转移至选定地点； 伐树者需经过专业培训并持证上岗； 伐树及移植树木只能在每年10月16日至次年3月31日期间进行	分包给具备资质的专业公司实施

续表

序号	施工活动	有关环境保护管理的规定	应对措施
5	场内临时施工道路	道路的布置应征求动植物专家意见； 应避开树木及灌木，如无法避免，应在车辆、设备可能影响的树木自地面起 1.5m 高度内用木板保护，且树荫往外 2m 半径范围内不能开沟； 树荫投影面积往外 1m 半径范围内不能设置临时交通道路； 临时道路应封闭、硬化	在河道内开挖及结构物施工前，购买钢筋混凝土预制板铺筑临时施工道路
6	开挖	经检测，重金属等含量超标的土壤应运至具有资质的公司处理； 坡面开挖成型时，应注意形成供鱼类等栖息的凹坑； 位于欧盟自然保护区内的河段，不能在河道两岸同时开挖，且开挖前应先排干水，并将鱼类驱赶走或者捕捉后放生； 应将河道开挖料中的河蚌分拣出，放回已施工完毕的河段	根据要求分段开挖，并实施不同的开挖施工方案
7	设施拆除	古旧建筑物和设备设施的拆除及处理方案，应由遗产保护部门决定	及早推动业主、遗产保护部门解决
8	交通车辆、施工设备	应定期评估，避免汽油碳氢混合物对土壤的污染	施工设备本土采购或租赁
9	废物处理	生活、生产废物分类，且应由有资质的公司定期收集处理	

3.2 制定方案体系

在熟悉当地各类与环境保护相关的法规、规范、施工图纸以及其他合同要求后，有针对性地编制总体质量保证计划及各分部工程施工质量保证计划、安全健康计划、废弃物处理计划、环境保护计划，并组织包括现场经理、合同工程师、专业工程师、环境工程师及动植物保护专业机构进行评审，确保各方案的合理、合规、可行。

各类施工方案一经确定，即成为合同文件的组成部分，应组织施工管理人员、分包单位技术负责人等进行充分地交底，并严格执行。

4 实施要点

4.1 坚持本土外包原则

欧盟对环境保护存在很多和国内不一致的要求，作为初次进入欧盟工程承包市场的中资企业，需要一定的熟悉过程。因此，为保证项目的顺利履约，将工序相对复杂的结构物、金结机电工程的制造安装和施工分包给当地专业公司经营是优先选项。而对于工序相对简单、主要以机械施工的土方开挖工程，可考虑适当自营，实现对进度的管控目的。

采用自营的方式开展施工活动，也需要聘用当地施工管理专业人员对施工活动进行管理，从而提前预知并有效应对国家、地方及有关机构在质量、环境保护、职业健康及安全方面的各类规定，合理规划工期、控制费用，规避业主、分包单位索赔及在环境保护方面的不合规风险。

4.2 坚持对分包单位的管控

波兰工程市场容量较小，从事与工程相关的测量、试验、设备租赁、产品制造、材料销售、施工分包及劳务分包的公司较少，选择范围有限。因此，应在项目实施初期组织力量加大对施工图纸设计分包单位的管理力度，将环境保护的具体要求融入施工图纸，并尽早获得批复，从而为及早锁定材料来源、施工分包单位创造条件，规避工期延误、费用增加等风险。

此外，可聘用具有丰富经验的当地专业技术人员和环境保护专业管理人员，对各类委托分包工作进行有效协调、管理。由于当地分包单位对工程质量、环境保护的内部控制比较严格，因此，总承包单位的环境保护工作重心应主要放在以下几方面：①抓好项目环境保护工作的总体规划和总体施工方案的制定；②抓好项目的进度和费用控制；③抓好与所在国政府有关机构、监理工程师就与环保有关问题的设计批复以及执行的协调；④抓好对不同专业、不同分包单位之间的环保工作的检查管控协调，规避因环保问题而引起的索赔。

5 结语

项目实施四年来，环境管理策略在经历了初期摸索后，快速进行了调整，坚持推行本土化管理模式。事实证明，这种项目管理模式能最大限度地把适应欧盟标准和有效执行公司经营目标有机结合起来。

欧盟工程项目履约，需要在项目前期（市场调研、投标决策）及实施阶段（设计、施工）透彻研究当地涉及环境保护的法律法规和招标文件的规定，考虑满足这些规定所需要的资源投入，在建设期要一丝不苟地按章办事，转变惯性思维，重视制定精确的计划并严格实施，立足精细管理，从而通过项目的实施取得预期的经济、社会效益，为在竞争激烈的国际高端工程承包市场持续发展提供基础性保障。

印度电站项目备品备件合同采购管理探讨

张升坤/山东电力建设第一工程公司

【摘　要】备品备件作为机组运行的必备部件之一，历来为电厂运维部门所重点关注。对于中国企业承建的印度电站项目，基本上以中国制造为主，考虑到采购周期和采购难度，业主对备品备件的管理更为重视。本文根据印度项目备品备件采购管理经验，对备品备件采购管理经常出现的问题进行了归纳和分析，并提出了应对策略，为后续印度项目备品备件合同执行提供借鉴，有利于加强对印度项目备品备件采购的管控能力。

【关键词】印度　电站　备品备件　采购　管理

1　引言

自中国电力设备以 EPC、BOT、EP 等模式落户印度以来，备品备件采购已成为印度业主最为关心的问题。虽然对于有些外资品牌可以进行全球采购，但是大多数备品备件仍然需要从原制造厂采购，而无论是业主单独采购还是业主委托承包商采购，备件采购价格、交货期、匹配性和产品质量都是备品备件合同采购管理的关键，对合同的执行管理有着重要的影响。因此，必须重视备品备件的采购管理，最大限度地降低合同管理的风险。

2　备品备件的分类

备品备件一般指的是机组在安装、调试及运行时为保证设备安全经济运行维护或检修所需要的部件，主要是寿命期较短或易损坏、易失效的部件，如密封垫、机械密封、轴承等。

与承包商有关的备品备件一般分为随机备品备件、一年运行期备品备件、三年备品备件或大修期备品备件。

随机备品备件主要用于机组移交至商业运行前设备在安装、调试和试运行中发生的缺损件，由承包商协同供货商根据工程经验和设备质量情况共同确定清单，作为设备供货的一部分随设备一起供货。随机备品备件与设备一样，所有权属于业主，机组移交时剩余的备品备件与专用工具等物资一起移交至业主。

一年运行期备品备件主要用于机组质保期发生的设备部件损坏，与设备一起供货或者由业主单独采购。

三年备品备件或大修期备品备件除了用于机组的正常运行维护外，还用于机组的大修或小修的备品备件，一般由业主单独采购。

3　备品备件的采购方式

对于业主而言，一般采取委托承包商来进行采购，在主合同中或者在机组建设过程中根据需要进行采购。但随着印度业主对中国电力设备市场的熟悉，基于对采购成本的控制，业主越来越倾向于单独采购，主要采取从供货商处直接进行采购或者委托贸易公司采购。

4　备品备件采购中易出现的问题

4.1　供货合同清单与设备设计存在差异

这类备品备件主要表现在合同备品备件供货清单中的部件规格型号与实际供货的设备存在差异，例如规格型号、材质与设计存在差异，或者该备品备件并不存在，主要发生于随主合同一起采购的备品备件中。究其原因，在于主合同签订时双方确定的清单为同类型机组推荐备品备件通用清单或厂家常规的推荐备品备件清单，而此时设备的设计还未开始，所以造成了合同清单与实际供货的差异。

4.2　供货单位不明确或模糊

这类备品备件主要表现在备品备件清单中的供货单位未明确或者买卖双方理解存在差异，合同语言一般为英文，有些部件名称写得不明确或模糊造成所供货部件与业主在合同中要求采购的备件存在差异，导致在备件移交过程中双方就此发生分歧而移交受阻。这一类备件发生的概率也最大。

在印度某锅炉换热管备件合同中，因为供货单位一栏没有写明，造成实际按照千克单位来进行供货，而业主要求供货单位为米，而这两者的采购差价较大。

4.3 备品备件停产或存在升级产品

因工厂原因造成产品停产或者存在升级产品，这类备件采购主要发生在项目后期，以电控类设备居多。对于业主坚持需要停产的备品备件，则专项生产的成本较高，对于升级产品，一般情况下具备旧版本的功能，但可能存在接口问题或者采购价格增加的问题。

在印度某发变组保护装置中的差动保护装置需要采购，该差动保护装置原由阿海珐公司生产，因该工厂变动，阿海珐输配电业务分别由阿尔斯通公司和施耐德公司接手，且现场使用的产品型号工厂已停产多年，若使用旧型号，需要重启生产线，不但交货时间长，而且价格高，因此只能采购升级产品。

4.4 承压的备品备件未进行 IBR 认证

出口至印度的锅炉以及承压部件或配件必须遵守印度锅炉规程（IBR），因此，经常出现按照 IBR 要求应进行认证的一些备件，如高压阀门、蒸汽管道等，因供货商疏忽或者数量少而未进行认证，造成业主的拒收。

4.5 备品备件交货不能满足要求

这类备品备件主要发生在大型设备部件或者进口设备部件以及现场紧急需求的部件，如汽轮机叶片等，这些备品备件需要一定的合理生产周期，不是简单地依靠压缩生产时间就能完成交货的。在这类备件中，尤以现场安装、调试或运行急需的备品备件处理难度最大，这类备品备件的需求没有计划性，是突发性的行为，又常常涉及工程工期和发电收益，这就需要相关方的共同协作来满足工程要求。

在印度某电站工程中，业主因操作原因造成低压转子损坏停机，最后紧急协调主机厂调用了其他机组的设备并通过租用军用运输飞机运输至现场，保证了业主的发电收益。

4.6 备品备件采购存在供货差异

这类备品备件主要表现为漏供、错供、损坏或丢失等问题。漏供主要因为厂家疏忽或者其他原因造成供货数量与要求数量不一致；丢失或损坏主要因为货物包装不符合要求或者运输以及仓储不当造成的，如电控类卡件应做到密封包装并保管在恒温恒湿环境中；错供主要是因为工厂疏忽造成备品备件规格型号、品牌、材质等与原设备部件不一致。

4.7 采购的备品备件无质保资料

在国际项目中，业主对质保资料的重视不亚于对设备或部件本体的重视。因此，在备件移交中经常会遇到备品备件的质保资料缺失导致业主有条件接收或者拒收，主要原因在于中国供货商习惯按照国内的传统做法进行供货，而没有按照合同要求提供相关的质保资料。

5 备品备件采购应防范的重点

备品备件采购不当会引发商务风险和纠纷，因此，备品备件采购应着重注意防范以下几个方面。

5.1 合同条款签订应严谨

在备品备件采购中，与业主的争议点主要源于合同条款的不够严谨，双方对此存在争议点。因此，在合同条款中应对备品备件的名称、规格型号、单位、数量等信息界定明确，避免双方在理解上存在差异，进而从合同角度来规避合同执行中的风险点。如：以泵轴承为例，若单位为“set”，应明确是泵的驱动侧轴承还是非驱动侧轴承或者两者皆有。对于随主合同签订的备品备件清单，应注明其规格型号等技术要求以最终设计为主。

同样，与供货商的合同签订也要对上述信息进行明确，防止合同执行时引起歧义。

5.2 备品备件应注重过程管理

采购方常常忽略对备品备件的过程管理，实际上过程管理对于保证备品备件的生产质量和满足交货要求是非常必要的。对于重点部件，应进行 ITP 制定并实施；对于承压设备，还应进行 IBR 认证的检查；对于生产周期长的备件，应注重过程管理，如生产进度是否符合生产计划，是否满足交货时间要求。

5.3 备品备件发运前应进行检查

一般情况下备品备件因货量较少或者合同金额不大，采购方一般不进行发运前检查，但是对于重点部件或者采购额较大的部件，发运前检查是非常有必要的。要对其规格型号、数量、材质等进行检查，对备件的包装与防护进行检查，这样能有效地避免出现错供、漏供以及质保资料缺失或者包装与防护不当等问题。

5.4 备品备件应采取合适的发运方式

根据备品备件的货量、需求时间采取走散货、集装箱、空运或者快递等方式来发运货物，在装卸过程中要注意按照包装标识进行操作，防止不当行为对包装造成破坏。

5.5 备品备件仓储应科学得当

受现场条件限制，尤其是印度高温高湿的环境，要完全达到设备所要求的仓储条件是比较困难的；但是因备件货量较小，应尽可能地为备件仓储建立良好的保养条件。在一定条件下，尽可能按照备件仓储要求进行仓储和保养，最大限度地避免因仓储原因造成备件损坏。

5.6 备品备件移交应及时

备品备件的及时移交不但能及时回收资金，而且能有效降低备件仓储的压力，尤其是那些对存储环境有特殊要求、存在有效期的备品备件。备品备件移交前双方应确定移交原则，防止业主在移交过程中提出额外的要求。

6 结论

备品备件采购管理看似简单，但其管理难度不亚于设备本身的管理，要求从合同订立开始就做好策划，加强过程管控。只有这样才能顺利完成备品备件的移交，规避备品备件合同执行的潜在风险。

浅谈我国PPP项目物有所值（VFM）评价

秦建春　罗贤明/中电建路桥集团有限公司

【摘　要】《关于推广运用政府和社会资本合作模式有关问题的通知》《PPP物有所值评价指引（试行）》等系列文件要求拟采用PPP模式的项目，应在项目识别或准备阶段开展物有所值评价。本文详尽阐述了物有所值定性及定量评价的流程及要点，并结合现阶段存在的问题给出相关建议。

【关键词】PPP　物有所值　VFM　评价

1　引言

2014年9月23日，财政部印发了《关于推广运用政府和社会资本合作模式有关问题的通知》（财金〔2014〕76号），要求除传统的项目评估论证外，还要积极借鉴物有所值（value for money，VFM）评价理念和方法，对拟采用政府和社会资本合作模式的项目（PPP模式项目）进行筛选。根据财政部《PPP物有所值评价指引（试行）》要求，对拟采用PPP模式的项目，应在项目识别或准备阶段开展物有所值评价。

物有所值评价是一个比较产出的概念，用通俗的话来说，就是"少花钱、多办事、办好事"。也就是说，"值不值"是通过与事先预设的某些主观或客观的标准进行衡量对比后得出的带有明确倾向性的结论。物有所值是判断是否采用PPP模式代替政府传统投资运营方式提供公共服务项目的一种评价方法。

本文认为，所谓"值"，即要么达到同样的目的所需要的投入更少，要么同样的投入可以获得更多的产出。在实际评价过程中，一般假定未来产出是相同的，进而比较不同模式下政府支出成本的净现值大小。

世界银行、欧洲PPP专业中心、英国财政部、澳大利亚基础设施中心等机构，各自在其参考指南或政策框架中提出了一些具体要素。经比较，其中有一些是受到普遍关注的共性因素，包括对风险的管理（按照各自专业能力进行最优化的风险分配）、基于全生命周期的成本考量、详细明确或可测量的产出、与项目价值相称的费用支出（即准备和采购等方面的费用占项目总成本的比例不能过大）、鼓励提高资产利用率、绩效考核和激励奖惩机制、保持PPP合同的灵活性、适当的竞争机制、鼓励创新等。

2　我国物有所值评价的流程及方法

2.1　物有所值评价的主要流程

根据财政部《关于印发〈PPP物有所值评价指引（试行）〉的通知》（财金〔2015〕167号），我国PPP模式项目开展物有所值评价分为评价准备、定性评价、定量评价、信息管理四个环节，其具体流程见图1。

物有所值评价包括定性评价和定量评价。现阶段以定性评价为主，鼓励开展定量评价。

2.2　定性评价

2.2.1　评价指标及方法

定性评价的指标分为基本指标及补充评价指标，采取专家打分的方法进行具体评价工作。

定性评价的基本指标包括：①全生命周期整合程度；②风险识别与分配；③绩效导向与鼓励创新；④潜在竞争程度；⑤政府机构能力；⑥可融资性。

补充评价指标主要是六项基本评价指标未涵盖的其他影响因素，包括：①项目规模大小；②预期使用寿命长短；③主要固定资产种类；④全生命周期成本测算准确性；⑤运营收入增长潜力；⑥行业示范性。

在各项评价指标中，六项基本评价指标权重为80%，其中任一指标权重一般不超过20%；补充评价指标权重为20%，其中任一指标权重一般不超过10%。每项指标评分分为五个等级，即有利、较有利、一般、较不利、不利，对应分值分别为100～81分、80～61分、60～41分、40～21分、20～0分。项目本级财政部门（或PPP中心）会同行业主管部门，按照评分等级对每项指标制定清晰准确的评分标准。

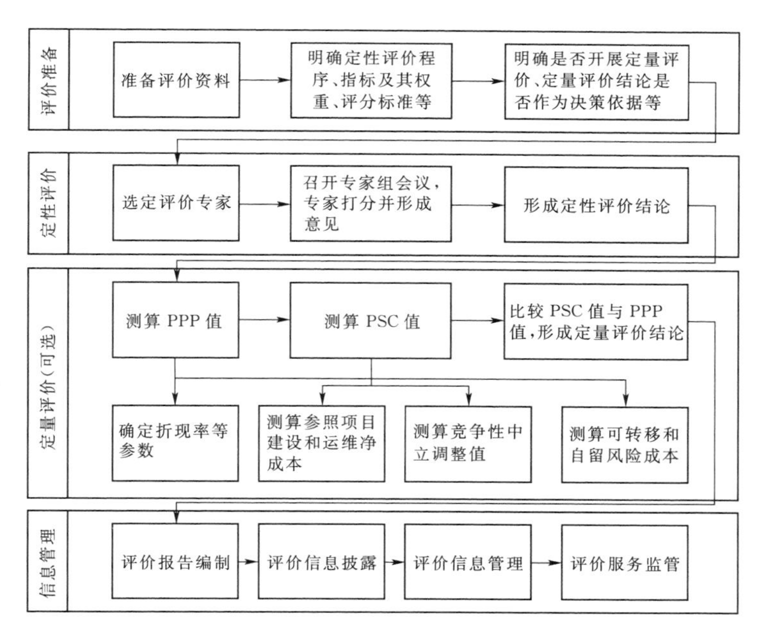

图1　我国PPP模式项目开展物有所值评价流程

专家在充分讨论后按评价指标逐项打分，按照指标权重计算加权平均分，得到评分结果。原则上，评分结果在60分（含）以上的，通过定性评价；否则，未通过定性评价。

2.2.2　定性评价的弊端

定性评价采取打分制方式，其主观性太强。现在普遍的操作是设定6个基本指标和6个补充指标。6个基本指标为必须项，同时在补充指标中需不少于2个指标，共不少于8个指标由专家进行评价打分，每个指标满分为100分；通常专家小组由7名专家组成，包括工程技术、金融、项目管理、财政和法律等各个领域。由于每个专家只对他所熟悉的领域具有权威的判断，但在其他领域也是外行，而定性评价主要是依据专家的主观经验，因此，采用平均分制失去了实际意义，而且对口领域专家的打分还有可能成为最高或最低分被剔除掉。

2.3　定量评价

2.3.1　定量评价概述

定量评价相对客观，也具有更加明确的步骤和程序。定量评价是在假定采用PPP模式与政府传统投资方式产出绩效相同的前提下，通过对PPP模式项目全生命周期内政府方成本的净现值（PPP值）与公共部门比较值（PSC值）进行比较，判断PPP模式能否降低项目全生命周期成本。

2.3.2　定量评价主要步骤

定量评价的主要步骤为：

（1）设定参照项目。参照项目设定原则如下：①参照项目与PPP模式项目产出说明要求的产出范围和标准相同；②参照项目与PPP模式项目财务模型中的数据口径保持一致；③参照项目采用基于政府现行最佳时间的、最有效和可行的采购模式；④参照项目的各项假设和特征在计算全过程中保持不变。

（2）计算初始PSC值。初始PSC值是政府实施参照项目所承担的建设成本、运营维护成本和其他成本等成本的净现值之和，其计算公式为：

初始PSC值=(建设成本－资本性收益)＋(运营维护成本－第三方收入)＋其他成本

上式中：

1）建设成本包括项目设计、施工投入的现金，以及固定资产、土地使用权等实物和无形资产。

2）资本性收益指参照项目全生命周期内产生的转让、租赁或处置资产所获得的收益。

3）运营维护成本包括项目全生命周期内运营维护所需的原材料费、燃料动力费、人工、修理费等。

4）第三方收入是指参照项目全生命周期内，假定政府按照PPP模式提供项目基础设施和公共服务从第三方获得的收入。

（3）计算PSC值。得到PSC初始值后，再进行PSC值计算。PSC值包括初始PSC值、竞争性中立调整值、可转移风险承担成本及自留风险承担成本，其计算公式为：

PSC值＝初始PSC值＋竞争性中立调整值＋可转移风险承担成本＋自留风险承担成本

上式中：

1）竞争性中立调整值指消除政府传统采购模式下公共部门相对社会资本所具有的竞争优势，通常包括政府比社会资本少支出的土地费用、行政审批费用、相关税费等。

2）由于可转移风险承担成本的风险概率和风险后果值难以预测，因此风险承担成本通常采用比例法计算。通常风险承担成本不超过项目建设运营成本的20%，可转移风险承担成本占项目全部风险承担成本的比例一般为70%～85%。

3）对于自留风险承担成本，如果相应的公共部门比较值中包含，那么PPP模式下政府全生命周期成本净现值也要包含，反之亦然。

此外，年度折现率应考虑财政补贴支出发生年份，并参照同期地方政府债券收益率合理确定，因此参考一般投资分析中应用的无风险利率，选取同期地方债收益率作为本项目折现率。

（4）计算PPP值。PPP值是指政府实施PPP项目所承担的全生命周期成本的净现值，其计算公式为：

PPP值＝股权投资支出＋运营补贴支出＋风险承担支出＋配套投入支出

上式中：

1）股权投资支出是指在政府与社会资本共同组建项目公司的情况下，政府承担的股权投资支出责任。如果社会资本单独组建项目公司，政府不承担股权投资支出责任。

2）运营补贴支出是指在项目运营期间政府承担的直接付费责任。不同付费模式下，政府承担的运营补贴支出责任不同。政府付费模式下，政府承担全部运营补贴支出；可行性缺口补助模式下，政府承担部分运营补贴支出；使用者付费模式下，政府不承担运营补贴支出。

3）配套投入支出是指政府提供的项目配套工程等其他投入责任，通常包括土地征收和整理、建设部分项目配套措施、完成项目与现有相关基础设施和公用事业的对接、投资补助、贷款贴息等。配套投入支出应依据项目实施方案合理确定。

（5）比较PSC值和PPP值，计算VFM值和VFM指数，得出定量分析结论。PPP值小于PSC值的，项目通过物有所值定量评价。否则，根据项目实际情况，当地财政部门组织相关主管单位及专家再行决策是否采取PPP模式。

2.3.3 定量评价应用实例

（1）项目简介。门头沟区潭柘寺镇镇区供热工程位于门头沟区潭柘寺镇镇区，由区人民政府发起，总体规划建筑面积336万m^2，总投资12774.25万元，潭柘寺镇镇区建设集中供热厂一座，承担镇区规划面积内所有建筑的冬季供热需求。项目采用PPP（BOT）模式，合作期限拟为30年，由社会资本方投资建设门头沟区潭柘寺镇镇区热源厂，并负责运营、管理、维护工作。在合作期内热源厂的资产属社会资本方所有，期满无偿移交当地政府，工程建设完成后可以满足镇区未来总体规划建筑用热的需要。

（2）设定参照项目。按照设定原则，项目采用相近的经营性收费模式作为参照项目。

（3）计算初始PSC值。式中各参数计算如下：

1）建设成本：本项目在传统模式下为政府全投，第1年、第2年分别投入6081.88万元，2432.75万元，第6年、第7年分别投入2432.75万元、1216.38万元。

2）资本性收益：本项目资本性收益为0。

3）运营维护成本：参照北京市热计量收费及相关补贴政策，经测算，共计约为257685.84万元。

4）第三方收入：本项目具有使用者付费基础，第三方收入为用户缴纳采暖费和市政府燃气补贴收入，第三方收入为257589.73万元。

5）其他成本：本项目不存在其他成本，即其他成本为0。

经测算，本项目初始PSC值为12259.87万元。

（4）计算PSC值。式中各参数计算如下：

1）竞争性中立调整值：本项目竞争性中立调整值为采用PPP模式下项目公司缴纳的企业所得税，累计竞争性中立调整值为2755.42万元。

2）可转移风险承担成本：综合考虑项目特点和政府风险管理能力，本项目建设过程中的风险在建设投资中已计取了预备费，经营过程中的风险按运营成本的1%计算。累计可转移风险承担成本为2576.86万元。

3）自留风险承担成本：根据实际情况，本项目在实际测算时，公共部门比较值和PPP模式下政府全生命周期成本净现值均不包含自留风险承担成本。因此，本项目自留风险成本不再另行计算。

4）折现率：折现率采用北京市10年期限地方债利率3.39%。

经测算，本项目PSC值为17592.14万元，按3.39%折现后PSC值为16421.33万元。

（5）计算PPP值。式中各参数的计算如下：

1）股权投资支出：本项目由社会资本单独组建项目公司，因此股权投资支出为0。

2）运营补贴支出：本项目采用使用者付费的回报机制，因此运营补贴支出为0。

3）风险承担支出：根据实际情况，本项目在实际测算时，公共部门比较值和PPP模式下政府全生命周期成本净现值均不包含自留风险承担成本。

4）配套投入支出：本项目按扣除回迁房和既有建筑供热面积后的供热面积，给予70元/m^2的一次性补助，配套投入支出16516.48万元。

经测算，在项目全生命周期内政府共需配套投入支出16516.48万元。采用3.39%的折现率，政府累计支出现值为14243.50万元。

（6）分析结论。综合上述PSC值和PPP值，计算得到项目全生命周期PSC值和PPP值，具体计算结果见表1。

表 1 物有所值定量评价指标表

指标	单位	数值
PSC 值	万元	16421.33
PPP 值	万元	14243.50
物有所值量值	万元	2177.84
物有所值指数	%	13.26

根据传统模式、PPP 模式下运营成本、绩效等产出等同的前提下，测算出的 PSC 值比 PPP 值大，按照物有所值定量评价原则，项目通过物有所值定量评价。

3 结论

物有所值评价是判断是否采用 PPP 模式代替政府传统投资运营方式提供公共服务项目的一种较为科学的评价方法，评价方式分为定性评价与定量评价。我国现阶段物有所值评价以定性为主，在评价中其存在过于主观的弊端，引起了业界的不同反应。笔者认为：定量分析通过对 PSC 值与 PPP 值的量化及比较，较定性分析更为系统、科学，更有助于有关部门进行科学决策，应积极提倡和推广。

浅谈水电投资项目购电协议管理

李燕峰/中国电建集团海外投资有限公司

【摘　要】 作为BOT/BOOT发电项目的核心协议，购电协议的重要性不言而喻。本文以笔者在尼泊尔某水电投资项目的管理实践，对购电协议在项目开发过程中的动态管理和策划展开分析和探讨，以期为海外开展BOT/BOOT电站项目投资开发提供借鉴和参考。

【关键词】 购电协议　动态　管理　策划

BOT/BOOT电站投资项目的购电协议决定了风险在售电方与购电方之间的分配，它不仅是电站投资项目获得稳定收入以还本付息及获取利润的保障性文件，还是电站投资项目开发、建设和运营过程中划分售电方和购电方之间一系列责任和义务的合同文件。因此，如何在项目开发过程中有效实施购电协议的管理显得尤为重要。

本文拟通过尼泊尔某水电投资项目的管理实践，在受不可抗力事件影响和输电送出工程不能配套条件下，阐述加强对购电协议管理的至关重要性。

1　项目概况

尼泊尔某水电站为径流式水电站，装机50（2×25）MW，年均发电量为317GW·h。购电协议于2010年底签署，2013年3月融资关闭，建设期为4年。根据2012年准备的第一版施工总进度计划，第一台机组计划投产日期为2016年6月15日，第二台机组计划投产日期为2016年9月15日，计划完工日期为2016年12月31日。

2　不可抗力影响下的购电协议管理实践

2.1　不可抗力事件描述

项目自2013年1月开工后进展较为顺利，各个工作面的进度均提前于第一版施工总进度计划。因此，项目公司于2014年对第一版施工总进度计划进行了调整，形成第二版施工总进度计划。第一台机组计划投产日期由原2016年6月15日提前到2015年11月30日，第二台机组计划投产日期由原2016年9月15日提前到2016年2月29日，项目预计投产时间较原计划提前6.5个月。

2015年4月25日，尼泊尔发生了8.1级特大地震，虽然地震未造成项目施工人员伤亡和重大财产损失，但由于连接陆路口岸的道路严重受损，导致物资运输受阻，项目大范围停工150天。在大地震对项目的影响刚刚消除后，印度政府又于2015年10月至2016年2月单方面关闭了与尼泊尔之间的陆路口岸，造成项目从印度进口的建筑材料、由印度转运的设备物资等无法正常通关，再次造成大范围停工138天。项目公司被迫在2016年3月再次对项目总进度计划做出调整，形成第三版施工总进度计划。第一台机组预计投产日期由2015年11月30日后延至2016年9月30日，第二台机组预计投产日期由2016年2月29日后延至2016年12月31日。

2.2　购电协议中的相关条款

项目购电协议主要包括术语定义、电价机制、购电方购电责任与义务、售电方售电责任与义务、电厂运行维护、机组投产日、商业运营机制、外汇相关事项、支付担保等核心条款。以下为与本次事件相关的条款介绍。

（1）相关术语定义。

1）商业运营日的定义。第二台机组投产日期与约定商业运行日二者中较晚发生者为商业运营日。

2）约定商业运营日的定义。购电协议规定的约定商业运营日为2016年9月17日，它是售电方与购电方共同确定的最晚商业运营日期。如由于项目公司自身的原因造成第二台机组投产日期迟于约定商业运营日发生，则项目公司将面临罚款；如由于不可抗力或购电方责任，约定商业运营日可以延期。

（2）根据购电协议第3.1款的约定，购电方在项目提前投产时需履行即取即付购电义务。即：若第一台机组和第二台机组均在约定商业运营日前投产发电，则自机组投产发电日期至商业运营日之间的时间区间内，购电方将以即取即付的方式购买电量。

（3）根据购电协议第 4.6（c）款的约定，购电方在项目提前投产且满足以下条件时需履行照付不议购电义务。即：如果项目公司认为第二台机组在约定商业运营日之前 180 天到 365 天这个区间的某天投产发电，项目公司应在此投产日期前至少 180 天通知购电方。这种情况下，购电方应有义务加快其负责的电力互联设施的施工和调试，以保证项目能够按计划并网到购电方系统并完成相关调试工作。不考虑本协议中其他任何条款的规定（优先级最高），如果第二台机组在约定商业运营日前 180 天或更早发电，那么商业运营日即为第二台机组发电日期，购电方有义务从第二台机组发电日期开始以照付不议的方式购买并支付项目公司的月申报电量。

（4）第一台机组调试、试运行工作的时间要求［《购电协议》第 4.6（d）款］。为了满足购电协议第 4.6（c）款中规定的第二台投产日期，与第一台机组并网相关的调试和试运行工作应在第二台机组投产日期前至少 5 个月启动。

2.3 条款分析与方案策划

2.3.1 对《购电协议》条款的分析

首先，虽然《购电协议》中界定的商业运营日被定义为约定商业运营日和第二台机组投产日期中的较晚发生者，但购电协议第 4.6（c）款具有更高的优先级；即如果第二台机组在约定商业运营日前 180 天到 365 天这个区间的某天发电，那么商业运营日就是第二台机组投产日期。其次，虽然购电协议第 3.1 款规定了若两台机组均在约定商业运营日前发电时，购电方只以即取即付的方式购电，但 4.6（c）款仍旧具有更高的优先级；即如果第二台机组在约定商业运营日前 180 天至 365 天这个区间内的某天发电，那么购电方有义务从第二台机组投产日期开始以照付不议方式购买项目公司的申报电量。显而易见，购电协议第 4.6（c）款是最为核心的条款，它定义了项目提前投产且购电方以照付不议方式购电所必须要满足的时间条件。

2.3.2 方案策划

如果不对约定商业运营日进行调整，受到两次不可抗力事件影响后的第二台机组预计投产日期为 2016 年 12 月 31 日（第三版施工总进度计划），晚于购电协议规定的约定商业运营日（2016 年 9 月 17 日）3 个月零 13 天（105 天）。根据购电协议规定，项目公司将面临罚款。显然，这种操作是不可行的。

如果调整约定商业运营日，它对项目的影响有两个方面：①能够使项目公司规避上述的罚款损失；② 在满足购电协议第 4.6（c）款和第 4.6（d）款的时间限制条件下，能够使项目公司获得更为有利的结果。如何才能争取更为有利的结果呢？第一，在不考虑不可抗力的情况下，项目第二台机组计划投产日期较约定商业运营日提前 6.5 个月，也就意味着项目将提前 6.5 个月进入商业运营［6.5 个月完全满足购电协议第 4.6（c）款中规定的 180 天至 365 天的时间区间，锁定了购电方购买电量的照付不议原则］；第二，两个不可抗力事件的发生是项目进度滞后的唯一原因，它们对项目总工期的累计影响为 288 天，如果能够将约定商业运营日后延 288 天，同时将特许经营期延长 288 天，那么项目依然是提前投产，且条件同样满足购电协议第 4.6（c）款的时间要求。

经过认真分析研究，项目公司决定从以下三个方面入手，以规避因不可抗力给项目公司带来的风险：①就不可抗力的影响对约定商业运营日开展延期工作；②就不可抗力的影响对项目特许经营权的期限申请延长；③在满足购电协议第 4.6（c）款和第 4.6（d）款的时间限制条件下，谨慎确定项目的机组投产日期以保证项目公司的收益最大化。

2.4 具体实施方案

2.4.1 约定商业运营日延期与特许经营期的延长

（1）根据尼泊尔 8.1 级大地震的影响，项目公司向购电方申请对原约定商业运营日延期 150 天，延期后的约定商业运营日更新为 2017 年 2 月 14 日。

（2）根据印度单方面关闭与尼泊尔之间的陆路口岸给项目建设造成的影响，项目公司向购电方申请将原约定商业运营日延期 138 天，延期后的约定商业运营日更新为 2017 年 7 月 2 日。

（3）项目公司向尼泊尔能源部提交了延长项目特许经营期限的申请，申请延期共 288 天。

2.4.2 第二台机组投产日期（商业运营日）的确定

鉴于约定商业运营日已更新为 2017 年 7 月 2 日，为了满足购电协议第 4.6（c）款和第 4.6（d）款的时间要求，项目公司向购电方递交了《关于 2016 年 8 月 1 日开始启动与第一台机组并网相关的调试和试运行工作的函》，根据购电协议第 4.6（d）款中两台机组间隔 5 个月的时间限制，第二台机组的投产日期最早应在 2017 年 1 月 1 日发生。在此条件下，项目第二台机组的投产日期只有确定在 2017 年 1 月 1 日至 2017 年 1 月 3 日之间，才能锁定项目的电费收入为照付不议。

2.4.3 目标的实现

2016 年 8 月 1 日，项目公司技术性开始第一台机组的调试和试运行；9 月 29 日，完成第一台机组 7 天连续试运行；9 月 30 日，项目协调委员会宣布第一台机组投产发电。同年 12 月 15 日，第二台机组完成调试和试运行；12 月 31 日，第二台机组完成 7 天连续运行；2017 年 1 月 1 日，项目协调委员会宣布第二台机组投产发电。至此，项目成功进入商业运营。

3 输电送出工程不能按时配套条件下的购电协议管理

3.1 购电方的互连设施责任

作为购电协议附件的入网协议明确规定了永久输电送出工程为单回路 132kV 线路，由项目开关站出线后接入 5km 外的某变电站。按照入网协议要求，所接入变电站的建设和运行属于购电方的电力互连设施责任。由于该变电站建设资金无法落实，购电方在 2014 年向项目公司确认将无法按照购电协议规定履行其互连设施责任。

3.2 《输电送出工程应急方案备忘录》的签署

为了能够一揽子解决项目输电送出问题，项目公司于 2014 年 8—11 月与购电方展开了艰苦的谈判，最终于 2014 年 11 月 30 日签署了《输电送出工程应急方案备忘录》(以下简称《备忘录》)。《备忘录》规定：①新的接入点为距离项目 20km 的某已投运项目的开关站；②项目公司将免费承担并实施输电线路以及间隔升级的设计、采购、施工工程；③购电方将承担相关证书的申请和批准、永久性征地和补偿等责任；④规定了输电线路和间隔升级工程的关键里程碑节点。

3.3 《备忘录》对项目实施的影响分析

3.3.1 使售电方和购电方达成共赢

按照购电协议，购电方无法按照协议规定履行其互连设施责任，属于购电方的违约行为。对于这种违约行为，根据相关条款，我们可以对购电方提出索赔和补偿要求。但是，考虑到该水电站项目是中资企业在尼泊尔的第一个水电投资项目，并且购电方是尼泊尔境内唯一一家开展电力交易的国有公司，若利用购电协议条款直接索赔必然会影响项目公司与购电方之间的友好合作关系，进而对下一步的项目运营以及新项目开发工作造成极为不利的影响。因此，项目公司并没有简单地使用索赔/补偿方案，而是从企业在尼泊尔市场的发展战略和社会责任的大局出发，决定牺牲部分利益来稳固在该国的市场：①免费承接输电送出工程应急方案的设计、采购和施工，以期降低项目电力送出风险并实现项目公司与购电方的共赢；②项目公司以总承包商的角色承接输电送出工程应急方案的设计、采购和施工工作，以更为有效的人力、设备和物资等资源替代了购电方的相关资源，使得工期风险得以有效控制；③项目公司以自己的高姿态承担输电送出工程应急方案的设计、采购和施工费用，向购电方表达了维持良好关系的诚意，使得双方具备了合作基础。

3.3.2 提前投产带来的收益

结合购电协议的相关条款以及项目主体施工的进展，输电送出工程应急方案的计划完工时间为 2015 年 9 月，与第二版施工总进度计划相吻合。输电送出工程应急方案的实施不仅加深了售电方和购电方的相互理解和信任，同时也保证了项目在提前投产情况下的电力销售基础为照付不议，规避了项目投资风险，并取得了良好的经济效益。

3.4 输电送出工程应急方案的实施和目标的实现

输电送出工程应急方案同样受到两次不可抗力的影响，且在施工中遇到巨大的阻力，但由于项目采取调整线材和塔材的运输路径、调整施工方案与资源投入、加强沟通协调等措施，架线施工在 2016 年 7 月全部完成，线路和间隔升级调试于 2016 年 8 月中旬完成后于当月底实现倒送电目标，工程验收于 2016 年 9 月中旬完成。一方面，由于项目商业运营日发生在 2017 年 1 月 1 日，比更新后的约定商业运营日（2017 年 7 月 2 日）提前了约 6 个月，由此产生的实际额外发电收益远大于输电送出工程应急方案的实际成本，使得售电方获益；另一方面，项目所发电力通过新修线路直接送往该国首都，很好地改善了首都供电严重短缺的现状，使得购电方获益。因此，售电方和购电方实现了真正的双赢局面。

4 结束语

在水电站 BOT/BOOT 项目的生命周期中，购电协议的执行不可能是一帆风顺的，总要遇到各种突发事件的干扰，要做好应对各种突发事件的应急预案。从上述的两个案例分析我们可以得到如下启示：第一，应真正理解项目购电协议的关键条款，尤其是重点消化吸收不可抗力部分、双方的交叉接口部分、关键的时间节点及相互之间的逻辑关系。第二，应预判购电协议执行过程中可能发生的突发事件和不利情况，以售电方的角度分析每一个合同事件下的责任和义务以及可能造成的不利后果。第三，应加强购电协议执行中的动态管理，定期收集整理各个合同事件的进展，定期比较关键时间节点和关键条款的执行情况，针对关键时间节点的调整要非常慎重。第四，在欠发达的发展中国家市场开拓中，要有全局观念，不局限于眼前的蝇头小利，要在合作中加强沟通，在沟通中加强合作，从而实现合作共赢，以期达到利益最大化的目的。

BIM在工程管理部门日常工作中的应用

吴海燕/中国水利水电第十三工程局有限公司

【摘 要】 为提高施工单位管理水平，研究将BIM技术应用于工程建设管理中，实现不同部门之间的信息共享。研究建立不同细度的BIM模型，应用于施工进度管理、日常报表管理及物资计划管控等项目日常管理工作，提高工程建设的信息化水平和管控力。

【关键词】 BIM 施工 模型 应用

1 BIM简介

BIM就是在真正动工之前，先在电脑上模拟一遍建造过程，以解决设计中的不足和真实施工中可能存在的问题。这个模拟不是简单的堆积木或俄罗斯方块，而是带有真实数据的，能够真正反映现实问题的模拟。比如模拟一个水坝的建造，不单要模拟水坝的建筑信息、施工信息，地理信息也要一同纳入，并做大量的运算分析。以前这种技术只用于飞机制造和汽车制造等高科技行业，现在的计算机和软件技术让建筑行业也有了这种可能性。

BIM主要的功能是中间的"I"，即information，实现不同部门之间的信息共享，多部门同一平台作业，交互便捷。Revit包含的信息量远远超过同类别CAD，可以做很多工作，如管线假设模拟、紧急逃生模拟、立体空间展示、动态施工用料管理、施工进度管理，等等。但是国内目前尚在初期应用阶段，成长环境也受到了一定的制约，传统CAD出图也排斥BIM。

2 施工单位BIM应用现状

在目前的管理模式中，施工单位的工作就是根据业主提供的CAD设计图纸进行翻模，翻模时对设计图纸进行审查，如果能找到设计问题，便提出变更，如果没有问题，施工单位可以提前进行施工优化。目前的BIM工作是独立于传统流程之外的，未融入传统流程。而图纸由传统流程生成，与BIM无关，所以BIM出图就成为了一项"伪业务"。我们为了发展，既要引入新技术，又要让旧的生产方式存续，一般的做法就是搞双轨制，这实际上是增加了工作量。

现阶段施工单位实施BIM遇到不同的阻碍，其内因是缺乏经验、培训不足，没有时间和精力来推广和发展BIM；其外因主要是业主没有需求，或项目太小不需要BIM。

目前施工单位最常用的功能是按照设计成果及模型数据的分析，附加施工造价和工期进度数据，形成可用于施工的造价控制模型（4D数据）、进度控制模型（5D数据）及施工方案模型（施工模拟），并对甲方变更施工造价及工期影响，进行及时地监控。

我们应充分利用BIM的直观性、可分析性、可共享性及管理性等特性，为项目管理的各项业务提供准确及时的基础数据与技术分析手段，配合项目管理的流程、统计分析等管理手段，实现数据产生、数据使用、流程审批、动态统计、决策分析的管理闭环，以提升项目综合管理能力和管理效率。

3 工程管理部门日常管控

3.1 项目信息管控

采用Revit、Civil3D等建模软件创建不同层次的BIM施工模型，包括整体线路的宏观模型和桥隧、路段的微观模型。其中，整体线路的宏观模型采用不同颜色线段在地形图上表示各个标段及包括的路段、桥梁、隧道等，用于支持整个线路及工程标段的施工管理和过程模拟。桥隧、路段的微观模型由其精细的3D模型与详细的施工进度及工程信息关联形成，用于支持重点桥隧、路段的精细化施工管理。各个层次的模型包括了不同细度的构件、施工任务以及相关的进度、资源、质量、安全、成本等施工信息。

根据工程分包及施工情况，利用P6软件或WBS编辑器建立施工任务划分结构（WBS），创建不同层次的施工进度计划。将创建的BIM施工模型导入Fuzor软件中，建立WBS与模型中构件的关系，形成4D-BIM施工模型，并逐渐附加进度等施工信息。

3.1.1 整体线路进度展示

基于宏观BIM施工模型，在地图上展示公路工程的整体线路布局，并用不同颜色表示各部分的未施工、施工中和已完成等施工状态，突出施工中的部分，实现工程项目整体情况和各标段施工进展的快速查询和可视化展示。可以按照周、月建立时间节点，每个节点输入各项工作的完成情况，管理者可快速了解和展示项目的建设情况，把握整体建设过程。用BIM施工模型，选中某桥或路段可查询其名称、施工单位、起止桩号、施工进度、质量安全、资源成本等详细信息。

3.1.2 桥隧、路段的精细管理

对于施工难度大或工序复杂的重点桥梁或隧道工程，可建立精细的微观BIM施工模型，支持施工过程模拟和施工方案分析优化，实现精细化的施工进度管理、成本管理、质量安全管理等，避免返工、窝工等现象，切实保障工期。此外，还可支持动态计算每周或每月完成的工程量，辅助工程款支付和成本管理控制。

3.2 项目完成工程量管控

3.2.1 工程量计算

工程量计算以模型为依据，以构件实体形式保存，每一个构件都包含其类别、位置、尺寸、材料等必要的工程信息；通过将这些不同构件分类汇总，提取构件信息，对构件的体积、表面积等几何数据的计算，可以很容易地对分部分项工程的工程量加以统计。利用BIM信息模型计算工程量，可以减少数据输入的工作量；还可以利用企业目前已制定的概预算定额，结合工程项目施工进度，计算出工程施工不同阶段的成本预算，作为工程项目阶段成本控制的依据。若发生设计变更，只需修改相应位置，整个模型与图纸就会统一发生变化，大大降低核算时间与成本。

3.2.2 完成工程量填报

利用轻量化网络平台，将宏观、微观模型导入平台中，技术人员可以利用手机终端，及时将完成工程量录入模型中。工程管理人员即可查询项目工作的实施情况，并汇总导出相应的月、季度工程报表；还可查看各项工作的完成量和应付工程款等信息，可大幅提高工作效率和信息化管理水平，也可有效提高决策水平。

3.3 物资计划管控

物资管理贯穿整个工程施工全过程。在施工过程中按照进度计划、楼层、流水段类型、专业构建类型、钢筋分类、构建工程量、资源类型、分包查询、材质查询等多个角度，查询所需的工程量，及时有效地为施工提供最为准确的工程量。

3.3.1 物资使用计划

从现阶段来讲，BIM与物资挂钩最直接的体现就是软件自动提取工程量。随着BIM的不断深入及引入时间（进度）之后，可以根据进度需要提取工程量以便于采购管理，当然也包括在造价管理中的物资管理。

施工策划阶段，按照定额提供各月度、季度的主要材料用量，为物资总计划提供准确的依据。在技术方案编制及优化过程中，可以按照多种角度查询工程量及资源用量。在施工过程中，为生产部门提供本周、当日施工部位的混凝土量、各个规格钢筋量、砌体量等关键工程量。在施工过程中，为生产部门提供各节点的主要材料用量，作为施工备料、限额领料的主要依据。

3.3.2 限额领料、减少浪费

施工单位可以利用BIM模型按时间、按工序、按区域提取工程量。在工程造价的控制中材料的控制是主要的，材料费用在工程造价中往往占很大的比重，一般占直接总费用50%～60%。因此，必须在施工阶段严格按照合同中的材料用量控制，控制材料用量最好的办法就是限额领料。

目前施工管理限额领料手续流程虽然很完善，但是没有起到实际效果，关键是领用材料时审核人员无法判断领用数量是否合理，无法获得实时的材料数据，判断是否出现浪费。在传统施工管理中，材料领取经验主义盛行，在施工过程中无法及时、准确获取拆分工程实物量，无法实现过程管控；往往是根据工程部计算得到的工程量制定采购计划，出现责权颠倒的现象。基于BIM技术的关联数据库，可以准确快速统计到每个区域、每个构件的材料用量，随时为限额领料提供及时、准确的数据支撑，快速准确获得过程中工程基础数据拆分实物量。利用BIM技术可以快速获得这些数据并且进行数据共享，相关人员可以调用模型中数据进行审核，从而为施工企业制定精确的人材机计划提供了有效支撑，大大减少了资源、物流和仓储环节的浪费，为实现限额领料、控制消耗提供了技术支撑。

4 结语

根据高速公路线路长、结构物多等特点，我们提出了建立宏观和精细化两种模型来满足实际应用需求，有效展示高速公路工程的动态施工过程和施工状态，实现高速公路工程的动态、集成和可视化的施工管理和工程模拟。利用轻量化平台可实现移动终端的信息填报及实时获取信息，可提高工程建设管理的信息化水平和效率。

目前，BIM还不能发挥出它的全部作用。除却我们对它有过分的期望外，或许也与它作为一个新出现的宏大体系本身所固有的不足有关。BIM不是一项技术，而是一种新的工作方式，也许不是革命性的，但是一定会给行业带来改变。

征 稿 启 事

各网员单位、联络员：
广大热心作者、读者：

《水利水电施工》是全国水利水电施工技术信息网的网刊，是全国水利水电施工行业内刊载水利水电工程施工前沿技术、创新科技成果、科技情报资讯和工程建设管理经验的综合性技术刊物。本刊宗旨是：总结水利水电工程前沿施工技术，推广应用创新科技成果，促进科技情报交流，推动中国水电施工技术和品牌走向世界。《水利水电施工》编辑部于2008年1月从宜昌迁入北京后，由全国水利水电施工技术信息网和中国电力建设集团有限公司联合主办，并在北京以双月刊出版、发行。截至2016年年底，已累计发行54期（其中正刊36期，增刊和专辑18期）。

自2009年以来，本刊发行数量已增至2000册，发行和交流范围现已扩大到120个单位，深受行业内广大工程技术人员特别是青年工程技术人员的欢迎和有关部门的认可。为进一步增强刊物的学术性、可读性、价值性，自2017年起，对刊物进行了版式调整，由杂志型调整为丛书型。调整后的刊物继承和保留了原刊物国际流行大16开本，每辑刊载精美彩页6～12页，内文黑白印刷的原貌。本刊真诚欢迎广大读者、作者踊跃投稿；真诚欢迎企业管理人员、行业内知名专家和高级工程技术人员撰写文章，深度解析企业经营与项目管理方略、介绍水利水电前沿施工技术和创新科技成果，同时也热烈欢迎各网员单位、联络员积极为本刊组织和选送优质稿件。

投稿要求和注意事项如下：

（1）文章标题力求简洁、题意确切，言简意赅，字数不超过20字。标题下列作者姓名与所在单位名称。

（2）文章篇幅一般以3000～5000字为宜（特殊情况除外）。论文需论点明确，逻辑严密，文字精练，数据准确；论文内容不得涉及国家秘密或泄露企业商业秘密，文责自负。

（3）文章应附150字以内的摘要，3～5个关键词。

（4）正文采用西式体例，即例“1”“1.1”“1.1.1”，并一律左顶格。如文章层次较多，在“1.1.1”下，条目内容可依次用“（1）”“①”连续编号。

（5）正文采用宋体、五号字、Word文档录入，1.5倍行距，单栏排版。

（6）文章须采用法定计量单位，并符合国家标准《量和单位》的相关规定。

（7）图、表设置应简明、清晰，每篇文章以不超过5幅插图为宜。插图用CAD绘制时，要求线条、文字清楚，图中单位、数字标注规范。

（8）来稿请注明作者姓名、职称、职务、工作单位、邮政编码、联系电话、电子邮箱等信息。

（9）本刊发表的文章均被录入《中国知识资源总库》和《中文科技期刊数据库》。文章一经采用严禁他投或重复投稿。为此，《水利水电施工》编委会办公室慎重敬告作者：为强化对学术不端行为的抑制，中国学术期刊（光盘版）电子杂志社设立了“学术不端文献检测中心”。该中心将采用“学术不端文献检测系统”（简称AMLC）对本刊发表的科技论文和有关文献资料进行全文比对检测。凡未能通过该系统检测的文章，录入《中国知识资源总库》的资格将被自动取消；作者除文责自负、承担与之相关联的民事责任外，还应在本刊载文向社会公众致歉。

（10）发表在企业内部刊物上的优秀文章，欢迎推荐本刊选用。

（11）来稿一经录用，即按2008年国家制定的标准支付稿酬（稿酬只发放到各单位，原则上不直接面对作者，非网员单位作者不支付稿酬）。

来稿请按以下地址和方式联系。

联系地址：北京市海淀区车公庄西路22号A座
投稿单位：《水利水电施工》编委会办公室
邮编：100048
编委会办公室：杜永昌
联系电话：010－58368849
E－mail：kanwu201506@powerchina.cn

全国水利水电施工技术信息网秘书处
《水利水电施工》编委会办公室
2017年1月30日

《水利水电施工》编审委员会

前　言

《水利水电施工》是全国水利水电施工技术信息网的网刊，是全国水利水电施工行业内刊载水利水电工程施工前沿技术、创新科技成果、科技情报资讯和工程建设管理经验的综合性技术刊物。本刊以总结水利水电工程前沿施工技术、推广应用创新科技成果、促进科技情报交流、推动中国水电施工技术和品牌走向世界为宗旨。《水利水电施工》自2008年在北京公开出版发行以来，至2017年年底，已累计编撰发行60期（其中正刊40期，增刊和专辑20期）。刊载文章精彩纷呈，不乏上乘之作，深受行业内广大工程技术人员的欢迎和有关部门的认可。

为进一步提高《水利水电施工》刊物的质量，增强刊物的学术性、可读性、价值性，自2017年起，对刊物进行了版式调整，由杂志型调整为丛书型。调整后的刊物继承和保留了原刊物国际流行大16开本，每辑刊载精美彩页，内文黑白印刷的原貌。

本书为调整后的《水利水电施工》2018年第5辑，全书共分7个栏目，分别为：特约稿件、土石方与导截流工程、混凝土工程、地基与基础工程、机电与金属结构工程、路桥市政与火电工程、企业经营与项目管理，共刊载各类技术文章和管理文章31篇。

本书可供从事水利水电施工、设计以及有关建筑行业、金属结构制造行业的相关技术人员和企业管理人员学习、借鉴和参考。

编者

2018年10月

目　录

机电与金属结构工程

路桥市政与火电工程

企业经营与项目管理

Contents

Foundation and Ground Engineering

Electromechanical and Metal Structure Engineering

Road & Bridge Engineering, Municipal Engineering and Thermal Power Engineering

Enterprise Operation and Project Management

特约稿件

"一带一路"倡议下中国水电国际化发展路径

周建平/中国电力建设集团有限公司

周兴波　杜效鹄　王富强/水电水利规划设计总院

【摘　要】本文在深入分析"一带一路"沿线国家基本情况、水电开发迫切性和水电开发潜力的基础上，提出了中国水电国际化发展应遵循"高端切入，规划先行；技术先进，质量优良；风险防控，效益保障；包容合作，互利共赢"的行动路径，认为中国水电企业在开拓国际水电市场的同时，应打造中国水电品牌，提升国际形象与影响力，确保中国水电国际化进程有序有效和可持续发展。

【关键词】"一带一路"　中国水电　水电国际化　行动路径

1　引言

习近平主席2013年10月提出的"一带一路"倡议，得到国际社会的广泛响应和支持。"一带一路"分别指"丝绸之路经济带"和"21世纪海上丝绸之路"。2015年3月，中国政府提出《推动共建丝绸之路经济带和21世纪海上丝绸之路的愿景与行动》，阐述了"一带一路"的主张与内涵，指明了"一带一路"建设的方向和任务。其中，基础设施互联互通是"一带一路"建设的优先领域。"一带一路"倡议立足中国实际，助力沿线国家共同发展，顺应了以共商共建共享为价值追求的新型全球化发展潮流，不仅得到了国际社会的积极响应和热情参与，也为中国企业"走出去"和国际化发展带来了前所未有的机遇。

中国水电虽历经百年发展，但工程技术一直较为落后，只是在近30年的高速发展中才实现了从"追赶者"到"引领者"的跨越。截至2017年底，中国水电装机容量达3.4亿kW，约占全国电力总装机的20%，占全球水电装机容量的26.9%；全球已建在建200m及以上高坝96座，中国占34座；250m以上高坝20座，中国占7座；坝高305m的锦屏一级混凝土双曲拱坝和314m的双江口心墙堆石坝，位列同类坝型之冠。此外，中国水电在单机百万千瓦机组、300m级高坝建设、高水头泄洪消能、复杂岩溶地区筑坝、智能大坝建造等技术领域处于世界前列。

近年来，中国水电企业凭借其规划、勘察、设计、建设、运行、装备制造、输变电等全产业链综合集成优势，在"一带一路"沿线国家建成了数十座大中型水电工程，如几内亚凯乐塔水电站、马来西亚沐若水电站、苏丹麦洛维水电站、厄瓜多尔辛克雷水电站等。一批大中型水电工程正在设计建设之中，巴基斯坦卡洛特水电站从设计、建设、融资，以及技术、标准、管理及将来的运营，均将采用"中国方案"。随着中国水电国际化业务的布局与发展，当前中国政府和企业已经与80多个国家建立了水电规划设计、开发建设与产业投资的合作关系，占有国际水电市场超过50%的份额。

据统计，"一带一路"沿线国家总人口达46亿，占世界人口的62%；土地总面积5000万km^2，占世界的39%；GDP总量23万亿美元，仅占世界的31%。从经济发展水平来看，"一带一路"沿线国家大多为增速乏力的中等收入国家，能源电力短缺，水资源利用率低，经济社会发展受到严重制约。因此，水资源及水能资源的开发成为"一带一路"沿线国家的迫切需求。但是，水利水电工程具有投资大、建设期长、技术要求高等客观属性，加之国际市场形势错综复杂，人文、宗教、法规、思维方式和理念等存在地域差异，因此，研究中国水电国际化发展路径十分必要。

2 “一带一路”沿线国家迫切需要水电开发

2.1 沿线国家基本情况

2.1.1 经济发展情况

“一带一路”沿线国家根据其地理板块，分为蒙俄、东南亚、南亚、西亚北非、中东欧以及中亚六大区域；总人口占全球的2/3，而GDP不足全球的1/3（2017年数据），除少数属发达国家外，大多数为中等收入的发展中国家，一些国家尚处于较为贫困或相当贫困的状态。“一带一路”沿线的中东欧16国大多为高收入或中高收入国家；西亚北非18国中西亚国家能源资源丰富，如沙特阿拉伯、阿联酋、土耳其等，人均GDP均远超高收入国家水平。东南亚、南亚及中亚地区的大多数国家经济水平则与之相差较大，尚处于中低收入或低收入水平，尼泊尔、阿富汗等国2017年人均GDP在750美元左右，为极度贫穷的国家。总体而言，除印度和俄罗斯两个发展中大国，其他国家经济发展模式较为单一，经济体量大多低于1万亿美元。“一带一路”沿线国家GDP占中国GDP比例超过1%的国家仅31个，如图1所示。

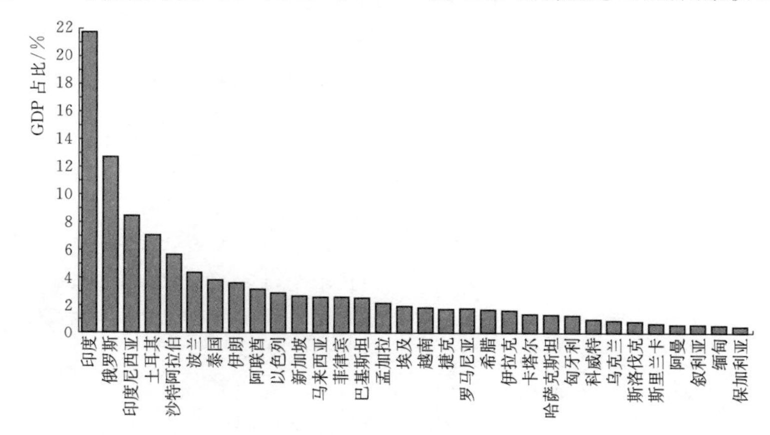

图1 2017年“一带一路”沿线主要国家GDP占中国GDP比例图（数据来源：IMF）

2.1.2 水资源禀赋情况

“一带一路”沿线国家水资源总量高，但由于时空分布不均，人均可利用水资源水平较低，西亚、北非国家的水资源短缺问题尤为显著。据联合国粮农组织最新统计数据，“一带一路”沿线国家的可再生内陆淡水资源为$1.52\times10^{13}\,m^3$，占世界总量的35.6%，而“一带一路”沿线国家的人口数量占全球总人口的62.2%，也就是说用全球1/3的水资源供养着全球2/3的人口；人均水资源不足$4000m^3$，明显低于世界人均水资源$6000m^3$的水平。此外，“一带一路”沿线国家入境水量占总水资源量的比例平均为31.5%，跨界水问题在这一区域较为突出。其中土库曼斯坦、孟加拉国、科威特、巴林、埃及、匈牙利六个国家的入境水量占总水资源量的比例超过90%。“一带一路”沿线淡水资源丰富的15个国家分别为俄罗斯、中国、印度尼西亚、印度、孟加拉国、缅甸、越南、马来西亚、菲律宾、柬埔寨、泰国、老挝、巴基斯坦、罗马尼亚和土耳其，见图2。

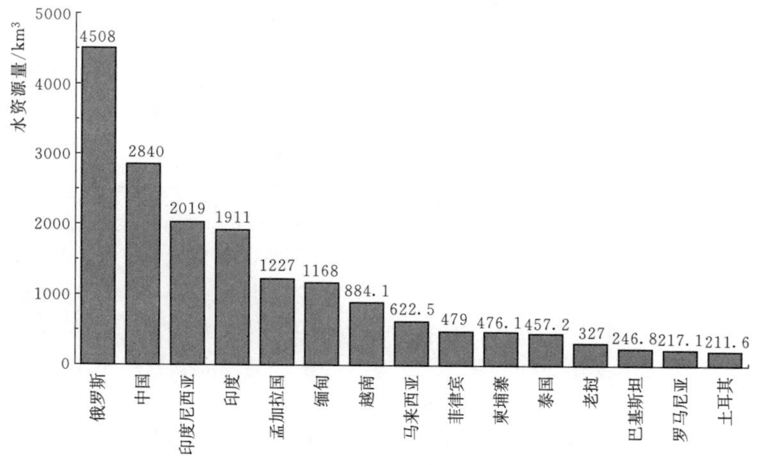

图2 “一带一路”沿线淡水资源丰富的15个国家的水资源情况

沿线淡水资源短缺的15个国家分别为亚美尼亚、马其顿、黎巴嫩、沙特阿拉伯、也门、以色列、阿曼、约旦、塞浦路斯、新加坡、阿联酋、巴林、卡塔尔、马尔代夫、科威特，见图3。

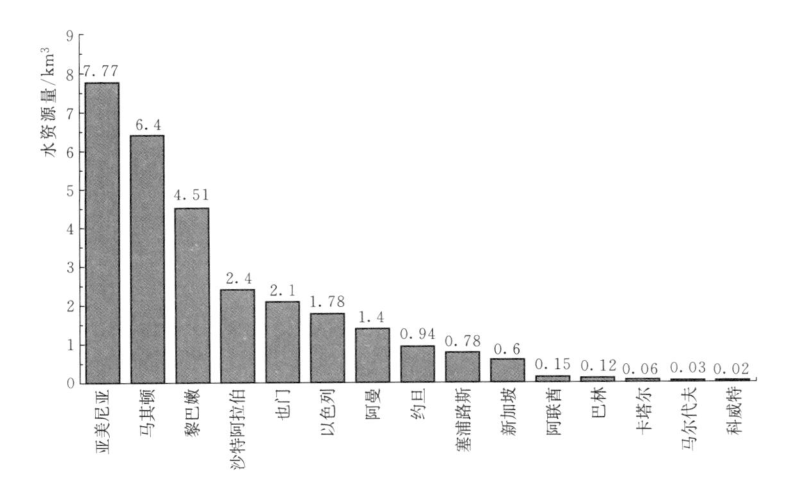

图3 “一带一路”沿线淡水资源短缺的15个国家的水资源情况

2.2 沿线国家水电开发的迫切性

受洪涝灾害、干旱缺水、电力短缺、水环境恶化等难题的困扰，沿线国家大多将水资源和水电开发作为国民经济社会发展的首要战略任务。因此，开展国际合作具有广泛的迫切需求。

（1）洪涝灾害高风险国家多，急需修建水库大坝等基础设施。洪涝干旱和地质灾害给“一带一路”沿线一些国家造成重大损失。据世界资源学会（The World Resources Institute）对全球164个国家和地区的洪水受灾人口分析研究，全球每年平均约有2100万人受到洪水影响，其中受灾人口最多的15个国家占了世界总受灾人口的80%，分别为印度、孟加拉国、中国、越南、巴基斯坦、印度尼西亚、埃及、缅甸、阿富汗、尼泊尔、巴西、泰国、刚果、伊朗、柬埔寨。除巴西和刚果外，其余均为“一带一路”沿线国家。因此，为防洪减灾、保障生命财产安全，“一带一路”沿线国家修建水库大坝等基础设施成为其首要的经济建设任务。

（2）降雨时空不均，水资源短缺，资源性和工程性缺水并存。如前文所述，“一带一路”沿线各国水资源禀赋各异，大多数国家较为缺水，除东南亚和欧洲国家年降水量在1000mm以上外，其他国家均为干旱半干旱气候，且受季节性影响显著。从全球来看，降水在空间分布上呈现赤道附近多，两极地区少，南北回归线两侧、大陆西岸地区较少，大陆东岸较多的规律；时间分布上呈现较强的季节性降水，夏季极端降水事件频繁，且主要分布在孟加拉湾，中国大陆东岸海域和赤道东太平洋地区。此外，“一带一路”沿线国家调水和控水的基础设施严重不足，甚至在南亚、非洲一些国家，基本的生活饮用水安全都得不到保障，经济发展受到严重制约。

（3）电力基础设施条件较差，电力短缺。截至2016年底，全球仍有10.6亿无电人口，近28亿人依靠传统的固体燃料烹饪和取暖。撒哈拉以南非洲国家的通电率仅为37.6%，亚太地区仅印度一国就有2.7亿无电人口，电力基础设施条件差、电力短缺成为非洲和东南亚地区贫困的重要原因。中国以外的“一带一路”沿线地区人均装机量不到0.3kW，人均年用电量仅为1600kW·h，比全球平均水平的一半还低。电力短缺导致的生产生活困难、生态环境脆弱、健康状况低下等问题十分突出。尽快开发水力资源，加强电力基础设施建设，保障能源电力供给，是“一带一路”沿线部分国家保障基本生活的迫切需求。

2.3 沿线国家水力资源开发潜力

中国及“一带一路”沿线其他64个国家的水电技术可开发总量约7.93万亿kW·h，占全球水电技术可开发量的50%。沿线其他64个国家的水电技术可开发量约4.93万亿kW·h，占全球水电技术可开发量的31.2%。其中，技术可开发量500亿kW·h以上国家共计18个，水电技术可开发量合计约45710亿kW·h，占到沿线国家全部水电技术可开发总量的92.7%。俄罗斯水电资源技术可开发量最为丰富，约占沿线国家资源总量的30%。从空间分布来看，水电开发主要涵盖俄罗斯、中南半岛、印度、巴基斯坦、不丹、尼泊尔、阿富汗、塔吉克斯坦、吉尔吉斯斯坦、哈萨克斯坦等周边地区。

据国际水电协会《2018 Hydropower Status Report》，到2017年底，全球水电装机容量12.67亿kW，年发电量4185TW·h，全球水电开发率26.5%。截至

2017年底，“一带一路”沿线主要国家水电开发程度如图4所示。

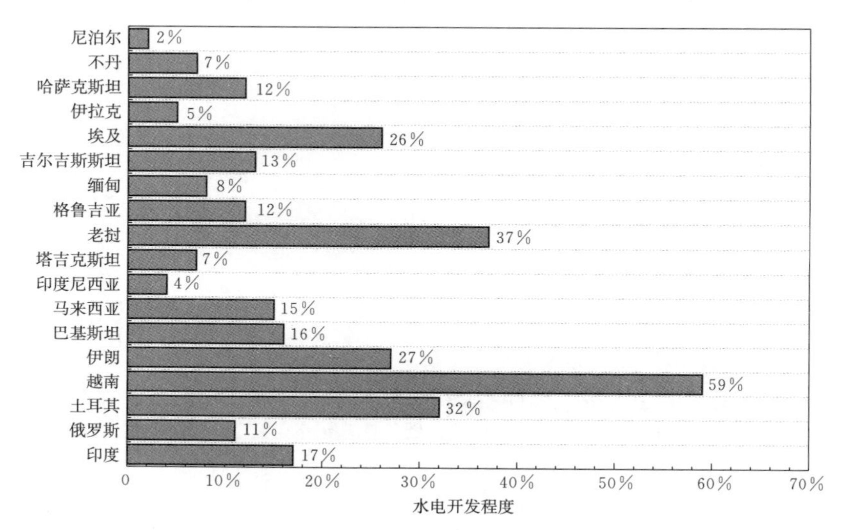

图4 “一带一路”沿线主要国家截至2017年底水电开发程度

由图4可以看出，俄罗斯、印度、印度尼西亚、塔吉克斯坦、巴基斯坦、尼泊尔、缅甸、马来西亚、吉尔吉斯斯坦、不丹、伊拉克、格鲁吉亚、哈萨克斯坦的水电开发程度均低于20%，水电开发潜力较大。

3 中国水电国际化发展路径

中国水电企业开展境外业务，需要结合自身条件，做好总体规划和顶层设计，切忌“只顾当前，不及长远”“只考虑自身利益，不考虑项目所在国和中国的国家利益”。中国水电企业国际化发展需要通过“走出去”“走进去”和“走上去”，最终实现国际化和可持续发展。“走出去”是近期目标，即设立海外机构，研究找到项目机遇，培养人才、积累经验，从中获得收益。“走进出”是中期目标，即设立本土化法人企业，取得当地资质，扎根目标市场，树立品牌形象，融入当地，获得广泛信任。“走上去”是最终目标，即成为全球化企业，全面开展国际合作，全球优化集约配置资源，促进基础设施建设和社会经济协调可持续发展。

中国的水电技术和基础建设能力，能够为沿线发展中国家加快水库大坝建设、开发水资源与电力、促进其经济社会发展提供帮助。“走出去”的中国企业必须坚持国家利益优先，遵循市场经济规律，致力协同发展和合作共赢，严格管控项目风险，确保项目效益最优化，以创造社会财富，满足项目所在国经济社会发展需求为前提；坚持高端切入、规划先行，技术先进、质量优良，风险防控，效益保障，包容合作、互利共赢的系统理念，是中国水电企业国际化发展的行动路径。

3.1 高端切入、规划先行

高端切入、规划先行是中国水电国际化发展的重要前提。“一带一路”建设需要获得目标国政府认可和审批的总体规划和专业规划。前期规划研究，对项目所在国未来发展起到战略引领作用，是中国企业“选好项目、做好项目”前提条件。

践行高端切入、规划先行，需要中国企业充分参与对接项目所在国国家层面的发展规划，针对项目所在国面临的基础设施问题，详细调查，系统研究，提出系统解决方案，以长远的可持续发展目光、全面合作共赢的视角，因地制宜开展设计规划。

水电开发具有一次性投资大、建设周期长、技术难度大等特征，中国水电国际化必须立足长远，确保建设工程安全可持续。例如，为积极推进“一带一路”能源合作，我国已开展了中巴经济走廊能源规划、中缅电力合作规划、孟中印缅经济走廊能源合作规划等能源合作发展规划，尤其中巴经济走廊能源规划项目卡洛特水电站、卡西姆燃煤电站、达沃风电场等项目均已取得了较好的成效。

3.2 技术先进、质量优良

技术先进、质量优良是中国水电国际化发展的重要基石。质量是工程的生命，也是水电企业国际化发展的根本。开展建设项目前期论证、工程建设和运行维护工作都应该遵循工程建设管理基本程序和质量管理的规定，研究采用先进技术，优化技术方案和技术参数，做到安全可靠、经济合理、资源节约和环境友好，努力打造精品工程、样板工程。

当前，中国水电在全球水电建设市场中的份额超过50%，为“一带一路”沿线国家解决电力供应问题提供了先进技术与优质服务，促进了当地的经济社会发展。始终坚持技术创新，精心设计、精心施工，保证质量，从勘察、设计、建设、运行、维护全过程为开发企业和项目所在国（或地区）提供全产业链有价值的服务和技术支持，是有经验、负责任的水电企业走向国际的必要选择。选择"好"项目，把项目做好，通过良好的维护和运行管理，使其发挥最佳效益。

非洲加纳布维水电站是加纳最大的水电工程之一，电站装机容量400MW，年发电量10亿kW·h。中国电建承建设计施工，2013年投产发电。工程建设期，提供了8000个工作岗位，培训了大批技术人员和技能工人；此外，还在电站下游建设移民新村，改善了移民的居住环境。截至2017年7月，累计发电33亿kW·h，满足了当地电力需求。布维水电站工程总承包树立了中国水电国际形象，实现了加纳人民的"百年梦想"。该项目获得加纳国家"2013年度能源建设工程奖""2014年度卓越工程奖""2015年度工程实施方案奖"，深得当地政府和民众的称赞。

3.3 风险防控、效益保障

"一带一路"沿线国家大多为发展中国家，基础设施落后，经济增长乏力，社会动荡、政局不稳，国际关系错综复杂。在这些国家开发水电，面临诸多风险和挑战。因此，在国际化发展中，中国企业应在开发过程中，充分熟悉项目所在国环境、把握政策法规、增强风险意识，提升风险预测、研判和防范能力，遵循基本建设规律和市场经济规律，合法合规开展经营。

选择"好"项目是基础。研判"开发项目"必要性和可行性，要站在项目所在国"国家中长期经济社会发展目标和规划"的角度，回避党派之争、地方之争，尤其要研判和防范开发项目的经济风险、环境风险和社会风险，以及法律法规风险、技术标准风险、水文地质风险、工程安全风险、健康卫生风险、市场价格风险、外汇波动风险等其他工程建设的风险。并以此为基础，合理使用各种风险应对措施、管理方法、技术手段对项目的风险实行有效地防控，确认开发项目能够为项目所在国及其所在区域创造财富的同时，也能为项目开发相关企业和利益相关方创造价值，具有一定的抗风险能力。

把项目做"好"是根本。要在项目建设过程中加强项目组织管理、合理配置资源、控制建设成本、按期竣工投入运行、提升运维管理水平，确保工程综合效益最大化。

3.4 包容合作、互利共赢

中国水电国际化发展要避免单打独斗，利益独享，要善于联合国内外优势企业、中介机构和金融机构，优势互补，共同推进"项目开发"。要充分重视受开发项目影响的弱势群体和生态环境，给予必要的关照和补偿；要与项目所在国、地方及其他利益相关方构建责任共同体、利益共同体，在建设项目任务、规模、方式和总体进度计划上达成共识，形成各方接受的商业合作模式，合作共赢，风险分担。

中国水电企业、金融机构、科研院所和高等院校，要共同打造"走出去"航母，实现规划设计、建设施工、装备制造、运营管理等水电全产业链服务能力。实现价值创造最大化和可持续发展，包容合作、互利共赢显得越来越重要。比如在"一带一路"沿线国家的水电市场中，中国规划设计、建设运行、投资融资、信用保险等企业组成联合舰队，编队出海，充分体现了我国中央企业的实力，为打造"中国水电"国际品牌，做出了重大贡献。

4 结论与建议

"一带一路"建设是推动构建人类命运共同体的重要实践平台，是对国际合作以及全球治理新模式的积极探索。为推进"一带一路"建设的有序健康实施，对政府机关、企业、金融机构、科研单位和咨询中介协同合作，开展中国水电国际化行动提出以下建议：

（1）建立健全对外合作协调机制。政府主管部门或行业机构要统筹协调能源电力、水利和其他基础设施领域的相关工作，建立水电企业走出去沟通协调和风险预警机制，共同有序参与重大规划、重大项目以及其他基础设施项目国际合作计划。

（2）完善一体化行业信息服务平台。中介咨询机构可以通过建立全球能源资源等综合信息服务平台，使国内企业能及时获得目标国的能源资源、水资源开发相关信息。支持实现规划引领、高端切入，为目标国家和地方政府能源电力规划、水资源规划和项目开发提供规划咨询服务。

（3）创新水电行业"走出去"合作模式。"走出去"的中国企业要增强项目策划能力、履约管理能力、全产业链资源整合能力，不断创新合作模式，推进国际业务升级。中国水电企业可更多地选择组建"中方联盟"，编队出海，发挥国际组织、跨国公司和项目所在国的优势资源，实现资源的全球优化集约配置。

（4）加强境外水电开发金融支持。发挥中国金融机构、地区金融机构和世界银行等金融服务实体的作用，大力推动银企合作，增强开发项目融资能力。建立外汇储备和资源储备互换机制，合理利用外汇储备，加强项目前期工作的金融支持，防范立项风险。

（5）加强水电工程技术交流、推动重大研发国际合作。要以技术援助、合作开发、技术研讨、科技人员交流等方式，加强工程技术交流，让广大发展中国家分享中国经验。推动重大项目研发的国际交流合作，主动布局和积极利用国际创新资源，努力构建合作共赢的伙伴关系，共同应对水库大坝安全、经济开发和可持续发展所面临的挑战。

参考文献

[1] 人民网．弘扬人民友谊 共同建设“丝绸之路经济带”——习近平在哈萨克斯坦纳扎尔巴耶夫大学发表重要演讲［Z/OL］.［2013-09-08］. http://cpc.people.com.cn/n/2013/0908/c64094-22843681.html.

[2] 人民网．习近平：中国愿同东盟国家共建21世纪“海上丝绸之路”［Z/OL］.［2013-10-03］. http://politics.people.com.cn/n/2013/1003/c1001-23101127.html.

[3] 新华社．经国务院授权 三部委联合发布推动共建“一带一路”的愿景与行动［Z/OL］.［2015-03-28］. http://www.gov.cn/xinwen/2015-03/28/content_2839723.htm.

[4] 周建平，周兴波，杜效鹄，等．梯级水库群大坝风险防控设计研究［J］. 水力发电学报，2018（1）：1-10.

[5] 马洪琪．我国坝工技术的发展与创新［J］. 水力发电学报，2014，33（6）：1-10.

[6] 谢省宗，吴一红，陈文学．我国高坝泄洪消能新技术的研究和创新［J］. 水利学报，2016，47（3）：324-336.

[7] 樊启祥，周绍武，林鹏，等．大型水利水电工程施工智能控制成套技术及应用［J］. 水利学报，2016，47（7）：916-923.

[8] 张楚汉，金峰，王进廷，等．高混凝土坝抗震安全评价的关键问题与研究进展［J］. 水利学报，2016，47（3）：253-264.

[9] 北京师范大学新兴市场研究院，“一带一路”研究院．“一带一路”沿线国家经济社会发展报告［J］. 经济研究参考，2017（15）.

[10] IMF. International Monetary Fund World Economic Outlook［R］. IMF，2018，4. http://www.imf.org/external/datamapper/index.php.

[11] Food and Agriculture Organization of the United Nations. AQUASTAT database［EB/OL］.［2016-11-07］. http://www.fao.org/nr/water/aquastat/data/query/index.html (Accessed 7 November 2016).

[12] Tianyi Luo，Andrew Maddocks，Charles Iceland. World's 15 Countries with the Most People Exposed to River Floods［EB/OL］.［2015-03-05］. http://www.wri.org/blog/2015/03/world%E2%80%99s-15-countries-most-people-exposed-river-floods

[13] Sutanudjaja E，Van Beek R，Winsemius H，et al. New version of 1 km global river flood hazard maps for the next generation of Aqueduct Global Flood Analyzer［C］// EGU General Assembly Conference. EGU General Assembly Conference Abstracts，2017.

[14] WRI. AQUEDUT Water Risk Atlas［EB/OL］.［2018-05-15］. http://www.wri.org/applications/maps/aqueduct-atlas/#x=-20.21&y=15.29&s=ws!20!28!c&t=waterrisk&w=def&g=0&i=BWS-16!WSV-16!SV-2!HFO-4!DRO-4!STOR-8!GW-8!WRI-4!ECOS-2!MC-4!WCG-8!ECOV-2&tr=ind-1!prj-1&l=2&b=usgs-national&m=group&init=y.

[15] IEA. Energy Access Outlook 2017 From Poverty to Prosperity［R］. International Energy Agency. 2017.

浅谈DG水电站工程截流施工技术

张伯夷　李东福　翁　锐/中国水利水电第七工程局有限公司

【摘　要】 DG水电站为Ⅱ等大（2）型工程，开发任务以发电为主，工程导流采用隧洞导流方式。本文对截流方案设计、现场组织准备及实施过程等方面进行了阐述，为类似条件下的大江截流积累了经验。

【关键词】 截流施工程序　施工方案　戗堤位置

1　工程概况

DG（“大古”的缩写）水电站位于西藏自治区山南市桑日县境内、雅鲁藏布江干流上，工程区距桑日县城公路里程约43km，距山南市泽当镇约78km，距拉萨市约263km。

DG水电站为Ⅱ等大（2）型工程，开发任务以发电为主。水库正常蓄水位为3447.00m，相应库容为0.5528亿m^3。电站装机容量为660MW，多年平均发电量为32.045亿kW·h，保证出力（$P=5\%$）173.43MW。

电站枢纽建筑物由挡水建筑物、泄洪消能建筑物、引水发电系统及升压站等组成。拦河坝为碾压混凝土重力坝，坝顶高程3451.00m，最大坝高118.0m，坝顶长389.0m。发电厂房采用坝后式布置，主要由主厂房、副厂房、变电站等组成，主厂房尺寸为163.0m×29.50m×63.50m（长×宽×高），安装4台单机容量165MW的混流式水轮发电机组。

1.1　工程地质地形条件

1.1.1　上游围堰

上游围堰左、右岸基岩裸露，河床冲洪积层厚度4.5～38.9m，基岩岩性为黑云母花岗闪长岩，堰基构造不发育。左、右岸坡在清除覆盖层及基岩岸坡局部不稳定块体后，可直接利用基岩作为堰基；河床部位则利用覆盖层建基，承载力标准值380～450kPa，变形模量30～35MPa，开挖后的漂卵石可满足围堰对地基的变形及强度要求。

上游围堰防渗墙左岸基岩裸露，右岸为江边滩地，河床冲洪积层厚4.4～38.9m，结构稍密—中密，透水性强，属中—强透水层，应做好堰基的防渗处理工作。由于河床基岩面起伏较大，大孤石含量较高、分布不均，防渗施工难度大。基岩段表层透水率大于5Lu，对堰基浅部基岩应进行防渗处理。

1.1.2　下游围堰

下游围堰左岸为覆盖层，右岸为基岩，河床冲洪积层厚度15.0～27.0m，基岩岩性为黑云母花岗闪长岩。左岸及河床覆盖层，结构稍密—中密，可满足围堰对岩基的变形及强度要求。左岸河滩及河床覆盖层透水性强，应做好堰基的防渗处理。围堰堰基覆盖层大孤石含量较高，基岩面起伏较大，应充分考虑地基不均匀变形问题及防渗施工难度。基岩段表层透水率大于5Lu，对堰基浅部基岩应进行防渗处理。

1.2　水文气象

DG水电站坝址控制集水面积157407km^2，多年平均年径流量319亿m^3，多年平均流量1010m^3/s。洪水主要由暴雨形成，洪枯流量相差悬殊，6—10月为汛期，11月至次年5月为枯水期。坝址上游羊村水文站（控制集水面积153191km^2）年最大洪峰流量发生在7—9月，最大洪峰流量为8870m^3/s（1962年）；坝址下游奴下水文站（控制集水面积191235km^2）年最大洪峰流量发生在6—9月，最大洪峰流量为13100m^3/s（1998年）。

本工程位于青藏高原气候区，基本特性为气温低、空气稀薄、大气干燥、太阳辐射异常强烈。气候属高原温带季风半湿润气候，每年11月至次年4月为旱季，

5—10月为雨季。

加查气象站（坝址下游约35km，测站高程3260.00m）多年平均气温9.3℃，极端最高、最低气温分别为32.5℃和−16.6℃，多年平均降水量527.4mm，多年平均蒸发量为2084.1mm，多年平均相对湿度为51%，多年平均气压为685.5hPa，多年平均风速为1.6m/s，历年最大定时风速为19.0m/s，多年平均日照时数为2605.7h，历年最大冻土深度为19cm。

2 戗堤位置调整

根据2016年11月26日在成都召开的“DG水电站截流施工组织设计审查会”、2016年12月6日在业主管理营地召开DG水电站截流施工措施和围堰防渗墙施工措施方案审查会及2016年12月13日召开的截流专项会议要求，戗堤位置有两种布置方案，均由1#和2#导流洞双洞联合过流。

方案一：双洞过流，截流的戗堤位置按设计提供位置布置。截流戗堤轴线与围堰轴线平行，距离上游围堰轴线上游约42.5m，戗堤轴线长约121m，戗堤顶部高程为3376.00m。

方案二：根据截流备料情况和实际施工进度，将戗堤上移至1#导流洞下游侧，按双洞导流方式进行截流施工。截流戗堤轴线与围堰轴线平行，布置在围堰上游侧，距轴线约140m，戗堤轴线长约93m，戗堤顶部高程为3376.00m。

方案二的选择主要是基于以下考虑：2016年11月，项目部进场后，联合业主、设计、监理对原设计戗堤部位地形进行了考察。本次截流设计由2#洞单洞过流，龙口流速过大，且截流的准备时间过短。根据现场条件，目前戗堤正好处于河床陡坎下游，11月20日实测1#导流洞进口水位3374.365m，戗堤轴线水位为3370.849m，水位相差3.516.00m，戗堤轴线上移后正好移至陡坎上游，水位较目前戗堤部位大大提高。戗堤位置上移后使得戗堤部位河床抬高，在截流时龙口和导流洞的分流曲线更靠近导流洞，有利于龙口水力学参数的改善。且戗堤上移给防渗墙施工前对孤石的预爆破提供了有利条件，增加了防渗墙施工的进度保证系数。

3 导流方式及二期截流特点

3.1 施工期导流控制标准

DG水电站工程主要导流建筑物（包括导流隧洞、大坝上下游主围堰）级别为4级。施工导流采用断流围堰、隧洞导流的方式，导流程序如下：

（1）初期导流。从河床截流开始，至大坝浇筑高程超出上游围堰堰顶高程并具备临时挡水条件止，为初期导流阶段。本阶段由上、下游围堰挡水，导流隧洞泄流。其中2016年12月底至2017年3月底，由两条导流隧洞泄流，导流设计标准为12月至次年3月10年一遇洪水，流量601m^3/s，相应上游水位3375.51m；2017年4月至5月底，由两条导流隧洞泄流，导流设计标准为4月至5月10年一遇洪水，流量907m^3/s，相应上游水位3377.31m；2017年6月至大坝浇筑高程超出上游围堰堰顶高程期间，导流设计标准为全年20年一遇洪水，流量8840m^3/s，相应上游水位3416.79m。

（2）中后期导流。从大坝浇筑高程超出上游围堰堰顶高程并具备临时挡水条件开始，至导流隧洞下闸封堵止，为中后期导流阶段。本阶段由坝体临时度汛断面挡水，导流隧洞结合泄洪冲沙底孔泄流，坝体临时度汛标准为全年50年一遇洪水，流量10300m^3/s，相应上游水位为3422.97m。中后期导流阶段大坝防洪度汛要求如下：

1）汛前，大坝全线浇筑至高程3424.00m以上。

2）汛前，冲沙底孔、排沙廊道等具备运行条件。

3）汛前，引水进水口临时闸门安装完成，并具备挡水条件；尾水出口闸门安装完成，并具备挡水条件。

施工导流程序见表1。

表1　施工导流程序表

导流阶段	导流时段	导流标准		导流建筑物		上游水位/m	下游水位/m	备注
		频率/%	流量/(m^3/s)	挡水建筑物	泄水建筑物			
截流	2016年12月下旬	旬平均 $P=10$	416	戗堤	两条导流隧洞	3374.26		
初期导流	2016年12月—2017年3月	$P=10$	601	围堰	两条导流隧洞	3375.51		
	2017年4月—2017年5月	$P=10$	907	围堰	两条导流隧洞	3377.31		
	2017年6月至大坝全线浇筑高程超过上游围堰顶高程	$P=5$	8840	围堰	两条导流隧洞	3416.79	3377.57	

续表

导流阶段	导流时段	导流标准		导流建筑物		上游水位/m	下游水位/m	备注
		频率/%	流量/(m^3/s)	挡水建筑物	泄水建筑物			
中后期导流	大坝全线浇筑高程超过上游围堰顶高程至导流隧洞下闸封堵	全年 $P=2$	10300	坝体临时度汛断面	两条导流隧洞+泄洪冲沙底孔	3422.97	3379.60	汛前浇筑至3424.00m高程以上

3.2 二期截流水力学模型试验

为保证本工程顺利截流，特委托福州大学进行了截流模型专项试验，针对不同戗堤宽度、不同进占方式、不同龙口宽度的多种截流方式进行对比试验，测试与分析截流水力学指标与截流难度的关系，针对截流过程中可预见和不可预见的情况进行了可靠的试验，并根据试验结果提出了宝贵的意见和建议，并及时将相关试验结果提供于项目部，以指导截流施工方案的编制以及截流施工。

截流模型试验结论如下：

（1）结合截流试验结果和工程实际情况，大古水电站河床截流方案拟定为单戗立堵截流，考虑到左岸备料条件及交通条件均相对较好，采用左岸为主、右岸为辅的双向进占方式。龙口布置在河床中部偏右；截流戗堤按梯形断面设计，上游设计坡比为1∶1.4，下游设计坡比为1∶1.4，端头设计坡比为1∶1.3，截流戗堤顶宽为40.0m；戗堤进占的抛投强度为1238m^3/h。截流施工所需材料主要为就地石渣料、中石、大石；考虑截流困难阶段防冲和减少流失量，需要备用一定数量的钢筋石笼串、四面体串等作为截流关键阶段应急备料和安全储备。

（2）2016年11月上旬截流流量（$Q=801.0m^3/s$）和12月下旬截流流量（$Q=801.0m^3/s$）对于2#单洞导流和双洞导流两种导流状况，截流试验过程中，获得的龙口水力特征指标见表2。

表2　不同试验工况时的龙口水力特征表

截流流量/(m^3/s)	截流时间	导流状况	最大截流落差/m	最大流速/(m/s)	最大单宽流量/(m^3/s)	最大单宽功率/(t·m)/(s·m)	最大平均流速/(m/s)
416	2016年12月下旬	2#单洞导流	7.61	9.68	29.01	152.02	5.68
416	2016年12月下旬	2#单洞导流残埂高2.0m	9.20	9.50	29.01	166.14	5.68
416	2016年12月下旬	双洞导流	5.92	7.28	20.12	76.76	3.14
416	2016年12月下旬	双洞导流残埂高2.0m	6.86	7.28	21.38	93.25	3.67
801	2016年11月上旬	2#单洞导流	10.63	11.24	23.86	197.15	6.60
801	2016年11月上旬	双洞导流	8.05	8.29	23.23	123.22	4.01

（3）截流过程中，龙口流速、单宽流量逐渐增大，当龙口束窄至三角形断面、龙口水流形成水舌时，龙口水流流速、单宽流量达到最大。试验发现，龙口水流流速和单宽流量两指标均在截流进入困难段（45～35m）后的某一龙口宽度下达到最大，但不一定在同一时刻。双向进占截流龙口流速比单向进占稍大。随着戗堤进占，增大趋势较为明显，但截流困难段最大流速比单向进占稍小。

（4）试验过程中发现，在截流过程中，抛投材料如果流失在戗堤下游一定范围内，会有利于抛投材料的稳定。随着戗堤进占，截流材料的流失将下游河床垫起抬高，减小龙口的局部水头，从而降低了截流的难度。同时在某种程度上起到部分护底作用，对截流戗堤及堤头稳定是有利的。

（5）11月上旬截流（$Q=801m^3/s$）、12月下旬截流（$Q=416m^3/s$）流量条件与2#单洞导流、双洞导流两种导流条件之间组合的四种截流工况截流抛投量指标见表3。

（6）试验表明：导流洞进口有2m岩埂时，截流闭气后戗堤上游水位、终落差均比无残埂工况有所增加。岩埂的存在对截流难度有一定程度的增加，尤其在龙口预进占和第Ⅰ期截流初期，因底部高程增加，影响导流洞分流；龙口落差增大，对截流难度的影响更甚。

表 3　　不同试验工况时的截流抛投量表

流量/(m³/s)	戗堤顶宽/m	导流状况	抛投石料/万 m³					合计/万 m³	备料/万 m³	备注
			石渣料	中石	大石	钢筋石笼串	四面体串			
416	40	2#单洞导流，无残埂	1.25	1.03	0.99	0.33	0.19	3.79	5.69	戗堤顶高程3380.00m
416	40	2#单洞导流，残埂高 2m	1.25	1.08	1.00	0.34	0.24	3.88	5.82	
416	30	双洞导流，无残埂	1.15	1.06	0.29	0.31	0.14	2.95	4.43	
416	30	双洞导流，残埂高 2m	1.15	1.07	0.33	0.31	0.16	3.02	4.53	
801	40	2#单洞导流	1.25	1.08	0.97	0.37	0.25	3.92	5.88	
801	30	双洞导流	1.07	1.19	0.35	0.32	0.19	3.12	4.68	

注　表中备料（含钢筋石笼串和四面体串）系数取 1.5。

3.3　截流特点

根据工程水文地质资料、截流料源及截流水力学模型试验成果，本工程大江截流存在以下特点和难点：

（1）计算截流戗堤上下游最大落差 3.13m，截流龙口最大平均流速 4.86m/s，是本河段流域最大截流流速。

（2）工程坝址区河床地质、水文条件复杂，河床为深厚砂卵石覆盖层，抗冲刷能力弱，不利于截流戗堤稳定。从模型试验来看，冲刷明显，冲刷深度 3～4m。

（3）截流戗堤预进占段位于河床深槽位置，水深、流速较大、流态复杂，不利于截流戗堤稳定。从模型试验情况看，小粒径抛投料难以稳定，戗堤堤头坍塌频发且规模较大，给截流人员和设备带来很大的安全隐患。

（4）本工程截流预进占段抛投的料物来自 2#渣场，截流道路狭窄，对截流运输影响较大。

（5）截流块石量有限，仅 3000m³，块石料严重缺乏，备料任务艰巨。

4　截流进度计划

工程的进度直接关系到工程的经济效益和资金筹措，为保证大江截流在最佳时机截流成功，按施工总进度计划安排，2016 年 12 月开始截流施工准备，12 月底开始上游围堰戗堤预进占施工，同时防渗平台滞后 20～30m 跟进填筑。具体截流施工进度计划及日程安排如下：

（1）各类截流材料准备：2016 年 12 月 3—24 日。

（2）预进占及截流演习、整改：2016 年 12 月 15 日至 2016 年 12 月 22 日。

（3）河床截流：2016 年 12 月 25 日至 2016 年 12 月 26 日。

5　截流方案设计

5.1　截流方式选择

借鉴目前国内水利枢纽工程及类似工程截流施工经验，根据本工程现场地形条件、交通布置等情况，参考截流模型试验成果，依据水力学计算结果，并对施工技术方案进行了科学合理性、可行性、经济性对比分析，采用上游单戗单向（从左岸到右岸）立堵截流方式。截流龙口设在右岸河床。

5.2　截流戗堤断面优化设计

按设计提供的《西藏 DG 水电站上、下游围堰设计报告》及截流流量 Q=416m³/s（12 月下旬 10 年一遇旬平均流量），双洞导流堰前水位为 3374.26m，考虑到安全超高等因素，确定两种截流方案的戗堤顶高程均为 3376.00m。截流戗堤按梯形断面设计，顶宽 35m，上游设计坡比为 1∶1.4，下游设计坡比为 1∶1.4，端头设计坡比为 1∶1.2。

5.3　截流分区及龙口参数

截流龙口位置及宽度的确定与设计截流标准的流量、导流明渠的分流条件关系密切。确定截流分区及龙口参数是十分重要的环节。为此，为保证截流的成功，我部从以下参数进行了精确的计算和选择。

5.3.1　龙口位置选择

工程区河床呈 V 字形，戗堤位置河床左岸覆盖层较深，根据目前工程实际情况，右岸不具备通行条件，因此龙口选择在河右岸；龙口附近，左岸场地较开阔，适合作为合龙抛投料车辆暂停待卸料场地。因此采用左岸进占的方式，戗堤由左岸向右岸进占，龙口位置设置在主河床右侧。

5.3.2 龙口护底和裹头保护

由于本工程龙口段位于河床右岸，不具备交通条件，因此本次截流施工进行护底施工困难。

根据水力计算结果，龙口段流速高达4.86m/s以上，根据设计资料本工程截流戗堤处河床地面高程约3358.00～3370.00m，覆盖层厚度4.4～38.9m，主要为冲积漂卵石，漂石含量35%～40%，直径以0.5～2.0m为主，最大直径可达5m，中细砂充填其间，局部存在架空现象；轴线附近两侧岸边表层分布厚0.8～1.9m的中细砂。根据钻孔抽水试验，漂卵石层渗透系数为0.02～0.13cm/s，呈强透水性。

根据本工程河床覆盖层性状，暂不考虑采用河床护底及右岸裹头保护措施。

5.3.3 截流进占分区

根据水力学计算成果并结合龙口布置情况，截流戗堤分为预进占段和龙口段。预进占段长约61m，龙口段长60m。其中，龙口段分为3个区段：龙口Ⅰ区、龙口Ⅱ区、龙口Ⅲ区。具体截流戗堤龙口分区见图1。

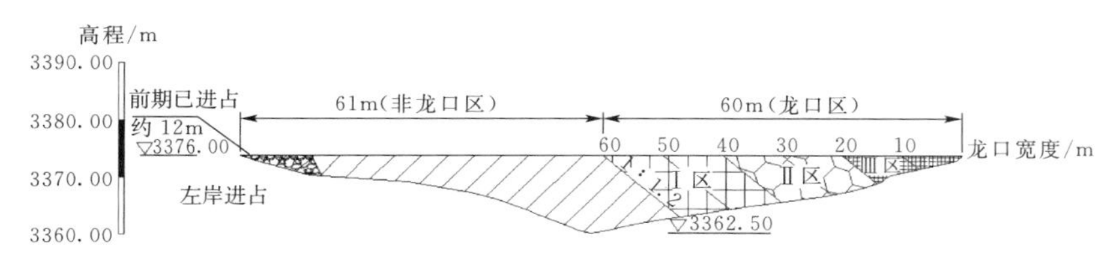

图1 龙口分区图

各区段计算截流水力学指标如下：

龙口Ⅰ区：龙口宽60～40m，龙口平均流速4.76～4.86m/s，最大平均流速4.86m/s。

龙口Ⅱ区：龙口宽40～20m，龙口平均流速3.37～4.86m/s，最大平均流速4.86m/s。

龙口Ⅲ区：龙口宽20～0m，龙口平均流速0～3.37m/s，最大平均流速3.37m/s。

6 截流材料规划

6.1 截流材料分区工程量

依据水力计算成果，截流材料分区工程量见表4。

表4 截流材料分区工程量表

抛投区段部位		流速/(m/s)	抛投材料					
			石渣(10～40cm)/m^3	中块石(40～70cm)/m^3	大块石(70～120cm)/m^3	特大石(>120cm)/m^3	钢筋石笼(2m×1m×1m)/m^3	合计
预进占区		<3.34	5565	3339	2968	—	—	11872
龙口区	Ⅰ区(70～50m)	3.0～3.34	8011	8545	6124	142	120	22942
龙口区	Ⅱ区(50～20m)	1.52～3.0	6786	7238	5187	121	80	19412
龙口区	Ⅲ区(20～0m)	0～1.52	1470	1548	1109	26	—	4153
合计			21832	20670	15388	289	200	58379

依据水力计算成果，龙口段采用石渣料、块石料、特大石和钢筋石笼填筑。

为满足截流需要，非龙口段需备料11872m^3，龙口区备料46507m^3，总备料58379m^3，为防止不可预见因素发生，需另配备约1000m^3块石串。

6.2 料源规划

根据截流各个分区使用材料情况，在施工准备阶段，对各料场渣料进行了复查，最终经过现场实地测量、排查。

根据招标文件明确，大块石、特大石、中块石、石渣及钢筋石笼来源为2#、3#渣场及坝肩标在坝址附近的集渣平台，目前材料主要来源于坝肩标在坝址附近的集渣平台，大块石、特大石料不足部分需要在坝区收集。

7 截流施工

7.1 截流施工强度考虑

(1) 预进占段抛投强度考虑。预进占段抛投总量26700m^3，按照截流施工规划，戗堤预进占段施工时段为2016年12月15—22日，共7天。日平均抛投强度$3376m^3$，日最大抛投强度$5064m^3$（考虑1.5的不均匀系数），小时最大抛投强度$253m^3$（按照每天工作20h计）。

（2）龙口段抛投强度考虑。2016年12月25—26日龙口合龙，戗堤龙口合龙总抛投量$26413m^3$料物，设计截流合龙历时48h，平均抛投强度$550m^3/h$，最大抛投强度为$825m^3/h$（考虑1.5的不均匀系数）。

（3）堤头抛填强度考虑。戗堤堤头最大抛投强度可达$1200m^3/h$。截流预进占段最大小时抛投强度$253m^3/h$，龙口段最大抛投强度为$825m^3/h$，由此可见4个卸料点满足戗堤抛投施工要求。

7.2 设备选型及配置

为满足截流抛投强度的要求，必须配备足够的装、挖、吊、运设备，优先选用大容量、高效率、机动性好的设备。挖装设备主要选用1.6～$2.0m^3$的反铲和装载机，大石选用$2.0m^3$液压反铲或16t汽车吊挖装，特大石、中块石及石渣料等选用$2.0m^3$液压反铲和$1.6m^3$液压挖掘机挖装，钢筋石笼、块石串选用25t/16t汽车吊吊装。运输设备主要选用25t自卸汽车。根据计算，需要25t自卸汽车共53辆、推土机3台、挖装设备7台、汽车吊5辆投入截流施工。

7.3 预进占段施工

根据截流戗堤设计和截流施工道路的布置等条件，截流进占采取上游单戗自左向右单向立堵进占，按照“测量放样→非龙口段预进占→戗堤裹头保护”程序施工，预留龙口宽60m。预进占段抛投总量约$26700m^3$，历时7天，平均强度约$3814m^3/d$。

戗堤预进占施工前，首先按设计坐标现场测量放样，将截流戗堤轴线及边线、顶高程、顶宽在现场用彩旗做好标识。预进占主要利用2#渣场石渣及中石料等直接抛投，具体方法如下：

（1）戗堤均采用25t自卸汽车抛填进占。在进占过程中，根据堤头稳定情况选用两种抛投方法：自卸汽车在堤头直接卸料，全断面抛投；深水抛填时，采用堤头卸车集料，330/320推土机配合赶料抛投。截流戗堤堤头采用大功率推土机推料，另配一定数量装载机进行备料场集料和截流施工道路维护。

（2）预进占期间最大流速为4.76m/s，根据具体情况决定是否抛填大石、钢筋石笼、特大石等特殊料物。

7.4 龙口段施工

龙口段抛投总量约$26413m^3$，施工历时48h，平均强度约$550m^3/h$，高峰强度$825m^3/h$（考虑1.5的不均匀系数）。

截流戗堤龙口段采用全断面推进和凸出上游挑角两种进占方式，堤头抛投拟采用直接抛投、集中推运抛投和卸料冲砸抛投三种方法。

根据进占方式不同，将截流戗堤龙口段分成3个区段进行抛填。

（1）龙口Ⅰ区。龙口从左岸单向进占，龙口宽度由60.0m进占至40.0m，龙口流速4.76～4.86m/s，龙口泄流量404～$283m^3/s$。进占物料总量约$15568m^3$，其中石渣料约占37.5%，中石约占40%，大石约占21%，钢筋石笼约占1%，特大石约占0.5%。

在龙口宽度接近40.0m时，流速最大，水流对两岸裹头冲刷强烈，此时根据实际情况，另外还需单独抛填约$1000m^3$块石串，以保证戗堤两岸端头的稳定。

进占方式：采用凸出上游挑角的方式施工，在堤头上游侧与戗堤轴线成30°～45°角的方向，用钢筋石笼串、大石抛填形成一个防冲矶头，在防冲矶头下游侧形成回流，堤头下游采用块石串和钢筋石笼，联合中小石、石渣料尾随进占。此段视堤头的稳定情况，小部分采用自卸汽车直接抛填，大部分需要采用堤头集料、推土机密切配合赶料的方式抛填。在此阶段应千方百计满足抛填强度，以加快进占速度、减小流失，实现顺利进占。

进占方法：在戗堤上游部位采用突出上游挑角法，用钢筋石笼和块石串抛投，钢筋石笼和块石串由16t汽车吊先吊装到25t自卸车上，每车吊装4～5个，然后采用钢丝绳和卡环将钢筋石笼在车上串在一起，直接卸在堤头后，由320/220推土机联合推赶。钢筋石笼采用16t/25t汽车吊吊装到25t自卸汽车，拉运至堤头。块石串则安排人工，快速在戗堤堤头串成串。钢筋石笼串和大块石串采用推土机推赶。在龙口形成防冲矶头，以减小流失和稳定龙口，然后用块石料和石渣料快速抛投跟进，并对戗堤下游坡脚用钢筋石笼和特大石、大块石进行防护。

（2）龙口Ⅱ区。龙口从左岸单向进占，龙口宽度由40.0m进占至20.0m，龙口流速3.37～4.86m/s，龙口泄流量283～$53.8m^3/s$。进占物料总量约$8570m^3$，其中石渣料约占37.5%，中石约占40%，大石约占21%，钢筋石笼约占1%，特大石约占0.5%。

进占方法：在容易坍塌的抛填区段采用堤头赶料的方式抛投，自卸汽车在堤头卸料，堤头集料量约$100m^3$，由320/220推土机配合赶料抛填。在流速增大后，在戗堤上游采用凸出上游挑角的方式，开始抛投大块石，在龙口形成防冲矶头，以减小流失和稳定龙口，然后用块石料和石渣料快速抛投跟进，并对戗堤下游坡脚用钢筋石笼和大块石进行防护。钢筋石笼由16t汽车吊先吊装到25t自卸车上，每车吊装4～5个，然后采用钢丝绳和卡环将钢筋石笼在车上串在一起，直接卸在堤头后，由推土机联合推赶。初始抛投时钢筋石笼4个为一串抛投，在龙口形成防冲矶头，以减小流失和稳定龙口，然后用块石料和石渣料快速抛投跟进。

(3) 龙口Ⅲ区。龙口从左岸进占，龙口宽度由20.0m进占至合龙，龙口流速0～3.37m/s，龙口泄流量0～53.8m^3/s。进占物料总量约2275m^3，其中石渣料约占30%，中石约占40%，大石约占29%，特大石1%。

进占方法：采用凸出上挑角法施工，先用特大石和大块石等抛出一个防冲矶头，使戗堤下游侧形成回流，然后石渣料、石渣混合料、中小石料尾随跟进。堤头视稳定情况，部分采用自卸汽车直接抛填，部分采用25t自卸汽车堤头集料、320/220推土机赶料的方式抛填。

8 结语

DG水电站大江截流施工在参建各方的共同努力下，精心组织，科学筹划，准备充分，措施到位，并且在施工过程中结合实际情况，对截流方式选择、截流戗堤布置、截流料源规划以及施工方法等主要技术问题与施工方案不断进行优化，不仅缩短了工期，克服了填筑物料细小等困难，还减少了施工资源的投入，使整个围堰戗堤仅仅在5天内就成功合龙，为后续施工赢得了宝贵的时间。充分证明了本次截流所采用方案的合理性和可行性。截流工程施工取得圆满成功，为深V字形峡谷河段截流工程领域的施工积累了更为丰富的宝贵经验。

浅谈象鼻岭水电站工程施工中的方案优化和工艺创新

李华兵/中国水利水电第三工程局有限公司

【摘　要】　象鼻岭水电站大坝土建工程在工程前期受综合因素影响，工期较投标阶段施工进度滞后情况下，项目技术人员以“科学技术为第一生产力”为指导思想，积极实施方案优化和施工工艺创新，先后围绕调整后的节点工期组织实施砂石加工和拌和系统平面布置优化、大坝上游增设漫水桥方案建议、过水围堰技术创新、玄武岩制砂工艺改造、中孔坝段大型悬臂梁结构采用预制模板工艺、快速测量放样系统在象鼻岭双曲拱坝中的应用等。施工方面，采用了合理的方案优化和创新的工艺，不仅解决了施工中的技术难题、降低了施工成本，而且还在加快施工进度、保证施工质量的同时，解决了施工中存在的安全问题，创造了一定的经济效益。

【关键词】　象鼻岭水电站　方案优化　工艺创新　应用

1　简述

1.1　工程概况

象鼻岭水电站位于贵州省威宁县与云南省会泽县交界处的牛栏江上，系牛栏江流域中下游河段规划梯级的第三级水电站，其上游为大岩洞水电站，下游为小岩头水电站。本工程以发电为主。坝址多年平均流量为 $128m^3/s$，水库正常蓄水位为 1405.00m，相应库容 2.484 亿 m^3，死水位 1370.00m，调节库容 1.685 亿 m^3，其中死库容 0.799 亿 m^3，属不完全年调节水库。电站装机两台，总装机容量为 240MW，保证出力为 47.42MW，多年平均发电量为 9.30 亿 kW·h，年利用小时为 3875h。

象鼻岭水电站枢纽建筑物由碾压混凝土拱坝、右岸引水系统和地下厂房等组成。拱坝坝顶高程 1409.50m，最大坝高 141.5m，坝顶长 459.21m，坝顶宽 8.00m，拱冠梁坝底厚 35m，厚高比 0.247。泄水建筑物由 3 个溢流表孔和 2 个中孔组成，主要承担宣泄水库各种频率的洪水及冲沙的任务。泄洪表孔堰面为实用堰，堰顶高程 1397.00m，孔口尺寸 12m×8m（宽×高），出口采用异型鼻坎挑流消能。中孔进口底板高程为 1335.00m，孔口控制尺寸 4m×6m（宽×高），出口采用窄缝挑流消能。大坝下游设有混凝土护坦及护岸等防冲结构。

1.2　工程建设简介

象鼻岭水电站大坝土建工程标施工内容包括大坝开挖与支护（含进水口、下游护坦及护岸）、大坝及泄洪系统混凝土结构、大坝防渗帷幕、大坝金属结构埋件和机电工程、部分场内道路工程、砂石系统、混凝土系统、缆机工程（含供料线）及施工供水工程、田坝弃渣场永久排水及护坡工程、BT2 崩塌堆积体处理等主体和施工辅助工程。

工程自 2012 年 6 月 6 日首批施工人员进场以来，前期因征地、“四通一平”、工作面移交等客观原因，工程进度缓慢，至 2014 年 12 月 31 日才实现截流目标。工程进入 2015 年，主要围绕基坑开挖和大坝防洪度汛形象开展施工，汛前工程进展基本满足进度要求。进入汛期大坝暂停施工，需过流度汛。汛期项目积极做好各项后续施工筹划工作，在充分细致完成准备工作的条件下，大坝基坑抽水清淤施工于 10 月中旬启动，至 11 月 10 日完成大坝 1280m 以上清淤施工，并于 12 月 22 日开始恢复汛后大坝碾压混凝土浇筑工作，比原计划提前 12d 实现节点目标。

2016 年是大坝混凝土施工的高峰期和关键期，项目主要围绕 2016 年度汛形象和后续下闸蓄水目标开展施工。期间通过高效组织，大坝形象不断上升，自 3 月 23 日起始的一个月里，完成了 1312.00～1329.00m 高程大坝混凝土浇筑，实现大坝月高峰上升 17m。5 月底按期完成了大坝2016年度汛形象，为汛期大坝碾压混凝土继续施工创造了有利条件。到年底，大坝浇筑至1383.00m高程，全年浇筑高度累计达103m，实现大坝年度上升过百米。最终按期实现了业主提出的下闸蓄水和发电进度目标，2017年4月26日实现了导流洞下闸蓄水、7月5日实现了中孔下闸、7月18日电站顺利通过机组启动验收和7月底实现了电站双机相继启动并网发电。

2 施工方案优化

虽然在施工过程中遇到极大的困难，但项目部技术人员以“科学技术为第一生产力”为指导思想，积极实施方案优化和施工工艺创新，本着“技术上可行，施工上方便，进度上快捷，质量上有保证，成本上能节约，安全上无隐患”的原则，进行了各种方案的规划制定。在项目技术人员的共同努力下，科学地制定并落实了计划目标实施的具体措施。自开工以来，先后围绕调整后的节点工期，组织实施砂石加工和拌和系统平面布置优化、大坝上游增设漫水桥方案建议、过水围堰技术创新、玄武岩制砂工艺改造、中孔坝段大型悬臂梁结构采用预制模板工艺、快速测量放样系统在双曲拱坝中的应用等，采用了合理的方案优化和创新的工艺，不仅解决了施工中的技术难题、降低了施工成本，而且还在加快施工进度、保证施工质量的同时，解决了施工中存在的安全问题，创造了一定的经济效益。

2.1 砂石加工系统平面布置优化

根据投标文件，砂石加工系统布置于牛栏江右岸田坝小河右岸坡顶部缓坡平台，213国道下侧边，分布高程1420.00～1460.00m，占地面积93000m²，土石方开挖12.7万m³，土石方回填11.7万m³。

原方案靠近田坝渣场方向土石方回填量大，靠近213国道侧土石方开挖量大，且基础大部分为石方。根据现场场地条件，经过多次踏勘和召开专题会议研讨论证，决定在满足设备配置及生产要求的前提下对系统平面布置进行优化，对系统高程进行调整，系统生产能力不变，优化调整后系统分布高程1438.00～1467.00m，占地面积缩减至32000m²，土石方开挖减少约4万m³，土石方回填减少3万m³。

经过优化后，砂石系统建造费用大幅降低，达到了节能降耗目的。

2.2 混凝土拌和系统平面布置优化

根据投标文件，混凝土拌和系统布置于右岸3#路与213国道之间，混凝土骨料由1200mm胶带机从砂石系统成品料堆运输至混凝土系统成品骨料罐，系统内设置5个成品骨料罐储存骨料。进场后经技术人员现场勘测，3#路横穿拌和系统，原拌和系统布置面积不能满足建筑物布置要求，且系统场地位于BT2堆积体滑移范围内，基础承载力及稳定性不能满足要求。

根据现场场地条件，经过多次踏勘和召开专题会议研讨论证，最终确定将系统调整到砂石系统布置区下游侧，紧邻砂石骨料加工系统布置，系统生产能力不变，成品骨料由胶带机直接从砂石系统成品骨料堆运至拌和楼，取消5个成品骨料罐。

优化变更后拌和系统场地平缓，系统满足工程混凝土供应要求，较投标原场地开挖量减少了许多，取消了5个成品骨料罐及其附属廊道等结构，系统建造成本大幅降低，达到节能降耗的效果。

2.3 大坝上游增设漫水桥方案建议

大坝左岸坝肩开挖高差213m，设计开挖量35.16万m³，工期10个月，月开挖强度3.5万m³。根据投标阶段规划，左岸坝肩1287m以上开挖渣料通过左岸1#公路经下游永久桥运至右岸田坝渣场，但业主未按投标文件要求提供下游永久桥及按时贯通左岸1#公路，仅在下游修建了汽车荷载为40t的临时贝雷桥，致使左岸开挖出渣效率低，且运距较远，不能满足左岸高强度开挖要求。此外，经现场协调，2014年年初业主将左岸导流洞进水塔土建施工项目作为合同外新增项目划给我方施工，但该部位无人员通行、材料、设备运输道路。为解决上述问题，经与设计、监理、业主沟通同意，在导流洞上游修建一座漫水桥。

漫水桥位于导流洞上游约10m处，主要连接左右岸交通。桥长42m，桥面高程1294.50m，分为左、右两部分，左、右侧桥台各设延伸道路，分别延伸至右岸2#公路及左岸集渣平台处。右半部分桥面宽4.5m，采用在钢筋石笼上布置9节内径1.8m的涵管，并浇筑80cm厚混凝土的形式；左半部分根据现场地形填筑为一个可错车的平台，漫水桥上下游采用钢筋石笼护底、护坡，以自然坡比填筑至设计高程的形式。

由于在大坝上游增设了漫水桥，制约左岸开挖出渣问题得到有效解决，为后续主体工程提前达到截流目的奠定了坚实的基础。

2.4 过水围堰技术创新

象鼻岭水电站所处河流汛枯流量相差变化较大，导流洞过流能力有限，主河床上下游围堰设计为过水围堰，即枯期挡水、汛期过水。投标文件中围堰采用土石堰体、混凝土面板过水的结构形式，上游围堰顶部高程为1301.00m，迎水面坡比为1∶2.5，背水面坡比分别为1∶5.0和1∶1.5。土石堰体与堰基防渗采用复合土工膜结合高压旋喷灌浆防渗；过水面为1.0m厚C20混凝土面板，上下游坡脚均采用钢筋石笼和块石压脚和护坡。下游围堰顶部高程为1286.70m，迎水面坡比分别为1∶5.0和1∶1.5，背水面坡比为1∶2.5。土石堰体与堰基防渗均采用高压旋喷灌浆防渗；过水面为1.0m厚C20混凝土面板，上、下游坡脚均采用钢筋石笼和块石压脚和护坡。

根据实际施工进度计划，由于一枯不能确保大坝上升超过上游围堰顶高程，一汛需由导流洞和大坝联合泄洪，汛后需恢复围堰，进行基坑排水和清淤。考虑费用和工期，2014年组织相关技术、施工人员对施工图纸及实际进度计划进行认真研究后，经设计、监理、业主同意，对原设计的围堰结构进行了调整。

调整后围堰结构为：上游围堰顶高程1302.00m，堰体为土石料，上游边坡1∶2.5，下游边坡截流戗堤以上为1∶3.3，戗堤以下为1∶1.75，截流戗堤设置在距围堰轴线下游25m处，高14.77m，顶宽10m，上游坡度为1∶1.5，下游坡度为1∶2.0。为减少过流时上下游围堰间水位落差，降低围堰冲毁风险，同时减少上游围堰工程量，故在上游围堰1297m以上设自溃子堰。自溃子堰采用黏土麻袋（外侧采用麻袋、内侧芯墙采用黏土）形式。为防止水位变幅对上游堰坡的不利影响，在其上设置有护坡块石。堰体的过水保护体系采用混凝土面板和块石护坡，戗堤顶部以下采用钢筋石笼护面，围堰堰脚处覆盖层表面铺设一层钢筋石笼。

下游围堰堰顶高程1290.00m，堰体为土石料，上游边坡1∶2.5，下游边坡截流戗堤以上为1∶5，戗堤以下为1∶1.75，截流戗堤设置在距围堰轴线下游30m处，高7.3m，顶宽12m，上游坡度为1∶1.5，下游坡度为1∶1.75。为防止水位变幅对上游堰坡的不利影响，在其上设置有护坡块石，堰体的过水保护体系采用混凝土面板和块石护坡，为防止围堰过水对下游坡脚的淘刷，在戗堤的下游坡设置钢筋石笼护坡。

过水围堰的优化从根本上解决了一枯不能确保大坝上升超过上游围堰顶高程，一汛需由导流洞和大坝联合泄洪问题。优化后的过水围堰增加了5m高的自溃堰体，基本解决了围堰度汛标准低及因围堰形成库容较大，影响工程安全性能的问题。优化后的过水围堰，工程量相对减少，施工难度有所降低，部分缓解了基坑开挖工期紧张问题，同时减少了汛后围堰恢复占用的直线工期，为后期大坝混凝土顺利浇筑奠定了基础。

2.5 玄武岩制砂工艺改造

砂石加工系统是最早开工建设的项目之一，由于初期原材料、机械设备、人员及生产条件的不完善等因素，细骨料的石粉含量和细度模数波动稍大，砂石骨料品质较低。砂石系统玄武岩细骨料细度模数（常态砂为2.75，碾压砂2.82）、石粉含量（常态砂为7.0%，碾压砂12.3%）相对规范要求偏低，并且常态砂粒形较差。为弥补砂石品质偏差问题，在大坝混凝土一枯施工中，混凝土拌制中增加粉代砂5%的掺量来满足设计及规范要求。

原规划砂石系统超细碎车间设计处理能力为600t/h，设计加工强度为400t/h，车间内设置2台型号为PL7300立轴冲击式制砂机，给料粒径小于20mm，制砂车间配置对辊机1台（预留一台棒磨机工位），设计处理能力120t/h，设计加工强度100t/h。原砂石系统建成并投入运行时，除制砂车间配置对辊机1台外，其他设备均已安装并正常运行。

为了提高细骨料石粉含量，保证施工质量，提高质量可信度，控制施工成本，有必要采取措施提高玄武岩人工砂的细骨料品质，使细骨料品质达到优良。经过专家咨询后决定对制砂工艺进行改造，增加1台对辊机，在制砂车间增加1台高速立轴破碎机；同时新增一细骨料整形车间，车间布置在系统沉淀池与成品料仓之间，占地120m²，车间内布置2台MBS－Z2136棒磨机。通过新增加1台对辊机、1台立轴破碎机、2台棒磨机，可使石粉含量增加至18%左右。采用棒磨机棒磨，可以调整砂的细度模数，用来补充立轴式冲击破碎机所制备的砂细度模数偏大、颗粒级配不理想的问题，通过联合制砂及掺和工艺得到优质的砂产品。

经对原系统及改造后系统分析，本次系统改造取得了一定的效果，提高了成品碾压砂的石粉含量，改善了细骨料的细度模数，为后续二枯大坝碾压混凝土施工奠定了基础。

2.6 中孔坝段大型悬臂梁结构采用预制模板工艺

中孔泄洪坝段下游1314.50～1325.41m高程有两个结构设计均为长11.18m、宽12m、高10.91m、坡比为1∶1.0247的悬臂结构。

按传统施工工艺，悬臂梁结构（牛腿）施工通常采用组合钢模进行施工，需在施工现场进行模板、操作平台及背后安全支撑系统安装及后期施工完成后需拆除模板系统，这样占用直线工期较长，需一次性投入较多材料及施工资源，且施工部位为临边作业、高空作业，安全问题突出。

考虑该部位悬臂结构施工工期紧、工作量大及安全隐患多等因素，有必要对该部位施工进行工艺改造。为了满足施工便利、缩短直线工期和结合安全经济的原则，根据作业面现场实际施工条件，并结合以往类似工程应用情况，项目技术人员研讨确定对大坝中孔下游悬臂梁结构（牛腿）采用钢筋混凝土预制模板进行浇筑施工。

混凝土预制模板主要由与牛腿结构配合比相同的常态混凝土及内部受力钢筋网组成，在预制厂提前预制完成且强度达标后再运至现场进行安装，安装可以利用大坝已投入运行的20t辐射式缆机，该模板安装较为方便，可减少牛腿常态混凝土备仓时间，缩短工期；相比传统工艺，消耗材料较少；施工过程中模板不易变形，且设计模板包含于牛腿体型中，无须拆模，无须进行消缺处理，便于体形控制且外表美观；施工人员在模板安装时均在仓内进行，安全可靠。

通过采取工艺改造对中孔下游大型悬臂结构牛腿进行施工，减少了人力、物力方面的投入，且解决了大坝坝后上下工作面交叉施工带来的安全隐患问题。

2.7 快速测量放样系统在双曲拱坝中的应用

根据进度计划安排，碾压混凝土双曲拱坝混凝土月浇筑高峰强度约为10万m^3，采用翻转模板24小时不间断作业连续上升，这就要求施工过程中测量人员快速、准确地对坝面模板进行定位。

传统的测量放样方法多为可编程计算器配合全站仪进行计算放样，而象鼻岭水电站坝型为抛物线双曲拱坝，左右岸曲线函数不同，根据现场要求，需要对任意点位的坝面参数进行计算放样，传统的测量放样方法已无法满足快速施工的需求。为满足项目连续浇筑施工，缩短立模板校正时间，需要建立一套快速测量、放样计算系统，这就需要寻求新的方式对双曲拱坝的坝面参数进行快速、准确的计算和放样。

根据工程的实际情况，结合大坝三维模型，项目联合软件研究人员开发出一款针对性的快速测量软件，通过掌上电脑（PDA手簿）上的创新软件操控仪器进行测量，并实时将返回的数据进行对比计算，及时得出测量结果及偏差，减少人工测算步骤，缩短测量时间，降低过程误差。本技术将测量仪器、掌上电脑通过创新软件有机高效结合，三位一体进行测量工作，形成软件集成化快速智能测量。

采用该测量技术方案，全站仪采集测量数据后，自动发送数据到掌上电脑，由软件分析点位关系，对比所测点位与设计值之差，指导点位进行调整；同时可计算任意高程面的坝体参数，自动生成CAD图形，便于坝体体型图绘制和工程量计算。既加快了现场施工测量放样的速率和准确度，减少了劳动力投入，也为内业资料整理、工程量计算提供了便利，而且为拱坝快速施工提供了技术支撑。

3 结语

通过进行方案优化和工艺创新，象鼻岭水电站工程整体进度基本满足进度目标要求，确保了2017年7月5日中孔下闸蓄水目标的实现。采用合理的优化方案和创新的工艺，不仅解决了施工中的技术难题，降低了施工成本，而且还在加快进度、保证质量的同时，解决了施工中存在的安全隐患问题，创造了一定的经济效益，对以后类似的工程施工具有借鉴意义。

孔内微差起爆爆破技术在阿尔塔什工程的应用

张正勇　李振谦　李乾刚/中国水利水电第五工程局有限公司

【摘　要】 孔内分段微差单孔起爆爆破技术能够有效防控爆破有害效应，阿尔塔什大坝工程趾板边坡开挖利用这一技术对新浇筑混凝土进行保护，取得了良好的效果。本文对孔内分段微差单孔起爆爆破技术在阿尔塔什工程中的应用进行详细介绍，其经验可供类似工程借鉴。

【关键词】 孔内分段　微差爆破　保护　控制

1　概述

新疆阿尔塔什大坝工程为混凝土面板砂砾石堆石坝，坝高164.8m，大坝填筑量2500万m^3。阿尔塔什叶尔羌河段河面宽阔，主河床靠右岸，河床右岸覆盖层深厚，组成复杂。大坝基础防渗墙施工难度大且右岸边坡高陡近直立，防渗墙施工进度制约右岸趾板基础开挖。2016年5月防渗墙施工完成后进入度汛施工高峰，期间右岸趾板开挖与水平趾板混凝土浇筑必须穿插作业。当地冬季施工难度大，12月至次年2月需停工。为保证工程施工总体进度不受影响，正常气温条件下趾板混凝土浇筑施工必须加快。

2　爆破环境

阿尔塔什面板坝右岸趾板沿线基岩裸露，出露岩性主要为上石炭统塔合奇组下段C_3t_1厚层白云灰岩与灰岩互层，属中硬岩石。趾板边坡表层崩坡积物清理后，在水平趾板与右岸趾板边坡转折处，存在突出岩体，与面板垂直距离较近，距已浇筑水平趾板混凝土最近距离15～20m，最大高差15m。为了保证面板变形协调，需对该段岩石进行削坡，处理面积约100m^2，开挖方量约900m^3。爆破处理区域平面布置图见图1。

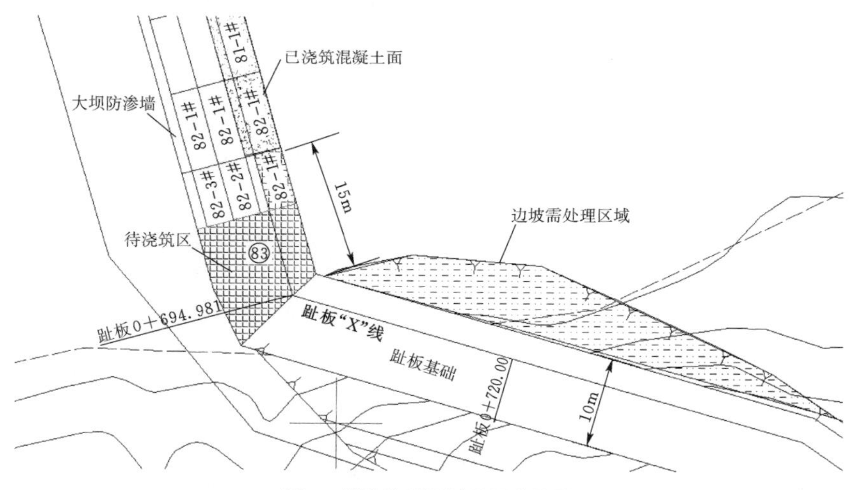

图1　爆破处理区域平面布置图

边坡处理前，已完成水平趾板81-1#、82-1#仓混凝土浇筑，混凝土浇筑龄期10～15天。右岸趾板边坡处理已制约趾板混凝土浇筑进度，需尽快完成坡面开挖，以保证降温前完成剩余水平趾板段混凝土浇筑，为2017年坝体全断面填筑提供条件。通过方案比较，采用常规爆破技术，其产生爆破振动将影响已浇筑混凝土结构质量；但如果采用液压破碎锤进行处理，效率极低，无法满足施工进度要求。为保证趾板已浇筑块段混凝土不受趾板开挖段爆破振动及飞石不利影响，同时加快施工进度，经综合分析研究，决定在趾板开挖段爆破采取孔内微差单孔起爆爆破技术。

3 爆破设计

《水电水利工程爆破施工技术规范》（DL/T 5135—2013）规定：龄期7～28天混凝土安全允许爆破振动速度7～12cm/s。本工程爆破安全允许爆破振动速度取值小于7cm/s。爆破设计主要内容包括：单段最大药量，炮孔药量，单孔装药结构。

（1）单段最大药量。按爆破作业安全允许爆破振动速度7cm/s，对单段最大药量按下面公式进行计算：

$$V=K(Q^{1/3}/R)^{\alpha}(Q^{1/3}/H)^{\beta}$$

式中 V——安全允许爆破振动速度，7cm/s；

Q——单段最大药量，kg；

R——爆区中心至被保护对象的水平距离，15m；

H——爆区中心至计算保护对象的高差，15m；

K——与爆区中心至计算保护对象间的地质条件有关的系数；

α——与爆区中心至计算保护对象间的地质条件有关的指数；

β——与爆区中心至计算保护对象间的地形有关的衰减指数。

爆区不同岩性的 K、α 值见表1。

表1 爆区不同岩性的 K、α 值

岩石	K	α
坚硬岩石	50～150	1.3～1.5
中硬岩石	150～250	1.5～1.8
软弱岩石	250～350	1.8～2.0

参考规范确定系数 K、指数 α，本工程以灰岩和白云石灰岩为主，属中硬岩，K 取值250，α 取值1.55。因爆区与被保护对象高差不大时，$(Q^{1/3}/H)^{\beta}$ 忽略不计。则爆破单段最大药量见表2。

表2 煤破单段最大药量

序号	爆区中心至被保护对象的水平距离/m	单段最大药量/kg	备注
1	15	3.35	最近距离
2	20	7.95	
3	25	15.50	

（2）炮孔药量。根据爆破中心孔至被保护距离要求最大单段药量要求，距离水平趾板不小于15m爆破孔，单次起爆药量3.35kg，单孔装药量最大6.70kg，采用孔内分段结构。为确保趾板混凝土结构安全，降低爆破振动速度叠加，减少起爆孔数量，炮孔按间排距2.5m×2.5m、孔深5.0m布置。采用弱松动爆破，单孔爆破单耗按0.2kg/m³控制，单孔装药量 $Q=qabh=6.5$kg，单段装药量3.25kg<3.35kg，满足最大单段药量要求。根据相关工程的实践经验，施工阶段爆破参数见表3。单孔装药结构图见图2。

表3 开挖爆破试验参数一览表

类型	距混凝土距离/m	孔径/mm	孔深/m	间距/m	排距/m	炸药单耗/(kg/m³)
主爆孔	>15	70	5	2.5	2.5	0.2

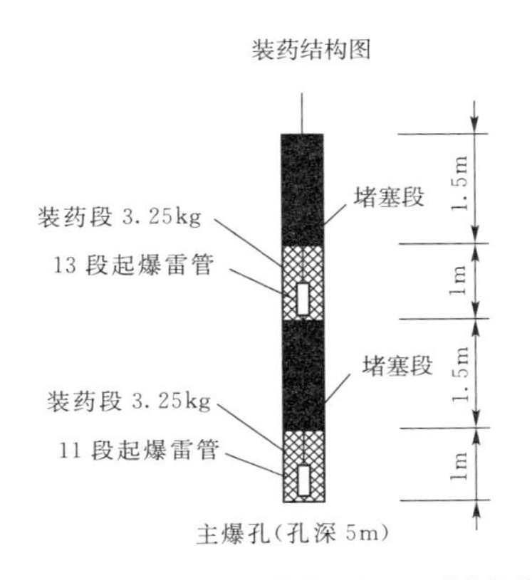

图2 单孔装药结构图

4 爆破施工

（1）造孔。炮孔采用矩形布孔型式，100Y潜孔钻钻孔，钻孔孔径70mm，钻孔深度5.0m。

（2）装药连线。爆破网络采用孔外毫秒延时起爆网络，孔内采用MS11、MS13非电毫秒导爆管雷管起爆药包，孔外采用MS3（孔间）、MS5（排间）非电毫秒导爆管雷管接力，逐孔起爆，一次进行32孔爆破作业，总起爆药量104kg。采用2发电雷管引爆整个网络。毫秒导爆管雷管规格见表4。爆破网络见图3。起爆顺序时间见表5。

表4 毫秒导爆管雷管规格

段　别	秒量/ms	标　志	备　注
3	50	MS-3	
5	110	MS-5	
11	460	MS-11	
13	650	MS-13	

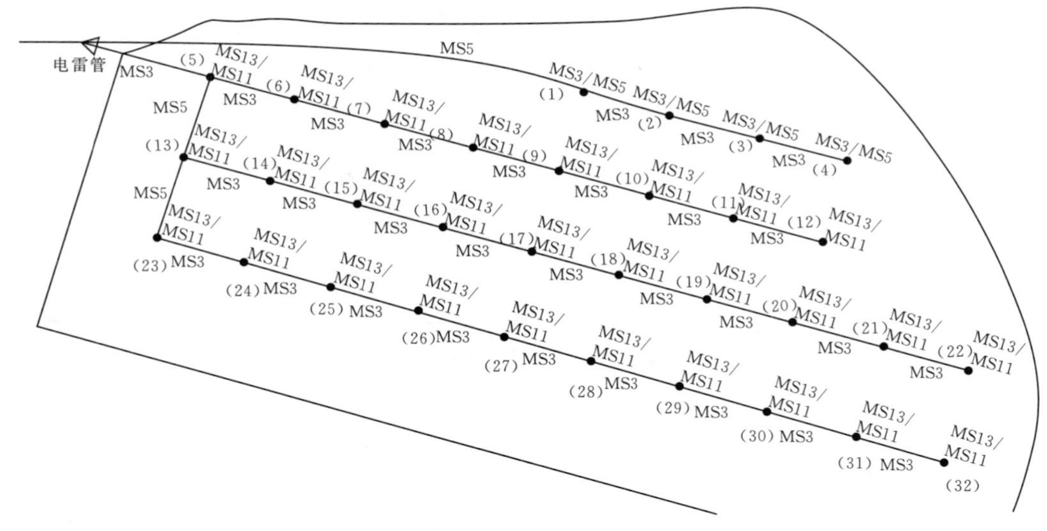

图 3　爆破网络连线图

表 5　起爆顺序时间表

炮孔序号	爆破时间/ms	炮孔序号	爆破时间/ms	炮孔序号	爆破时间/ms
1	160/220	12	860/1050	23	730/920
2	210/270	13	620/810	24	780/970
3	260/320	14	670/860	25	830/1020
4	310/370	15	720/910	26	880/1070
5	510/700	16	770/960	27	930/1120
6	560/750	17	830/1020	28	980/1170
7	610/800	18	870/1060	29	1030/1220
8	660/850	19	920/1110	30	1080/1270
9	710/900	20	970/1160	31	1130/1320
10	760/950	21	1020/1210	32	1180/1370
11	810/1000	22	1070/1260		

（3）爆破安全影响校核。爆破安全影响复核是通过理论计算确定空气冲击波的影响和飞石的安全距离，以确定人员设备的安全警戒范围。

1）空气冲击波安全距离。空气冲击波安全距离按照下式计算：

$$R_k = K_k Q^{1/3}$$

式中　R_k——空气冲击波最小安全距离，m；

Q——单响最大段起爆药量，kg；

K_k——系数（对作业人员取 25，对居民或其他人员取 60，对建筑物取 70）。

根据控制爆破参数，单响最大段起爆药量为 7.5kg，K_k取 70，经计算爆破产生的空气冲击波安全距离为 137m。

2）爆破飞石安全距离。按照《水电水利工程爆破施工技术规范》（DL/T 5135—2013）的要求，分别计算出爆破对人、对设备的安全距离。经验计算公式：

$$R = 20n^2 W K_f$$

式中　R——飞石对人员的安全距离；

n——爆破作用指数；

W——最小抵抗线；

K_f——安全系数，考虑到出露边坡爆破，取 1.5。

按照爆破设计参数，主爆孔最前排距外边坡 2.5m，造孔角度 90°，梯段深度 5m，经计算 $n=0.8$，$W=2.5$m，一般计算出飞石距离乘以 3～4 为最终飞石距离，本工程取 3。得出爆破飞石对人员的安全距离为 $R=144$m。

（4）警戒及防护工作。根据现场实际的爆破情况，除了爆破飞石，同时还要考虑粉尘影响，以爆区为中心、400m 距离为半径划定危险警戒区域。针对爆破作业特点及现场情况，设置相对固定的 3 个警戒点，警戒点为上游围堰及大坝填筑面、P1 料场爆破料坝区内运输道路。爆破前每个警戒员将危险区内的所有人员、设备撤离危险区（或撤至安全点），并在本次爆破危险区边界警戒点规定的位置负责警戒。趾板爆破防护示意见图 4。

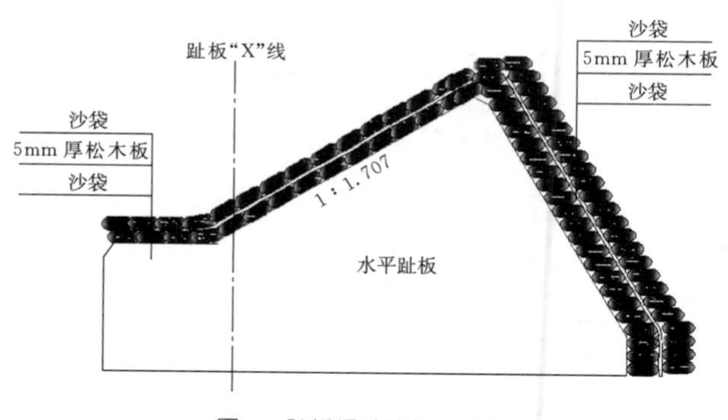

图 4　趾板爆破防护示意图

为减少新浇筑趾板混凝土及周边缝铜止水在爆破施工中所受到的扰动，需对爆破范围 80m 内的趾板进行重点防护，防护措施主要针对趾板侧立面及趾板表面，采取措施为铺设沙袋，沿趾板侧立面和上表面铺设两层沙袋，两层沙袋之间铺设一层 5mm 厚松木板，以增大受力面积，均匀受力。

（5）起爆作业。炮孔装药后采用土壤、细沙或其他混合物堵塞，严禁使用块状、可燃的材料堵塞。起爆方法：采用孔外毫秒延时起爆网路，孔内采用非电毫秒导爆管雷管起爆药包，逐孔起爆。为确保起爆作业安全，爆破作业采用远距离操作起爆，起爆地点的选择要不受空气冲击波、有害气体和个别分散物的危害。在爆破施工中可以根据现场实际情况，综合分析研究安全的起爆地点。

（6）爆破后检查。爆破后，爆破飞石及冲击波均处在合理范围内，爆破飞石未对已浇筑趾板造成破坏。开挖范围内突出岩体充分松动，边坡整体稳定。采用液压破碎锤结合液压反铲，可有效快速地进行开挖装运。

5 结语

阿尔塔什工程趾板基础开挖中采用了孔内微差单孔起爆爆破技术，有效地控制了爆破对趾板新浇筑混凝土的影响。爆破后经对趾板混凝土质量检查复核，新浇筑混凝土无爆破影响裂缝产生。表面的防护措施有效地避免了飞石对新浇筑混凝土表面的破坏。孔内微差单孔起爆爆破技术达到了预期的效果，值得在类似工程中推广应用。

水电站扩机工程进水口围堰拆除设计与施工

姬学军　刘元广/中国水利水电第十一工程局有限公司

【摘　要】 赞比亚卡里巴北岸水电站自1976年开始运营。扩机工程进水口围堰与老进水口的最近距离只有60m，与大坝的最近距离180m，围堰拆除是整个工程中的重大难点。在特大水库库容、深厚覆盖层以及深水位的情况下，对围堰进行了成功的爆破拆除，为类似工程提供了借鉴和参考。

【关键词】 围堰　爆破　拆除

1　工程概况

卡里巴水电站位于赞比亚和津巴布韦两国交界的赞比西河中游的卡里巴峡谷内，枢纽包括一座混凝土双曲拱坝、泄洪闸、两岸地下厂房和输变电系统等，其中北岸电站（赞比亚侧）原装机容量60万kW（后增容到72万kW），南岸电站（津巴布韦侧）原装机容量66万kW（后增容到75万kW）。最大坝高128m，坝顶长617m，水库总库容达1840亿m^3，调节库容640亿m^3，是世界上蓄水量最大的人工湖之一。

为了缓解电力匮乏的现状，根据卡里巴水库水能的实际蕴藏量，赞比亚国家电力公司融资扩机2台18万kW混流式水轮发电机组。主体建筑物包括进水口、引水隧洞、地下厂房、尾水隧洞、尾水口、母线平洞和竖井、升压站、开关站和降压站等，合同采用EPC模式。工程于2008年11月开工，2014年7月竣工，两台机组均按期并网发电；津巴布韦国家电力公司融资扩机2台15万kW机组，工程于2014年11月开工。

对于水电站扩机项目，相对来说投资低，工期短，见效快，现场实施有很多便利条件。但其难点也是显而易见的，既需要在施工过程中控制对原有设施的影响和损害，又要尽可能和原有的设施紧凑布置；既要考虑新建项目的独立运行，还要兼顾对原有设备控制系统的接口和兼容。其中，进水口围堰设计、施工和拆除是土建工程部分的重点和难点之一。

2　进水口围堰

2.1　围堰设计

进水口围堰位于水电站左岸库区以内现有发电进水口上游两座山谷的冲沟沟口，由于多年的冲积，该区域存在有5～15m厚度不等的砂石、混凝土混合覆盖层。施工期利用引水明渠首部的原始岩体和覆盖层作为挡水围堰，采用高喷防渗墙加强了围堰的防渗效果。引水明渠的横断面为倒梯形，底宽42.3m，上口宽约60.3m，左岸边坡坡比1∶0.5～1∶0.75～1∶1.2逐渐过渡，右岸边坡坡1∶0.5。纵向长度约65m（桩号CH0－55～CH0－120），高差20m（高程468.50～488.50m）。围堰开始拆除时水位高程为485.00m，设计开挖总方量为5万m^3。

2.2　围堰地质条件

围堰区域地层岩性主要以寒武系黑云母片麻岩和长石石英岩为主，黑云母片麻岩常常以较大的蜂窝状或囊状块体夹在长石石英岩中，风化相对较强，表层为第四系全新统松散堆积物。根据前期的钻孔探测，本区域覆盖层厚度5m左右，为含混凝土块、碎石砂土层，其中碎块石含量5%～10%，块径一般为5～10cm，最大的块径超过1m，成分以黑云母片麻岩为主，少量石英岩；所夹砂土以中粗砂为主，含量35%～40%，稍密，较湿。覆盖层整体结构松散，属中等至强透水层。下伏基岩为黑云母片麻岩，岩体风化深度较大，卸荷比较强。

2.3 围堰拆除设计

根据现场施工需要，进水口围堰分三期进行拆除。围堰设计断面及分期拆除示意图见图1。

2.3.1 一期围堰

将纵向桩号为CH0－055～CH0－070的区域定为一期围堰。由于开挖时进水口区域混凝土施工尚未全部完成，所以施工过程中对爆破振动要求非常严格。爆破过程中稍有不慎，轻则因防渗墙被破坏出现大量渗水，从而导致排水费用增加；重则围堰垮塌，造成整个进水口区域施工停止，这将对整个工程造成难以弥补的损失。故特委托我国水利部岩土力学与工程重点实验室，对瘦身设计的围堰进行了稳定计算，在确保稳定后才开始拆除施工。

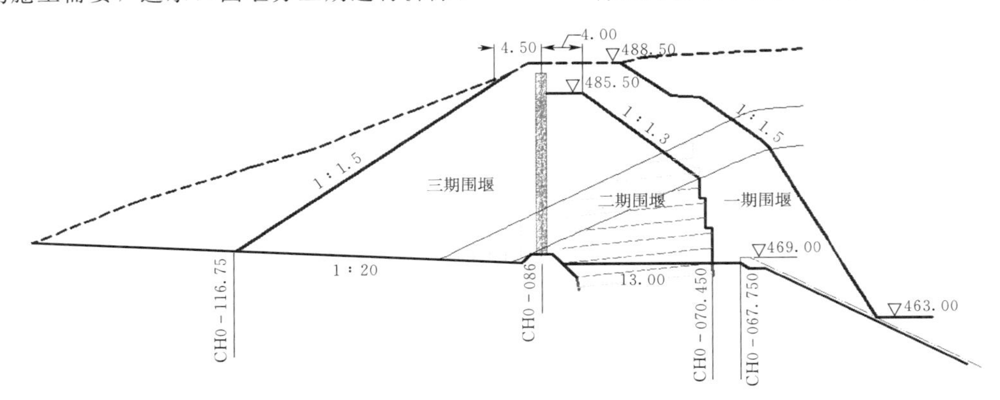

图1 围堰设计断面及分期拆除示意图（单位：m）

2.3.2 二期围堰

将纵向桩号为CH0－070～CH0－086.75（即高喷灌浆墙中心线）的区域定为二期围堰，开挖高度约17m。在二期围堰爆破前，整个进水口区域的混凝土施工均已完成，为了保证爆破质量及减少三期水下爆破开挖量，二期围堰开挖采用一次性爆破完成的方式进行。为了保证二期围堰一次性爆破成功，爆破设计选取了以水平孔为主的方案。由于二期爆破方量大、炮孔数量多、炸药用量大、周边的建筑物的被保护级别高，所以对爆破网络设计及施工精度提出了更高的要求，整个爆破过程不允许发生重段和串段现象，必须按照设计的起爆顺序、在设定的起爆时间内全部起爆，因此整个起爆网络设计非常复杂。为此项目部引进了非洲AEL炸药公司提供的高安全性、精准起爆的数码雷管起爆系统。同时为了防止飞石对周边设施的破坏，爆破前必须对整个围堰基坑的内部充满水，起爆时火工材料已经全部处于水中，所以爆破过程对爆破器材的抗水性能也提出了更高的要求。在爆破前必须对爆破器材的防水性能做一系列的试验，确定达到工程要求后才使用。

2.3.3 三期围堰

将纵向桩号为CH0－086.75～CH0－120的区域定为三期围堰，此区域全部为水下钻爆施工，采用水上钻孔平台船进行钻爆施工。为了保证周围建筑物的安全，最初采取单排浅孔方式开挖，根据爆破安全测试结果再确定是否增加爆破排数及孔深。钻孔爆破完成后，采用水上抓斗船配合运渣驳对开挖区域内的爆破渣体清运至指定的弃渣地点。为了降低爆破单响药量，三期围堰必须分层进行施工，在施工中也是按钻爆一层、清运一层的方式循环进行，直到整个围堰底部达到设计要求的标准。

3 拆除施工

3.1 一期围堰爆破

施工时段自2011年11月初至12月底，库水位平均为485.40m。

一期围堰采用手风钻钻孔、小药量爆破、薄层剥离的方式进行施工，钻孔直径为42mm，孔深$h=2\sim2.5$m，孔距$a=1.5\sim2.0$m，排距$b=1.0\sim1.5$m，药卷直径为32mm，堵塞长度$L=1.0$m，装药长度$l=1.0\sim1.5$m，单孔药量$Q=1.0\sim1.5$kg，单孔单响。爆破渣体由反铲配合15t自卸车从进水口基坑开挖施工道路运至弃渣场。

3.2 二期围堰爆破

施工时段自2012年1月底至4月底，库水位平均为486.00m。

二期爆破完成后，首先采用长臂反铲配合15t自卸汽车对水面以下9m范围内的渣体清运至指定的弃渣地点；对于水深超过9m的区域，爆渣则采用水上抓斗船配合运渣驳进行清运。在清挖二期围堰爆渣的过程中，同时也需要对三期围堰顶部的覆盖层全部进行清挖，以满足三期围堰水下钻爆施工需要。

3.2.1 底板及边坡边界的水平预裂爆破参数

采用100B潜孔钻钻孔，钻孔直径为76mm，孔深$h=3\sim14.5$m，孔距$a=0.6$m，装药方法为3根ϕ18mm

绑扎在一起或 4 根 ϕ18mm 绑扎在一起，堵塞长度 $L=1.0$m，线装药密度 $q=540\sim720$g/m，最大单孔装药量 $Q=3.5\sim10.6$kg，两孔一响，最大单响药量 20.8kg。在临近现有进水口、大坝的右岸边坡及底部 10m 范围内，预裂孔距减小为 40cm，以起到减小单响药量及加强隔振的作用。

3.2.2 围堰内水平孔爆破参数

采用 100B 潜孔钻钻孔，钻孔直径为 76mm，孔深 $h=3\sim14.5$m，孔距 $a=1.5$m，排距 $b=1.5$m，装药直径为 65mm，堵塞长度 $L=1.5$m。为了减小爆破振动对邻近建筑物的影响，对于孔深 $h\geqslant7$m 的爆破孔，按一孔两响的方式装药；孔深 $h<7$m 的爆破孔则采用单孔单响的方式装药，最大单孔装药量 $Q=41.6$kg，最大单响药量 20.8kg。

3.2.3 防渗墙垂直钻孔爆破参数

采用 100B 潜孔钻钻孔，钻孔直径为 76mm，孔深 $h=7\sim12$m，孔距 $a=1.0$m，装药直径为 50mm，堵塞长度 $L=1.5$m。最大单孔药量 $Q=24$kg，最大单响药量 24kg。

基坑临时保护方案见图 2。

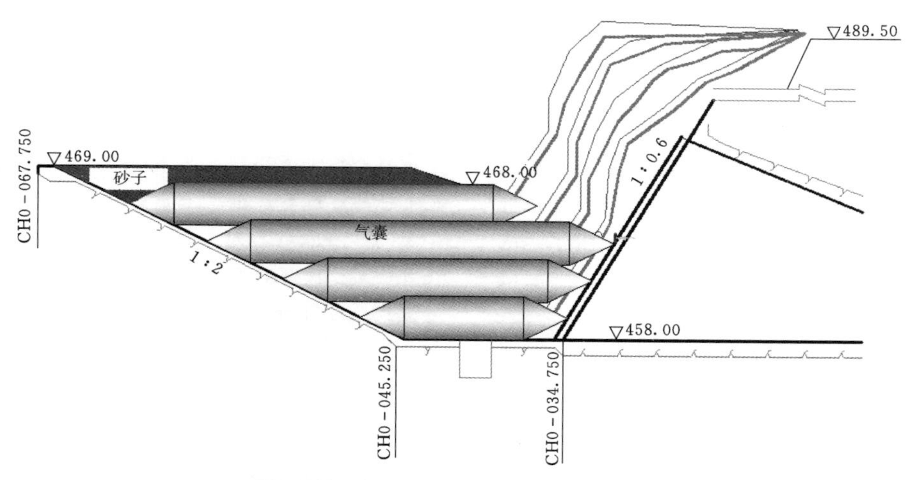

图 2 基坑临时保护方案示意图（单位：m）

3.3 三期围堰爆破

初始参数：钻孔直径为 90mm，孔深 $h=5$m，孔距 $a=2.0$m，排距 $b=2.0$m，装药直径为 65mm，堵塞长度 $L=2.$m，装药长度 $l=2.2$m，单孔药量 $Q=9$kg，一次钻孔爆破 1 排，单孔单响。同时进行爆破振动、水击波测试，根据测试数据判断是否安全，再确定增大钻孔深度、排数及单孔药量。根据施工过程对爆破振动、水击波的测试，爆破参数最终调整为孔深 7m，单孔药量 18kg，一次最多起爆 2 排孔。通过参数调整，缩短了三期围堰的拆除时间，为项目实现发电目标奠定了基础。

3.4 水下出渣

3.4.1 第一阶段（联合出渣）

2012 年 11 月 6 日开始，2013 年 1 月 25 日结束，库水位平均 484.5m。

采用三种方式相结合进行出渣，分别是长臂反铲装自卸汽车、长臂反铲装运渣船和钻爆船上的抓斗装运渣船。

（1）长臂反铲，参数见表 1。

（2）钻爆船。船体为单底、单甲板、钢质电焊结构，起重船型。首部安装 GQ2516 型旋转式抓斗挖掘机一台（起重量 25t），尾部及两舷沿舷边安装 CQGN120 型内燃高压船用钻机两台，首尾两舷布置移船绞车，中部设置工作用集装箱。钻爆船主要尺度及参数见表 2。

表 1 长臂反铲参数

型号	PC400－8	斗容（岩石斗）/m^3	0.65
全长/m	15.23	斗宽/m	0.80
高度/m	3.36	最大挖掘半径/m	20.00
主臂长度/m	13.00	最大挖掘深度/m	14.80
小臂长度/m	11.00	总重/t	46.10

表 2 钻爆船主要尺度及参数

总长/m	35.40	肋骨、纵骨间距/m	0.50、0.45
水线长/m	35.40	作业排水量/t	508.2
型宽/m	14.00	总吨位/t	314
型深/m	2.20	净吨位/t	94
设计吃水/m	1.10	设计载重量/t	195

（3）运渣船。船体为单底、单甲板、单舷结构。船底、甲板、舷侧均为横骨架式。全船设 2 道纵舱壁，2 纵桁架。采用 40 马力（1 马力＝735.499W）雅马哈挂桨机作动力实现自航，每次装运约 80m^3。采用推土机

作为卸船的机械设备。运渣船主要尺度及参数见表3。

表3　运渣船主要尺度及参数

总长/m	23.60	肋骨、纵骨间距/m	0.50、0.45
水线长/m	23.60	作业排水量/t	228.9
型宽/m	8.00	总吨位/t	108
型深/m	2.20	净吨位/t	38
设计吃水/m	1.30	设计载重量/t	150

3.4.2　第二阶段（水下钻爆出渣）

2013年1月26日开始，10月15日结束，库水位平均485.50m。

3.4.3　第三阶段（基坑内清理）

2013年10月2日开始，11月15日结束，库水位平均485.00m。

采用自制抽沙筒清理底板和坡面上的泥沙和直径小于200mm的石渣。抽沙筒以压缩风为动力，供风压力不小于1.2MPa，风量不小于21m^3/min。

4　检查验收

采用潜水员和水下机器人检查基坑底部水平面、集渣坑和斜坡段的泥沙和石渣的清理情况，通过详细拍摄和记录，来指导下一步的清理作业，也为验收积累了宝贵的资料。

5　起爆系统与振动测试

数码雷管起爆系统由可编程的数码雷管和控制设备（编码器和起爆器）组成。编码器用于联网前设定每一个数码雷管的孔号信息和检测每一个数码雷管的完好情况。起爆器根据每一个数码雷管导入的位置信息进行数码雷管爆破延时的设定、检测编码过程中错误的位置信息、修改必要的爆破延时及整个爆破网络的连接和起爆网络的点火，可以实现对起爆时间的精确设计和控制。

由于二期围堰需要一次性爆破完成，爆破钻孔多，装药量大，而且爆破区周边的建筑物被保护的级别高，所以对爆破振动及水击波控制要求更严格，施工时使用了南非AEL炸药公司生产的DigishotTM型数码雷管起爆系统。一次性拆除开挖总量约18000m^3，钻孔共计403个，其中水平预裂孔129个，水平主爆孔222个，高喷防渗墙垂直孔52个，共使用炸药8300kg，数码雷管876发，导爆索14572m，整个爆破过程总延时为9962ms。其中孔深大于7m的水平主爆孔孔内分2段起爆，孔内炸药均使用2束导爆索串联。爆破最大单响药量为20.8kg。二期围堰爆破各测点监测的爆破振动速度监测值见表4。

表4　二期围堰爆破各测点监测的爆破振动速度监测值

测点	位置	实际监测振动速度最大值/(mm/s)	卡里巴电站振动速度允许值/(mm/s)	国内水利水电施工规范振动速度允许值/(mm/s)
1	老进水口	5.537	30	100
2	新闸门	7.046	15	50
3	坝基	1.33	14	20
4	大坝灌浆廊道	7.49	12	12

从整个爆破过程中振动监测结果来看，各测点的最大振动速度均小于电站区域内业主要求的最大值，同时小于水利水电施工规范所要求的最大值，确保了爆破区周围建筑物的正常运行。按照环保的要求，在二期和三期围堰爆破过程中均采取了水击波防护和鱼类的保护措施，效果良好。

6　结语

赞比亚卡里巴北岸水电站扩机工程的进水口挡水围堰拆除施工，从2011年11月开始，到2013年11月结束，经过约24个月。从一期围堰开挖开始、到三期围堰爆破及爆渣清运完成，总方量超过54000m^3，总爆破次数85次。无论是质点振动速度的控制还是水击波的控制，均没有影响现有进水口的正常运行，保证了扩机工程的正常施工，同时保证了原有机组的正常运行。从而说明所采用的围堰拆除施工工艺、分期方式、爆破设计都是合理实用的。

中小型闸站施工技术要点及难点分析

吴海燕/中国水利水电第十三工程局有限公司

【摘　要】水闸是一种常见的水利工程，以堤围、各类水闸、电排站为代表的水利工程设施遍布各镇街，捍卫着人民生命和财产安全。然而，水闸工程结构构造复杂，施工环节质量控制难度大，在施工过程中若不严把质量关，会降低工程质量，给以后的管理工作带来一定的影响，因此水闸建设工程质量问题切不可马虎。

【关键词】中小型闸站　施工技术　要点　难点

水闸是修建在河道、渠道或湖、海口，利用闸门控制流量和调节水位的水工建筑物。近年来，随着城市水利建设的迅速发展，国内外新型水闸的崛起，有利于城市环境生态的新型水闸的设计与研究已成为城市水利工程的一个重要研究方向。中小型水闸施工技术的重点及难点问题已经有了一定可参考的资料和成果，新型水闸的设计都源于中小型水闸的建设，使其在城市的水利工程中成为不可或缺的水工建筑物。我分公司承建的八一运河闸，作为全线 16 个标段中最大的闸站，其技术经济指标包括：堤防等级为二级；抗震烈度为Ⅵ级；防洪标准为 50 年一遇；防洪水位为 143.50m；引洪流量为 80.0m^3/s。

1　闸站工程特点

闸室必须具备足够的抗滑稳定性。水闸关门挡水时，闸室需要承受上游、下游的水位差压力，可能导致闸室出现滑动。同时，在上游、下游水位差作用下，水沿着上游闸基，绕过两岸连接构筑物向下游渗透，产生一定的渗透压力，会对两岸连接构筑物与闸基产生不利影响。尤其是建设在土基上的水闸，因为土体的抗渗稳定性较差，非常容易出现渗透变形的情况。所以，在建设水闸的时候，必须综合考虑地质条件、两岸连接构筑物、水位差等因素，保证两岸及闸基具有良好的抗渗稳定性，进而确保施工质量达标。在开门泄水的时候，闸室总宽度一定要满足设计流量需求。闸孔径可以按照闸门型式与使用要求进行确定。由于过闸水流速比较大，形态比较复杂，两岸与河床非常容易受到冲刷，所以，必须采取有效的防冲消能策略。针对建设在平原区域的水闸而言，地基主要为软土地基，承载力较小，压缩性较大，在水闸自重与外荷载作用下，容易出现沉陷的现象，导致翼墙或者闸室出现下沉、倾斜，甚至出现结构断裂、不能正常运行的问题。所以，在设计翼墙、闸室结构、尺寸的时候，必须充分考虑地基条件，保证其受力均匀，有效控制其承载力，妥善处理地基，避免出现沉陷问题。

2　施工技术要点与难点分析

2.1　闸室底板混凝土施工

闸室地基处理完成后，对于软基应铺素混凝土垫层 8～10cm，以保护地基，找平基面。垫层养护 7 天后即在其上放出底板的样线。首先进行扎筋和立模，距离样线间隔混凝土保护层厚度放置样筋，在样筋上分别标记出分布筋和受力筋的位置，然后依次摆上设计要求的钢筋，检查无误后用铁丝扎好，最后垫上事先预制好的保护层垫块，以控制保护层厚度。上层钢筋是通过在绑扎好的下层钢筋上焊三脚架固定的，齿墙部位弯曲钢筋是在下层钢筋绑扎好后焊在下层钢筋上，在上层钢筋固定好后再焊于上层钢筋上。立模作业可与扎筋同时进行。底板模板一般采用组合钢模，模板上口应高出混凝土面 10～20cm，模板固定应稳定可靠。模板立好后标出混凝土面的位置，便于浇筑时控制浇筑高程。一般中小型水闸采用手推车或机动翻斗车等运输工具运送混凝土入仓，且须在仓面设脚手架。脚手架由预制混凝土撑柱、钢管、脚手板等构成。支柱断面一般为 15cm×15cm，配 4 根直径 6mm 架立筋，高度略低于底板厚度，其上预留三个孔，其中孔 1 内插短钢筋头和底层钢筋焊在一起，孔 2 内插短钢筋头和上层钢筋焊在一起，以增加稳定性；孔 3 内穿铁丝绑扎在其上的脚手钢管上。撑柱间的纵横间距应根据底板厚度、脚手架布置和钢筋架立等因素通过计算确定。撑柱的混凝土强度等级应与浇筑部位相同，在达到设计强度后使用；断裂、残缺者不得使用；柱表面应凿毛并冲洗干净。底板仓面的面积较大，采用平层浇筑法易产生冷缝，一般采用斜层浇筑法，这时应控制混凝土坍落度在4cm以下。为避免进料口的上层钢筋被砸变形，一般开始浇筑混凝土时，该处上层钢筋可暂不绑扎，待混凝土浇筑面将要到达上层钢筋位置时，再进行绑扎，以免因校正钢筋变形而延误浇筑时间。为方便施工，一般穿插安排底板与消力池的混凝土浇筑。由于闸室部分质量大，沉陷量也大，而相邻的消力池质量较轻，沉陷量也小，如两者同时浇筑，较大的不均匀沉陷会将止水片撕裂。为此一般在消力池靠近底板处留一道施工缝，将消力池分成大小两部分。当闸室已有足够沉陷后再浇筑消力池二期混凝土，在浇筑消力池二期混凝土前，施工缝应注意进行凿毛冲洗等处理。

2.2 闸墩及底板裂缝的控制

混凝土表面裂缝是由于混凝土内部与表面散热速率不一致引起较大的表面拉应力，超过了混凝土的极限抗拉强度，从而产生表面裂缝。贯穿裂缝多是由于外界约束力而引起的，如闸墩浇筑时温度高及水化热大，使混凝土温度很高。混凝土冷却收缩时，受到闸底板的约束，混凝土内部出现较大的拉应力，当超过混凝土的极限强度时而产生裂缝。预防混凝土裂缝的措施可从降低混凝土的水化热及混凝土的入仓温度入手。如选用发热量低的矿渣水泥；优化配合比设计，减少水泥用量，降低水化热；采用双掺技术，掺高效减水剂，使混凝土缓凝推迟水泥水化热峰值的出现；加微膨胀剂，以补偿混凝土的收缩。混凝土浇筑要选择在合适的月份，利用较低的环境气温。拌制混凝土时，用深井中的低温水进行骨料冷却也可达到降温的目的。另外，还要尽可能缩短浇筑闸底板与闸墩之间的时间间隔，使底板与闸墩的收缩应力基本同步，也可较好地控制混凝土的贯穿裂缝。

2.3 翼墙沉陷缝的设置

为了适应地基不均匀沉陷，翼墙一般需设置沉陷缝。沉陷缝的设置应从墙基础开始，缝面应平整垂直。但在实际施工时往往仅在翼墙上部设缝，而基础上却忽略了沉陷缝的设置。有的虽然设置了沉陷缝，但两边缝面并不垂直、平整，起不到应有的作用，甚至有的砌石翼墙在完工后用砂浆饰一假缝。产生这一问题的原因：一是没有严格按设计要求施工，二是对沉陷缝的意义不太理解。

2.4 永久缝橡胶止水的设置

设置永久缝橡胶止水是为了防止水体渗漏，减少扬压力，避免对主体工程造成损害。施工过程中常见的缺陷有橡胶止水嵌固不牢，施工中常出现移动，完工后橡胶不在浇筑层或砌体中间，起不到伸缩连接的作用；橡胶止水搭接方法不当，搭接不牢，有的甚至没有搭接；水平橡胶止水下的混凝土振捣不落实。针对以上问题，在施工中必须按规范要求精心组织、认真施工。橡胶止水要用模板嵌固，不宜用铁钉固定。橡胶接头用热接法最好，严禁用铁丝或铁钉固定。固定橡胶止水时，中间的伸缩圈要居于缝中间。水平橡胶止水下的混凝土施工时，要谨慎振捣，使之密实无孔隙。

2.5 闸门止水问题

闸门漏水主要表现在以下几种：一是止水橡皮与止水面不在一个平面上，致使止水橡皮与止水滑道之间有缝隙而漏水。二是从止水橡皮螺栓孔漏水。三是从底止水橡皮与侧止水橡皮的接头处或止水橡皮接缝处漏水。解决以上问题的方法：一是在安装止水橡皮时要谨慎操作，使止水橡皮与门叶顺直合贴，闸门吊入后在设计水位差下橡皮与止水座板或滑道间无偏离，无缝隙。二是门叶预留螺孔与止水压板上的螺孔要对应一致，然后对止水橡皮进行钻孔或冲孔，不宜采用烫孔，橡皮孔径可比螺栓直径略小一点，以保证橡皮对螺栓包裹紧密。如闸门为钢筋混凝土结构，在预制过程中便应保证预留孔的位置、孔径、方向准确无误。三是闸门止水橡皮应尽量定制门形橡皮，减少橡皮接头。如需要接头，应采用生胶热压法胶合，不宜采用氯丁胶粘接，因为闸门在启闭过程中橡皮受力较大，很容易把胶结处撕裂。底止水橡皮与侧止水橡皮的接合处也应挤压紧密，以防漏水。

2.6 启闭机底座封闭与开度指示问题

水闸启闭机多采用螺杆式或卷扬式，都存在开度指示不准确甚至有的螺杆式无开度指示问题，这直接给以后的管理工作带来影响。有的管理单位在用螺杆式启闭机首次启闭闸门时，压弯了螺杆，有的甚至危及启闭机房安全。因此，在定制启闭机时应要求生产厂家标上开度指示，且应尽量准确。此外，现时启闭机底座都为开敞式，不利于管理单位保持启闭机房的卫生和维修养护。很多管理单位在接管后都进行了各式各样的封闭处理，既费时费力，又不美观、协调。生产厂家如果在底座上加一个活动式封闭盖板便可解决问题。

3 结语

相较于其他工程施工而言，水闸施工难度更大，对水利施工效益影响也比较大。所以，要对施工实践进行不断地思考与探索，勇于创新；积极引进一些先进施工技术与施工材料；明确其施工特性，结合施工现场的具体情况，对施工方案予以改进与优化，尽可能提高施工质量，实现水利水闸施工的经济效益与社会效益。

浅谈尼泊尔上马相迪A水电站设计及施工方案优化调整实践

戴吉仙/中国电建集团海外投资有限公司

【摘　要】尼泊尔上马相迪A水电站为BOOT开发模式。在项目的实施阶段，结合现场地形、地质条件和工程进展，对施工图设计成果和施工方案进行了优化和调整。优化原则为首先确保建筑物的安全运行，其次是项目的建设进度和投资可控。经过近4年的建设，在保证建筑物安全的前提下最大程度加快项目进度并节约总投资，电站已于2017年1月进入商业运行，投运后情况良好。

【关键词】上马相迪A水电站　设计及施工方案　优化调整　实践

1　工程简介

上马相迪A水电站位于尼泊尔西部Gandaki地区马相迪河的上游河段上，是一座以发电为主的径流引水式水利枢纽工程。水库正常蓄水位902.50m，死水位901.25m，水库总容量59.3万m^3，电站额定流量$50m^3/s$，总装机容量为50MW，设计年发电量3.31亿kW·h。

工程总体方案布置主要包括5大部分：

（1）泄水闸坝。由重力坝、3孔泄洪闸、1孔冲沙闸等组成。施工导流方式为导流洞导流。

（2）引水系统。由进水闸段、沉沙池、暗涵进水闸、暗涵段、引水隧洞、调压井及高压引水道等建筑物组成。

（3）厂房。由主厂房、副厂房、安装场、尾水建筑物、132kV户内式升压开关站等。

（4）厂区道路。由2座交通桥、交通洞和明线段组成。

（5）132kV单回输电线路送出工程方。

2　设计和建设及运营后情况简述

上马相迪A水电站采用BOOT模式开发，项目业主为由POWERCHINA和当地SPC公司组建的中国水电－萨格玛塔电力有限公司（持股比例90%：10%）。尼泊尔GEOCE咨询公司于2002年对该项目进行了可行性研究设计，2007年福建省水利水电勘察设计研究院受项目业主的委托，在已有资料基础上进一步补充勘探后，先后完成了项目的可行性报告、基本设计报告和招标文件编制，2012年进入施工详图设计。2013年1月电站开工建设，2013年12月16日成功截流，2016年11月15日实现首台机组投产发电，2017年1月1日实现2台机组投入商业运行。在2016年9月27日举行的发电仪式上，尼泊尔国家电力开发署盛赞“见证了中国电建速度，创造了尼泊尔水电站建设高速度、高质量、无安全事故及‘零’投诉的奇迹”“上马相迪项目为以后的外资进入尼泊尔树立了标杆!”2016年12月10日尼泊尔副总理、财政部长到项目参观时感叹道：“上马相迪项目很好，中马相迪水电站和下马相迪水电站没法与上马相迪A水电站相比。”

自2017年1月1日进入商业运行后，已安全运行577天（截至7月31日），运行情况良好。设计年利用小时数6704h，2017年度实际运行7367h；设计年发电量3.31亿kW·h，2017年度实际发电3.76亿kW·h。2018年对引水隧洞进行了放空检查，引水隧洞支护及衬砌完好。

3　设计优化和调整的原则及目的

上马相迪A水电站的设计受所收集的地质、地形、水文、泥沙等的精度和深度局限，随着施工进展，结合现场地质及施工情况的变化，必要的设计优化和调整及施工方案的优化是实现项目实施阶段目标的有效措施。

设计优化和调整及施工方案优化的原则：在确保工程质量和安全的前提下，充分考虑现场地质揭露和施工条件，经过详细的分析计算和论证，必要时经过专家咨询论证后实施。

设计优化和调整及施工方案优化的目的如下：

（1）因地制宜地合理设计，科学施工。

（2）在确保安全和质量的前提下，降低工期风险，确保按时投入商业运行。

（3）降低工程投资。

4 主要的设计优化和调整及施工方案优化

4.1 导流洞

4.1.1 原设计方案及施工方案

原设计方案导流洞布置在右岸，洞线呈折线布置，共布置2个弯段，全长300.17m（断面尺寸宽6m、高7m），进口设封堵闸排架闸室；隧洞进出口段为长度依次为50m、70m全断面钢筋混凝土衬砌，其余洞段为喷锚段，底板为素混凝土。施工从导流洞进、出口同时进行。

4.1.2 进行优化和调整缘由

根据导流洞出口的实际地形和地质条件，将出口向上游适当平移可减少边坡开挖并能减少不良地质洞段的长度；由于当地阻工，厂坝施工道路形成晚，仅从导流洞进、出口施工面临汛期度汛问题，按照项目总进度计划在开工当年年底实现截流目标难度极大。

4.1.3 优化和调整情况

（1）根据导流洞出口地形和地质情况，在保持出口洞段洞轴线弧线半径不变的前提下整体向上平移15m，纵坡由$i=0.0233$变为纵坡$i=0.0252$，导流洞出口向上游平移20.76m，隧洞长度缩短26.25m；在导流洞进口增设一条长度123m、断面4.8m×4.8m城门洞形施工支洞。

（2）鉴于导流洞为临时建筑物，截流流量、流速不大，分流条件较好，截流难度相对较小，取消导流洞进口闸室，调整为简易闸门，用汽车吊调入。导流洞进口工作面开挖至洞口20m时停止开挖，作为预留岩塞段，在支洞工作面与导流洞出口贯通后开挖。

（3）根据导流洞开挖后地质条件揭露情况，隧洞支护调整为：将出口段58m的全断面钢筋混凝土衬砌调整为钢拱架加钢纤维喷射混凝土，底板厚70cm钢纤维素混凝土铺底，该喷锚段与出口末端的12m全断面衬砌段平顺相接；出口下游边坡增加10m贴坡混凝土并将导流洞底板延出3m长混凝土防护底板。经过上述优化调整后，实现了导流洞在开工当年底的截流目标。

4.2 闸坝灌注桩

4.2.1 原设计方案

闸基砂卵石与基岩分界线位于3＃泄水闸。3＃泄水闸部分闸基置于砂卵石、部分闸基置于弱风化云母石英片岩。为防止闸基可能产生的不均匀沉降，原设计于3＃泄水闸左侧闸墩部位布置了2排冲孔灌注桩，桩直径1m、间距2.1m、长度5～15m、2排共26根C25钢筋混凝土灌注桩，桩端持力层进入基岩面以下1.0m。

4.2.2 进行优化和调整缘由

在施工了7根灌注桩过程中发现砂砾石地层成孔较困难，灌注桩施工进度缓慢。同时发现3＃泄水闸左侧闸墩局部基岩面出露高程较原设计预计的高。

4.2.3 优化和调整情况

鉴于上述原因，经设计进行抗滑稳定及变形验算，将灌注桩基础调整为开挖至基岩后用C15混凝土回填。实施后既加快了施工进度，又节约了投资。建设期和电站运营后的闸坝安全监测显示闸坝安全稳定。

4.3 引水隧洞

4.3.1 原设计方案及施工方案

引水隧洞由暗涵段、砂砾石洞段和岩石洞段构成，全长4952.749m，共布置了三条施工支洞。砂砾石洞段（城门洞形）和Ⅳ、Ⅴ类围岩洞段（开挖马蹄形）为全断面钢筋混凝土衬砌（衬砌后圆形），Ⅱ、Ⅲ类围岩洞段（开挖与Ⅳ、Ⅴ类围岩洞段同规格马蹄形）底板为15cm素混凝土、Ⅱ类围岩段边顶拱随机素喷、Ⅲ类围岩段边顶拱锚喷支护。全断面衬砌洞段进行回填和固结灌浆。

4.3.2 进行优化和调整缘由

砂砾石洞段进口为高边坡开挖，且存在26户移民搬迁；由于受尼泊尔国内罢工、征地等因素影响，引水隧洞开工日期滞后进度计划。

4.3.3 优化和调整情况

（1）调整1＃、2＃施工支洞位置，在1＃施工支洞上游增设0＃施工支洞。

（2）为了少扰动后方高边坡，将砂砾石洞进口位置前移25.5m，洞脸上方坡比按1∶0.75进行开挖，两边按1∶1放坡开挖。此调整虽增加了不良地质洞段开挖，但避免了高边坡开挖和支护以及高边坡开挖引起的移民搬迁。采取管棚施工措施代替原施工方案的在洞顶进行井点降水措施，采取分上下两层级预留核心土的方案。此项优化调整经过参建各方讨论，并聘请专家进行了三次现场咨询论证。

（3）为保证引水隧洞整体断面的连续，有利于施工，减少水头损失，将喷锚段底板开挖高程抬高35cm，使喷锚段与全断面衬砌段底板平顺连接；将Ⅱ、Ⅲ类围岩洞段夹有长度小于12m的Ⅳ类围岩洞段采用加强喷锚支护替代全断面混凝土衬砌，将Ⅳ、Ⅴ类围岩洞段夹有小于8m长度的Ⅱ、Ⅲ类围岩洞段采用全断面混凝土衬砌替代喷锚支护。引水隧洞开挖完成后，岩石洞段（扣除砂砾石洞段）实际Ⅳ、Ⅴ类围岩洞段长度为

1787.7m，调整后的全断面衬砌长度为1660.7m，减少全断面衬砌127m，增设加强喷锚支护段长度为239m。

（4）根据开挖后地质揭露情况，取消砂砾石洞段的固结灌浆；依据岩石洞段3种典型岩性的生产性灌浆试验，对岩石洞段的固结灌浆进行了优化，引水隧洞固结灌浆孔调整为每排6孔，间排距4m，入岩3m。加强锚喷段顶拱120°范围内不需进行回填灌浆，共减少灌浆量57.5%。经过隧洞充排水试验、发电后的放空检查及监测数据证明，优化合理科学。

4.4 厂房-坝区道路优化调整

4.4.1 原设计方案

暗涵处冲沟桥设计为：桥总宽5.5m、车行道3.5m、桥梁上部结构采用现浇空心板结构，跨度2m×12m，桥台采用U形桥台，扩大基础，桥墩为实体重力式，扩大基础；冲沟护岸及厂坝路采用混凝土挡墙；交通洞为钢筋混凝土全断面衬砌。

厂房尾水桥（当地人民要求提供可通行拖拉机的交通）设计为：桥梁采用现浇钢筋混凝土箱梁结构，设1跨22m，桥梁全长35.44m。行车道宽度为3.5m。

4.4.2 进行调整缘由

暗涵处冲沟缺乏冲沟水文资料，设计未调研当地对冲沟治理和道路河侧防护的经验做法。在经历两个汛期及走访当地居民后做出优化调整。

4.4.3 优化和调整情况

将空心板混凝土桥优化调整为总跨度为10m、单孔5m的箱涵，设计荷载和安全等级与原设计的桥相同；经过调研中马和下马两个电站及当地对冲沟治理及道路河侧防护经验做法后，将冲沟混凝土挡墙调整为铅丝石笼，将厂坝路河侧防护调整为铅丝石笼和大块石防护。已施工完成段已经过三个汛期的考验，安全可靠。

将厂房尾水桥调整为净宽4m的贝雷桥，在尼泊尔进行EPC公开招标，既便于施工又节约投资。

5 取得的成效

上马相迪A水电站设计及施工方案的优化和调整，部分项增加投资，部分项节约投资。坚持了进行优化和调整的首要条件必须满足工程永久及施工安全的原则。实践证明设计及施工方案的优化调整不仅确保了施工安全，且节约了投资。初步估算，扣除设计和施工方案增加费用（约200万美元），节约投资约800万美元。在遭遇2015年“4·25”大地震和长达半年之久的印度与尼泊尔海关关闭，实现按期发电。本工程所处河流下游约20km的中马相迪水电站于2009年投产，同为径流式电站，装机7.0万kW，建设工期长达90个月，实际投资达3.97亿美元（计划投资1.5亿美元），均超出上马相迪A水电站一倍多。

6 结语

在像尼泊尔这种欠发达国家投资建设水电站项目，能从当地获得的水文、地质等资料有限，加之补勘补测的深度有限，设计单位对当地就工程建设简单实用做法了解不够。随着项目施工进展及时进行设计优化和调整是必要的，根据现场施工条件等因素对设计做出优化和调整能使投资项目达到安全、经济的目标。海外投资项目在建设前期，应尽量做一些项目的初步勘察，减少项目施工阶段的变更，既有利于保证投资预算的可控性，又能加快建设进度。

文莱都东项目导流洞工程设计总结

杨卫杰/中国水电基础局有限公司

【摘　要】 文莱都东水坝导流隧洞工程，主要地质条件为泥岩和砂岩，属于软岩，地下水较丰富。隧洞总长270m。由于文莱国禁止采用爆破的方式进行施工，设计可参照项目有限。严格按照美国标准进行设计，在施工过程中不断进行修正，最终确保隧洞顺利贯通。

【关键词】 文莱都东水坝项目　导流隧洞　设计

1　工程概况

1.1　工程地点

文莱都东水坝项目位于文莱 Sg Tutong 盆地的原始热带雨林中 Sg Tutong 河和 Sg Nyamokning 河的交汇处，是文莱近年来建设的最大的水坝工程项目。该水资源开发目的是保证向文莱摩拉地区和都东地区提供长期和可靠的水资源，并保证在河道整理完成后能够在枯水期有效控制从文莱都东放水到下游的缺水地区。

1.2　主要建筑物

（1）进场道路。全长 21.9km，车道宽度为 6.0m，硬路肩为 2.0m，路缘宽度 2.0m，包括路基、沥青混凝土路面、排水、桥梁、涵洞等。

（2）大坝。为塑性混凝土防渗心墙土石坝，坝顶宽度 10m、长度 500m，最大坝高 44m。

（3）导流洞。为 5.0m×5.0m 城门洞形，钢筋混凝土衬砌厚度 0.4～0.6m，长度 270m，包括 35m 长的进出口箱涵等设施。

（4）取水塔。为钢筋混凝土结构，高度 42m。

（5）溢洪道。为敞口式，钢筋混凝土结构。长度 345m，进口宽度 40m，下游消力池采用铅丝石笼防冲保护。

1.3　地质情况

地质勘察资料显示，工地表层由 Belait 岩构成，这些岩层相对来说很“年轻”，它由一系列的深灰色的泥岩和砂岩构成。工地地表的岩层沿一定的倾斜角（1°～2.4°）向下游地区倾斜 。目前岩石的种类包括：

（1）泥岩。颜色呈深灰色，强度为弱或者很弱（抗压强度 1～5MPa），由石质材料间或砂砾材料构成。偶尔会出现薄层岩层组织，但大部分的岩层是中厚度的，石层间的裂隙十分紧密。长时间曝露在阳光下的石层会出现裂缝、沙化和软化现象。

（2）砂岩。岩石呈浅灰色或棕色，细粒，非常稠密或密，稍胶结，强度为中度弱（抗压强度 1～12.5MPa），中间夹杂强度高和强度非常高的物质，夹杂泥岩和煤斑。岩层变化很大，但岩体通常都很薄，或者是中等岩床，不排除部分也会有厚实或者很厚实岩层出现的情况。岩层的连接处宽或者很宽，在岩床中极少出现不同岩床相接的情况。

（3）薄层状的砂岩、粉砂岩与泥岩。颜色为灰色或者棕色，明显或者非常明显的纹路，通常强度弱或者非常弱（抗压强度 1～5MPa）。岩层通常非常薄或者是薄层状岩。裂隙之间的缝隙非常小，岩层稀松的地方裂缝也会变得稍微松弛。长期暴露在日光下会出现裂缝、沙化和软化现象。除有厚冲积矿存在的谷底外岩层一般位于当地地平面下 0～5m 深处，这些底层没有经受深度风化，在岩层 1～2m 的深度存在着刚开始风化或者轻微风化的岩石。

2　导流洞设计要点

导流洞设计是在合同文件的基础上进行细部结构的设计，隧洞布置位置按照 U008 进行布设，故设计内容中不涉及选线布置。导流隧洞为无压隧洞，开挖断面为马蹄形；衬砌断面为城门洞形，成洞尺寸为 5m×5m（宽×高）。其中直墙高 2.5m，顶拱高 2.5m。起点桩号为 0+045.5125，终点桩号为 0+314.2685，洞身段设一处拐点，位于桩号 0+050.308，转弯半径 15.00m，转角11°；隧洞底坡 $i=1/329$，总长268.756m，进口底高程24m，出口底高程23.115m。

2.1 设计规范

(1) BS 8110：1985《建筑用混凝土》，BSI，UK。

(2) BS 8007：1987《实际施工中混凝土建筑的保水设计代码》，BSI，UK。

(3) BS 4449：1997《用于加强混凝土的碳素钢筋的详细说明》，BSI，UK。

(4) BS 8081：2000《特殊土工技术工程——地锚的实施》，BSI，UK。

(5) EM 1110-2-2901：1997《隧道及竖井岩石》US Army Corps of Engineers。

(6) EM 1110-2-2005：1993《灌浆混凝土的浇筑标准》，US Army Corps of Engineers。

2.2 设计主要参数

(1) 水库正常蓄水位（永久性情况）：+57.0m BSD。

(2) 水库校核洪水位（永久性情况）：+62.4m BSD。

(3) 最大的可信震动情况（MCE）（永久性情况）：0.1g。

(4) 地震边坡稳定性最低安全系数（永久性情况）：1.5。

(5) 地震边坡稳定性最低安全系数（临时性情况）：1.3。

(6) 岩石的重力密度：25kN/m^3。

(7) 大体积混凝土的重力密度：24kN/m^3。

(8) 加强混凝土的重力密度：24kN/m^3。

(9) 1m^{3}水重量的单位：10kN/m^3。

(10) 等级为C35A（SRC）的混凝土28天所达到的强度特性：35N/m^2。

(11) 灌浆混凝土28天所达到的强度特性：30N/m^2。

(12) 动载荷附加压力：10kN/m^2。

2.3 导流洞布置

导流洞包括进水口渐变段、导流洞洞身段、导流洞出水口渐变段三部分。

根据导流洞进出口涵洞的形式，在进水口设置3m长的渐变段，出水口设置1.73m长的渐变段。

2.3.1 支护衬砌结构设计

导流洞无断层通过，围岩主要为中软泥灰岩、中硬砂岩，围岩类别主要为Ⅳ类。隧洞支护结构采用一次锚喷支护和二次混凝土模筑衬砌结合的组合式衬砌型式。一次锚喷支护同时也作为永久支护，根据地质情况不同，在洞周一定范围打系统锚杆并挂网、喷混凝土、架立钢拱架，使洞体围岩成为一个承载结构，充分发挥围岩的承载作用。待一次支护后，再进行模筑混凝土衬砌。

(1) 开挖断面设计。开挖断面原设计为城门洞形。按照地质勘探报告的岩石类别用Q系统和RMR系统进行分析计算，将开挖断面分为两类。后期为了避免由于岩体压力和地下水压力作用造成底板抬动，将设计断面修改成马蹄形断面，底部仰拱的设计在避免底板抬动的同时，有效地分解了围岩应力，为施工的顺利进行提供了保障。

导流洞Ⅰ型、Ⅱ型的典型截面分别见图1、图2。

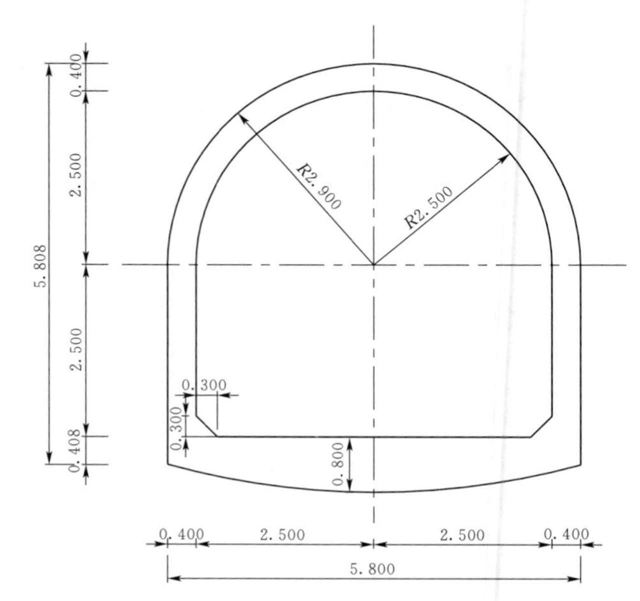

图1 导流洞Ⅰ型的典型截面（单位：m）

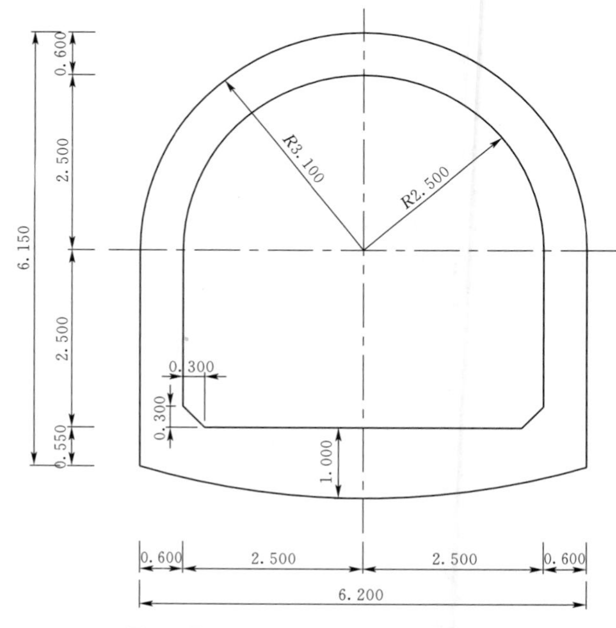

图2 导流洞Ⅱ型的典型截面（单位：m）

(2) 一期支护设计。在围岩分类的基础上进行了一期支护类型的分类，喷射混凝土厚度为150mm和

200mm两种，全断面铺设$\phi6$@150mm×150mm的钢筋网片，采用长3000mm的$\phi25$全长黏结型锚杆，Ⅰ型支护间排距2m；Ⅱ型支护间排距1.5m。Ⅱ型支护布置$\phi40$注浆小导管，并布置格栅拱架，拱架布置间距500mm。导流洞Ⅰ型、Ⅱ型支护类型分别见图3、图4。

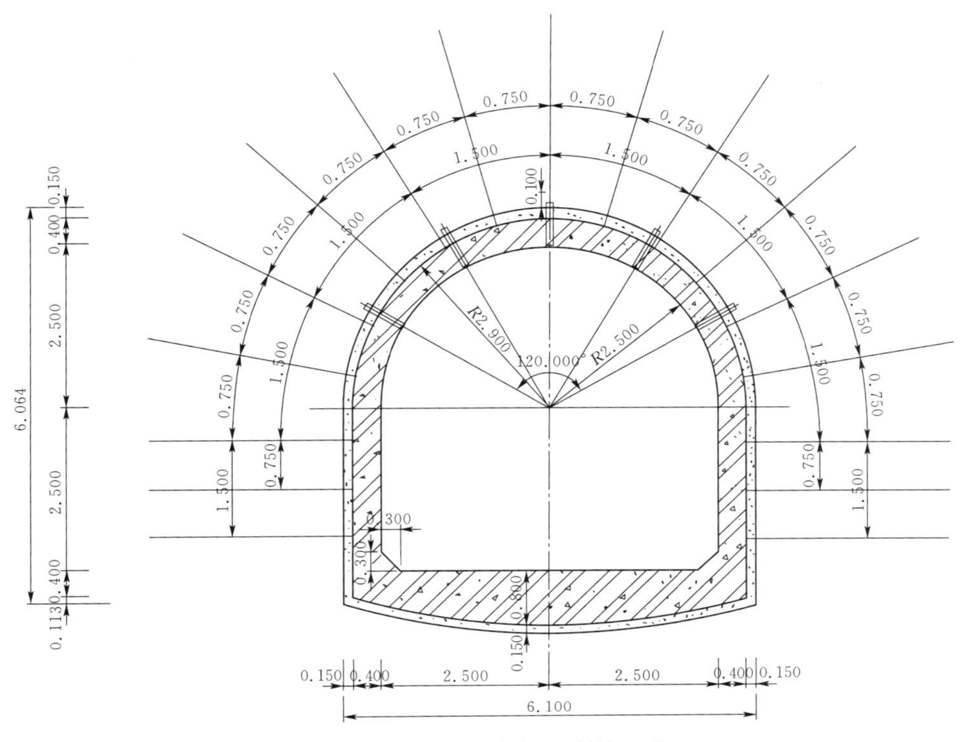

图3 导流洞Ⅰ型支护类型（单位：m）

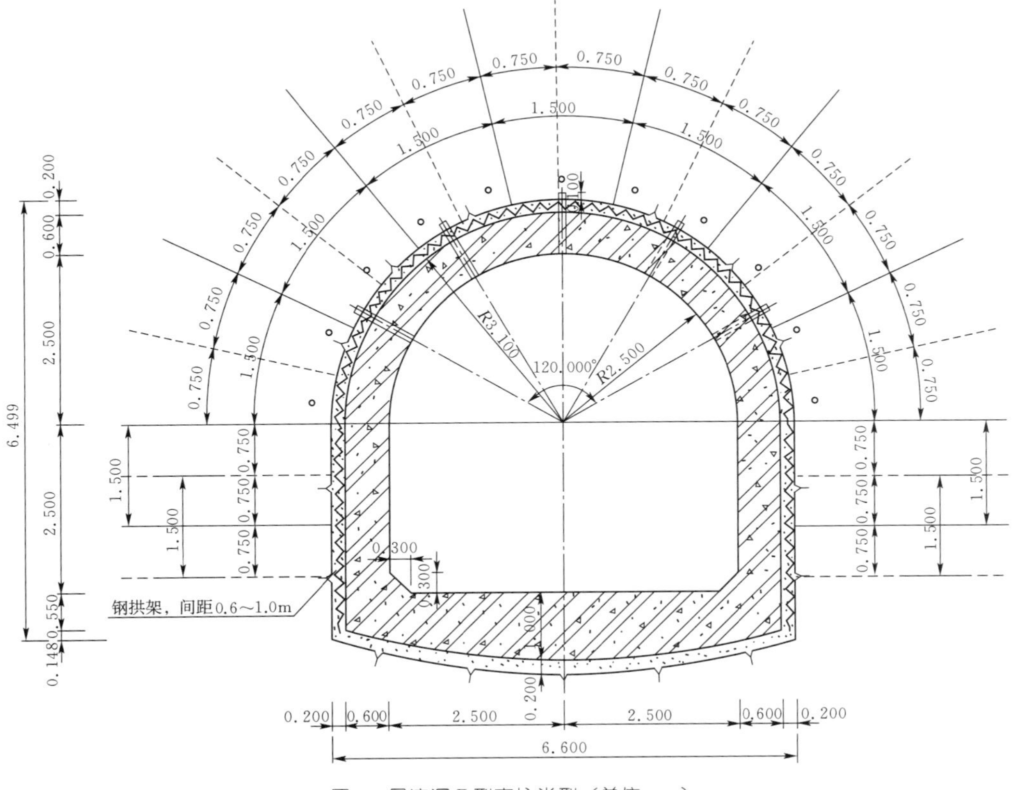

图4 导流洞Ⅱ型支护类型（单位：m）

在施工过程中由于系统锚杆的施工周期较长，施工工艺复杂，在一定程度上影响工程的顺利进行。在工程师的建议下，通过请国内外隧洞专家及地质工程师论证分析后，取消了大部分Ⅰ型支护系统锚杆，采用格栅拱架支护的方式，布置间距800mm。通过施工过程中的收敛观测，证明该方案切实可行，在加快施工进度的同时，也保证了隧洞的施工安全。

(3) 二期衬砌设计。衬砌采用C35A（SRC）混凝土，Ⅰ型衬砌混凝土厚度400mm，Ⅱ型衬砌厚度600mm，每12m段设一施工缝，施工缝安装一道sika-hose止水条和一道CJ957塑料止水带。在进出口和涵洞衔接段设计渐变段，以确保隧洞和涵洞的衔接。钢筋采用双层钢筋网。仰拱底层钢筋主筋采用$\phi25$，布置间距150mm；纵向分布筋采用$\phi12$钢筋，布置间距200mm。仰拱顶层钢筋主筋采用$\phi32$和$\phi28$钢筋交替布置，布置间距150mm；纵向分布筋采用$\phi12$钢筋，布置间距200mm。边顶拱主筋采用$\phi16$钢筋，布置间距150mm；纵向分布筋采用$\phi12$钢筋，布置间距200mm。在施工过程中局部发现有混凝土裂缝的现象，经进行校核计算和类比类似工程的施工经验，及时将边顶拱的纵向分布筋更改成$\phi16$钢筋，布置间距200mm。二期衬砌设计计算模型见图5。

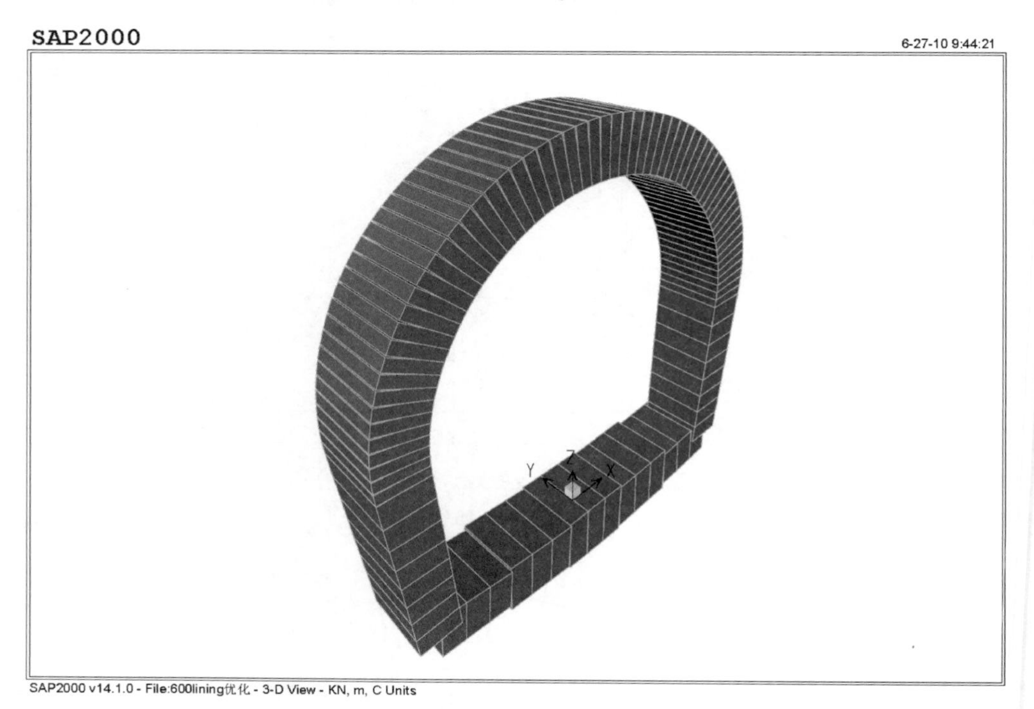

图5　计算模型

2.3.2　细部设计

(1) 隧洞进出口洞脸处理。在洞口施工过程中，必须及时按照原边坡开挖支护设计做好洞口边坡处理。开挖坡面及时挂网喷混凝土。洞脸顶拱上部设2排超前注浆小导管，导管直径为42mm，长3.5m，间距0.3m，沿洞顶上半圆周布设，外插角6°。进出口各设24m锁口段，锁口段支护及衬砌参照Ⅴ类围岩，另外顶拱上部设1排超前注浆小导管，2.5m为一循环。施工过程中经过现场地质工程师对围岩的鉴别，仅在洞脸顶拱设置2排超前注浆小导管，锁口段缩短为3.5m。在洞内局部围岩达到Ⅴ类时，采用直径为25mm、长3.5m的超前锚杆进行处理。实践证明处理措施得当，处理方式有效。

(2) 地下水的引排处理。Ⅳ、Ⅴ类围岩每排设2到3个排水孔，梅花形布置，孔距2.5m，Ⅳ类围岩排水孔排距3m，Ⅴ类围岩排水孔排距2m，其他各类围岩沿洞线每3m在顶部设一个排水孔。排水孔深入岩石3m、孔径56mm。根据地下水量，可在洞内用软管与排水孔相连，将水引到侧墙的临时汲水槽。现场施工过程中，在工程师和地质工程师的指导下针对具体情况进行了调整，对于渗水量较大的部位进行排水孔加密布置，对于渗水较少的部位适当减少排水孔的数量和排水孔的深度，有效降低了地下水对施工的影响，加快了施工进度，确保了施工质量。

(3) 回填灌浆。隧洞衬砌段混凝土浇筑结束后，对顶拱120°范围进行回填灌浆。回填灌浆孔排距2m，每排设2个或3个灌浆孔，灌浆孔梅花形布置，灌浆压力为0.3MPa。在一期支护完成后，在工程师的建议下，将回填灌浆的范围增加至180°。

3　结语

由于文莱属于热带海洋性气候，常年高温多雨，地质条件差，岩石以遇水软化的泥岩为主，开挖不允许采用比较传统的爆破方式，设计规范采用不熟悉的英、美规范，可参照的类似工程有限。面对种种困难，项目部积极联系国内外隧洞专家到现场进行指导，对设计方案反复进行修订，通过跟工程师和地质工程师的积极沟通，最终确保设计工作能够及时满足施工的需要，并且在施工过程中发现问题及时进行反馈、分析、研究，努力控制工程造价在最经济合理的方向发展，积累设计经验，优化设计，一切为了方便施工的同时又能保证安全。导流洞的顺利贯通，事实证明文莱导流洞的设计工作完成得比较出色，这归功于各级领导的大力支持，项目部上下一心共同努力和工程师的积极配合。

大坝混凝土制冷系统型式及制冷剂选择的研究应用

李跃兴　于永军/中国水利水电第八工程局有限公司

【摘　要】传统的水电工程施工中混凝土制冷系统一般采用液氨为制冷剂，系统建成工厂式。本文从制冷系统的安装建设、危险源的管控、运行管理、费用成本等方面进行了系统分析，发现目前技术条件下，氟利昂比液氨在安全、技术和经济性等方面均有较大的优势，模块化比工厂式在运输、安装等方面有优势，在水工混凝土预冷系统中应该全面采用氟利昂替代液氨作为制冷剂，集成模块化替代工厂式。

【关键词】混凝土制冷系统　制冷剂　液氨　氟利昂　工厂式　模块化

大体积混凝土预冷是大坝混凝土温度控制技术主要技术之一，在以往的混凝土预冷系统制冷剂一般为液氨。

随着机电技术的发展，设备的集成模块化的发展，水电工程混凝土预冷系统运行时间短，制冷剂液氨、氟利昂的特性，运行管理人员素质的情况，制冷系统环保要求等特点。根据混凝土预冷系统的建设、运行成本以及系统的安全性对混凝土预冷系统制冷剂采用液氨还是氟利昂、系统采用工厂式还是模块化进行了分析研究并提出了采用氟利昂替代液氨作为制冷剂，集成模块化替代工厂式新的选择方向。

1　混凝土温控技术的发展

大坝混凝土温度控制技术起始于20世纪30年代修建的美国胡佛大坝，当时混凝土温控主要是柱状浇筑和坝内埋冷却水管，此后逐步发展了混凝土预冷技术。

我国大坝混凝土温控技术早期应用较有代表性的是20世纪50年代中期兴建的三门峡和新安江两大水电站。此后随着水电工程的不断建设，经20世纪70—80年代的乌江、东江、五强溪等水电站的施工，混凝土预冷技术逐步发展提高，至20世纪90年代兴建的二滩、三峡等特大型工程，使这一技术得到了更进一步的提高和发展。

大坝水工混凝土温度控制技术其主要技术之一，就是采取措施降低混凝土出机口温度，换句话说就是要采用的混凝土预冷工艺，即通过降低混凝土粗骨料的温度、加冰、加冷水拌制混凝土，降低混凝土的出机口温度，满足设计要求。混凝土预冷工艺要靠制冷系统来实现。

2　制冷系统与制冷剂

工业制冷技术主要有压缩制冷、真空制冷和吸收制冷三种。混凝土制冷虽然有采用真空制冷，由于受规模小的限制，大坝水工混凝土工程中主要还是压缩制冷。压缩制冷就是对制冷剂进行压缩、冷凝、蒸发、吸热再循环。

工业制冷剂有30多种，国内制冷系统应用于水电工程初期时，氟利昂压缩主机及辅助设备比氨压缩主机及辅助设备价格高，制冷剂氟利昂比氨制冷费用高很多。当时水电工程混凝土制冷技术工艺还没有发展到模块式，无论是液氨制冷系统还是氟利昂制冷系统一般都以工厂式制冷车间的形式，因此、水电施工混凝土预冷系统中以液氨R717为制冷剂比较经济合理，该制冷形式一直使用至今。

氨又称氨气（液氨），分子式为NH_3，无色透明有刺激性臭味的气体，具有强烈的腐蚀性和毒性，易溶于水，可燃烧、爆炸。2013年长春市德惠市吉林宝源丰禽业有限公司和上海宝山城市工业园内上海翁牌冷藏实业有限公司均发生过液氨系统的生产事故，造成了人员伤亡和财产损失的重大事故。液氨制冷系统历来属于国家安全生产重点防范的安全工作领域之一。

氟利昂特性：极难发生化学反应，无腐蚀性，具有热稳定性、难分解、不燃、没有导火性和爆炸性，几乎无毒性，具有挥发性且易被气化，加压后易液化，无色、无臭，氟利昂制冷系统属于非危险源。但是HCFC（氟利昂R22）对大气臭氧层影响太大，不利于环保。氟利昂R507A不破坏大气臭氧层，属于环保型制冷剂，在今后的水电工程制冷系统中选用环保型的氟利昂R507A为制冷剂，不宜选用氟利昂R22为制冷剂。

随着机电技术的发展、设备的集成模块化的趋势，氟利昂设备型号的多元化，特别是螺杆压缩机的问世提高了压缩机的各项性能指标、单机的制冷量增大、压缩机体积小等优点，使氟利昂制冷系统应用范围迅速扩大。制冷设备及环保型制冷剂氟利昂R507A的大幅降价以及氟利昂制冷系统操作的安全性好，国内水电工程也已经在开始应用氟利昂制冷系统。整体模块式的集装箱制冷机组，制冷压缩机及制冷辅助设施、空气冷却器及离心风机（或制冰机）均布置在集装箱内，整体模块式的集装箱制冷机组适应：一次风冷（地面）、制冰、制冷水。

分体模块式的集装箱制冷机组（二级布置），制冷压缩机及制冷辅助设施布置集装箱内，空气冷却器及离心风机紧邻骨料风冷料仓布置，1个主机集装箱给2～3个空气冷却器提供冷媒。分体模块式的集装箱制冷机组适应：一次风冷（小型）、拌和楼上风冷。

广西大藤峡左岸厂坝项目混凝土系统扩容，粗骨料一次风冷已采用整体模块集装箱式氟利昂R507A制冷机组。二河口工程搅拌楼上骨料风冷采用的分体模块式的集装箱制冷机组，1个集装箱机组配2台空气冷却器。

3 液氨制冷系统与氟利昂制冷系统的比较

为便于对比，本文选择一个中等规模的制冷系统进行经济技术分析，系统总制冷容量2906kW（250×10^4 kcal/h）[1]，其中：1453kW（125×10^4 kcal/h）制冷风、1162kW（100×10^4 kcal/h）制冰、291kW（25×10^4 kcal/h）制冷水，以下简称中型制冷系统。液氨制冷系统冷凝部分采用蒸发式冷凝器时中型制冷系统电机总装功率约为1470kW（选用冷却塔方案电机总装功率约为1600kW），氟利昂中型制冷系统电机总装功率约为1430kW。无论采用哪种制冷剂，均可达到相同的制冷效果。

3.1 制冷系统建设和安全运行管理

3.1.1 液氨制冷系统

（1）液氨制冷系统液氨属于爆炸、有毒危险源，存在大量的安全防范工作。液氨制冷系统建设时必须向当地地区级技术监督、安监、消防部门报批备案。

（2）国家规定含有液氨的系统属于特种作业，管理运行系统作业人员需要持有特种作业证书。

（3）液氨制冷系统一般建成工厂式，施工人员为施工方便在施工时会有擅自修改设计情况发生，修改的后果：不是带来安全隐患，就是达不到设计的制冷效果。国家安监部门在检查中发现制冷系统有安全隐患等问题时，液氨制冷系统将面临停业整改、罚款等处罚。

（4）液氨制冷系统设备为单件，安装复杂，安装工期长，需要的安装及运行人员多，大约需要7～9人运行管理。

3.1.2 氟利昂制冷系统

（1）氟利昂制冷系统的氟利昂不具有可燃性、无毒，不属于危险源。制冷系统不需要向当地地区级技术监督、安监、消防部门报批备案。

（2）氟利昂制冷系统的操作人员不需要持有特种作业证书，只需要一定的文化知识、机电设备运行知识和操作能力即可。

（3）模块集装箱式的氟利昂制冷系统，管道少，厂家已经将连接设备的大部分管道集中布置在集装箱内，减少了施工人员去改动的概率。

（4）氟利昂制冷系统的模块集装箱式储存、运输、安装方便，安装工期短，一般只需要平整的混凝土基础。通常1个人可以管理2～3个集装箱的运行，运行人员少，大约需要5名运行管理人员。

3.1.3 制冷系统建设和安全运行管理比较结果

通过以上比较，氟利昂制冷系统的建设、运行管理均优于液氨制冷系统。

3.2 制冷系统的经济成本比较

3.2.1 液氨制冷系统

（1）液氨制冷系统必须向当地地区级技术监督、安监、消防部门报批备案。一个中型液氨制冷系统需要专项设计费不少于10万元。

[1] cal（卡路里）为废除的计量单位，1cal=4.1868J（焦耳），全书下同。

（2）液氨制冷系统管道多，焊缝多，目前国家技术监督、安监理部门对焊缝X光拍片检测有严格规定，高压系统焊缝拍片数量必须不少于20%的焊缝、低压系统焊缝必须要对100%焊缝拍片，市场价1张片80～100元，一个中型液氨制冷系统大约需要拍片1300～1600张，需要费用约15万元。

（3）根据国家《危险化学品重大危险源安全监控通用技术规范》以及《危险化学品重大危险源监督管理规定》（2011年8月5日国家安全监管总局令第40号公布），根据2015年5月27日国家安全监管总局令第79号修正规定：需要配备温度、压力、液位、流量、组分等信息的不间断采集和监测系统以及可燃气体和有毒有害气体泄漏检测报警装置，并具备信息远传、连续记录、事故预警、信息存储等功能。将液氨储槽内（高压、低压储氨器等）介质的温度、压力、液位、视频监控信号上传至值班室或调度室。液氨制冷系统将增加一笔不小的费用。

（4）制冷剂费用，液氨需要量，一个中型制冷系统需要液氨15～20t，4700元/t，合价8万～10万元。

（5）液氨制冷系统验收投产后，每年要进行一次安防（安全、消防）评估，每次评估要对系统的设备、管道及消防设施进行检测。检测及更换安全、消防器材需要一笔不小的费用。系统每运行3年后需要将液氨抽空对系统压力容器进行检测、20%的焊缝探伤检测及更换制冷剂液氨。

3.2.2 氟利昂制冷系统

（1）氟利昂制冷系统不需要向当地地区级技术监督、安监、消防部门报批备案，不需要专项设计费用。

（2）氟利昂制冷系统管道只需要抽真空、气密性试验合格即可，不需要对焊缝拍片检测。

（3）氟利昂不属于危险化学品，相关设备及参数不硬性规定远程控制。

（4）制冷剂费用，氟利昂需要量。一个中型制冷系统需要氟利昂，系统采用直供液形式，需要氟利昂3500kg（泵供需要氟利昂约4500kg），氟利昂R507A单价60元/kg，合价21万元。

（5）氟利昂制冷系统和其他项目一样只做一次性整体常规性安防评估。

3.2.3 经济对比成果

选用一个中型制冷系统进行经济成本效益比较分析见表1。

制冷系统建设费用＝系统设计费用＋设备费用＋系统安装及材料费用＋系统土建费用

制冷系统的运行费用＝系统制冷剂费用＋人工成本费用＋设备维修费用＋安防评估费

通过以上成本比较，氟利昂制冷系统的生产运行优于液氨制冷系统，具有明显的经济效益。

表1 制冷系统建设、运行管理成本费用比较表

序号	项　目	液氨制冷费用/万元	氟利昂制冷费用/万元	备注
1	制冷系统建设费用	640	580	
1.1	系统设计专项费用	10	0	
1.2	设备费用	445	540	
1.3	系统安装及材料费用	160	32	
1.4	系统土建费用	25	8	
2	制冷系统的运行费用	680	510	
2.1	系统制冷剂费用	9	21	
2.2	人工成本费用	604	432	
2.3	设备维修费用	47	57	
2.4	安防评估费	20	0	
3	合计	1320	1090	

注　按一个中型制冷系统进行计算，全部按新购设备考虑，运行期三年、三班制、人工成本8000元/(月·人)，设备维修费约1%计算。

3.3 综合比较

3.3.1 安全管理方面

从安全管理方面比较，液氨制冷系统制冷剂为爆炸、有毒危险源，属于国家安全生产重点管控的危险源，需要技术熟练的操作工人运行，操作工人需要专门培训并经考核取得特种作业证才能上岗。氟利昂制冷系统制冷剂为不具爆炸性、无毒，一般化学产品，经过正常的培训就可上岗，在目前缺少熟练的液氨操作工人，使用氟利昂制冷系统消除了一个重大安全隐患。

3.3.2 成本经济方面

随着机电技术的发展，设备的集成模块化的趋势，氟利昂设备型号的多元化、设备及环保型氟利昂制冷剂的大幅降价。国家对危险化学品的从严管控，使液氨制冷系统的运行管理成本急剧上升。从上述成本经济比较，目前液氨制冷系统已经没有优势而言了，氟利昂制冷系统的真正成本已经低于液氨制冷系统。

3.3.3 安装工期方面

中、大型液氨制冷系统的建设周期一般从3个月至6个月不等，而氟利昂制冷系统的模块集装箱式一般从0.5个月至1个月不等。从工期的缩短也使建设成本降低。

3.3.4 设备再次利用

水电工程液氨制冷系统为临时系统一般使用周期为2～5年（少数工程运行期超过5年），还应重点分析设备再次利用的方便和经济成本。再次利用制冷系统的比较如下。

（1）液氨制冷系统转运到另一工程时考虑到制冷系

统的安全性液氨制冷系统的管道一般不再利用，只能利用设备，而管道是液氨制冷系统的一个重要组成部分，占的比重很大。氟利昂制冷系统的模块集装箱式再次利用时整体运输、安装方便、基本上所有的部件都能直接利用。

（2）液氨制冷系统转运后需要重新建设一个制冷车间。氟利昂制冷系统只要做能承受集装箱的混凝土基础即可，占地面积小、一般只有液氨制冷系统的50%～60%。以骨料一次风冷制冷容量2906kW（250×10^4 kcal/h）比较制冷系统占地面积，车间式液氨制冷系统（图1）占地面积390m^2，整体模块式氟利昂制冷系统（图2）占地面积210m^2。

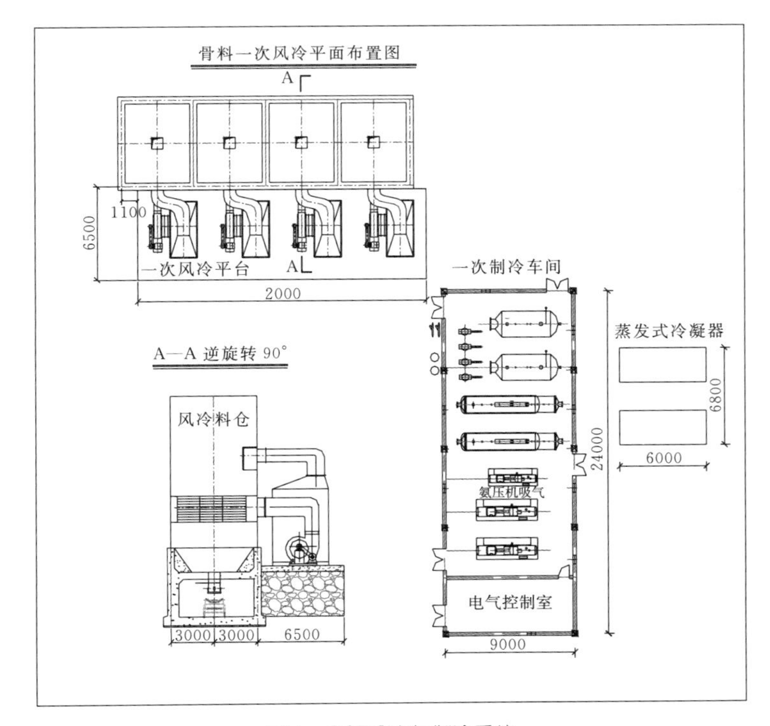

图1　车间式液氨制冷系统

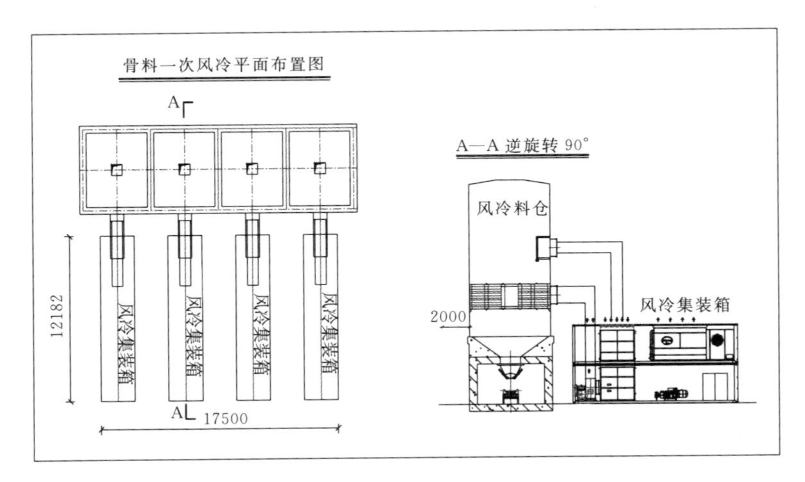

图2　整体模块式氟利昂制冷系统

（3）液氨制冷系统的设备再次利用时设备维修费用一般在设备原值的20%～30%左右，模块集装箱式氟利昂制冷系统设备维修费用一般不超过设备原值的15%。

制冷系统的设备再次利用费用＝系统建设费用（不含设备费用）＋设备维修费用

液氨制冷系统的设备再次利用费用＝195＋（445×25%）＝306（万元）

氟利昂制冷系统的设备再次利用费用＝40＋（540×15%）＝121（万元）

从设备的再次利用的价值考虑氟利昂制冷系统的也

优于液氨制冷系统。

3.3.5 综合比较结果

在水工混凝土预冷系统中集成模块化氟利昂制冷系统的生产运行成本优于工厂式液氨制冷系统。

3.4 制冷系统主要参数、特点

液氨制冷系统与氟利昂制冷系统主要参数、特点对比见表2。

表2 液氨制冷系统与氟利昂制冷系统主要参数、特点对比表

名　称	制冷系统主要参数	系统建设、运行成本/万元	系统再次利用成本/万元	系统主要特点
液氨制冷系统	系统总制冷装机容量：250×10^4kcal/h，总装机功率1470kW	1320	306	危险源，具燃爆性、有毒属于特种行业，需要向当地技术监督、安监、消防部门备案报批，操作人员需要特种作业证。系统建设工期长，运行人员多，设备没有集成管理不方便。系统再次利用时设备为单体与管道连接拆除、安装不方便，部分设备还需要包装运输
氟利昂制冷系统（模块式）	系统总制冷装机容量：250×10^4kcal/h，总装机功率1430kW	1090	121	非危险源，不具燃爆性、无毒不属于特种行业，不需要向相关部门备案报批，操作人员不需要特种作业证。系统建设工期短，运行人员少，设备集成管理方便。系统再次利用时，设备为模块集装箱拆除、运输、安装方便

注　系统再次利用成本只计算达到系统具备投产条件。

5 结语

液氨的特性决定了必须加强并落实对氨制冷系统安装、运行管理工作的有效安全技术措施和熟练的操作技能，才能确保系统的运行安全。目前制冷系统的一线的操作人员以劳务用工为主，人员流动性大。制冷系统运行人员对制冷系统原理熟悉程度，整体素质不稳定，制冷系统随时都有发生事故的可能，为确保安全生产必须解决这些存在的问题。

氟利昂制冷系统氟利昂不具有可燃爆性、无毒，不属于危险源。操作安全、便于管理，采用模块集装箱形式安装方便，节省土建工程量等优点，制冷系统再次使用时成本远低于氨制冷系统。

从混凝土预冷系统的成本经济、危险源的管控、系统运行管理、安装工期等方面分析得出模块式氟利昂制冷系统优于液氨制冷系统。同时为确保制冷系统的运行安全和降低生产成本，在以后新建水工混凝土预冷系统选型时，宜选择模块集装箱式氟利昂制冷系统。

高纬度严寒多雨地区大坝沥青混凝土心墙施工技术研究

张　冕/中国水利水电第十一工程局有限公司

【摘　要】高纬度严寒多雨地区大坝沥青混凝土心墙施工是抽水蓄能电站面临的一大挑战，在恶劣环境条件下，尤其是多雨和越冬季节，如何保证沥青混凝土心墙施工质量，确保防渗效果最为重要。本文以吉林敦化抽水蓄能电站下水库大坝沥青混凝土心墙施工为例，主要从其原材料、配合比、拌和和运输、铺筑施工技术、质量控制与检测及越冬保护等关键环节，深入研究高纬度严寒多雨地区大坝沥青混凝土心墙施工技术，可为类似工程施工提供借鉴经验。

【关键词】高纬度　严寒多雨　沥青混凝土心墙　施工技术

1　工程概况

吉林敦化抽水蓄能电站位于敦化市北部。上下水库均为沥青混凝土心墙堆石坝，上库最大坝高 54.0m，正常蓄水位以下库容为 781 万 m^3；下库最大坝高 70.0m，正常蓄水位以下库容为 864.2 万 m^3。

下水库沥青混凝土心墙顶高程 719.00m，底板高程 653.00m，顶部水平部分厚 50cm，垂直段厚 80cm，心墙底端两侧设放大脚，心墙底部厚度逐渐加厚。心墙底部置于混凝土基座上，在心墙上游、下游侧各设置两层过渡层，上游、下游过渡层宽度分别为 2m、3m。

本文依托吉林敦化抽水蓄能电站下水库大坝沥青混凝土心墙堆石坝施工，研究高纬度严寒多雨地区大坝沥青混凝土心墙施工技术，充分利用适应沥青混凝土碾压施工的年有效时间，加快施工进度，确保施工质量，可为高纬度严寒多雨地区类似工程施工提供借鉴经验。

2　原材料、施工配合比

2.1　原材料

本工程所用材料为中国石油天然气股份有限公司辽河石化分公司生产的水工 B－90（SG90）号沥青；粗骨料粒径为 19～2.36mm；细骨料为人工砂，粒径为 2.36～0.075mm，粗细骨料均采用甲供玄武岩加工制成；矿粉为长春市大华建筑化工有限公司生产的石灰岩粉。

2.2　施工配合比

委托西安理工大学防渗研究所进行试验研究，为适应严寒地区运行工况，经分析本工程选取的油石比范围由常规的 6.5％调整为 6.8％，通过心墙沥青混凝土施工阶段配合比及性能试验，配合比参数为：级配指数 $n=0.39$，填料用量 $F=13\%$，最大骨料沥青 $D_{max}=19mm$。

3　拌制、储存和运输

3.1　原材料加热

（1）沥青采用导热油间接加热，根据出机口温度严格控制加热温度，为 160℃±10℃。加热过程中，沥青针入度的降低不超过 10％，沥青混合料的储存时间不超过 24h。

（2）骨料加热采用内加热式加热滚筒，填料不加热。确保冷骨料均匀连续地进入烘干加高温燃煤炉加热，骨料加热温度不高出热沥青温度 20℃，控制为 170～190℃。

（3）连续施工时，沥青在存储罐中的温度不低于 130℃，以缩短次日施工前的沥青加热时间；不施工时，温度不高压 140℃，以防沥青老化。

3.2　配料

（1）确定拌和每盘沥青混合料的各种材料用量。

（2）称量系统定期进行动、静态检定。

（3）干燥状态的各种矿料和沥青按重量配料。

（4）配合比中沥青含量的允许偏差为±0.3%。

（5）配合比中，矿粉的允许偏差±5.0%（粗骨料）、±3%（细骨料）、±1.0%（填充料）。

4 沥青混合料的拌和

本工程沥青混凝土拌和系统选型为LB1000型沥青拌和楼，设备额定生产能力为83t/h；拌和量1000kg/锅，实际拌和采用850kg/锅。

沥青混凝土采用全自动双轴强制式搅拌机拌制，整个拌制过程由微机自动控制。将热骨料与矿粉干拌15s，再加入热沥青湿拌45s。

环境气温高于20℃时，降低沥青混合料的出机口温度，出机口温度控制在150～170℃；在连续摊铺时，出机口温度控制在140～160℃，表面温度按下限控制，防止温度过高而导致碾压不密实和黏碾轮现象。

5 混合料质量控制

5.1 拌和楼运行参数设定及温度控制

根据沥青混凝土配合比试验以及场内工艺性试验结果，确定拌和楼运行参数，包括沥青混凝土配合比、各控制点温度、干拌周期、湿拌周期等。并对拌和楼运行过程以及原材料使用情况做详细记录，特别是出产温度记录，要求每车检测一次；因故停机时间超过30min时，将机内沥青混合料及时清理干净。

5.2 杜绝白花料

矿粉在生产、运输、储藏过程中加强密闭措施，同时适当延长沥青混凝土混合料拌制时间；沥青混凝土混合料出炉后，目测检查是否存在白花料，存在白花料的沥青混凝土混合料不能在本工程上使用。本工程白花料指沥青混合料的原材料因搅拌不均匀，出现矿粉的颜色（白）与沥青的颜色（黑）夹杂料。

6 混合料运输

6.1 运输方式

本工程沥青混合料使用5t自卸汽车水平运输至施工部位后，用改造带料斗的ZL50装载机将沥青混合料卸入摊铺机沥青混合料料斗；机械难以到达的特殊部位，采用人工支立模板，人工摊铺。

沥青混合料均衡、快速、及时地从拌和场地运送至铺筑地点，减少中途转运，缩短运输时间和减少热量散失。温度不能满足碾压要求时，按废料处理，运到指定地点堆放。

6.2 运输过程中的质量保证措施

（1）运输设备要求。为避免沥青混凝土热量损失，运输车辆顶部安装活动的帆布顶篷，装料后及时盖上帆布；装料前，按0.05L/m^{2}的标准在车厢内喷洒防黏剂，以升起车厢防黏剂不下流为标准；自卸汽车进入施工现场前，利用专用刷子对其轮胎进行清扫，防止尘土杂物被带入施工现场。

（2）沥青混凝土的运输。运输过程中防止突然制动，避免沥青混凝土混合料产生离析。

7 沥青混凝土的铺筑

7.1 施工准备

本工程施工参数为：1.5m扩大接头采用人工摊铺，正常段0.8～0.5m采用摊铺机摊铺；摊铺厚度虚铺30cm，碾压后26cm；靠近岸坡部位扩大接头渐变段人工摊铺，振动碾碾压，局部边角部位采用手扶式振动夯夯实。

摊铺施工过程为：沥青混凝土拌制→沥青混合料出机口质量检测→沥青混合料运输→沥青混合料摊铺→初碾→复碾→终碾。

7.2 主要机具设备

本工程用主要设备为LT3500摊铺机（1～2m/min）、宝马80AD5型2t双钢轮振动碾、骏马JM803H型3t双钢轮振动碾2台（用于过渡料碾压）、LG850装载机（162kW）、240沃尔沃1.2m^{3}反铲、4台5t自卸车、2台2.2kW手扶式振动夯。

7.3 仓面准备

施工队长负责仓面准备，施工员监督，工作内容为：拟摊铺部位工作面试验合格、试验孔封堵完毕、层面温度满足摊铺要求、轴线测量完成。

7.4 人工摊铺层

人工摊铺段采用活动钢模板，钢模采用300mm×8mm×1500mm的钢板制作，模板两侧采用活动卡具固定，安装前表面涂刷脱模剂，模板要平整严密，尺寸准确，定位后模板距心墙中心线偏差控制在±5mm内。

采用反铲两侧均匀下料，下料距离模板0.2m左右，靠近模板位置人工利用铁锹回填并整平至与模板顶部同高，过渡料下料防止对模板造成扰动，出现模板偏差。沥青混合料填入钢模前，应先进行过渡料预碾压。

在摊铺过渡料并预碾压后，再将沥青混合料填入钢模板内铺平。碾压沥青混合料之前，要将钢模拔出，并及时将模板表面的黏附物清除干净。

7.5 机械摊铺与碾压

沥青机械摊铺施工程序为：测量放线及划线→结合面处理（使表面干净、干燥、温度达标）→摊铺机就位→沥青混合料上料→过渡料上料→人工摊铺两侧岸坡扩大段沥青混合料→过渡料碾压→沥青混合料碾压→施工质量检测。

（1）沥青混合料机械摊铺施工前，调整摊铺机的钢模宽度。

（2）沥青混合料人工摊铺应采用钢模，并保证心墙有效断面尺寸。

（3）过渡料的铺筑。按照铺料厚度间隔卸料至心墙一侧，待摊铺机就位后，随着摊铺机行走，采用反铲上料；过渡料的摊铺宽度和厚度由摊铺机自动调节，摊铺机无法到达部位，由人工补铺。

（4）沥青混凝土及过渡料碾压。碾压作业以20～30m长的摊铺条带为一个单元进行碾压，具体标准依据现场气温及来料温度确定。

1）碾压顺序及方法。采用2台3.0t自行式振动碾同时静压心墙两侧过渡料2遍后再动压8遍；采用1台2.0t自行式振动碾沥青混凝土混合料为静2+动8+静2。振动碾行进速度按20～30m/min控制。具体碾压见图1。

图1 振动碾品字碾压

2）温度达到要求之后，振动碾按照划分的长度单元进行一次初碾，静碾碾压2遍，保持振动碾的速度不大于30km/h；初碾温度140℃±5℃，碾压从已摊铺条幅往新铺层开始碾压，匀速行驶，不骤停骤起，滚筒保持湿润；质检员进行温度、碾压遍数控制；温度达到要求之后，静碾碾压2遍或至轮迹消失，保持振动碾的速度在20～30km/h，终碾温度不低于110℃。

3）振动碾在心墙上不得急刹车，心墙两侧2m范围内，禁止大型机械进入及横跨心墙。

4）对两岸坡接头部位、结合槽、铜止水周围等摊铺机以及振动碾不易到达的地方，也采用人工摊铺，并采用手持振动夯人工夯实，直至表面“返油”为止。

7.6 混凝土基座接缝处理

（1）与沥青混凝土相接的混凝土表面采用冲毛、凿毛等措施，表面粗糙平坦，将其表面的浮浆、乳皮、废渣及黏着污物等全部清除干净，保证混凝土表面干净和干燥。

（2）混凝土表面处理完成后，在其表面均匀涂刷喷涂稀释沥青，保证无空白、无团块，色泽一致。

（3）待充分干燥后，涂刷一层厚度为2cm的沥青砂浆，要求表面无鼓包、无流淌切且平整光顺。

（4）铺设沥青砂浆和沥青混合料时，要注意对止水的保护，不得对止水片有任何损害，止水片表面应干燥洁净，并涂刷两遍热沥青，止水片附近采用小型机械夯实。

（5）施工无法避免横缝时，其结合部做成缓于1∶3的斜坡，并按层面处理方式处理，上下层错缝不小于2m；横缝处重叠碾压300～500mm。

7.7 层面处理

（1）在已压实的心墙上继续铺筑前，采用压缩空气喷吹清除结合面污物，如喷吹不能完全清除，用红外线加热器加热至70～100℃烘烤污染面，使其软化后铲除，但加热时间不宜过长，以防沥青混凝土老化。

（2）沥青混凝土表面停歇时间较长时，应采取覆盖保护措施。

（3）钻孔取芯后，心墙内留下的钻孔应及时回填。回填时，先将钻孔冲洗干净、蘸干孔内积水，然后用管式红外线加热器将孔壁烘干并使沥青混凝土表面温度达到70℃以上，再用热沥青混凝土按5cm一层分层回填，人工击实。

7.8 接缝处理

沥青混凝土铺筑应与过渡料平起施工，沥青混凝土心墙铺筑应均衡上升，心墙基面尽可能保持同一高程，避免或减少横缝。

8 冬季低温施工措施

（1）依据低温期的气候条件，对拌和站进行适应性改造，使该系统具有在－5.0℃气候条件下生产沥青混合料的能力。

（2）将常规沥青混合料拌和运输车的底板、厢板加装保温隔热层，并加装车厢保温隔热盖板，使其适用冬季低温期的沥青混合料运输。

（3）严格控制沥青混合料出机口温度、入仓温度、初碾和终碾温度；沥青混合料水平运输、垂直运输和摊铺机沥青混合料斗的保温措施要可靠。

（4）沥青混合料拌制中骨料的加热温度控制在180.0～190.0℃，骨料温度超过220.0℃时停止沥青混合料的生产，待热料仓的骨料温度降到允许值时恢复生产，确保沥青混合料出机口温度在规定的上限175.0℃左右。

（5）尽量避免拌制的沥青混合料在成品料仓内的存放，沥青混合料成品在成品料仓内储存的时间不超过6h，运输车内的沥青混合料储存时间不超过40min；沥青混合料最好不要在垂直运输设备料斗内滞留，滞留一般应控制在15min以内。

（6）成品沥青混合料的水平运输、垂直运输和摊铺机沥青混合料斗等均加设保温层，保证沥青混合料在运输过程中做到全封闭，尽量减少成品沥青混合料在运输过程中的温度损失；及时摊铺和碾压，尽量缩短沥青混合料在现场等待时间。

（7）沥青混合料入仓温度控制为140.0～170.0℃，不低于140.0℃。

（8）低温期心墙沥青混凝土铺筑施工时，将已施工的沥青混凝土上层面加热至70.0℃左右，以减少摊铺时混合料与沥青混凝土接触面的温度损失。

（9）越冬根据冻土深度，采用帆布覆盖＋2cm棉被＋1.5m风化砂进行覆盖保温；来年复工时，对沥青混凝土钻心取样进行相关试验检测工作。

9　雨季施工措施

（1）沥青混合料拌和、储存、运输过程采取全封闭方式；摊铺机沥青混合料漏斗设置自动启闭装置，受料后及时自动关闭。

（2）沥青混合料摊铺覆盖防雨帆布后，再进行碾压；碾压密实后的沥青混凝土心墙略高与两侧过渡料，呈拱形层面以利于排水。

（3）两侧设置挡水埂，防止雨水流向摊铺沥青混合料的基面上。

（4）雨后恢复生产时，清除仓面积水，并用加热设备加热使层面干燥。

（5）若遇雨停工时，接头应做成缓于1∶3的斜坡，并碾压密实；碾压后的沥青混凝土应及时覆盖。

（6）沥青骨料仓、拌和上料料斗均设置防雨棚，垂直运输、水平运输中对拌和机卸料口设置防雨篷布，运输车辆、装载机等运输设备加增防雨设施，运输车在车厢架设防雨帆布。

（7）风力大于4级时停止沥青混凝土施工，及时覆盖保护，覆盖范围超出心墙两侧各30cm；未能及时碾压的沥青混合料，采用耐热防雨棚或者防雨布覆盖后碾压，确保沥青混凝土的碾压温度。

10　施工质量控制及工艺改进

沥青混凝土心墙施工严格按照规程和设计要求，制定质量检测相关制度，采取技术创新和工艺改进等措施，确保沥青混凝土施工质量。

10.1　工艺改进措施

（1）为保证沥青心墙基础面凿毛均匀，结合面避免表层结构破坏，现场采用ZM－3C手持凿毛机将关键技术问题全部解决，本工法施工投入小、效率高，比常规人工钢钎凿毛和高压水冲毛对心墙施工有利。该手持凿毛机工法，为风动的小型器具，由3m³空压机带动，依靠端部旋转的凿毛头对混凝土心墙基座U形槽进行全面凿毛。

（2）采用一种摇摆式农药喷洒器对心墙基座喷涂稀释沥青，根据容器体积及单位面积耗量确定喷涂面积，保证每次喷涂质量设计要求。

（3）运输车辆夏季设置防雨棚，秋、冬季设置保温棚，防雨棚采用圆钢在后箱焊接龙骨筋，防雨布厂家定制匹配后厢尺寸（四周大于50～70cm）绑扎环直接按照30cm间距设置，利用$d=8$cm滑轮及$d=5$mm钢丝绳穿环牵引，根据卸、放料随时进行开关，达到防雨效果；车厢顶部采用阻燃彩钢板制作双开门，以达到保温效果。

（4）采用倒车影像技术控制摊铺机行走路线，确保轴线偏差满足规范。

（5）利用钢筋做龙骨支架，采用透气棉被覆盖，有效排除因热量产生的水汽，利用棉被使第二天摊铺层间结合温度快速提升，提高作业效率。

10.2　质量检测成果

（1）温度检测，在摊铺施工过程中，专人对摊铺、碾压温度进行了控制和检测，检测点数均为1147个，合格率为100%。具体检测成果见表1。

表1　摊铺、碾压阶段温度系统检测成果统计表

项目		技术指标/℃	检测数/个	检测成果/℃			合格数/个	合格率/%
				最大值	最小值	平均值		
心墙混凝土	摊铺	140～170	1147	164	141	151	1147	100
	初碾	≥130	1147	130	155	139	1147	100
	终碾	≥110	1147	142	122.0	132	1147	100

（2）压实度无损检测，现场采用无核密度计跟踪测试沥青混合料压实度，采用渗气仪检测渗透系数，孔隙率检测4076次，最大值2.8，最小值1.2，平均值2.2，合格率为100%，渗透系数检测984次，最大值0.9×10^{-8}cm/s，最小值0.3×10^{-8}cm/s，平均值0.6×10^{-8}cm/s，合格率为100%。

（3）现场取芯检测，主要进行孔隙率、渗透系数，心墙每升高4～6m检测一次，分别抽取芯样至少3个；取芯密度及孔隙率检测37次，最大值3%，最小值1.1%，平均值2%，合格率为100%。

（4）心墙结构体型共检测136个点，压实后的心墙中心线与设计轴线偏差均不超过±5mm，净厚度不小于设计厚度，过渡层的宽度不小于设计宽度。

11 结语

通过对高纬度严寒多雨地区大坝沥青混凝土心墙施工技术进行研究，充分利用适应沥青混凝土碾压施工的年有效时间，采取一系列技术创新方法和工艺质量控制措施，既加快了施工进度，又确保了施工质量，还节约了成本，该项施工技术可为高纬度严寒多雨地区类似工程施工提供借鉴经验。

洪都拉斯帕图卡Ⅲ水电站溢流坝段混凝土抗冲耐磨性能探究

徐永清　镇俊武　王　杰/中国水利水电第十一工程局有限公司

【摘　要】帕图卡Ⅲ水电站最大设计坝高57m，坝顶长度207.93m；坝身设5孔坝身溢流表孔，孔口尺寸14m×21m（宽×高），每个孔口两侧布置有闸墩，安装弧形闸门；在泄洪系统与坝身进水口之间布置有排沙底孔，孔口尺寸5.5m×6m（宽×高）。位于溢流表孔的闸墩和溢流面混凝土有一定的抗冲耐磨性特性要求，而国内类似工程一般不做抗冲磨试验，这个习惯在工程实施中与咨询工程师的理念产生差异，导致工程实施的困扰。

【关键词】溢流表孔　混凝土抗冲耐磨试验　帕图卡Ⅲ水电站

1　工程概况

洪都拉斯帕图卡Ⅲ水电站位于奥兰乔首府Juticalpa以南50km、Guayamre河和Guayape河交汇处下游，距交汇处约5km，距洪都拉斯首都特古西加尔巴约200km。

工程枢纽建筑物由碾压混凝土重力坝、坝身泄洪系统、坝后岸边引水发电系统组成。其中大坝最大高度57.0m，坝顶长度207.10m；5孔坝身泄洪表孔，设计泄洪能力13700m^3/s。大坝中部设计有5孔溢流表孔，每个表孔宽度为14m，高度21m。堰顶高程为269.00m；溢流坝上游堰面铅直，溢流堰堰面曲线采用WES曲线，曲线方程为：$y=0.040686x^{1.85}$，曲线下游与斜坡段相切，斜坡段以一半径15m、挑角45°的反弧段衔接，形成坝身消力戽。

溢流坝段闸墩混凝土采用CY25（$f'_c=25$MPa）的混凝土，溢流堰面采用CY20（$f'_c=20$MPa）加聚丙烯纤维混凝土，冲沙底孔采用CY25（$f'_c=25$MPa）加聚丙烯纤维混凝土。抗冲耐磨指标在设计中没有明确的具体要求。

2　溢流表孔混凝土性能设计特点

本工程水下混凝土是根据不同部位的受力特点、运行特点和抗冲磨特点进行设计的：

（1）溢流表孔的运行频率较低，单次运行时间短。本工程库容大，是年调节水库。旱季发电，库水从290m下降到280m；雨季库水位从280.00m蓄水至290.00m。当洪水超过发电引用流量358m^3/s时，才会开启部分表孔泄洪，洪水过后则关闭表孔闸门，一般泄洪持续1～3天，所以表孔的运行频率较低，单次运行时间短。

（2）表孔泄洪水流清澈，含沙量少，颗粒小，对溢流堰的冲磨小。水库蓄水后，由于库大、水深，泥沙主要沉积在库尾，坝前库水较清澈。汛期泄洪时，经过溢流堰的水中含沙量少，颗粒小，对溢流堰的冲磨小。

（3）根据表孔泄洪水流特点，水流对底部堰面冲刷相对较大，对闸墩侧墙冲刷小于堰面。本工程溢流堰较低，泄洪时下游水位较高，水流流速一般为17m/s左右，对侧墙的冲刷小。

（4）闸墩混凝土采用相对较高等级的常态混凝土，溢流堰面表层50cm混凝土中掺加聚丙烯纤维，能够满足本工程水流冲磨的要求。一般而言，混凝土等级越高，抗冲磨能力相对较强，但混凝土标号过高，温控难以控制，混凝土容易开裂。本工程闸墩混凝土采用$f'_c=$25MPa的混凝土，水泥含量较高，具有较好的抗冲磨能力。溢流堰面采用$f'_c=20$MPa的混凝土，主要是考虑与下部低等级（$f'_c=16$MPa）的大体积混凝土性能相适应，降低相邻混凝土弹性模量差异，保证坝体内部应力及变形均匀性。为提高其抗冲磨要求，所以在堰面混凝土中增加了聚丙烯纤维。

抗冲耐磨指标在国际标准上没有明确的具体要求，只有进行相关试验的标准可以参考，混凝土耐磨性设计判断还是要根据项目的特点进行。本工程大坝设计中对混凝土耐磨性指标没有特殊要求，只做抗压、抗拉强度等常规试验，这也符合国内类似项目的做法。

3 现场施工计划与安排

根据实际情况及设计结构体型，本工程施工顺序为先施工闸墩、后施工溢流面。

闸墩施工受汛期预留缺口影响，分两期进行，一期在汛期先进行1♯、5♯、6♯闸墩施工；二期在枯水期开始2♯～4♯闸墩混凝土施工，闸墩使用多卡翻升模板。闸墩施工于2016年8月7日开始，在2017年8月30日结束。

溢流面施工以满足金属结构安装为前提，同时尽量减少在汛期施工为原则。现场施工先进行弧门底槛上游区域浇筑，为后续轨道及闸门安装提供作业条件，然后进行消力戽中部区域施工，其次溢流面斜坡部分和消力戽下游挑坎部分施工。溢流面采用木模、滑模组织实施，施工自2017年11月底开始，在2018年3月底结束。

4 施工前中业主及咨询的不同意见

在闸墩混凝土即将施工前，业主根据咨询工程师的意见，对闸墩混凝土的设计混凝土提出异议，并因此暂停现场的施工。

业主及咨询工程师认为在合同技术规范中提到的防蚀耐磨混凝土，应包括溢流面和闸墩，在运行中这些部位是受含沙水流高速冲刷的，该部位的混凝土非常重要，应具有防蚀耐磨性，因此，他们强调虽然承包商提供了较高的混凝土等级，反映的混凝土抗压及抗拉抗裂性能都满足，但抗蚀耐磨特性是一个不同的特性，可能较低等级的混凝土也具有较好的耐磨性，但都需要试验数据进行支持。这点他们是非常坚持的，认为是对自己的一个必要的保护。

因此业主要求承包商需要提供符合ASTM 1138—97要求的抗冲耐磨性能测试结果。同时要求提供溢流面混凝土添加聚丙烯纤维的抗冲耐磨测试结果（ASTM 1138—97水下测试法）。

5 关于溢流表孔混凝土抗冲耐磨特性的设计计算

在业主及咨询工程师提出异议后，设计方对溢流表孔的抗冲耐磨性设计进行了相关计算及说明。

根据中国规范估算含沙水流对混凝土的磨损强度，过流面混凝土只产生非常细微的磨损，本工程水下混凝土钢筋保护层10～15cm，足以保证在电站整个运行期不产生冲刷破坏。具体计算如下。

（1）工程基本数据。水流泥沙含量为4.35kg/m^3，有效磨损粒径为0.009mm，考虑极端情况含沙量为20kg/m^3，有效磨损粒径为1mm；溢流堰平均流速为17m/s，溢流堰下游反弧段底部最大流速为30m/s；闸墩混凝土强度标号为CY25（即$f'_c=25$MPa）；溢流面混凝土强度标号为CY20（即$f'_c=20$MPa）；建筑物设计使用年限为50年。

（2）计算依据。《水工建筑物抗冲磨防空蚀混凝土技术规范》（DL/T 5207—2005）、洪都拉斯帕图卡Ⅲ水电站《基本设计报告》和《Patuca Ⅲ Technical Specifications》。

（3）计算公式：

$$\delta = kC^m v^n d^s R^j t$$

式中 δ——平均磨损深度，mm；

C——含沙量，kg/m^3；

v——水流平均流速，m/s；

d——泥沙粒径，mm（类比其他工程试验数据，取有效磨损粒径0.009mm）；

R——混凝土抗压强度，MPa；

t——过水历时，h；

k——与泥沙颗粒形状及矿物成分有关的系数（采用中国黄河上三门峡工程实测值，取$k=0.42\times10^{-12}$）；

m、n、s、j——系数，（m取0.7～1.0，n取2.7～4.0，s取0.7～1.0，j取−1）。

（4）计算成果。电站运行期，按照每年不同的泄放次数，每次泄洪持续3天的极限工况进行计算，得出闸墩过流面平均磨损深度成果，见表1。

表1　闸墩过水面抗冲磨平均深度计算成果表

每年泄洪次数	t/h	k	C /(kg/m^3)	v /(m/s)	d /mm	R /MPa	m	n	s	j	δ/mm	备注
1	3600	4.2×10^{-13}	4.35	30	0.009	25	1	4	1	−1	1.917E-06	最大流速
2	7200	4.2×10^{-13}	4.35	30	0.009	25	1	4	1	−1	3.836E-06	最大流速
3	10800	4.2×10^{-13}	4.35	30	0.009	25	1	4	1	−1	5.754E-06	最大流速
4	14400	4.2×10^{-13}	4.35	30	0.009	25	1	4	1	−1	7.672E-06	最大流速

续表

每年泄洪次数	T/h	k	C /(kg/m³)	v /(m/s)	d /mm	R /MPa	m	n	s	j	δ/mm	备 注
5	18000	4.2×10^{-13}	4.35	30	0.009	25	1	4	1	−1	9.589E-06	最大流速
5	18000	4.2×10^{-13}	20	30	1	20	1	4	1	−1	0.006123	极端工况
5	18000	4.2×10^{-13}	20	17	1	20	1	4	1	−1	6.3E-04	平均流速

计算结果表明，原设计的混凝土特性完全能够满足工程的抗冲磨蚀要求。

6 咨询工程师审核意见

咨询工程师审核了设计计算资料，仍坚持必须补充进行符合 ASTM 1138—97 要求的防水耐磨测试试验。

咨询工程师认为混凝土强度的增加会降低预期的磨损，这意味着侵蚀表面的维护成本将降低，对于业主来说，这种泄洪的运行成本分析非常重要。

为满足现场施工需要，承包商与咨询工程师多次讨论并达成一致意见，现场有两种方案进行调整后可以恢复施工，一是将溢流面混凝土抗压强度提高到 25MPa，并仍按原设计在混凝土表层 50cm 范围内添加聚丙烯纤维。二是将溢流面混凝土抗压强度提高到 30MPa 不加聚丙烯纤维。直至承包商完成防水耐磨测试试验并符合要求。

为了推动工程顺利进行，最终承包商同意暂时采用 30MPa 的混凝土，现场恢复施工。混凝土强度标号的提高，意味着工程成本的增加和混凝土温控的困难增加。

7 试验及成果分析

7.1 抗冲耐磨混凝土配合比

本工程根据不同部位的受力特点、运行特点和抗冲磨特点，原设计中闸墩混凝土采用 CY25（$f'_c=25$MPa）的混凝土，溢流堰面采用 CY20（$f'_c=20$MPa）加聚丙烯纤维混凝土，冲沙底孔采用 CY25（$f'_c=25$MPa）加聚丙烯纤维混凝土。根据混凝土现场配合比试验，大坝混凝土设计配合比见表 2。

表 2 大坝混凝土设计配合比

序号	设计抗压强度 /MPa	坍落度 /mm	泵送/非泵送	水泥类型	水灰比	砂含量 /%	每方混凝土组成含量							
							水 /kg	水泥 /kg	砂 /kg	石子 (4.75～19mm) /kg	石子 (19～37.5mm) /kg	减水剂（粉剂）/kg	缓凝剂（粉剂）/kg	理论容重 /(kg/m³)
B-28	30	70～120	非泵送	Bijao GU	0.43	41	155	360	774	563	565	2.523	0.6	2420
B-29	25	70～120	非泵送	Bijao GU	0.47	42	150	319	814	569	571	2.234	0.319	2425
B-30	20	70～120	非泵送	Bijao GU	0.54	43	150	278	850	570	572	1.944	0.278	2422
B-39	30	160～200	泵送	Bijao GU	0.42	43	165	393	787	528	530	3.143	0.393	2406
B-40	25	160～200	泵送	Bijao GU	0.47	44	165	351	822	529	531	2.809	0.351	2402
B-41	20	160～200	泵送	Bijao GU	0.52	45	170	327	845	522	524	1.962	0.327	2391

7.2 抗冲耐磨混凝土试验方法简述

承包商在现场恢复施工后，在国内采购了试验设备，运输到现场后即开始进行相关试验。试验设备采用混凝土抗冲耐磨试验机（规格型号 HKCM-Ⅱ）。

试验程序：搅拌桨叶侵入水中，将以 1200rpm±100rpm 的速度旋转，经过一定时间的测试，测量并记录样品的质量。试件的磨损率通过质量损失计算。根据 ASTM C1138，试件在每 12h 操作结束时，应从试验容器中取出，以确定和记录试样在空气和水中的质量，整个试验应由 6 个 12h 组成，期间共 72h。

7.3 抗冲耐磨试验成果

根据业主及现场咨询工程师的意见，承包商现场试验室按照 ASTM C 1138 的规定，采用水下钢球法完成了大坝闸墩及溢流面混凝土的抗冲耐磨试验共 6 组（M-02、M-02-1、M-01、M-01-1、M-03、M-03-1），每组 3 个试件，试验成果汇总见表 3。

表 3　　抗冲耐磨混凝土试验成果表

试件编号	混凝土设计抗压强度/MPa	混凝土配合比编号	是否掺加纤维	水灰比	混凝土类型	试验抗压强度/MPa	最大磨损率/%	抗冲磨强度/(kg/m²)
M-01	25	B-40	无掺加	0.47	泵送	33.3	1.58	18.6
M-02	30	B-39	无掺加	0.42	泵送	38.4	1.27	22.6
M-03	20	B-41	无掺加	0.52	泵送	29.1	2.26	14.7
M-01-1	25	B-40	掺加	0.47	泵送	33.9	1.41	20.9
M-02-1	30	B-39	掺加	0.42	泵送	39	1.14	25.2
M-03-1	20	B-41	掺加	0.52	泵送	28.9	1.76	16.8

7.4　试验成果分析

为更好地分析不同混凝土抗冲耐磨性能、变化趋势及差异，将各组混凝土的3个试件的试验数据取平均值作代表值，经整理后，各组混凝土在不同时段末的累计质量损失情况见图1，各组混凝土在不同时段末的平均磨损深度见图2，各组混凝土72h的磨损率见图3，各组混凝土72h的抗冲磨强度见图4。

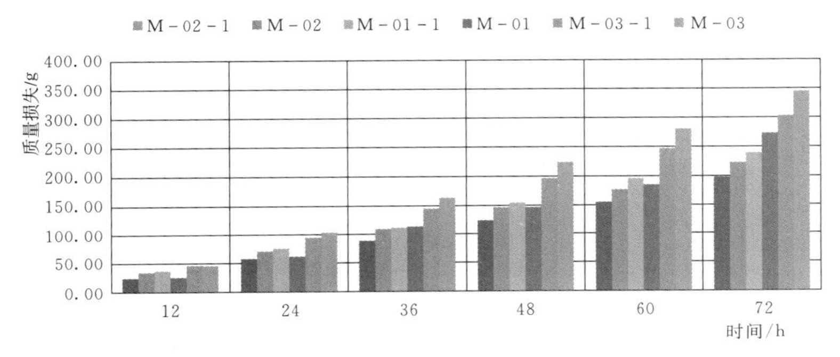

图1　各组混凝土在不同时段末的累计质量损失

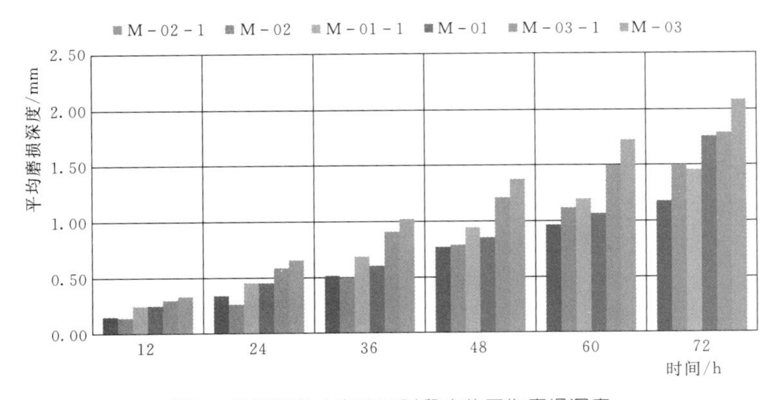

图2　各组混凝土在不同时段末的平均磨损深度

根据图3、图4可知，提高混凝土强度或增加聚丙烯纤维均能够提高混凝土的抗冲耐磨性，混凝土强度每增加5MPa，混凝土的耐磨性将提高20%～27%，添加0.6kg/m³的聚丙烯纤维能够提高约10%～15%耐磨性。

根据试验成果，原设计的闸墩混凝土（f'=25MPa）72h磨损率为1.58%，平均磨损深度为1.75mm，抗冲磨强度为18.6；溢流堰面混凝土（f'=20MPa，加聚丙烯纤维）72h磨损率为1.76%，平均磨损深度为1.79mm，抗冲磨强度为16.8；冲沙底孔周边混凝土（f'=25MPa，加聚丙烯纤维）72h磨损率为1.41%，平均磨损深度为1.45mm，抗冲磨强度为20.9。

试验表明，本工程大坝抗冲耐磨混凝土具有较好的抗冲耐磨性能，满足工程质量要求。在试验完成后，现场恢复原设计的混凝土标号强度进行施工。

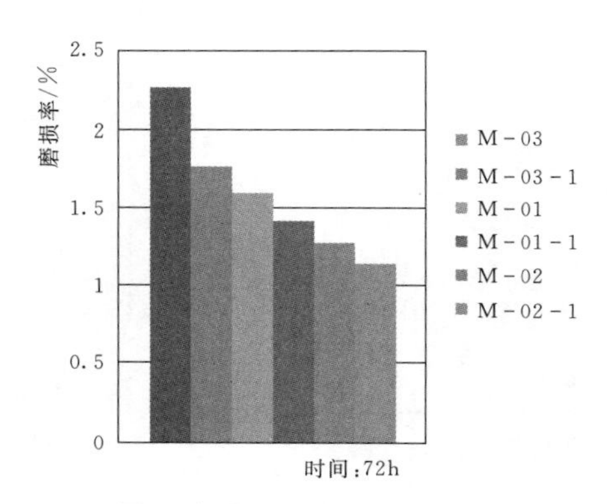

图3　各组混凝土72h的磨损率

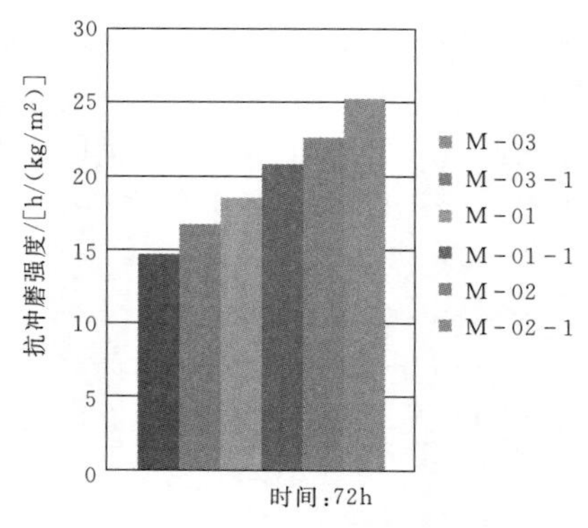

图4　各组混凝土72h的抗冲磨强度

8　结语

对于泥沙含量不大，颗粒小，只要不是大颗粒的砾石等直接在混凝土表面滚动磨损，一般的 $f'_c>20$MPa常态混凝土均可满足要求，也无须进行抗冲磨试验，中国很多类似的工程均不再做抗冲磨试验，只对河流泥沙严重且需泄放推移质的低水头河床式闸坝才做相关试验，并采取特殊的抗冲磨措施。因此对于本工程，考虑工程泄洪特点，且运行频率小，时间短，对混凝土的抗冲磨要求低，设计和承包商均认为可不做抗冲磨试验。

由于工程所在的中美洲，类似的水电站工程较少，咨询工程师熟悉美国规范标准，更希望通过抗冲磨试验获得支持性的数据，该理念和国内有较大的差别，在承包商认为原设计强度满足要求的情况下，咨询仍然坚持必须完成该项试验。

虽然最终试验表明原设计的混凝土耐磨性满足要求，但是由于问题沟通、试验设备采购运输和试验直至成果分析完成，经历了6个月以上，导致本工程的大部分闸墩混凝土实际施工中提高了强度等级，造成工程进度延误和工程成本的较大增加，为承包商带来一定的损失。本工程的混凝土耐磨性性能及试验要求的经验为类似国际工程提供了借鉴。

浅析西藏高寒地区水工混凝土裂缝成因及控制技术

万明栋　黄艳梅/中国水利水电第七工程局有限公司

【摘　要】 西藏高寒高海拔地区昼夜温差大，气候寒冷干燥、多风，混凝土浇筑后容易产生裂缝，影响结构的整体性及防水性，危及建筑物运行安全。本文结合工程实例阐述了混凝土裂缝产生的原因和危害，总结出了裂缝的控制措施和处理方案，确保了工程质量和运行安全，供类似工程借鉴和参考。

【关键词】 裂缝　原材料　配合比　施工　处理技术

1　引言

由于西藏高原奇特多样的地形地貌和高空空气环境以及天气系统的影响，形成了复杂多样的独特气候。除呈现西北严寒干燥、东南温暖湿润的总趋向外，还有多种多样的区域气候以及明显的垂直气候带。西藏地区主要气候特点是：干湿分明，四季难分、冬长夏短；夏季辐射强烈，日照多，夜间多冰雹，冬季寒冷、风大、时间长，年温差变化小、日温差变化大；降水量藏南和藏东南多，其余大部分地区少，且日降水量小，多夜雨。水工混凝土的裂缝问题是颇受关注的质量通病，面对气候条件特殊的西藏地区更是如此。分析裂缝的种类和原因，研究裂缝的控制措施对于提高工程质量减少工程事故具有重要的意义。

2　工程概况

果多水电站位于西藏自治区昌都县境内，为扎曲水电规划“两库五级”中第二个梯级电站，电站装机容量160MW（4×40MW），工程等别为三等工程，工程规模为中型。工程枢纽布置格局为：碾压混凝土重力坝＋坝身泄洪冲沙系统＋左岸坝身引水系统＋坝后地面厂房。

果多水电站平均海拔约3400.00m，极端最低气温为－20.7℃，极端最高气温为33.4℃，多年平均气温为5.6℃，昼夜温差较大，最大月平均日温差高达18.8℃，年平均日温差为16℃。空气较为干燥，相对湿度在39%～59%，最大风速15m/s，风向NW或W。该区域冻土主要为季节性冻土，冻土时间一般为12月中旬至次年1月中旬，最大冻土深度90cm，最大积雪厚度15cm。

扎曲河段地处澜沧江上游，属高原寒温带半湿润气候，平均气温较同纬度其他地区低，日照时间长，降水量很少，多年平均降水量为499.5mm。降雨多集中在5—9月，占全年降雨量的83%，且多为阵雨、暴雨。冬季寒冷，降雨稀少，水边有结冰现象，河面有时封冻，春季3月气候转暖。

3　混凝土裂缝产生的主要原因

（1）材料原因。原材料对于工程质量的影响是显而易见的，如水泥品种选择不当、水泥受潮变质，粗细骨料级配不合理、含泥量超标，以及材料的存放管理不重视等，都会导致混凝土开裂。

（2）配合比原因。西藏水工混凝土工程本身的工作环境相对特殊，混凝土容易受到地质地形以及气象水文条件的影响，耐久性无法保障，配制经济、合理的配合比尤为关键。

（3）混凝土浇筑原因。混凝土下料高度过高，分层厚度偏大，骨料分离无法到达预期效果，混凝土密实度不足，出现漏振或过振等都易因为混凝土裂缝。

（4）养护原因。养护不当会直接影响混凝土的质量，提前脱模或者养护时间不足等等，使得混凝土在温度或者收缩应力的影响下出现开裂问题。

（5）西藏地区昼夜温差大、风大，相比白天强日照、高温情况，夜间环境温度骤降，而混凝土正处于水化热温升阶段，内部温度较高，内外温差较大，这是西藏地区混凝土更易产生或加剧裂缝发展的主要原因。

4 混凝土裂缝的危害

（1）水工混凝土一般要与水流经常接触，在水压力的作用下裂缝会逐渐加深和扩大，长时间的冲蚀将使水工建筑物产生渗漏。水流经混凝土渗出后，不断破坏与混凝土接触的基础层，引起水解破坏，严重时导致混凝土结构物破坏。西藏条件严寒，河面结冰，由此引起的冻胀现象，更加大了混凝土被破坏的程度。

（2）当水流与混凝土内部接触后会发生化学反应，空气中的二氧化碳极易渗透到混凝土内部与水泥的某些水化产物相互作用形成碳酸钙，加快混凝土碳化速度，降低甚至完全破坏混凝土强度。混凝土的裂缝还会削弱混凝土对钢筋的保护作用，剥落的混凝土会使钢筋长期暴露在潮湿的环境下，破坏掉钢筋的外层保护膜，使钢筋产生锈蚀。

（3）混凝土裂缝对混凝土结构物的结构强度和稳定性具有直接的影响，会降低混凝土结构物的结构强度和整体稳定性，轻则影响建筑物的外观和正常使用，重则导致混凝土结构物的完全破坏。

5 混凝土裂缝控制措施

5.1 原材料

（1）水泥。选用发热量低的中热硅酸盐水泥或低热矿渣硅酸盐水泥，不得将不同品种或等级的水泥混合使用。

（2）粗细骨料。采用非碱活性骨料，严控粗细骨料的粒径和细度模数、含泥量，连续级配并级配良好。

（3）粉煤灰。为了改善混凝土的和易性和降低水泥用量，掺加适量的粉煤灰。

（4）外加剂。采用具有减水、缓凝、早强特性的高效减水剂，减水剂可以降低水化热峰值，对混凝土的收缩有补偿功能，可提高混凝土的抗裂性。

（5）水。根据浇筑气温选择用水温度，严禁使用碱性水，水质满足混凝土施工要求。

5.2 混凝土拌和控制

（1）混凝土配合。尽量采用常态混凝土浇筑，改善级配设计，采用低流态混凝土，从而减少水泥用量，降低混凝土水化热。

（2）粗骨料高温季节采取遮阳、低温季节采取保温措施，骨料料堆高度大于6m，地笼取料，使粗骨料温度高温季节不高于月平均气温，低温季节骨料不冻结、料堆中下部骨料温度不低于3℃。细骨料常年采取遮雨措施，防止雨水进入成品砂堆，低温季节采取保温措施。

（3）高温季节对混凝土骨料采用风冷措施进行预冷，并采取加片冰、加制冷水拌和等措施降低混凝土出机口温度；低温季节，浇筑混凝土采取加热水拌和等措施提高混凝土出机口温度，热水温度不高于60℃。

5.3 混凝土施工及养护

5.3.1 一般要求

（1）混凝土浇筑前要关注天气预报，混凝土浇筑尽可能避开高温、曝晒、多风、骤然降温的天气，并采取遮挡、保温措施。

（2）控制浇筑层最大高度和浇筑间歇时间，做好混凝土温控措施。

（3）混凝土浇筑分层按设计要求进行，当上、下浇筑层间歇时间超过28d时，下层混凝土按照老混凝土处理。

5.3.2 高温季节施工

（1）混凝土运输、入仓设备外侧均包裹保温材料，以减少混凝土运输过程中温度回升。

（2）在施工现场布置冷水站，施工的大体积混凝土均预埋冷却水管并通冷水，以降低混凝土内部温度。冷却通水用干管和支管均包裹保温材料，以满足仓内冷却水管进口水温要求。

（3）采用喷雾机喷雾在仓面上空形成一层雾状隔热层，减少直射混凝土面阳光，降低仓面环境温度。

（4）混凝土振捣完成后，表面用保温被进行全面覆盖，以防环境温度倒灌；混凝土施工完成后，仓面采用花管流水养护，养护均匀不间断。

5.3.3 低温季节施工

（1）冬前（10月底前）对所有混凝土运输设备及混凝土外露面均固定保温材料，防止内外温差过大。大坝混凝土越冬时：首先在坝顶顶铺设一层塑料薄膜（厚0.6mm），然后在其上部铺设三层2cm厚的聚乙烯保温被，最后在顶部铺设一层三防帆布；大坝侧面铺设一层塑料薄膜（厚0.6mm），然后在其侧面部铺设4cm厚XPS板，最后在铺设一层三防帆布。

（2）模板外保温，在浇筑过程中及时覆盖保温被，并配备电热毯、暖风机等设备提高浇筑仓面温度。

（3）每层混凝土浇筑结束后，在其上表面采用一层土工膜和5cm厚聚苯乙烯保温卷材压紧覆盖，侧面粘贴保温材料进行封闭保温：永久外露面粘贴5cm厚保温板，临时外露面粘贴5cm厚保温卷材。

（4）对已浇好的底板、护坦、闸墩、孔洞部位等，在进入低温、气温骤降频繁的季节前，应将空腔封闭，并进行表面保护。

（5）在气温变幅较大的季节，长期暴露的基础混凝土及其他重要部位的混凝土必须加以遮盖保护。

（6）应根据混凝土强度、混凝土内外温差确定拆除模板的时间，应避免在夜间或气温骤降时拆除模板。

（7）为降低坝体内外温差，防止或减少表面裂缝，应在低温季节前将坝体温度降至设计要求的温度。

6 裂缝处理技术

6.1 表面封闭法

针对宽度小于0.3mm的裂缝，可将聚合物水泥膏、弹性密封胶或渗透性防水剂涂刷于裂缝表面，以恢复其防水性和耐久性。该法施工简单，但仅适用于浅表层裂缝。

（1）工艺流程：表面刷毛并冲洗→嵌补表面缺损（可用环氧胶泥或乳胶水泥）→选材涂复。

（2）施工要点：①由于涂层较薄，应选用黏结力强且不宜老化的材料；②对活动裂缝，应采用延伸率较大的弹性材料；③涂复均匀，不得有气泡。

6.2 压力灌浆法

针对宽度大于0.3mm且深度较大的深层裂缝，可将化学灌浆材料（如聚氨酯、环氧树脂或水泥浆液）通过压力灌浆设备注入到裂缝深处，以恢复结构整体性、防水性及耐久性。

（1）工艺流程：凿槽→埋设浆嘴→封缝→密封检查→配制浆液→灌浆→封孔→灌浆质量检查。

（2）施工要点：①灌浆材料宜选用黏结力强、可灌性好的树脂类材料，通常选用环氧树脂；②对于宽度大于2mm的特大裂缝可采用水泥类材料，对于活动性裂缝宜采用经稀释的环氧树脂或聚氨酯；③化学灌浆压力控制在0.2～0.4MPa，水泥浆灌浆压力控制在0.4～0.8MPa，增大压力并不提高灌浆速度，也不利于灌浆效果；④灌浆后，待浆液初凝而不外渗时，方可拆下灌浆嘴（盒、管）。

6.3 填堵法

针对宽度大于0.5mm的宽大裂缝或钢筋锈蚀裂缝，可沿裂缝将混凝土凿成U形或V形槽，然后嵌填修补材料，以恢复防水性、耐久性或部分恢复结构整体性。

（1）工艺流程：凿槽→基层处理（混凝土去污、钢筋除锈）→涂刷结合剂（环氧树脂浆液）→嵌填修补材料→面层处理。

（2）施工要点：①嵌填材料可视具体情况选用环氧树脂、环氧砂浆、聚合物水泥砂浆、聚氯乙烯胶泥或沥青油膏；②对于锈蚀裂缝，先对钢筋彻底除锈，再涂防锈涂料。

7 结语

裂缝的防止和处理，一直是水工混凝土质量控制的重点，特别是西藏高海拔高寒地区，其特殊的气候环境导致大体积混凝土极易产生温度裂缝。因此，必须从混凝土原材料、拌和、运输、浇筑、养护等环节进行控制，减少和控制混凝土裂缝的产生和扩展，提高混凝土结构的质量，进而确保水工建筑物的安全运行。

赞比亚伊泰兹水电站湿喷混凝土施工技术研究

邓兆勋　张　成　马萌濛/中国水利水电第十一工程局有限公司

【摘　要】本文系统介绍了赞比亚伊泰兹水电站工程湿喷混凝土的施工技术研究，通过机械选型、配合比的设计试验、现场施工工艺试验研究和经济分析，确定了工程的湿喷混凝土施工工艺。

【关键词】湿喷混凝土　施工技术　工艺研究　综合分析

1　概况

伊泰兹水电站位于赞比亚中心省，首都卢萨卡以西约320km的凯富河上。现施工工程是在原有伊泰兹水库基础上新建的水力发电系统，包括引水隧洞，调压井、地面厂房及尾水渠，总装机容量120MW，属EPC项目。

根据标书和设计要求，引水隧洞、调压井及调压井开挖后的山体高边坡，需进行挂网锚喷支护。基于质量、环境、安全、健康的要求，标书明确规定喷射混凝土采用湿喷法施工。前期边坡喷护混凝土强度等级C20，抗折强度等级为F3（3.0MPa），后期厂房及引水隧洞喷锚混凝土强度等级改为C25，抗折强度等级为F3.2（3.2MPa）。为保证施工进度、质量以及良好的经济效益，我们以工程为依托，在施工过程中对湿喷混凝土施工技术进行了综合性研究，并在该工程中应用，产生了良好的经济和社会效益。

2　机械选型的研究

对于喷射混凝土，目前从施工工艺上来说国内外大体分为干喷法、潮喷（水泥裹砂）法、湿喷法三种。干喷法的优点是设备小，便于布置，不易卡管，最大骨料粒径一般为15mm，水泥单耗少，缺点是混凝土强度波动大，回弹量大，粉尘多，不适合地下工程；湿喷法的优点是强度稳定，质量可靠，回弹小，粉尘少，地下、地面均适用，缺点是喷射最大骨料粒径一般为10mm，水泥单耗多；潮喷法是在干喷法的基础上，通过混凝土原材料二次加水工艺改进而成，优缺点介于干喷与湿喷之间。通过三种施工方法的比较，湿法喷射只要解决最大喷射骨料粒径，降低水泥单耗，便具有了其他两种施工方法无法企及的优势。于是对于湿法混凝土喷射机的选型，同时考虑本项目施工基础设施工程时已经具有了JS500型拌和站、XAMS850CD/12m³空压机、6m³混凝土搅拌罐运输车的实际情况。从而确立了本项目喷射机械的选型条件：

（1）选择价格较国外低廉的国内产品。

（2）选择最大喷射骨料粒径与干喷机相同的指标15mm。

（3）选择耐磨性好的转子、活塞式喂料机构。

（4）选择尽可能高的水平和垂直输送距离，便于远距离输送。

（5）选择尽可能与已有设备配套的机型。

经过多方面的研究、比较，本项目最后采用了中铁岩峰成都科技有限公司生产的TK500型转子活塞式湿喷机。其主要技术参数见表1。

表1　TK500型湿喷机的技术参数表

生产率/(m³/h)	骨料最大粒径/mm	输料胶管内径/mm	最大输送距离/m	系统风压/MPa	工作风压/MPa	耗风量/(m³/min)	机旁粉尘/(mg/m³)	平均回弹量/%
5	15	51	水平：40 垂直：20	＞0.5	0.3～0.5	≥12	＜10	≤20

3 湿喷混凝土配合比设计与试验研究

3.1 配合比设计思路

（1）选用较大粒径的骨料，以达到减小单位用水量，提高混凝土强度的目的。

（2）选用合适的砂率，提高混凝土的可喷性，减小喷混凝土的回弹量。

（3）选用高效减水剂以减少由于增大砂率后所增加的单位用水量。

3.2 原材料选择

根据设计文件的要求和工地施工的具体情况，对原材料选择如下：

（1）水泥。采用当地水泥厂 LARFAGE 生产的 CEM Ⅰ 42.5N（普通硅酸盐）水泥，质量符合 BS EN197 要求。

（2）砂。采用天然河砂和人工砂。天然河砂经过 5mm 筛筛分处理，细度模数 $F.M=3.15$；人工砂为项目骨料破碎系统生产的人工砂，细度模数 $F.M=2.68$。考虑到现场人工砂的生产量不足及河砂较粗的实际情况，各按 50%混合后，细度模数 $F.M=2.82$，级配符合标书技术要求的中砂要求。

（3）石子。项目破碎系统生产的人工碎石 $D_{max}=$ 14mm，质量符合 BS882 要求。

（4）减水剂。经过优选采用南非生产的 Omega136 高效减水剂。质量符合 BS5075，BSEN934 要求。

（5）速凝剂。根据欧洲 EFNARC 标准“初凝不应超过 5min，终凝不超过 6～12min”的要求，先后对 3 个厂家提供的速凝剂进行了比较试验，最后选定 JET10AF 液体速凝剂，其掺量为 6.5%。

3.3 配合比的设计

3.3.1 试验安排

湿喷混凝土采用 L9（3^4）正交表安排试验，考核混凝土不同龄期抗压强度、抗折强度性能。正交设计的因素水平见表 2。

表 2 湿喷混凝土配合比试验因素水平表

水平 \ 因素	水胶比	砂率/%
1	0.5	55
2	0.55	60
3	0.6	65

3.3.2 成型参数

湿喷混凝土试拌配合比见表 3。

3.3.3 试验成果

湿喷混凝土试拌配合比成果见表 4。

表 3 湿喷混凝土试拌配合比表

试验编号	水胶比	砂率/%	Omage136 掺量/%	JET10AF 掺量/%	每方混凝土材料用量/kg						
					水泥	水	河砂	人工砂	14mm 小石	Omage 136	JET10AF
P-1	0.5	55	0.6	6.5	420	210	454	454	743	2.52	27.3
P-2	0.5	60	0.6	6.5	434	217	489	489	652	2.604	28.21
P-3	0.5	65	0.6	6.5	448	224	523	523	563	2.688	29.12
P-4	0.55	55	0.6	6.5	382	210	464	464	760	2.291	24.818
P-5	0.55	60	0.6	6.5	395	217	501	501	667	2.367	25.65
P-6	0.55	65	0.6	6.5	407	224	536	536	577	2.444	26.47
P-7	0.6	55	0.6	6.5	350	210	473	473	774	2.100	22.75
P-8	0.6	60	0.6	6.5	362	217	510	510	681	2.170	23.51
P-9	0.6	65	0.6	6.5	373	224	547	547	589	2.240	24.27

表 4 湿喷混凝土试拌配合比成果表

试验编号	水胶比	坍落度/mm	抗压强度/MPa			抗折强度/MPa	
			1d	7d	28d	7d	28d
P-1	0.5	98	17.2	29.2	37.1	3.88	4.4
P-2	0.5	100	16.8	28.7	36.3	3.8	4.22
P-3	0.5	101	16.2	28.1	35.7	3.7	4.2

续表

试验编号	水胶比	坍落度/mm	抗压强度/MPa			抗折强度/MPa	
			1d	7d	28d	7d	28d
P-4	0.55	95	15.0	25.5	33.5	3.55	4.1
P-5	0.55	97	14.1	25.0	32.8	3.5	4.0
P-6	0.55	97	13.8	24.7	32.0	3.35	3.93
P-7	0.6	91	12.0	23.0	28.8	3.3	3.8
P-8	0.6	94	11.6	22.8	28.1	3.3	3.7
P-9	0.6	96	11.0	22.4	27.7	3.2	3.6

3.3.4 试验成果分析

通过对表4结果分析，可知：

（1）水灰比是影响混凝土强度的决定因素，混凝土强度随着砂率的增大而减小，抗拉强度与抗压强度成正比关系。

（2）从拌和物性能看，混凝土随着砂率的增大虽然和易性有所增加，但水泥用量明显增大。

（3）对混凝土28d抗压强度进行回归分析，其结果见表5。

表5　回归分析结果表

回归方程	均方差 S/MPa	相关系数 R
$Y=24.345X_1-0.1333X_2-4.065$	1.234MPa	0.9926

注　X_1—胶水比；X_2—砂率（%）；Y—混凝土28d抗压强度（MPa）。

3.4 初选施工配合比

配合比的配制强度按下式计算：

$$f_{cu,0}=(f_{cu,k}+t\times\sigma)\times k_1\times k_2$$

式中　$f_{cu,0}$——湿喷混凝土的配制强度，MPa；

$f_{cu,k}$——湿喷混凝土的设计强度等级，MPa；

t——根据保证率确定的系数，保证率为95%时，$t=1.645$；

σ——标准离差系数，取4.0MPa；

k_1——喷射成型与振捣成型关联系数，一般$k_1=1.0\sim1.2$，采用1.0；

k_2——速凝剂对后期强度的影响系数，一般$k_2=0.91\sim1.43$，采用1.1。

通过计算C20配制强度为29.3MPa，C25配置强度34.7MPa。初选施工配合比见表6。

表6　初选施工配合比表

强度等级	水胶比	砂率/%	Omage136掺量/%	JET10AF掺量/%	每立方米混凝土材料用量/kg						
					水泥	水	河砂	人工砂	14mm小石	Omage136	JET10AF
C20	0.59	60	0.6	6.5	368	217	530	529	706	2.208	23.92
C25	0.52	60	0.6	6.5	417	217	514	514	686	2.502	27.1

4 现场施工工艺试验研究

现场施工工艺试验针对不同的施工部位和目的，共做了2次试验。

4.1 调压井后边坡现场施工工艺试验

4.1.1 试验目的

第一次在调压井进场道路的左边坡（坡比为1∶0.25左右），进行了湿喷混凝土（素喷）施工工艺试验。其主要目的在于：

（1）验证室内喷混凝土配合比是否具有可行性。

（2）确认掺速凝剂与不掺外加剂对现场施工质量的影响。

（3）寻找湿喷机正确的施工参数及与现有配套设备是否匹配。

（4）培训当地员工，确认施工流程。

4.1.2 现场试验所需的机械设备与仪器（表7）

4.1.3 现场场地及考察项目安排

现场选择与调压井坡比基本相同的施工部位25m²，按5m²每块，共分成5块。编号分别命名为A、B、C、D、E。所考察项目的分配见表8。

表 7 试验所需的机械设备与仪器表

序号	设备名称	规格型号	数量	备　注
1	自动配、上料拌和站	JS500	1 台	
2	湿喷机	TK－500 型转子活塞式湿喷射机	1 台	现场
3	空压机	XAMS850CD/12m³	1 台	现场
4	混凝土搅拌罐运输车	6m³	1 台	
5	混凝土坍落度测试仪	—	2 个	拌和站、现场各 1 套
6	无底大板木试模	455mm×455mm×150mm	6 块	现场
7	无底抗折试模	100mm×100mm×550mm	12 块	现场
8	容重筒	30L	2 个	现场
9	磅秤	100kg	1 台	现场

表 8 场地安排及考察项目分配表

序号	混凝土类型	场地面积/m²	场地内布置模具数量	考察项目	试验目的
A	C20、掺速凝剂	10	—	工作风压、不同方向的输送距离、不同喷射角度的回弹程度、混凝土的工作坍落度	(1)、(3)、(4)
B	C20、掺速凝剂	5	无底大板木试模 2 块，无底抗折试模 3 块，塑料布 1 块	抗压强度、抗折强度、回弹量、与岩面黏结情况、养护与不养护的对比	(1)、(2)
C	C20、不掺速凝剂	5	无底大板木试模 2 块，无底抗折试模 3 块，塑料布 1 块	抗压强度、抗折强度、回弹量、与岩面黏结情况、养护与不养护的对比	(1)、(2)
D	C25、掺速凝剂	5	无底大板木试模 1 块，无底抗折试模 3 块，塑料布 1 块	抗压强度、抗折强度、回弹量、养护与不养护的对比	(1)、(2)
E	C25、不掺速凝剂	5	无底大板木试模 1 块，无底抗折试模 3 块，塑料布 1 块	抗压强度、抗折强度、回弹量、养护与不养护的对比	(1)、(2)

4.1.4 初拟岩面施工程序

松动岩块撬除→冲洗岩面→喷至设计厚度→养护。

4.1.5 试验过程及参数调整

首先根据设备使用说明书、室内速凝剂掺量试验结果对喷锚机速凝剂计量泵进行标定，通过计算，湿喷机液体速凝剂计量剂泵刻度设置为 68%，经试泵单位时间内泵送速凝剂与配合比一致。在拌和站按表 6 中 C20 初选施工配合比生产 2m³ 混凝土，测其坍落度为 105mm，用混凝土搅拌罐运输车运至现场，根据不同的时间测其坍落度。将湿喷机压力调整为 0.7MPa、喷射管接至 2 节（40m），开机喷掉湿润水后在 A 区试验面上施喷。施喷过程中，湿喷机风压从 0.4MPa 每隔 0.1MPa 进行调整，观察喷射机及喷头、受喷面上混凝土的情况，同时喷头操作手将喷头与受喷面喷射角度从 60°变换至 120°，喷头与岩面的距离在 0.5～2m 之间变换，保持螺旋状喷射上升，观察混凝土的回弹情况。最后将喷射管加长至 3 节（60m），按垂直向上 20m、垂直向下 20m、水平距离 60m 三个方向，继续进行喷射。该轮湿喷结束后，得出如下结论：

（1）机口混凝土 90～110mm、现场 70～90mm 的坍落度较大，施工过程中从转子泄浆孔，流出大量的浆液，受喷面上的混凝土有流淌现象。现场混凝土保持 40～70mm的坍落度，施工效果最佳。

（2）湿喷机的工作风压设置为 0.6MPa，连续供风量不小于 10m³ 效果较佳。

（3）喷射距离以距岩面 0.8～1.2m 较优，过大或过小，均使混凝土的回弹较大；喷射角度以 90°（即与岩面垂直）为最佳，能够保持在 80°～90°即可，超出此范围则混凝土回弹增大，混凝土性能必受影响。

（4）喷射管加长至 3 节（60m）后，三个方向都勉强可以施喷，但喷嘴出料脉冲、管路跳管、喷射机气料仓大量烟状气体喷出等堵管现象发生。不是万不得已，以后的施工中不建议加长至3节（60m）喷管。

根据A区试验找到的施工参数，分别根据表6坍落度调整至70～90mm后的配合比生产混凝土；按表8的考察项目，用计量过混凝土质量的标准容重筒上料对B、C、D、E分区进行施喷。一次喷至设计厚度10cm后，收集塑料布上的回弹料，并进行称量；将抗折试模收面，与大板试模一起用塑料布覆盖。混凝土初凝2小时后，对B、C、D、E共4个分区的下半部分进行洒水养护，三天后观察混凝土表面情况，试件按BS标准到达龄期后进行相应试验。B、C、D、E分区的试验成果见表9、表10、图1、图2。

表9　B、C、D、E试验分区的直观成果描述表

试验分区	混凝土类型	挂墙能力	回弹量/%	养护	未养护
B	C20、掺速凝剂	好	7.2	未有异常	未发现异常
C	C20、不掺速凝剂	少许流淌	8.5	未有异常	有部分裂纹
D	C25、掺速凝剂	好	6.0	未有异常	未发现异常
E	C25、不掺速凝剂	好	8.1	未有异常	有部分裂纹

表10　B、C、D、E试验分区的物理性能成果表

试验分区	混凝土类型	抗压强度/MPa			抗折强度/MPa	
		1d	7d	28d	7d	28d
B	C20、掺速凝剂	11.5	20.5	28.1	3.1	3.8
C	C20、不掺速凝剂	10.1	22.8	30.0	3.5	4.0
D	C25、掺速凝剂	14	26.7	34.4	3.75	4.1
E	C25、不掺速凝剂	13.8	28.8	36.5	3.9	4.5

图1　C20掺速凝剂混凝土与岩石结合面

图2　C20不掺速凝剂混凝土与岩石结合面

从以上结果可以看出：不掺速凝剂的喷混凝土，虽然挂墙能力、回弹量、养护不好的情况下的抗裂能力不及掺速凝剂的混凝土，但混凝土的强度优于掺速凝剂的强度，在加强养护的情况下仍然具有可施工性和较好的质量保证。且两种混凝土与岩石的结合面都比较密实，从质量、施工、经济（在本项目每立方米混凝土速凝剂的成本在40美元左右）等多方面考虑，边坡和隧洞边墙可不使用速凝剂，但其他材料比例不变。

4.2 隧洞顶拱施工工艺试验

4.2.1 试验目的

随着工程的进展，我们在施工支洞口、1#引水洞出口段，分别进行了现场施工工艺试验。其目的为：

（1）考察加速凝剂与不加速凝剂混凝土的在顶拱受喷面的施工效果。

（2）验证不同地质条件下，受喷面的施工效果。

（3）建立隧洞湿喷混凝土施工工艺流程。

4.2.2 试验机械设备和仪器

所用设备基本与表7相同，不同之处在于厂房基础开挖作业面路况较差，运输设备改为装载机。施工支洞施工平台采用脚手架搭设，1#引水隧洞采用移动平台。

4.2.3 场地安排说明

（1）施工支洞洞口，因岩石内夹杂强度较弱的千枚岩，且多处渗水，岩面潮湿。

（2）1#引水洞出口段，岩石为斑状花岗岩，岩况较好，岩面干燥。

4.2.4 试验项目

场地安排及考察项目分配见表11。

表11　场地安排及考察项目分配表

序号	位　置	混凝土类型	场地内布置模具数量	考察项目	试验目的
1	施工支洞	C25、掺速凝剂	塑料布1块	回弹量、喷层厚度	(1)、(2)、(3)
2	施工支洞	C25、不掺速凝剂	塑料布1块	回弹量、喷层厚度	(1)、(2)、(3)
3	1#引水洞口	C25、掺速凝剂	塑料布1块	回弹量、喷层厚度	(1)、(2)、(3)
4	1#引水洞口	C25、不掺速凝剂	塑料布1块	回弹量、喷层厚度	(1)、(2)、(3)

注　该表中掺速凝剂的C25配合比与表6中C25配合比相同。

4.2.5 初拟施工工序

网喷工序：松动岩块撬除→高压风冲洗岩面→挂网→按3～5cm每层施喷→喷至设计厚度→养护。

素喷工序：松动岩块撬除→高压风冲洗岩面→喷至5cm设计厚度→养护。

4.2.6 试验过程

试验开始前首先将塑料布平铺在施工平台的上，同样利用容重筒计量混凝土。按初拟施工工序进行试验、施工。

4.2.6.1 施工支洞试验

施工支洞由于位于千枚岩部位，渗水严重。将岩面清理干净后分别进行不加速凝剂混凝土和掺加速凝剂混凝土的喷射施工。喷射完毕后，立即收集塑料布上的回弹料，进行称重，同时观察岩面混凝土的情况。试验结果见表12。

表12　施工支洞试验成果表

序号	位置	混凝土类型	回弹量/%	喷至设计厚度10cm的遍数	新鲜混凝土面的描述
1	施工支洞	C25、掺速凝剂	21	2	渗水部位有少量垮塌
2	施工支洞	C25、不掺速凝剂	32	5	渗水部位有大量垮塌

通过以上试验得出如下结论。

（1）网喷工序需要更改为：松动岩块撬除→渗水部位插管引流→高压风冲洗岩面→挂网→按3～5cm每层施喷→喷至设计厚度→养护。

（2）顶拱施喷混凝土必须掺加速凝剂。

4.2.6.2 1#引水洞口试验

1#引水洞口因岩面较好，属于素喷混凝土厚度5cm范围。对该部位试验后结果见表13。

表13　1#引水洞口试验成果表

序号	位　置	混凝土类型	回弹量/%	素喷5cm的遍数	新鲜混凝土面的描述
1	1#引水洞口	C25、掺速凝剂	14.8	1	较好
2	1#引水洞口	C25、不掺速凝剂	18	1	较好

从表13看出：岩面较好的部位（素喷部位），不掺速凝剂的混凝土虽然回弹量大于掺加速凝剂的混凝土，但从施工进度和经济方面考虑，可以不掺加速凝剂。

5 现场质控结果

现场质控结果统计分析见表14。

表 14　　C25 湿喷混凝土质控结果汇总表

试验结果统计分析	坍落度/mm	容重/(kg/m³)		抗压强度/MPa		抗折强度/MPa	
		7d	28d	7d	28d	7d	28d
总次数（n）	15	13	13	13	13	4	4
最大值	105	2420	2430	28.0	34.0	3.4	4.5
最小值	90	2260	2230	25.0	28.0	3.0	3.9
平均值	96	2309	2315	25.9	30.0	3.2	4.2
不满足要求的次数	0	0	0		0		0
σ	4.3	38.2	44.6	1.0	1.8	0.2	0.3
C_v	0.05	0.0	0.02	0.04	0.06	0.06	0.06

6　结语

本项目根据试验研究的工艺和参数，现场进行大面积喷射混凝土施工，随着操作工人技术水平的不断提高，喷射速度不断加快，在雨季来临之前喷射近万平方米，较好地完成了工程整体施工计划且喷射质量均符合技术要求，尤其是喷射硬化后的混凝土经爆破飞石的多次击打，均未出现任何破损，满足了工程需要。该工程 2017 年获得中国电力建设股份有限公司优质工程奖。

钢筋混凝土系杆拱桥吊杆的安装及张拉

王志敏/中国水电基础局有限公司

【摘　要】本文简述了跨京沈高速公路特大桥钢筋混凝土系杆拱桥的吊杆安装及张拉所需的材料、机具、施工流程和注意事项，可供同类大桥施工时借鉴和参考。

【关键词】系杆拱桥　吊杆安装　吊杆张拉

1　概述

张唐铁路高各庄跨京沈高速公路特大桥，起始于丰润区丰润镇高各庄村，沿途经小屯村、前寺村、偏峪村，终结于圪塔坨村界内，以96m系杆拱桥式跨越京沈高速公路，交角115°23′0″（交点里程为张唐DK428+810.18，京沈高速里程K142+830）。交叉点西侧约50m已有高速公路涵洞1个。吊杆采用平行布置，间距6m，全桥共设13对吊杆，吊杆立面上垂直梁部设置，在横向内倾8°。

2　吊杆的规格及其配套附属设施

吊杆锚具采用LZM7-151带万向铰构造的冷铸镦头锚，阻尼减震块，防水罩与锚具配套供应。吊杆采用双层PE护套，加工厂加工的成品索，为PES（FD）7-151成品索，外径113mm，抗拉强度标准值1670MPa，疲劳应力幅200MPa，钢丝符合GB 5223标准。橡胶防水圈与PE护套配套提供，吊杆钢丝及PE护套需满足《斜拉桥热挤聚乙烯高强钢丝拉索技术条件》（GB/T 18365—2001）。下料时，根据吊杆的长度基数L_0，考虑预拱度弹性伸长修正值、锚具修正值、温度修正值后准确下料。

3　吊杆的制作、检验和前期防护

3.1　吊杆的制作

吊杆的制造工序烦琐，工艺质量要求严格，拟向专业厂家定制，并派人员监督各制造工序，严格按设计及有关标准试验检测。制作采用直接挤压护套法（挤压防护），采取炭黑聚乙烯在塑料挤出机中旋转挤包于吊杆上而成的热挤杆套防护吊杆的方法，即PE套管法。在运输、存放、安装及其他施工过程中，要注意对PE管及吊杆的保护。

3.2　吊杆索的进场检验

（1）成品吊杆索进场后根据质保单进行严格检验，检验合格后，妥善保管。

（2）检验锚具在运输过程中是否有损伤，着重检查锚具的内、外螺纹是否有损伤。

（3）成品吊杆索在出厂后，锚具的内螺纹内可能有一些沉积的环氧树脂，其固化后比较硬，必须在挂索前清除，以免在挂索时发生问题。

（4）吊杆索检验合格后，用木板或其他物件垫妥，防止拉索PE护套受损。

3.3　前期的防护措施

根据成品吊杆索易受外部损伤的特点，应做好以下防护工作：

（1）在成品吊杆索的运输、起吊等各环节中注意对HDPE护套的保护，避免吊杆索的HDPE护套受损。

（2）成品吊杆索的两端锚具应采取防雨、防锈措施。

（3）存放场地必须平整、开阔，易于运输和起吊的进行。

（4）检查预留孔内是否有残渣，如有必要在安装前清除，保证吊杆索两头拉杆通过时不受损伤。

4 吊杆安装前的工作

上、下锚箱的准确定位是其空间坐标的准确定位，即顺桥向、横桥向、高程方向位置。

考虑到梁体自重，预应力、混凝土充分收缩徐变及支座偏移产生的挠度及顺桥向位移，需与施工监控班组密切沟通，预知施工后的位置，给空间定位位置以预偏量，防止吊杆在后期安装过程中偏差过大，不能顺利安装。

考虑到上述情况，在桥梁施工时做了如下处理：预先焊接 1 个槽钢架，并垫放于每个下锚箱下方，起到支撑、稳固的作用，在下锚箱顶部用 3 根钢管（端部用顶托）支撑锚箱，钢管与锚箱的支撑角分别成 90°、88°、90°，利用顶托的可调性形成一个微型预调装置，可横纵向微调对接吊杆口，可调范围为 3cm 左右。根据经验及估算可得，这个可调精度可满足设计及施工需要。

5 安装吊杆的机具

主要的安装机具见表 1 和表 2。

表 1　　安装设备（1 个面）

序号	设备名称	型号、规格	数量
1	起重设备	25t 汽车吊	1 台
2	电焊机	500TIG	1 台
3	卷扬机	3t	1 套
4	吊装钢丝绳	—	6 根
5	卸扣	2t、3t	各 3 只
6	滑轮	1t、3t	各 2 只
7	手拉葫芦	2～3t	4 只
8	手枪钻	J1Z－FF－10A	1 把
9	其他小型工具	—	若干

表 2　　张拉设备（1 个面）

序号	设备名称	型号、规格	数量	备 注
1	千斤顶	150t	4 台	
2	电动油泵	ZB4－500	4 台	
3	张拉撑脚	—	4 只	
4	张拉杆及螺母	—	4 套	
5	变径套		8 只	配 61－7/55－7 拉索
6	油管	60MPa	120m	备用 30m
7	油压表	普通、精密	各 4 只	
8	对讲机		4 只	
9	其他小型工具		若干	

6 吊杆索的安装

6.1 吊杆索安装流程

根据工程情况，利用卷扬机进行牵引，从下往上进行穿索。

安装流程：牵引设备就位→连接牵引绳→下锚安装、固定→上锚安装、固定→吊索张拉→调索→安装附属构件。

6.2 吊杆索安装方法

吊杆索安装的机具布置见图 1。

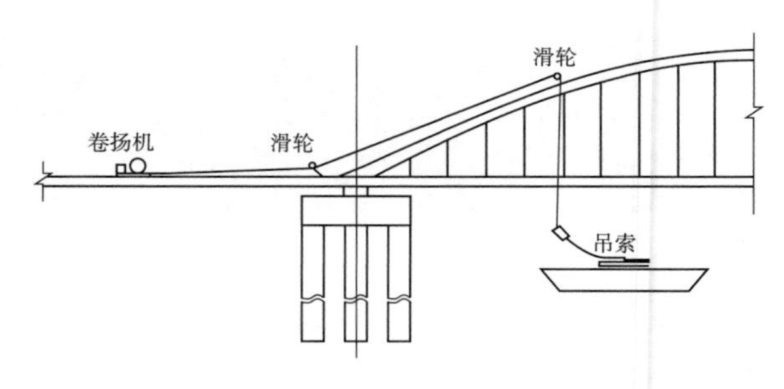

图 1　吊索安装示意图

6.2.1 下锚安装

（1）在桥台附近选一合适位置，安放好卷扬机，将牵引钢丝绳穿入首先要安装吊索的预留孔内，在拱肋预留孔口安置滑轮，滑轮支架安全可靠，高度在 1m 左右。

（2）吊杆索用起吊设备吊在桥面上或张好放在横梁上，如放在横梁上应临时固定。吊杆索上锚旋下锚圈，锚杯旋上导向，牵引钢丝绳连接锚杯。螺纹内如有残渣应时清除。

（3）缓慢开动卷扬机，上锚杯进入下锚预留孔时，专人负责看好，保证锚杯进入预留孔畅通。

（4）吊杆索提升过程中，卷扬机操作工随时与看管吊杆索提升人员沟通。在吊杆索提升至拱肋预留孔附近时须放慢卷扬机速度，操作人员摆正吊杆索锚头方向，使锚头顺利进入上锚预留孔内。

（5）当下锚到达预定位置时旋紧锚圈。

6.2.2 上锚安装

（1）下锚安装好后，检查上锚在预留孔内、锚垫板的位置，人工将锚圈旋紧锚固在锚垫板上。

（2）如上锚露出预留孔锚垫板的距离不够，锚圈无法旋上时，可利用千斤顶张拉工装释放下锚，直至旋上锚圈。

（3）拆除导向及连接钢丝绳，完成吊杆索安装。用同样的方法完成其他吊杆索的安装。

7 吊杆索张拉

7.1 张拉前的准备

（1）在拱肋上搭设操作平台（1.5m×1.5m），平台两边须有扶手（高度80cm），以便操作人员的张拉作业。本项目张拉在拱顶上进行。

（2）在吊杆索安装完后，选择与上锚内螺纹相配套的变径套，旋在锚杯内。

（3）将千斤顶的撑脚安放到锚垫板上，撑脚中心与吊杆索中心要保持同心，不得偏心。

（4）装入张拉拉杆。控制要点：拉杆在旋入变径套时一定要到位，否则将有可能出现拉脱现象。

（5）千斤顶就位放置在撑脚上时要轻，与撑脚的接触面要平，且两者要对中。

（6）装配螺母时，螺母装上后不要旋得太紧，以便给千斤顶活动留有余地。应离千斤顶1～2cm，这有利于调节千斤顶、撑脚与吊杆索的中心位置，也有利于千斤顶的供油。

7.2 上锚张拉

根据设计提供的张拉力进行张拉。吊杆张拉按设计要求分阶段张拉（图2）。张拉监控需注意观测桥面、拱肋的变形，控制桥面向上的位移，如发生异常情况时要停止张拉。

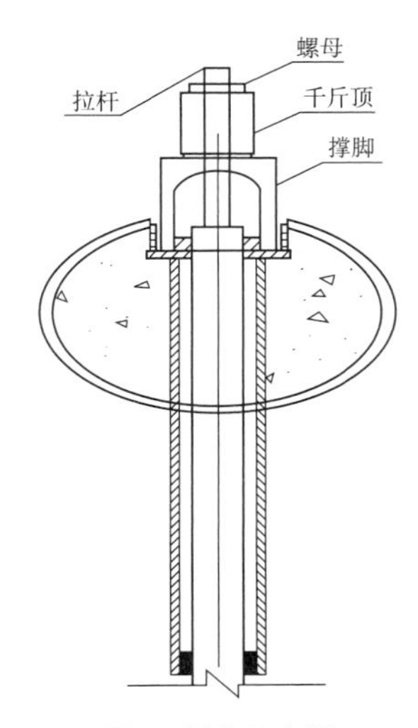

图2 张拉示意图

（1）接通油泵和千斤顶的油管，检查精密压力表是否与千斤顶相符，在未张拉之前，可以在空载情况下活动两个行程，确保千斤顶张拉时无任何问题。

（2）张拉千斤顶和油压表必须在张拉前进行标定，根据拉索张拉力逐一进行张拉。

（3）启动油泵，在张拉过程中，吊杆索缓慢上升，与此同时应将吊杆索锚圈下旋，使其不致离锚垫板的位置过高。

（4）当达到设计、监测监控要求后，应稳住油压，然后旋紧锚圈，使锚圈与锚垫板充分结合。最后，卸除油压，回油、关机、断电，完成张拉。

（5）在张拉过程中做好每根索的索力测量和记录。

7.3 张拉注意事项

张拉时需注意以下事项：

（1）应对称张拉，必须按照设计要求逐一分批张拉。

（2）严格按照张拉要求操作，张拉过程中出现异常现象时应停止施工，并及时报请现场监理和设计，待查明原因后方可继续张拉。

（3）张拉油泵安设在桥面上操作，油泵操作人员与拱肋上人员协调一致。

（4）张拉操作必须平稳、逐级、对称进行，并做好张拉记录。

8 附件安装

附件安装主要包括减震器、防水罩、锚具保护罩、不锈钢护套的安装。拱端减震器需通过卷扬机带吊篮进行作业。

8.1 减震器的安装

减震器主要构件由橡胶圈、金圈（与橡胶圈黏结）、调整楔块组成，安装时注意安装顺序及位置，同时采取可靠措施防止在施工期间及运营后滑落。减震圈安装过程及要点如下：

（1）由于施工误差，吊杆索与预埋管之间或多或少存在偏心，采用专用工装进行偏心调整。对于偏心过大的斜拉索，可采取对楔块进行切割打磨，调整偏心至满足要求。

（2）安装楔块时，将楔块调至预埋管最里端居中位置。

（3）安装金属阻尼橡胶圈。

（4）收紧螺栓并调整，使金属阻尼橡胶圈紧密压紧在吊杆索索体上。

8.2 防水罩的安装

防水罩为两瓣形式，通过螺栓进行固定。在减震器安装完毕后再安装防水罩，并拧紧防水罩螺丝，将防水罩对缝及贴近拉索环缝处打上硅酮密封胶，以阻断雨水侵入。

8.3 锚具防腐

在锚具表面涂抹防腐润滑脂进行防腐。

8.4 不锈钢护套的安装

（1）本工程吊杆索梁端部分设置不锈钢护管。根据拉索外径以及设计要求对不锈钢护管下料，下料长度必须考虑两边折边的长度。

（2）不锈钢护管两边折边的长度根据现场使用要求确定，一侧单边折，另一侧单边折后再翻边。

（3）将不锈钢护管包住吊杆索索体，直至其与防水罩台阶相接触。

（4）不锈钢护管两侧折边连接，同时用麻绳将不锈钢外护管临时收紧固定，用钢丝钳将连接边向一侧折平，再用皮榔头敲紧、敲平。

（5）不锈钢护管与吊杆索索体尽量贴紧，防止不锈钢护管滑动。

（6）用密封胶封堵不锈钢护管与拉索间的缝隙，以防止雨水进入。

9 结语

吊杆涉及系杆拱桥的耐久性和承载能力，控制吊杆的进场检测、存储、现场保护、安装、张拉等是系杆拱桥的工作重点。在考虑恒载、活载、预应力、混凝土收缩徐变、温度梯度等因素的基础上，结合以前类似钢管拱桥的吊杆安装及张拉经验，可正确地安装吊杆。在张拉过程中，通过锚下压力传感器监控吊杆索力，并同时监测系杆、拱肋的变形，防止意外发生，确保结构变形的安全。

吊杆安装及张拉是系杆拱桥施工中最关键的环节，通过吊杆的分阶段张拉，现浇支架上系杆的重量通过吊索传递给钢管混凝土拱肋，系杆逐步脱离支架，完成结构的体系转换。

深基坑双排桩支护结构的计算与应用

马乾天/中国电建市政建设集团有限公司

【摘　要】 本文针对某建筑的深基坑，经过多种方案对比，在基坑最不利阳角位置选用了双排桩支护结构型式，并采用朗肯极限平衡理论，进行了安全计算，为该深基坑阳角位置支护设计提供了理论依据。

【关键词】 深陡基坑　双排桩支护　设计计算

1　导言

双排桩支护结构是一种空间组合类悬臂支护结构，近年来在深基坑、道路边坡工程中得到了广泛运用。双排桩支护结构是将密集的单排悬臂桩中的部分桩向后移，并在桩顶用刚性联系梁——盖梁把前后排桩连接起来，沿基坑长度方向形成双排支护的空间结构体系。它是在没有锚杆（或内支撑）的情况下，发挥空间组合桩的整体刚度和空间效应，并与桩间土协同工作，支挡因开挖引起的不平衡力，达到保持坑壁或坡体稳定、控制变形、满足施工和相邻环境安全的目的。

2　工程概况

某工程建筑面积约7万m^2，地上29层，地下3层，地下室面积约5200m^2，总周长320m，开挖深度约15m。该基坑外围临近建筑较多、水文地质条件复杂，是近年来规模和风险性较大的工程之一。基坑北侧紧邻28层的大厦、西侧紧邻15层的宾馆，最近距离不足5m、南侧有4层餐厅，最近距离不足5m、东侧紧邻广场步行街。

场区地形较平坦，原始地貌属滨海浅滩，表层经人工回填整平，原始地貌基本保存。场区地下水水位埋深1.20～1.50m，主要为第四系孔隙潜水、承压水和基岩裂隙水，地下水较丰富，但无腐蚀性。地面超载20kPa，地震设防烈度为Ⅶ度，当地土壤因气候温暖不冻结。

3　双排桩支护设计计算

根据《建筑基坑支护技术规程》（JGJ 120—2012）第3.1.3条的划分标准，本基坑的安全等级为二级。由于拟建建筑基坑开挖深度15m，根据地质勘察报告提供的土质数据，场地内填土较厚、性质不稳定，基坑土壁不能自稳，且地下水位较高，周围环境也不允许采用自由放坡开挖，拟采取基坑抽排水，降低水位及稳定可靠的支护措施，以保证土方和基础施工的顺利进行，并维护周围建筑物的安全。

3.1　支护方案的确定

基坑西南部为向基坑内部凸出的阳角，同时该部位紧邻宾馆，宾馆地下部分为一层地下室，预制桩基础，桩承台顶标高28.0m，桩底标高约22.0m。由于此处位于拐角处，且为向内部凸出的阶梯形拐角，因此，那里的土体易发生剪切破坏而整体滑塌，所以是最危险断面，应加强支护，需加以重点研究。

基坑深度15m，并不适合采用悬臂桩支护结构和水泥土重力式围护结构，因为这两种支护结构的支护深度都不能满足要求。由于该部位紧邻宾馆，没有放坡空间，也不能放坡开挖。内撑式围护结构倒是能满足承载力与抗滑移等要求，但会对施工造成不便，且造价较高，因此也不宜采用。复合式土钉墙支护不能满足土体抗滑移的要求，也不能提供足够的水平承载力，故不宜选用土钉墙支护。通过对上述方案和双排桩方案的成本、工期、可行性、施工难易度等的定性分析，决定采用双排桩解决拐角处的支护问题。

3.2　土压力计算

土层各参数见表1。

表1　　土　层　参　数

土层名称	一单元土层厚/m	土的重度 γ/(kN/m³)	黏聚力 c/kPa	内摩擦角 φ/(°)
素填土	1.067	17.8	0	16
黏土	0.767	18.5	16	6

续表

土层名称	一单元土层厚/m	土的重度 γ/(kN/m³)	黏聚力 c/kPa	内摩擦角 φ/(°)
粗砾砂	0.667	21.2	0	23
粉质黏土	4.2	20.1	22.4	8.6
粗砂-砾砂	3.7	21	0	27
黏土	0.467	19.8	28.7	6.2
粗砂-砾砂	2.933	22.5	0	28
花岗岩强风化带	2.9	20	300	33
花岗岩中风化带	20	20	1000	36

地下水位＝(1.5＋1.3＋1.5)/2＝1.43(m)。

设双排桩桩距为 3m，中间用冠梁连接，设桩嵌入中风化岩 1m，则嵌固深度 $H=2.701$m。

3.2.1 岩石以上土层的加权平均参数计算

(1) 岩石以上土层加权平均重度：

$$\gamma=\frac{17.8\times1.067+18.5\times0.767+21.2\times0.667+20.1\times4.2+21\times3.7+19.8\times0.467+22.5\times2.933}{13.801}=20.63(\text{kN/m}^3)$$

(2) 岩石以上土层加权平均内摩擦角：

$$\varphi=\frac{16\times1.067+6\times0.767+23\times0.667+8.6\times4.2+27\times3.7+6.2\times0.467+28\times2.933}{13.801}=18.70(°)$$

(3) 岩石以上土层加权平均黏聚力：

$$c=\frac{0\times1.067+16\times0.767+0\times0.667+22.4\times4.2+0\times3.7+28.7\times0.467+0\times2.933}{13.801}=8.68(\text{kPa})$$

因为岩层没有主动土压力，所以算土压力时只对岩石上面加权。

3.2.2 加权后的土压力计算

加权后土压力计算如下：

$$k_a=\tan^2\left(45°-\frac{\varphi}{2}\right)=\tan^2\left(45°-\frac{18.70°}{2}\right)=0.51,$$

$\sqrt{k_a}=0.72$

$$E_{a上}=(20.63\times0+20)\times k_a-2\times8.68\times\sqrt{k_a}=-2.30(\text{kPa})$$

$$E_{a土层底}=(20.63\times13.801+20)\times k_a-2\times8.68\times\sqrt{k_a}=142.91(\text{kPa})$$

主动土压力为零点的位置为 $h=0.22$m

基坑开挖 15m，开挖到强风化岩以下 1.199m，被动土压力的计算如下：

岩石的加权平均重度：$\gamma=\dfrac{20\times2.9+20\times1}{3.9}=20(\text{kN/m}^3)$

岩石的加权平均内摩擦角：$\varphi=\dfrac{33\times2.9+36\times1}{3.9}=33.77(°)$

岩石的加权平均黏聚力：$c=\dfrac{300\times2.9+1000\times1}{3.9}=479.49(\text{kPa})$

$$k_p=\tan^2\left(45°+\frac{\varphi}{2}\right)=\tan^2\left(45°+\frac{33.77}{2}\right)=3.50,$$

$\sqrt{k_p}=1.87$

$E_{P上}=2c\ \sqrt{k_{p8}}=2\times479.49\times1.87=1793.29$ (kPa)

$E_{P下}=\gamma hk_{p9}+2c\ \sqrt{k_{p9}}=20\times2.701\times3.50+2\times479.49\times1.87=1982.36$ (kPa)

3.2.3 双排桩排距结构计算

双排桩排距结构计算模型见图 1。双排桩桩底嵌固，土体破坏时的滑动面与竖直方向的夹角按朗肯极限平衡理论估算，即 $45°-\varphi/2$。那么，地表面上滑动面与前排桩桩顶的距离 $L_0=H\tan(45°-\varphi/2)$。滑动面与后排桩相交处得深度 $H_0=H-L\cot(45°-\varphi/2)$。$H$ 为基坑开挖深度，但已开挖到岩层，H 按强风化岩以上厚度选取，$H>L\cot(45°-\varphi/2)$，则前后排桩共同承担挡土作用。

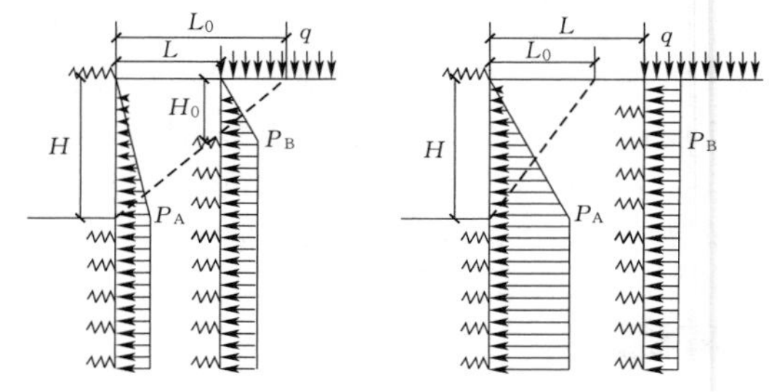

图 1　双排桩排距结构计算模型

$$L_0=H\tan(45°-\varphi/2)=13.801\times\tan35.65°=9.9(\text{m})$$

$$H_0=H-L\cot(45°-\varphi/2)=13.801-3\times\cot35.65°=9.62(\text{m})$$

则本方案中排桩排距 $L=3$m，$L_0=9.9$m，$H_0=9.62$m

$$L/L_0=\frac{3}{9.9}=0.303>0.1465$$

当 $(L/L_0)_{cr}\leqslant L/L_0\leqslant1$ 时，$a_r=2L/L_0-(L/L_0)^2=0.514$

前排桩的土压力在基坑以上呈三角形分布，土压力分布最大值 P_A（kPa），公式为 $P_A=K_{sp}a_rp_a=K_{sp}a_r(\gamma HK_a-2c\ \sqrt{K_a})=1\times0.514\times132.71=68.21$kPa。

后排桩桩主动区土压力在 H_0 以上呈三角形分布，土压力分布最大值为 P_B（kPa），$P_B=K_{sp}[(1-a_r)(\gamma HK_a-2c\ \sqrt{K_a})+qK_a]=1\times[(1-0.514)\times$

132.71＋20×0.51］＝74.70(kPa)

3.3 整体稳定性分析

在CAD中按比例绘制出该基坑的截面图（图2），垂直截面方向取1m长进行计算，任意取滑动圆弧的圆心，取半径$r=21$m，土条宽度$b=2$m，共分成9条，圆弧滑动面取圆弧到桩底，右侧基底全为岩石，不会发生圆弧滑动，取双排桩外侧灌注桩通过的土条为0号，左边分别为－1～－8。

计算各土条的重度G_i。$G_i=bh_i\times1\times r$，h_i为各土条中间高度，可从CAD图中按比例量出。其中左端土条编号为－8可看成是三角形，得到土条高度（表2）。量出第i土条弧线中点切线与水平夹角，见表2。量出第i土条弧所对应圆心角，按下式计算弧长：$l_i=\pi\theta\gamma/180°$。

计算结果见表2。

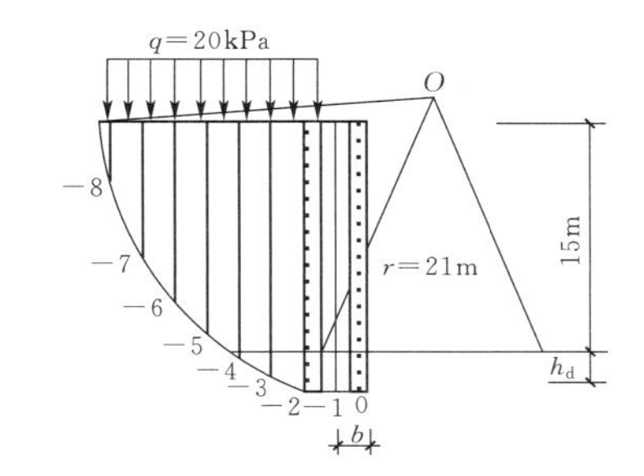

图2 圆弧滑动面示意图

计算整体稳定安全系数K：

$$K=\frac{\sum l_ic_i+\sum(q_0b_i+\omega_i)\cos\theta_i\tan\varphi_{ik}}{\gamma_k\sum(q_0b_i+\omega_i)\sin\theta_i}$$

$$=\frac{7973.327+2516.608}{1.3\times2757.99}$$

$$=2.92>1.3\text{（满足要求）}$$

表2 圆弧条分法计算结果

分条号 i	θ_i	h_i	$b_ih_i\gamma$	c_il_i	$(q_0b_i+\omega_i)\sin\theta_i$	$(q_0b_i+\omega_i)\cos\theta_i\tan\varphi_{ik}$
0	−15	17.701	730.3433	1745.329	199.3795	540.9567
−1	−20	17.701	730.3433	2094.395	263.4729	526.265
−2	−26	17.25	711.735	2443.461	329.5389	491.2011
−3	−33	16.13	665.5238	733.0383	384.2558	384.0146
−4	−40	14.55	600.333	733.0383	411.5981	318.3498
−5	−47	12.86	530.6036	0	417.3131	207.0282
−6	−56	10.41	429.5166	130.2365	389.2469	28.61799
−7	−69	6.64	273.9664	93.8289	293.1129	16.98984
−8	−81	0.75	30.945	0	70.07155	3.185196
合计				7973.327	2757.99	2516.608

3.4 抗倾覆稳定性

根据《建筑基坑支护技术规程》（JGJ 120—2012）第4.12.5条，支挡结构物应满足抗倾覆稳定要求。计算程序以图3为模型。假定支挡结构体系绕前排桩底部转动并发生倾覆，前排桩受到基坑侧的被动土压力E_P的作用，阻止支挡结构倾覆。后排桩在活动面范围内受主动土压力E_{a1}的作用，滑动面以下土压力呈矩形分布，大小为E_{a2}，阻止支挡结构物发生倾覆，同时，双排桩以及桩间土的重力W产生倾覆作用。

抗倾覆稳定安全系数：

$$K_1=\frac{E_Ph_p+Wa}{(E_{a1}h_{a1}+E_{a2}h_{a2})\gamma_0}$$

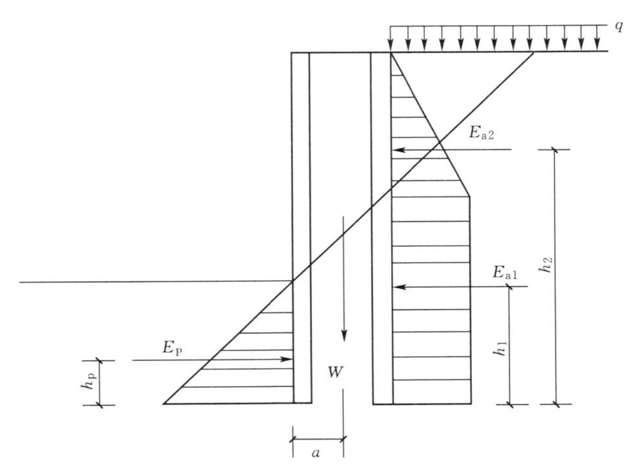

图3 抗倾覆稳定分析模型

$$K_1=\frac{E_p h_p+Wa}{(E_{a1}h_{a1}+E_{a2}h_{a2})\gamma_0}=\frac{1793.29\times 2.701\times\frac{2.701}{2}+\frac{1}{2}\times 189.07\times 2.701\times\frac{2.701}{3}+4\times 17.701\times 20.63\times 2}{\frac{1}{2}\times 74.7\times 9.62\times\left(\frac{1}{3}\times 9.62+8.081\right)+74.7\times 4.181\times\left(\frac{4.181}{2}+3.9\right)}$$

$$=1.64>1.2$$

其中 $\gamma_0=1.0$。计算结果满足要求。

3.5 冠梁配筋

《建筑桩基技术规范》（JGJ 94—2008）规定：排桩顶部冠梁宽度（水平方向）不宜小于桩径，冠梁高度（竖直方向）不宜小于 400mm。冠梁的混凝土等级宜大于 C20；当冠梁作为联系梁，可按构造配筋，构造筋宜采用 HPB235 钢筋，直径不宜小于 12mm，净保护层厚度不宜小于 50mm，构造筋间距宜采用 200～300mm。

本方案中冠梁配筋按上述规定执行，即取冠梁高度 600mm，宽度取 1000mm，钢筋采用 HRB335 钢筋，直径取 20mm，保护层厚度取 50mm，构造筋间距为 200mm。

4 结论

从效果看，在基坑深度较深达 15m，周边无放坡空间，基坑阳角位置易发生剪切破坏而整体滑塌的情况下，综合考虑各种因素以及整体稳定性的需要，采用双排桩支护形式是可行的。

通过朗肯极限平衡理论，当双排桩桩距为 3m，中间用冠梁连接，冠梁高 600mm，宽 1000mm，桩身嵌入中风化岩 1m 时，满足基坑整体稳定性和基坑抗倾覆稳定性要求，为该深基坑支护的设计提供了理论依据。

冬瓜山电航枢纽工程混凝土渗漏水处理技术

王　健　郑义海/中国水利水电第三工程局有限公司

【摘　要】水工混凝土渗水部位化灌处理主要分补强灌浆和防渗灌浆两类，结构混凝土无渗水部位主要以补强灌浆为主、防渗为辅，渗水部位则以防渗灌浆为主、补强为辅。本文主要介绍冬瓜山厂房2♯机进口检修门门槽底坎局部渗水的处理中，采用"嵌、灌、涂"的化学灌浆方法，可供类似工程参考借鉴。

【关键词】混凝土　裂缝　渗漏处理

1　概述

涪江冬瓜山电航枢纽工程为发电、航运，兼顾生态环境用水，并兼有提高河段防洪能力的功能。水库正常蓄水位408.50m，利用落差13.5m，电站装机容量50MW，水库总库容2270万m^3；航道为Ⅳ级，设计单向年通过能力187.30万t。冬瓜山电航工程主要由挡水建筑物、泄洪消能建筑物、取水建筑物（大围堰取水口及库内防护区王家碥取水口）、库区防护及排水建筑物、发电厂房及开关站、通航建筑物等组成。在厂房下闸后发现厂房2♯机进口检修门门槽底坎有局部渗水情况，经与监理、设计及业主商议后，采用"嵌、灌、涂"工艺化学灌浆进行防渗及补强修补处理。

2　处理原则

冬瓜山电航枢纽工程厂房2♯机进口检修门门槽底坎混凝土渗水部位的化灌处理，主要分补强灌浆和防渗灌浆两类，结构混凝土无渗水部位以补强灌浆为主、防渗为辅，渗水部位则以防渗灌浆为主、补强为辅。门槽底坎混凝土渗漏水缺陷采用"嵌、灌、涂"化学灌浆处理，"灌"是采用聚氨酯化灌防渗处理，"嵌"是采用环氧胶泥修补蜂窝孔洞等缺陷，"涂"是在缺陷表面刮涂环氧胶泥修补混凝土，防止过流等造成二次破坏。

3　施工主要材料

3.1　聚氨酯

弹性聚氨酯是渗漏处理的首选材料。该材料具有良好的亲水性，遇水可分散、乳化进而凝固。其固结体是一种弹性体，伸长率达300%，且遇水膨胀，体积膨胀率达273%，具有弹性止水和以水止水双重功能，LW和HW可以任意比例混合配制不同强度、不同膨胀倍数的混合浆材。聚氨酯的主要特点如下：

（1）具有良好的亲水性能，水既是稀释剂，又是固化剂。浆液遇水后先分散乳化，进而凝胶固结。

（2）黏度低，可灌性好，可在潮湿或涌水情况下进行灌浆。

（3）固结体无毒并具有较高的力学性能。

（4）通过调整配方可获得不同力学强度不同膨胀倍数的浆材。

浆液的主要性能指标见表1。

表1　水溶性聚氨酯化学灌浆材料

试验项目		指　标
黏度/(25℃，MPa·s)		150～350
凝胶时间/min		浆液：水＝1：10≤3
饱和面粘接强度/MPa		≥0.7
拉伸试验	拉伸强度/MPa	≥2.1
	扯断伸长率/%	≥130
	扯断永久变形/%	0

3.2 环氧胶泥

环氧胶泥缺陷修补材料强度高、抗冲蚀、耐磨损，且性能优良，施工简便、快捷，无毒、无污染。

环氧胶泥分 A、B 两组分别包装，施工时按照 A∶B=5∶1 的比例进行配制均匀即可使用。根据施工现场的气候变化和工况，可适当调节固化时间。环氧胶泥的性能指标见表 2。

表 2 环氧胶泥性能指标

主要技术性能		检测指标	备　注
抗压强度/MPa		≥80	—
抗拉强度/MPa		≥10	—
与混凝土黏结抗拉强度/MPa		>4	“>”表示破坏在 C50 混凝土本体
与钢板黏结抗拉强度/MPa		>6	—
抗冲磨强度	$h\cdot m^2/kg$	7.6	水工混凝土试验标准
	$h\cdot cm^2/g$	2.79	冲磨速度 40m/s

4 门槽底坎局部渗水点处理方案

4.1 工艺流程

工艺流程：凿毛、清理→布孔、造孔→安装灌浆塞→压水（丙酮）试通（若需要）→环氧胶泥修补及封面→化学灌浆→表面清理→刮涂环氧胶泥→清理结束。

渗漏水缺陷主要是混凝土内部不密实或存在蜂窝、孔洞等渗水通道，一般表现为渗漏水，主要采取防渗灌浆加补强修补措施。

4.2 工艺要点

4.2.1 凿毛、清理

对混凝土凿毛、打磨，并清理松散的混凝土、浮灰、浮浆等，露出新鲜混凝土表面，以便于查找渗漏点及混凝土修补。

4.2.2 布孔、造孔

根据渗漏水情况布孔。造孔采用喜利得电锤，孔径 ϕ16mm，孔距一般根据缺陷分布和压水情况而定。自蜂窝孔洞边缘两侧 8～10cm 开孔（若部位限制可在缺陷部位一侧开孔），孔斜和孔深以钻孔和裂缝在距缝面 20～30cm 处相交为原则，孔深一般为 30～40cm。钻孔时注意尽量使灌浆钻孔和缝相交，见图 1。

4.2.3 “嵌”——环氧胶泥修补

凿毛、布孔后涂刷环氧胶泥，采用环氧胶泥修补混凝土孔洞及外观，表面与原混凝土面一致，形成封闭的灌浆环境，并起到补强作用。

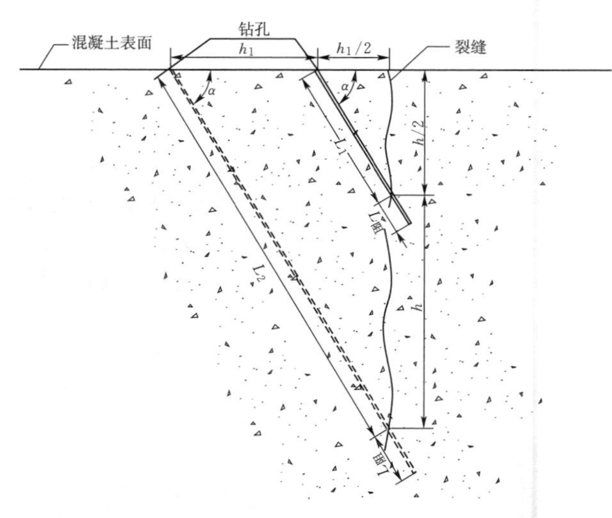

图 1 灌浆钻孔示意图

4.2.4 “灌”——灌浆

采用纯压法进行化学灌浆，用德国进口高压化学灌浆泵将水溶性聚氨酯（或高渗透性环氧灌浆材料）通过已钻好灌浆孔灌入渗水区域中，浆液与水反应形成弹性固结体封闭渗水通道，从而起到加固补强或防渗效果。化学灌浆的要点：

（1）灌浆压力一般取 0.2～0.4MPa。

（2）灌浆竖缝从低处向高处进行，水平缝从两端向中间逐孔灌浆或从一端向另一端灌浆，两端做保护层深孔低压慢灌，防止渗漏水缺陷发展。灌浆次序见图 2。

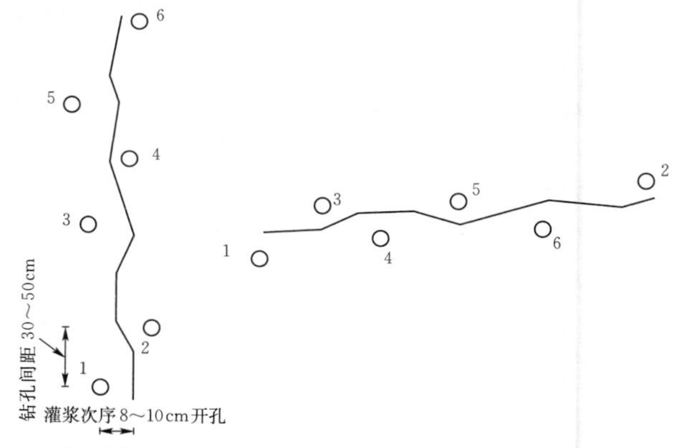

图 2 灌浆次序示意图

按图 2 次序灌 1＃孔时，2＃孔为排气、排水孔，此后按孔号次序依次灌浆。若灌浆未满足强度或防渗要求，可在孔序之间加密灌浆，直至渗漏水消除或达到强度要求。若结构部位复杂，可按梅花形布孔。

（3）灌浆结束标准。渗水情况消除或压力达到设计压力并不吸浆后即灌浆结束。

（4）特殊情况处理。灌浆时出现冒浆、漏浆等情况时，应马上处理，降低灌浆压力保持浆液在缝内的流动性，待将漏浆点堵漏后，保持设计压力继续灌浆。

4.2.5 “涂”刮涂环氧胶泥

灌浆结束后，按缺陷体形打磨清理，并露出新混凝土后用环氧胶泥修补表面。打磨清理范围比缺陷体形宽10cm，修补后体形尽量呈圆形、方形等规则图形。涂刷环氧基液，刮涂环氧胶泥封闭的要点：

（1）缺陷清理。要求表面粗糙、无浮尘、无浮渣、无明水。

（2）涂刷环氧基液。待基液表干，不粘手即可进行下一道工序。

（3）刮涂环氧胶泥。分两次或多次进行，来回刮和挤压，将修补气泡孔内的气体排出，以保证充填密实，使胶泥与混凝土面粘接牢靠。最后进行局部填补和表面收光，表面应光洁平整，厚度2mm。

（4）养护。环氧砂浆根据环境温度及配方情况在2～5h内固化，环氧胶泥未完全固化前避免踩踏、水泡。

5 质量控制

（1）采购时应保证原材料各种质量证明材料完整齐全，原材料均应检验合格后才能进入施工过程。

（2）成立专门的缺陷处理工作组，及时解决现场施工中的技术问题，重点落实裂缝处理各工序的工艺措施。

（3）在施工前对施工人员进行全面的技术交底和培训。

（4）根据缺陷处理进展情况，结合设计技术要求及现场实际，及时调整和规范施工工艺。

（5）加强对混凝土缺陷检查和检测作业过程的巡视，加强重要工序的旁站监督，发现问题及时整改。

（6）竖缝一般自下而上，以确保裂缝内注胶饱满，由有经验的专业施工人员施工，并做好灌浆记录。

（7）防水堵漏材料要储存在阴凉干燥处，避高温、潮湿，以防影响材料性质，造成堵漏效果不佳。

（8）对于施工过程中发现的问题，按照“三不放过”原则进行处理，对于经检查发现的问题，按照“返修、再验收”处理。

（9）施工作业过程中，所有渗水点在处理时，均需监理工程师进行检查、验收，经验收合格后方可进行下一工序施工；建立健全三级质检组织，严格实行“三检”制度，加强技术管理。在处理过程中，安排专职技术人员值班，及时解决施工过程中出现的问题。

6 施工安全保证措施

为了确保安全生产，建立以项目经理为安全管理第一责任者，作业队负责人为安全管理直接负责人，技术组为安全技术措施主要负责机构，质安组为专职安全管理机构，配备专职安全员，各班组设兼职安全员，对施工安全实行全员、全面、全过程的管理，保证施工在安全的环境中进行。主要施工安全措施如下：

（1）落实岗位安全责任制。凡是有人工作的地方都要有安全设施和安全监督。

（2）实行交接班制度和安全交底制度，坚持交接班安全检查和交底，及时发现和排除事故隐患，确保施工安全。

（3）化学灌浆浆液有一定的挥发性，现场作业人员需佩戴口罩，防护镜，橡胶手套，专用服装等劳动保护用品，施工现场应保证通风良好。

（4）化学灌浆材料储存在低温、干燥、避光和通风条件良好的仓库内，密封存放，安排专业人员负责。

（5）施工现场严禁堆放易燃、易爆物品，严禁吸烟，配备必要的防火设施，非工作人员不得接触化学灌浆设备。

（6）为了减少化学灌浆操作员与化学灌浆浆材长时间连续接触，操作员在现场操作时一小时轮换一次，远离灌浆区进行短暂休息。

（7）在化学灌浆施工平台操作人员，必须挂好安全带，防止人员坠落。

（8）由于施工范围内上下交叉作业，常有物体坠落，需配专人安全警戒。

（9）在单元化学灌浆结束时，及时用清洗剂清洗、浸泡机械部件，灌浆枪头、灌浆管等机具。

（10）灌浆过程中遗弃浆液不得乱倒，待固化后，统一处理，以免遗弃浆液污染环境或水源。

（11）要做到现场作业人员无伤害，环境、水源无污染，做到安全文明施工。

（12）完工后应及时清理现场，清洗设备及器具，做到工完料净场地清。

7 环境保护

化学灌浆时应高度重视环境保护工作，避免因工作不慎造成环境污染。本方案所用的大部分材料基本属无毒或低毒化学浆材，其中少量易挥发的稀释剂（丙酮为主）危害操作人员的健康，故在施工时要注意以下几点：

（1）化学浆材要用在方案设计限定部位，不随意扩大化学浆材的使用范围。

（2）化学浆材的使用量应尽可能控制，在吸浆量大时考虑调节浆液的凝胶时间，不要让浆液任意扩散。

（3）灌浆泵和输配浆装置要密闭、工作环境注意通风、弃浆和废浆集中妥善处理。

（4）在施工区设置卫生设施（垃圾箱、厕所等），现场的施工垃圾每班进行清理，按要求运送至指定地点掩埋或焚烧，对于会产生有毒气体的油毡、橡胶、塑料、皮革等不准随意焚烧，应运到指定垃圾场进行掩埋。

8 结语

用“嵌、灌、涂”处理裂缝渗水具有耐久性好、强度高、分层防渗补强结构安全可靠，但工艺繁琐、不易控制、成本较高，要求施工人员经验丰富，适用缝宽变化不大的渗水的深层裂缝、贯穿裂缝、收缩裂缝、沉降裂缝，结构部位重要。

化学灌浆处理方案是具有针对性的，即有的对基础，有的对渗漏水处理，有的补强处理，没有一成不变的方法，混凝土缺陷处理关键在于要根据原因分析找对策、选材料、定方案。

塔贝拉水电站超大型波纹管伸缩节现场制作安装技术

岳廷文　金　胜　万天明/中国水利水电第七工程局有限公司

【摘　要】 本文探讨了超大型波纹管伸缩节在施工现场的成形、制作、内衬打压筒结构计算、水压试验、不锈钢和高强钢的异种钢材焊接。

【关键词】 波纹管伸缩节　现场制作　安装

1　引言

波纹管伸缩节作为管道中柔性系统，主要用来补偿管道因温度影响或不同地质基础的沉陷而引起的热胀冷缩、位移变形，其核心元件是不锈钢金属波纹管伸缩节，见图1。在运行过程中，波纹管伸缩节除产生位移外，还要承受工作压力，因此它也是一种承压的弹性补偿装置，保证其安全可靠工作是十分重要的。

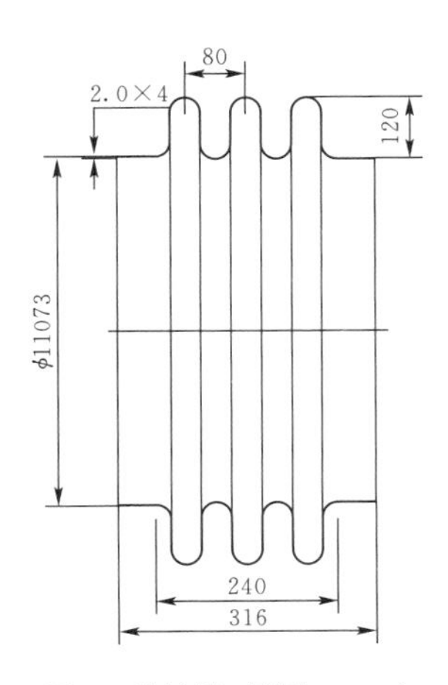

图1　波纹管（单位：mm）

塔贝拉水电站四期扩建项目采用引水式开发，大坝为20世纪70年代意大利人建的黏土心墙堆石坝，坝顶高程476.00m，水库正常蓄水位472.60m。电站装机3台，单机容量为470MW，总容量为1410MW，由一条引水钢管联合供水。原钢管直径为10973mm，埋设于山体洞内，通过洞口外新增波纹管伸缩节后由一段倒锥管渐变扩大为直径13000mm的主管，再通过4个岔管分为3条发电洞和2条泄洪洞。洞内引水压力钢管设计直径 $D=10973$mm，设计水头 $H=165$m，HD 值$=1811\mathrm{m}^2>1500\mathrm{m}^2$，属于超大型波纹管伸缩节。由于受港口起吊重量、长距离道路运输等参数的限制，波纹管伸缩节包括压波、焊接、水压试验、现场组装等均在现场实施，目前，该电站首台机组已投入商业运营3个月，各项参数均处于稳定状态。本文对各个重要环节的控制进行分析解剖，供设计、施工等同行参考。

2　结构设计资料

2.1　气候及地质条件

（1）高程：400.00m以下。

（2）工程所在区域夏季炎热，3—7月平均气温21.7～31.5℃，最高可达40℃，12月至次年2月较寒冷，月平均气温13～15.5℃，昼夜温差大，夜间最低可至0℃。空气平均湿度为80%。

（3）温度变化：±20℃。

（4）波纹管伸缩节内介质：水。

(5) pH 值：7.4。

(6) 波纹管伸缩节内设计流速：发电时为 13.96m/s（引用流量 1320m^3/s），泄洪时为 23.26m/s（泄洪量 2200m^3/s）。

(7) 地震设防烈度为Ⅷ度（基本地震加速度为 0.25g）。

2.2 波纹管参数

设计 4 层壁厚为 2mm 的 06Cr19Ni10 不锈钢重叠压制，波数为 3 道，波距为 80mm，波高为 120mm，详见图 1。

表 1　波纹管伸缩节主要参数

数量/套	设计内压/MPa	变位量/mm				伸缩节内径/mm	连接管材质/壁厚/mm	波纹管伸缩节材质壁厚	备注
		轴向 X	横向 Y	垂直向 Z	角向				
1	1.65	±50	±50	±50	±1.0°	10973	07MnMoVR/46	06Cr19Ni10（2mm×4 层）	覆盖层明管

注　总变位量为表中正负量之和。

3 现场压波

3.1 建立平台

现场施工场地没有大型旋转制作平台，如何推动波体稳定地旋转是一个需要解决的难题。结合现场情况，经过多次反复技术讨论，最终确定在现场吊车覆盖范围内选择已有的岔管组装混凝土钢平台，平台面积 15m×15m（长×宽），满足波纹管伸缩节直径需要，铺上 δ=20mm 厚的钢板，并用水准仪进行测量，调整高程误差在±3mm 以内，加固牢固。

在钢平台上布置一台压波机和 6 个钢支墩，每个钢支墩顶部设置 2 根径向托辊，其高度和压波机托辊一致，这样压波机的主从动轮在旋转时就很容易带动钢管整体旋转，从而形成旋转制作平台。

3.2 不锈钢焊接

计算每层不锈钢的周长，将 4 层 2mm 厚度的不锈钢从内圈到外依次组装焊接，焊接采用 TIG 焊，焊接前清除表面的油污、铁锈等杂物，确保氩气的纯度，做好防风以保证焊接质量，由于只有 2mm 的薄壁，对接焊缝采用不开坡口单面一次焊透的工艺。

4 层不锈钢重叠组装后，用专用工具进行压紧，并在组装端头每间隔 500mm 焊接 100mm 的加固焊。由于其整体强度满足不了圆度的需要，在压波前必须用工装加强其强度，方能满足压波需要。用卷制好的宽度为 b=150mm，厚度 δ=20mm 的圆弧形钢板作为临时工装间断焊接固定在不锈钢圆弧轴线两端头上，加固牢固后内部用米字形无缝钢管进行支撑，调整不锈钢管的圆度到规范范围内，并使不锈钢管保证一定的刚度，避免在压波过程中滑动，详见图 2。

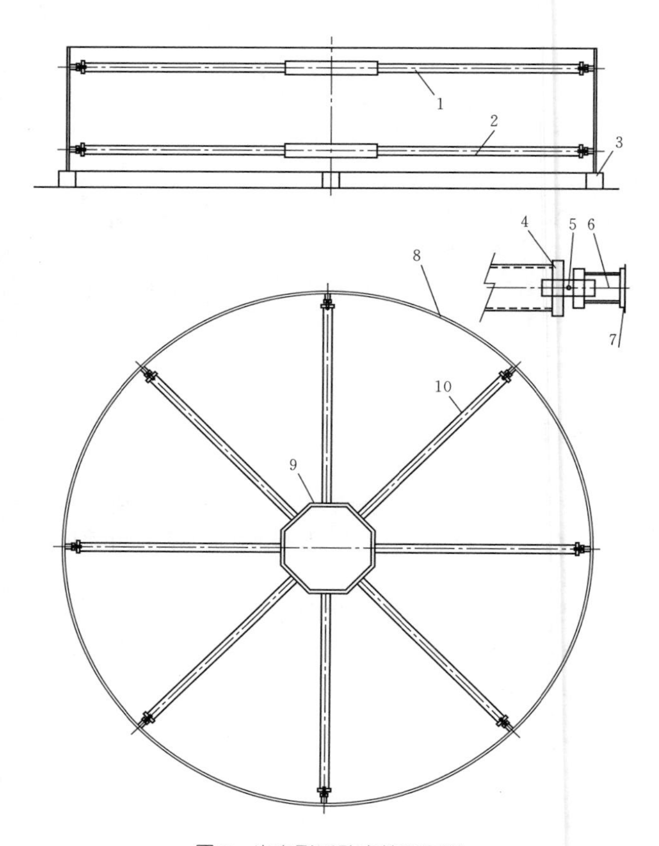

图 2　米字形活动支撑调圆图

1—上层支撑；2—下层支撑；3—组圆平台；4—螺母；5—调整螺杆（千斤顶）；6—顶杆；7—橡皮垫板；8—钢管；9—中心支架；10—无缝钢管支架

3.3 现场压波

用 60t 门式吊车将不锈钢管吊放到托辊上，按照图纸调整好尺寸，准备压波。

启动压波机，将主动轮对准压制线，使主动轮顶住钢管内壁开始旋转，为防止阴波凹陷，将管坯外壁距离上下从动轮 5～10mm 范围内，手动操作调整左右辅助轮的位置；为防止管壁打皱，先分别在中间线处和上划线上侧滚出深度为 10～15mm 的凸起，然后在上下从动轮之间用主动轮循环滚压，每圈的给进量控制在 8～10mm，滚出波纹。重复以上步骤，从下到上依次压制 3 道波纹。

4 不锈钢和高强钢的焊接

为确保不锈钢（06Cr19Ni10）和高强钢（07MnMoVR）的焊接结合性满足要求，保证焊缝的塑性、韧性以及抗裂性，先在高强钢一侧采用不锈钢焊条进行堆焊，以达到在自由状态（拘束度极小）的情况下完成不锈钢金属的隔离层焊接，此堆焊部分焊接完毕后需要进行表面检查，如发现有裂纹则需要用磨光机进行打磨再焊补直至裂纹清除，最后再进行堆焊层和不锈钢的焊接。这样就达到了在拘束条件下进行的焊接为同种材质的钢材，可以避免或减小了不锈钢和高强钢异种焊接接头容易产生裂纹的倾向。

5 内套管安装及水压试验

超大型波纹管伸缩节单节在制作厂内制作完毕后，需要进行水压试验。试验压力为设计工作压力（1.65MPa）的 1.5 倍，即最高水压试验压力为 2.4MPa。

5.1 打压方案确定

波纹管伸缩节的水压试验主要检查波纹部分的设计、施工质量，如果将管节整体进行水压试验，则需要在两个端头设置直径为 10973mm 的大型闷头或进行渐变安装小闷头，这种情况既浪费材料又浪费人工，成本花费极大，故最终经技术讨论，在钢管内部设置一直径为 10933mm（直径比波纹管伸缩节内径小 20mm）、长度为 1000mm、$\delta=40$mm 的钢管，作为一个专用打压筒，再在打压筒两端各贴加 $\delta=20$mm 厚度、宽 100mm 的环条板进行水压腔室封堵焊接，从而和波纹管伸缩节共同形成一密封的容器。为保证打压内衬具有相当的刚度，经计算在内衬管内壁加装 3 层 $\delta=30$mm、$h=500$mm 的加劲环，以满足水压试验的需要；内衬管装配结构如图 3 所示。

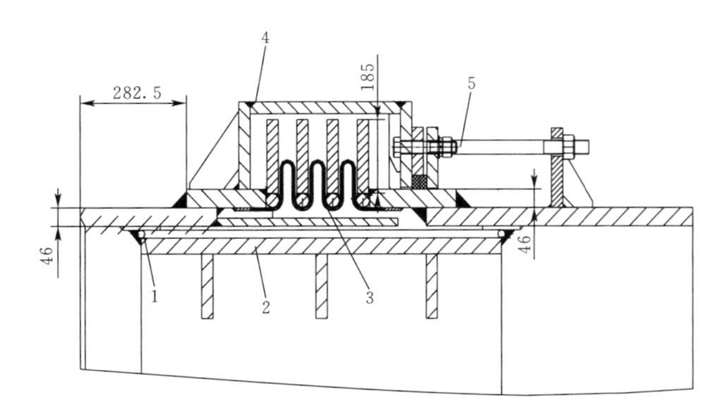

图 3 水压试验密封腔室结构示意图（单位：mm）

1—封口圆钢；2—打压内衬筒；3—不锈钢波纹管；4—保护铠甲；5—伸缩螺杆

5.2 水压试验实施

先将波纹管伸缩节承受水压缓慢升至设计压力 1.65MPa，保压 10min，检查无异常，在继续缓慢升压至试验压力 2.4MPa，根据工程师的要求按照美国土木工程师协会 ASCE79 标准保压 120min，检查无异常，再缓慢降至设计压力，保压 30min，最后缓慢降至 0MPa。在水压试验过程中波纹管伸缩节无渗漏；无可见的异常变形；无异常响声；试验结论合格。

6 现场安装

6.1 焊接钢板条以达双保险

水压试验结束后，将内套管进行割除，（由于相连接的两个波纹管尺寸一致，为节约成本内套管共用于两个波纹管水压试验），并将焊接的焊疤打磨干净。为保障波纹管在运输（钢管厂运输至安装现场约 2km 距离）、翻身、吊装等环节中出现扭曲而损坏到内部不锈钢波体，从而导致内部焊接部位等出现裂纹或断裂等，波纹管在厂内水压试验完毕后在钢管内周圈每 45°的位置用一厚度 $\delta=60$mm，200mm×1000mm（宽×长）的钢板将波纹管上下筒体进行连接，共 8 组厚钢板加固在钢板内部，这样和外部的保护铠甲、伸缩螺杆等一并将波纹两端的钢管连接成一整体，在翻身、运输以及吊装等环节起到一个双保险的作用（一般设计强度能满足）。

6.2 防腐工序中伸缩螺杆保护

在厂内完成水压试验、焊疤清除打磨以及各项尺寸验收后，按照施工工序在防腐车间内对钢管进行整体的喷砂防腐作业，由于波纹管设计布置于一个混凝土井内，外部无混凝土包裹，故内外壁均需要防腐。外部防腐时用管壳和破布将伸缩螺杆进行包裹，以免打砂和防腐伤害到螺杆的丝扣。

6.3 安装过程特殊控制

波纹管共由 2 个波段组成，为保证不锈钢波纹管部分在施工期间不受损坏，在钢管对装、焊接等各个环节，其外部保护铠甲以及伸缩螺杆均不能够拆除，让整个波纹管成为一个整体单元进行安装。在整条管线的安装顺序上，要考虑波纹管管节不能处于最后环节，切忌不能将波纹管用于施工中焊接收缩的凑合节来用。

波纹管布置成一简支梁结构，两端均包裹在混凝土中，长度约 4m，重量约 80t，注满水后约 450t，为保证在运行中重量对管节不构成制约，在复式波纹管中心位置的正底部加以瓦片式的钢支撑，钢支撑和管节之间垫有胶垫，钢支撑和地面之间也是处于自由状态的接触，让其能自由三向收缩。

6.4 伸缩螺杆拆除

待整条管路安装完毕且所有环向焊缝均验收合格后，波纹管亦正式开始运行。由于波纹管在在运行中设计轴向 X、横向 Y、垂直向 Z 均有 ± 50mm 的变位量，故为了让波纹部分处于自由状态，发挥出设计功能，需将伸缩螺杆拆除。

6.5 波纹管运行监测

在运行中的波纹管其位移量需要满足设计要求，一旦超过设计变位量将出现焊缝裂纹、介质渗漏等情况，故在运行中对波纹管定期进行运行监测是非常有必要的。监测分为外观检查和测量监控，对波纹管变形情况进行统计和分析，从而达到一个防范和控制的目的。

7 结语

通过对塔贝拉超大型波纹管伸缩节现场制作安装技术研究、应用，积累在水电站引水发电系统超大型波纹管伸缩节现场制作、安装技术施工应用经验，为日后同类大型波纹管伸缩节制作安装提供宝贵的借鉴。并在今后同类水工金属结构制作中推广和应用，同时该技术也将改变波纹管伸缩节制作的传统思维，大型波纹管伸缩节在一定客观条件下也可以在施工现场进行制作，而不是一定要在生产厂家制作。这样亦可解决道路运输受空间、重量限制的难题。

盾构软土刀盘穿越建筑物群桩施工的启示

毛宇飞/中国电建集团铁路建设有限公司

【摘　要】采用软土刀盘直接切割建筑物群桩实属罕见，在遇到建筑物群桩时，大多数情况下在设计阶段采取避让方式解决，然而特殊情况下，因勘察不到位直到施工过程中才发现建筑物群桩的情况，线路避让和改变工法已无条件，不得不采取软土刀盘直接切削群桩穿越建筑物，给盾构施工带来了极大的挑战。在盾构掘进过程中，针对未知和已知的情况下分别采取不同的措施，顺利地通过了建筑物群桩施工。

【关键词】盾构　软土刀盘　群桩

1　前言

随着城市轨道交通的快速发展，地铁盾构隧道施工过程中所遇到的特殊情况也越来越多，在复杂的老城区施工时显得更加突出。老城区大多数建筑古老，历史年代久远，地下管线老化，规划性差，基础资料缺失严重，导致勘察单位、物探单位在施工图设计阶段地质勘察设计资料的精准性较差，施工单位的补勘没有针对性，造成盾构施工过程中总是遇到一些难以预料的棘手问题。本案例就是因为勘察设计及补勘不到位，且改线、调坡和改变工法、桩基托换等多项措施均无法解决的情况下，采用了通过控制盾构掘进参数等一系列措施及软土刀盘穿越建筑物群桩的解决办法。

2　工程概况

2.1　博工区间

博物馆站至工人文化宫站区间位于哈尔滨市南岗区，主要沿国民街、中山路敷设，盾构区间右线起点里程SK19+793.438，终点里程SK20+598.223，全长804.785m，在马家沟街与国民街交叉口设吊出竖井一座；左线起点里程XK19+418.280，终点里程XK20+598.223，长链1.582m，全长1181.524m。右线SK19+411.484～SK19+782.638因下穿国贸地下商城群桩47根和既有地铁1号线博物馆站风亭围护结构桩27根、车站围护结构6根（洞门处），设计采用矿山法施工，线路长度371.154m。

区间出博物馆站后以两个$R=1200$m半径反向曲线由国民街路北侧转至路中穿越，过马家街、光明街、河沟街后以$R=450$m半径曲线下穿马家沟河，过永和街后以$R=450$m转至中山路下穿越；区间纵坡大体呈V形，以2‰坡出博物馆站后，采用480m长坡度29‰、350m长坡度3.94‰下坡至最低点，再以250m长坡度25‰接至工人文化宫站，隧道埋置较深，其结构顶覆土厚度约7.6～16.3m。

区间穿越42栋建筑物，其中正穿16栋，侧穿26栋。正穿建筑物基础底部距离隧道顶部最小5.5m（24#楼），最大12.2m；侧穿建筑物距离隧道外边线的水平距离最小0.44m（7#楼），最大16.7m。

2.2　博苑幼儿园

15#盾构机在博物馆站至工人文化宫站区间里程XK20+132.158～XK20+163.363范围内穿越博苑中山幼儿园，该建筑（地上2层）坐落于中山蓝色水岸停车场顶部（地下一层），停车场下部（地下二层）为中山蓝色水岸泵房、消防水池；地下停车场、泵房和幼儿园主体均为钢筋混凝土框架结构；该建筑物地下基础为ϕ400mm钻孔灌注桩，桩长12.6m，混凝土标号C25，配主筋5根ϕ12mm钢筋和箍筋ϕ10@200mm钢筋；围护桩为ϕ600mm钻孔灌注桩，间距900mm，主筋ϕ25mm螺纹钢筋，其中盾构区间左线穿越9个承台26根钻孔灌注桩和16根围护桩，右线穿越9个承台31根钻孔灌注桩和7根围护桩（图1）。

3　水文地质

博工区间侧穿段地处于岗阜状平原地区，地质主要为粉质黏性土，局部为粉砂层，场地土层特征自上而下

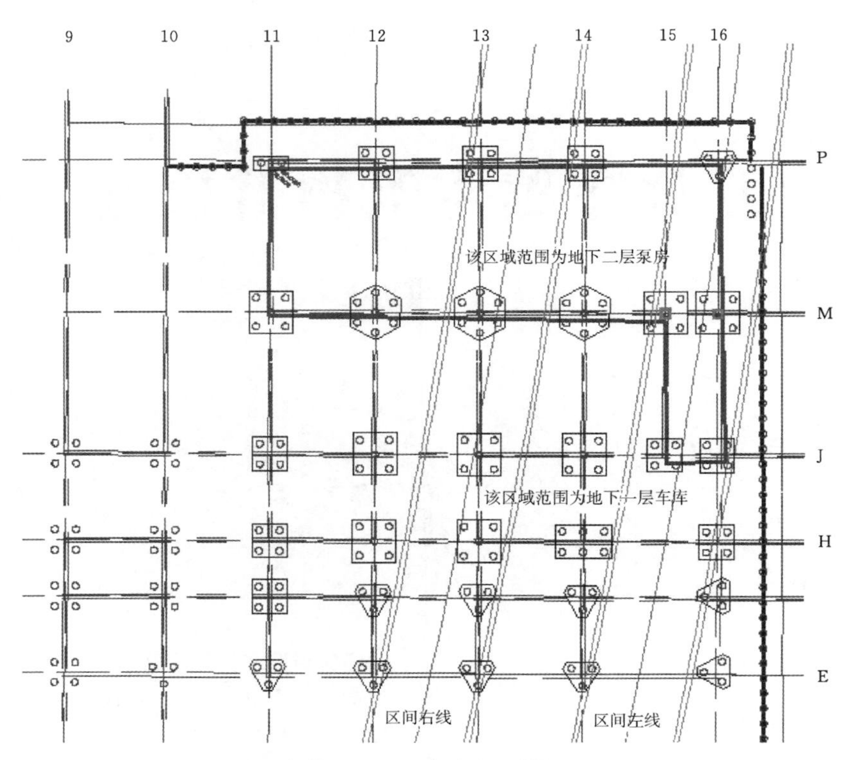

图1　地下车库基础平面图

详细描述如下：人工填土层（Q_4^{ml}）；上更新统哈尔滨组冲积洪积层（$Q_3^2 hr^{al+pl}$）、中更新统上荒山组湖积层（$Q_2^2 h^1$）；中更新统下荒山组冲积层（$Q_2^2 h^{1al}$）；下更新统东深井组冰水堆积层（$Q_1^2 d^{fgl}$）；下更新统猞猁组冰水堆积层（$Q_1^1 sh^{al}$）；基岩—白垩系嫩江组沉积岩（K_{1n}）。

上层滞水主要赋存于第四系中更新统上荒山组湖积层⑤-1-2、⑤-2-2层粉质黏土中；承压水主要赋存于中更新统下荒山组冲积层⑥-2层中砂层、⑥-3层粗砂层、⑥-4层中砂层中，相对隔水顶板为⑥-1层粉质黏土层，底板为⑦-1层粉质黏土层，该含水层厚约20m。

博工区间盾构下穿主要地层为粉质黏土层、中砂层，其中中砂层掘进463m，粉质黏土层掘进719m，且约4/5长在地下水位以下掘进；隧道埋深范围7.34～19.2m，最大坡度为29‰。

4　盾构施工技术

4.1　施工安排

博工区间盾构施工由工人文化宫站始发，先施工左线，后施工右线，左线掘进至既有1#线博物馆站后，在博物馆站内进行盾构解体，解体后盾构部件通过左线盾构隧道运输至工人文体宫站始发端头井，逐块、逐节吊出洞外，盾体分块部件运输至工厂重新焊接组装，后配套台车吊转到右线组装二次始发；右线从工人文化宫站始发，掘进至马家沟竖井吊出。

4.2　盾构下穿群桩

根据勘察单位提供的物探资料，博苑中山幼儿园为地上两层建筑，无地下室。2017年9月12日凌晨3时40分盾构左线施工至373环时（刀盘位置378环）出现刀盘扭矩急剧增加且声音异常，盾构机所出渣土中有混凝土块及钢筋，于是停机调查，发现此建筑物为地下一层车库，局部存在地下二层消防水池，容量约400m³，左右线均切削9个承台，每个承台下设置3～7根桩，其中右线切削的6#承台下为7桩，在同一截面上一次性同时切削桩根数最多达到5根，而且是ϕ600mm的围护桩，其他截面上最多不超过3根ϕ400mm的基础桩。盾构左线于XK20+144.5～XK20+157.652穿越地下一层车库，XK20+126.851～XK20+144.5穿越地下二层消防水池，切削构造柱基础群桩26根、围护桩16根；右线于SK20+135.134～SK20+156.973穿越地下一层车库，SK20+126.140～SK20+135.134穿越地下二层消防水池，切削构造柱基础群桩31根、围护桩7根。负一层底板厚度为300mm，负二层底板厚度为400mm，混凝土等级均为C30S6，上下均配置ϕ16@200mm×200mm双层双向钢筋网，负二层净高3.9m，承台底距离盾构隧道仅440mm（图2）。

4.3　数值模拟计算

盾构下穿时对邻近建筑物影响采用PLAXIS计算软件进行分析，采用的土的本构模型为Hardening-Soil

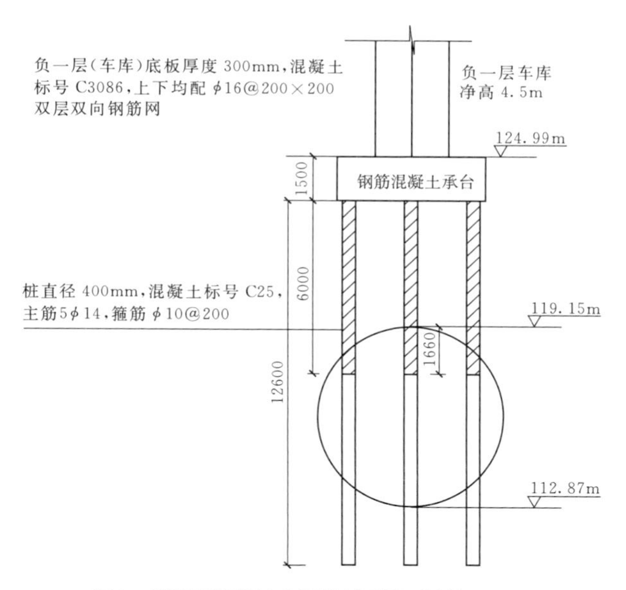

图 2　盾构切削群桩典型横断面图（单位：mm）

模型。盾构下穿博苑幼儿园土层竖向云图和建筑物竖向位移图，该断面处盾构隧道埋深约 10.6m，线间距约 11.7m，见图 3。

经模拟计算：盾构隧道下穿博苑幼儿园切削群桩时，盾构隧道施工引起的地层损失率按 0.5%计，引起的最大沉降 7.11mm，最小沉降 3.93mm，沉降差 3.18mm，倾斜 0.108‰，水平位移 2.52mm。博苑中山幼儿园建筑的总体沉降、沉降差、倾斜均小于控制值。

4.4　盾构下穿措施

4.4.1　盾构左线切桩

（1）控制掘进参数。根据现场实际施工情况，盾构左线下穿博苑幼儿园施工时，事先并不知道此建筑物下有桩基，且为群桩，遇到群桩后，切削群桩过程中，通过控制总推力、土仓压力、掘进速度、贯入度、注浆量、注浆压力、出土量、刀盘扭矩等掘进参数成功完成下穿建筑物施工，掘进参数见表 1。

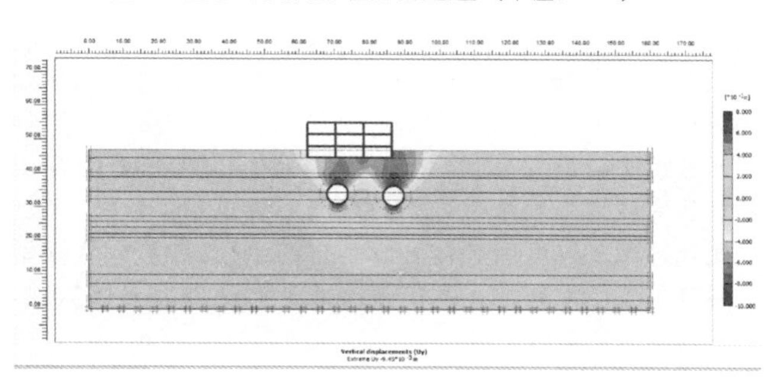
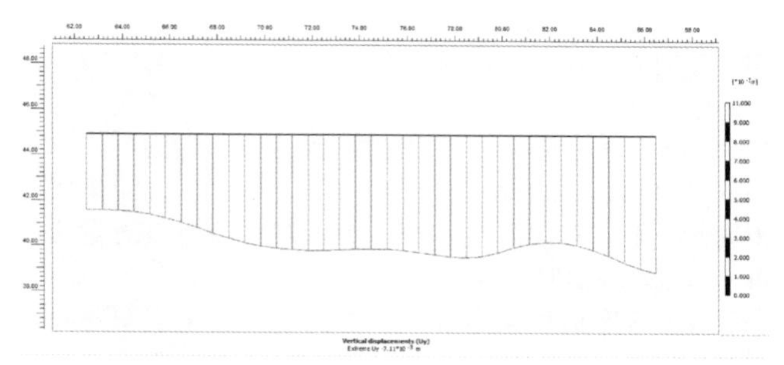

图 3　盾构下穿土层竖向云图和建筑底板竖向位移图

表 1　　左线盾构掘进参数表

序号	项　目	参　数
1	总推力/t	1500～1900
2	刀盘扭矩/(kN·m)	3000～4400
3	土仓压力/(×10⁵Pa)	1.2～1.5
4	注浆量/m³	7～9
5	注浆压力/MPa	0.28～0.35
6	出土量/m³	39～41
7	推进速度/(mm/min)	20～30
8	贯入度/(mm/r)	7～15

注　切削围护桩时扭矩达到 4000～5700kN·m。

（2）调整浆液凝结时间。优化浆液配比，通过调整胶凝材料掺量来调整浆液稠度（稠度为 11～13s），缩短浆液凝结时间（3～4h），水泥用量增加了 20kg/m³，浆液配合比调整为 200∶460∶640∶60。

（3）加大二次注浆量。通过采用特殊管片，除吊装孔以外，在每片管片上增加 2 个注浆孔，确保二次注浆及时性和注浆量。浆液为水泥、水玻璃双浆液，双液注入体积比为 1∶1，注浆压力 0.28～0.35MPa。

（4）渣土改良。采用优质泡沫和膨润土相结合的方式，做好渣土改良，降低刀盘刀具的温度，防止结泥饼和喷涌。

（5）土体加固。由于建筑物基础及地面无预加固条件，只有在盾构施工后通过二次注浆孔及时采取补注浆加固措施，浆液采用 1∶1 的单液水泥浆。负一层加固范围为隧道上半圆轮廓线外 5m，下半圆为隧道轮廓线外 2m 范围，负二层加固范围为隧道轮廓线外 2m 范围。

4.4.2　盾构右线切桩

（1）更换刀具。左线盾构掘进完成后，对刀盘、刀具全面进行评估，并邀请专家进行技术论证。为减少盾构掘进过程对建筑物再次扰动，根据刀盘刀具磨损情况对刀盘复合耐磨板进行重新堆焊，对刀具全部进行更换。将所有贝壳刀更改为尖刃贝壳刀，刀高比左线磨损后的切刀高 40mm。

（2）土体加固。利用右线隧道特殊管片注浆孔，向左线打入注浆管，对左线土体进行预加固处理，加固范围为隧道轮廓线外 2m，浆液为纯水泥浆。

（3）调整浆液凝结时间。凝结时间缩短至 3h，水泥用量增加 50kg/m³，砂浆配合比调整为 250∶460∶640∶60。

（4）调整掘进参数。掘进过程中，根据实际情况对掘进参数进行了调整，右线掘进参数见表 2。

表 2　　右线盾构掘进参数表

序号	项　目	参　数
1	总推力/T	1400～1700
2	刀盘扭矩/(kN·m)	3500～4500
3	土仓压力/($\times 10^5$Pa)	1.4～1.56
4	注浆量/m^3	7～9
5	注浆压力/MPa	0.28～0.35
6	出土量/m^3	39～41
7	推进速度/(mm/min)	20～30
8	贯入度/(mm/r)	5～17

4.5　刀盘刀具评估

15＃ZTE6250 盾构机设计为辐条式刀盘，配置软土刀具，技术参数：刀盘直径 6260mm，共布置 1 把中心鱼尾刀（刀齿 8 把），刀高 450mm、弧形贝壳刀宽刃 28 把，刀间距 90mm；刀高 120mm、平底贝壳刀宽刃 16 把，刀间距 90mm；刀高 120mm、平底贝壳刀尖刃 16 把，刀间距 90mm；刀高 120mm、加强型切刀 64 把，刀间距 150mm；刀高 90mm、加强型边切刀 16 把，刀高 90mm、14 把保径刀、4 把横向保径刀、1 把超挖刀，超挖量 50mm，共 160 把刀具，泡沫注入口 6 个，磨损检测器 2 个，开口率约 45%，大圆环外通焊复合耐磨板，面板堆焊耐磨网格。

各刀具磨损更换标准：中心鱼尾刀合金脱落超过 1/3，均匀磨损量大于 20mm；贝壳刀均匀磨损量大于 20mm；切刀均匀磨损量大于 25mm；保径刀崩齿、合金块脱落超过 1/3，均匀磨损量大于 10mm。

掘进完成后在博物馆站内接收，盾构解体前对刀盘刀具进行了全面评估，评估情况详见表 3。

表 3　　刀具磨损统计表

刀具名称	单位	数量	磨损量/mm	
			最小	最大
加强型切刀	把	64	8	20
加强型边切刀	把	16	16	18
弧形贝壳刀	把	28	14	18
宽刃平底贝壳刀	把	16	14	20
尖刃平底贝壳刀	把	16	21	26
横向保径刀	把	4	15	18
周边保径刀	把	14	30mm 全部磨耗	
中心鱼尾刀齿	把	8	严重破损 5 把	

5　监控量测

5.1　建筑物变形控制标准

建筑物变形任意一点沉降绝对值控制在 10mm 以内、任意两点沉降差控制在 10mm 以内、沉降速率控制在 0.2mm/d 以内，整体倾斜控制在 0.001 以内（整体倾斜指建筑物倾斜方向两端点的沉降差与其水平距离的比值），水平位移控制在 10mm 以内。

5.2　监测及反馈

盾构机穿越博苑中山幼儿园期间，在建筑物上布设监测点 15 个（含框架柱上布点），周边地面沉降点 13 个，对建筑物实施 24h 监测，监测频率调整为 2h 一次，及时发布数据，根据监测情况指导盾构机掘进，及时进行参数调整。同时，派遣专人对建筑物外观及周边地表进行不间断巡视，发现问题及时反馈、处理。从沉降曲线分析得知：盾构于 9 月 12 日遇到到桩开始停机，9 月 18 日恢复掘进，到 28 日切桩结束，建筑物累计沉降量最大 2.56mm，最大隆起 3.00mm；下穿建筑物完成后，经过近半年的观测结果显示，1 月、2 月受寒冷天气冻胀影响有上抬趋势，3 月份以后天气开始转暖呈现融沉现象，5 月份开始对土体再次进行加固，建筑物上抬趋势明显，累计最大达到 8.76mm，26 日后监测数据平稳，建筑物变形得到控制，总体上建筑物变形控制均在设计控制标准范围内，且与数值模拟基本吻合。

6　结论

通过本案例的实践证明，软土刀盘刀具切削建筑物群桩成为可能，至少对于切削直径 800mm 以下的钻孔灌注桩可以通过调整、控制盾构掘进参数直接切削群桩，降低或减少了桩基托换等大量的工作量。群桩被切削后，建筑物的地基承载力受到破坏或损失，建筑物桩的抗拔力也降低，可能出现管片上浮导致建筑物上抬等现场，需要通过注浆加固隧道周边的土体来补偿。穿越群桩本身施工风险很大，因此，地勘、物探及施工单位的施工调查和补勘工作非常重要，要确保勘察资料的准确性，避免直接切削或少切削建筑物群桩，减少对建筑物的影响。

浅谈盾构机钢套筒始发技术应用

闫春霖/中国电建市政建设集团有限公司

【摘　要】 盾构施工是地铁区间隧道施工常见的施工方法，盾构始发或接收风险极高，传统的端头地层加固方法往往加固效果不佳，冻结施工费用昂贵。随着科学技术的发展，对城市正常影响较小，安全系数又高的钢套筒盾构始发或接收新技术应运而生。

【关键词】 盾构机　钢套筒　始发

1　前言

盾构钢套筒始发或接收技术能应对复杂的地质条件，使盾构机在相对安全密闭的环境下完成始发或接收，能保障邻近建筑物与隧道结构的安全。该技术通过往钢套筒内灌注泥土或者泥浆，使盾构在工作井内外地层水土压力平衡的条件下整体始发或者接收，规避了洞门喷砂涌水的风险，杜绝了因洞门渗漏而引起的隧道沉降，破坏生态环境等问题。因此，钢套筒始发或接收具有安全性能高，节省地面加固的时间，施工方便并可以多次重复使用等优点。

2　工艺原理

接收钢套筒是一端开口的桶状钢结构，整个钢套筒结构分为筒体、后端盖、反力架和加固支撑组成。主体部分，总长 10300mm，内径 6500mm，外径 6840mm。每节钢套筒分别于顶部设置 4 个起吊用吊耳，1 个直径 600mm 的加料口，底部设置 3 个 3 寸的排浆管，2 组导轨便于盾构机滑行。

钢套筒示意图见图 1。

(1) 筒体。筒体为整个工艺最主要部分，其长度取刀盘到盾尾的长度，对于外径 6300mm 的盾构机，本区间采用长 9900mm，内径 6500mm 的筒体。钢套筒筒体分为前、中、后三段，每段 3300mm，每段又分为上下两半圆。筒体外周均匀焊接纵、环向钢肋板，以保证筒体刚度。上下两半圆、两段筒体之间均采用螺栓连接，中间加橡胶垫，保证连接部位的密封性。筒体底部制作钢托架，钢托架与上部筒体焊接连接。托架组装完后，其底部与车站底板预埋件焊接，托架须与车站侧墙顶紧。

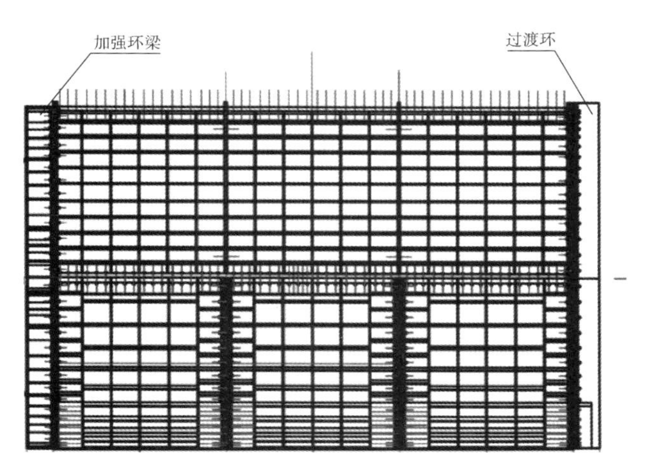

图 1　钢套筒示意图

(2) 后端盖。后端盖由冠球盖和平面环板组成。冠球盖钢板整体冲压成形，平面环板与冠球盖外缘焊接成整体。平面环板与筒体通过螺栓连接，连接部位中间加橡胶板，以保证气密性。

(3) 反力架。反力架由型钢焊接成型，紧贴后盖平面板安装，冠球盖部分不与反力架接触。反力架应与后部车站有可靠连接或顶紧，接收前应先进行预压，没问题后才能正式接收。

(4) 筒体与洞门的连接。除了筒体本身的气密性是控制接收成败的关键因素外，筒体与洞门连接的气密性也是关键因素之一。设计钢套筒与洞门不直接连接，而是通过中间一过渡连接板连接，过渡连接板与洞门环板采用焊接，与钢套筒通过法兰端采用螺栓连接。

盾构密闭钢套筒始发技术是根据水土压力平衡原理进行盾构始发的施工工法。盾构掘进前，在盾构始发井内安装钢套筒，盾构机安装在钢套筒内，然后在钢套筒内填充回填物，通过钢套筒这个密闭的空间提供平衡掌子面的水土压力，盾构机在钢套筒内实现安全始发掘进。由于钢套筒内部是密实且密封的，在洞门切削时掌子面水土无法进入套筒中，更无法流出盾构井内，即在始发前就可以达到保压效果，而且可有效降低始发时洞门涌水涌砂的风险，最大程度降低对施工周围水土的扰动。

3 施工方法

（1）确认洞门范围无钢筋。为防止盾构始发时刀盘切削到连续墙钢筋或工字钢接头，造成刀盘损坏，并减少刀盘磨除连续墙时产生的振动，对洞门采取水平取芯的方式进行破除，露出玻璃纤维筋，确认洞门范围不存在钢筋。如发现有存在钢筋的现象，则应对侵入洞门范围的钢筋进行割除，确保盾构始发的安全、顺利。

（2）安装过渡环。根据现场实测洞门环板的实际平整度，量身定做过渡环，过渡环与洞门环板通过焊接连接，焊缝沿过渡环一圈内外侧满焊，焊缝必须饱满。如出现过渡环有些地方无法与洞门环板密贴的情况，需在这些空隙处填充钢板并连接牢固，务必将空隙尽可能地堵住。在确定洞门环板与过渡板全部密贴后将过渡环满焊在洞门环板上。

（3）安装钢套筒下半圆和反力架。

1）在开始安装钢套筒之前，首先在基坑内确定出井口盾体中心线，也就是钢套筒的安装位置，使从地面上吊入井内的钢套筒一次性放置到位，不用再左右移动。

2）吊装第一节钢套筒的下半段，使钢套筒的中心与事先确定好的井口盾体中心线重合，在下半段的钢套筒左右两边的法兰处放好 6mm 厚的橡胶密封垫，在与第二节的下半部连接过程中要注意水平位置与纵向位置的一致，确保螺栓孔对位准确，并用 M30 的高强螺栓连接紧固。

3）钢套筒与过渡环采用螺栓连接。

4）反力架的安装与常规盾构始发反力架安装一致。安装反力架时，应根据始发井大小、钢套筒长度、洞门标高等确定水平位置和标高。

（4）钢轨之间铺砂、压实。在钢套筒底部 4 根钢轨之间铺砂并压实，每个位置的铺砂高度高出相应钢轨的高度 15mm，待盾构机放上去后，进一步压实，确保底部砂层提供充足的防盾构机扭转摩擦反力。

（5）在钢套筒内安装盾构机。在钢套筒内安装盾构机盾体，并和后配套台车连接。

（6）安装钢套筒上半圆。盾构机主体安装完成后，安装钢套筒上半圆。分别上紧钢套筒上的每个螺栓。每颗螺栓的压紧力为 54000N，上紧后用锁紧螺母锁住。完成后，检查各部连接处，对每一处连接安装的地方进行检验，确保其连接的完好性，尤其是对于钢套筒的上下半圆和节与节部分之间连接的检查，还要检查过渡环与洞门环板之间的焊接，看是否存在着点焊或浮焊，若发现有隐患，要及时处理。

（7）钢套筒压力测试。

1）渗漏检测。从加水孔向钢套筒内加水，至加满水后，检查压力，如果压力能够达到 3×10^5Pa。则停止加水，并维持压力稳定。如水压无法达到 3×10^5Pa，则将水管解开，利用空压机向钢套筒内加气压，直至压力达到 3×10^5Pa 为止，对各个连接部分进行检查，包括洞门过渡环、钢套筒环向与纵向连接位置、基准环与反力架的连接处有无漏水。

每级加压过程及停留保压时间说明：$(0\sim1.0)\times10^5$Pa 每级加压时间控制在 10min 左右，停留检测时间 10min；$(1.0\sim2.0)\times10^5$Pa 每级加压时间控制在 15min 左右，停留检测时间 25min；$(2.0\sim2.5)\times10^5$Pa 加压时间控制在 25min 左右，停留检测时间 45min；$(2.5\sim3.0)\times10^5$Pa 加压时间控制在 45min 左右，停留检测时间 120min。加压检测过程中一旦发现有漏水或焊缝脱焊情况，必须马上进行卸压并及时处理，上紧螺栓或重新焊接。完成后再进行加压，直至压力稳定在 3×10^5Pa 并未发现有漏点时方可确认钢套筒的密封性。

2）钢套筒位移检测。在盾构机组装过程中要检测钢套筒有无变形以及钢套筒环向和纵向连接位置的位移等。在试水、加压测试前，在钢套筒与洞门环板连接的部位分区域安装应变片，在钢套筒表面安装百分表，量程在 3～5mm 左右，变形量或位移量应控制在 0.5mm 左右。在加压过程中，一旦发现应变超标或位移过大，必须立即进行卸压、分析原因并采取解决措施。

采取应急解决措施若下：

a. 如果出现钢套筒本体连接端面法兰处出现变形量较大时，要立即采取加强措施，在变形量较大处补加加强肋板，加强肋板可利用现场钢板制作。

b. 如果反力架斜撑任何位置出现位移量过大时，要分析可能出现的原因，并增加斜撑的数量，同时在另一侧要增加直撑的数量。

（8）盾构始发掘进。

1）洞门连续墙为 1000/800mm 厚的 C35 玻璃纤维筋连续墙，盾构机在切削连续墙时：推进速度控制在 3～5mm/min，扭矩不大于 2MN·m，千斤顶总推力不大于 600t，通过洞门后，速度可逐步提升至 10mm/min，千斤顶总推力逐步调整到 1000t。

2）土仓压力控制。盾构机和钢套筒安装好后，向钢套筒内进行回填。回填好后，盾构机在钢套筒内始发，始发时土仓压力控制与常规盾构始发相同，土仓压力逐步提高。实际施工时，采用信息化施工，根据隧道顶部覆土厚度与地面监测情况进行及时调整。

3）盾体进入套筒时姿态控制。必须以实际测量的钢套筒安装中心线为准控制盾构机姿态，要求中心线偏差控制在±2cm 之内。盾构机在进入钢套筒后，要注意姿态控制。从管片吊装孔向管片外侧注双液浆，防止盾尾后的水进入土仓。

4）盾构机在钢套筒内掘进过程中，要确保与外界联系，密切观察钢套筒顶部的情况，一旦发现变形量超量或有渗漏时，必须立即停止掘进，及时采取补救措施。盾构机在进入钢套筒之后，要注意姿态控制。并根据钢套筒顶部安装的压力表读数，及时调整推进压力，避免推进压力过大，使钢套筒密封处出现渗漏状况，压力过大时，打开钢套筒两侧的排浆口，进行卸压。

4 钢套筒始发技术要点

（1）重难点分析。钢套筒与洞门预埋环板连接处开裂，钢套筒与负环之间密封不好，盾构始发、接收时引起钢套筒压力泄漏，导致内外水土压力不平衡，进而引起地面沉降。

（2）对策。

1）钢套筒安装前需对洞门预埋环板进行检查，必要时进行植筋加固。

2）始发钢套筒后端通过基准环和负环管片连接，连接处设置止水橡胶圈，负环管片外侧与钢套筒之间的间隙通过管片壁后注双液浆进行密封。

3）钢套筒、反力架制造前进行严格的受力计算。

4）盾构始发掘进前对安装好的成套装置进行压力测试，压力测试合格并经监理验收后方能进行盾构始发掘进施工。

5）盾构机自重与钢套筒底部回填砂之间产生的用于防扭转的额定扭矩为6228kN·m，盾构机自重提供的用于防扭转的扭矩达到盾构机设计额定扭矩的50.2%。盾构机在切削洞门连续墙时的扭矩控制在2000kN·m以下，安全系数为1.5。

如果盾构机刀盘在切削连续墙时产生的扭矩超限，可向钢套筒内加压，增加防扭转的抵抗扭矩，当向钢套筒内加压后，刀盘中心位置达到150kPa时，防扭转的抵抗扭矩大于盾构机脱困扭矩，故通过向钢套筒内加压可提供满足盾构掘进所需要的防扭转抵抗扭矩。

6）为防止盾构机盾体和钢套筒整体发生扭转、倾覆，在钢套筒两侧每间隔2m安装一根工字钢横撑，直接与钢套筒焊接成一个整体，作用在侧墙上。

5 结论

在未采取其他加固措施的前提下，直接采用钢套筒接收工艺，成功用于上软下硬地层中安全接收盾构机。从最近几年钢套筒接收的成功案例看出，采用该工艺不受地面条件、地层条件的影响，能节省洞外加固措施费用。虽然钢套筒制作精度较高，单个钢套筒的制作费用高，但其具有可循环利用的优势且安全性好，随着该工艺的成熟，其造价也会逐渐降低，钢套筒接收工艺具有较好的推广前景。

双头转向台车在隧洞钢管运输中的应用

殷明杰/中国水利水电第十二工程局有限公司

【摘　要】洞内钢管的运输，传统的方法是采用铺设轨道、卷扬机牵引台车或用机动车辆牵引台车方式进行，但在隧洞距长、洞轴线转折位置较多、空间小条件下的钢管运输却不适用。本文改变了传统的洞内钢管运输方式，自创了双头转向运输台车，该运输方式具有机动灵活、经济、高效等特性。

【关键词】双头转向台车　钢管运输

1　概述

下只恩水电站位于云南省迪庆香格里拉县东南部的三坝乡境内、金沙江左岸一级支流格基河上，是规划建设四个梯级电站中的第四级。电站为引水式电站，以发电为主，电站装机容量40MW，安装2台20MW冲击式水轮发电机组。

引水压力管为ϕ1.9m钢管，一管二机，下接岔管分为两支ϕ1.1m支管通过球阀、凑合节与机组相接。压力钢管主要包括洞埋压力钢衬的斜井段、渐变段和平管段，累计轴线长度约1200m。

压力钢管安装完成后进行充水试验，发现调压井前后的混凝土衬砌段不能满足要求，确定增加压力钢管进行衬砌，自5#施工支洞开始至下游与原来安装的钢管连接，总长度为1600m。钢管均采用Q345R钢材，主管直径为1.80m，钢管壁厚度为12mm。

增加钢衬后，工程有两大特点：

(1) 由于隧洞内部分经过衬砌，衬砌部位尺寸为2500mm×2500mm马蹄形，而钢管直径为2000mm（含加劲环），空间非常小。

(2) 隧洞的洞轴线转折位置较多（共13个弯），且可利用的施工支洞只有一条，即位于隧洞端头的5#施工支洞。

2　运输方案

2.1　运输方法分析

隧洞的洞轴线转折位置较多、工期紧，钢管拼装焊接工作能否完成，主要取决于钢管的洞内运输时间。钢管洞内运输，传统方法有两个：一是采用铺设轨道，然后通过卷扬机牵引平台小车来运输，这种运输方式通常需要耗费大量的人力和物力，对于小洞径钢管来说成本大、工作效率低；隧洞距离长、洞轴线转折位置较多的洞内运输更是困难重重。二是采用货车或机动车辆对运输钢管的台车进行牵引，使台车进入洞内，但在洞径小的情况下，要确保钢管运输到位后台车能顺利地退出，则只能是倒车入洞。这种倒车的方式则在长距离、拐弯多的情况下，司机很难控制行进方向，同样不适用于隧洞较长以及隧洞弯道或转折较多的洞内。

2.2　运输方案确定

在运输方案的确定上，需考虑以下几个方面：

(1) 根据洞内的实际情况和工期的要求，需将每个安装管节的长度最大化，以减少安装现场的对接缝，经综合考虑，将钢管安装大节长度定为4m，共400节。

(2) 由于洞径小，运输的台车要考虑在满足强度的情况下，尽量降低台车的高度。同时要考虑钢管运输到位后台车能顺利退出。

按照传统的铺设轨道平台小车运输的方式，需铺设3200m轨道，至少布置5台3t卷扬机，完成一趟单节钢管运输时间至少需4.5h，400节钢管洞内运输时间就要200d，无法满足工期要求。

针对此难题，项目部技术人员集思广益，自创了双头转向台车。该运输台车具有双转向系统结构，能够在隧洞行驶过程中，特别是倒车过程中，通过双转向系统来控制台车的行驶方向，从而能够快捷的在隧洞中进行运输，节约运输时间和运输成本。

3　双头转向台车设计制造

3.1　双头转向台车设计原理

运输台车的前部采用机动车辆控制转向，台车尾部采用人工控制自由转向，从而能够更好地适应洞内条件。

运输台车包括动力系统，传力系统，台车架和前转向系统；前转向系统与动力系统集成在一起，通过动力系统前驱动转向系统；传力系统分别与台车架和动力系统相连接；运输台车还包括后转向系统；后转向系统与台车架相连接。

3.2 双头转向台车设计制造

3.2.1 台车动力及前转向系统

因洞内部分进行过衬砌，未衬砌段路面不平整，路面泥泞，存在一定的积水。手扶拖拉机机动灵活、通过性能好，综合考虑选用手扶拖拉机作为台车动力及前转向系统。

3.2.2 台车后轮

台车后轮采用小型货车前轮的总成进行改造，控制台车尾部自由转向。转向轮改造见图1。

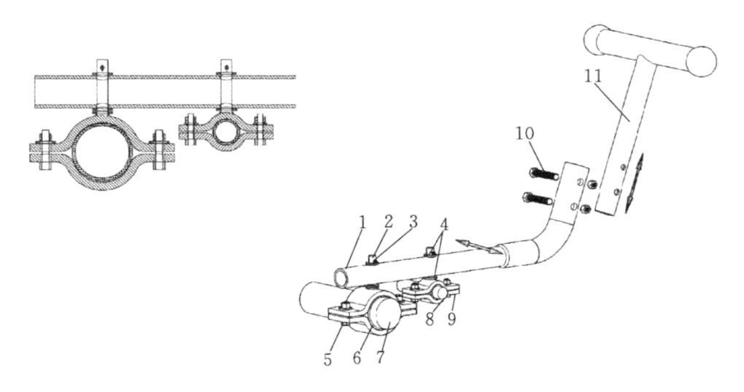

图1 转向轮改造

1—纵向杆；2—固定立柱；3—定位销；4—调整垫片；5—紧固件；6—橡皮垫；7—轮轴；8—横向杆；9—抱箍；10—拆装螺栓；11—摇臂（可拆装）

(1) 制作与轮轴直径相匹配的圆形抱箍，然后在上抱箍的正上方焊接一固定立柱，并打锁定孔，通过紧固件和定位销将轮轴、纵向杆连接在一起，位置布置在轮轴的中间。

(2) 制作与转向横向杆直径相匹配的圆形抱箍，然后在上抱箍的正上方焊接一固定立柱，并打锁定孔，通过紧固件和定位销将横向杆、纵向杆连接在一起，位置布置在横向杆的中间。

(3) 纵向杆和摇臂采用 ϕ65mm 的钢管。上端头对应位置打 2 个 ϕ14mm 的孔，纵向杆和摇臂夹角 120°，摇臂插入纵向杆圆弧段的空腔内，通过拆装螺栓固定，钢管运输到位后将摇臂拆下，满足台车顺利退出要求。

(4) 通过左右摆动摇臂，使横向杆跟随摆动，进而带动轮子转向，实现台车的后转向功能。

改造完成后，进行操作达到转动灵活。改造完成的台车后轮见图2。

3.2.3 台车架设计

(1) 因洞径小，要确保管运输中顺利通过，台车的平面高度控制在 550mm 以下。

(2) 综合考虑台车的承载力以及便捷性。台车材料采用工字钢、槽钢和方管，台车与手扶拖拉机连接段（传力结构）设计成可上下自由活动结构，有利于适应洞内高低不平地形的变化。

(3) 台车与手扶拖拉机的链接按照拖拉机的接头尺寸制作。台车的前头连接架可上下灵活转动，台车后头采用小型货车前轮的总成进行改造，控制台车尾部自由转向台车。见图3。

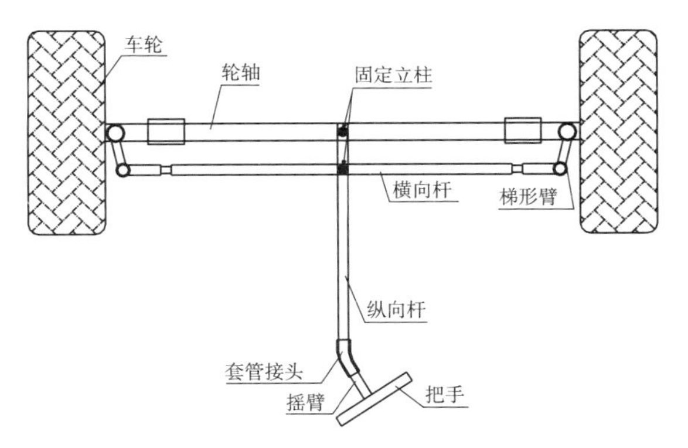

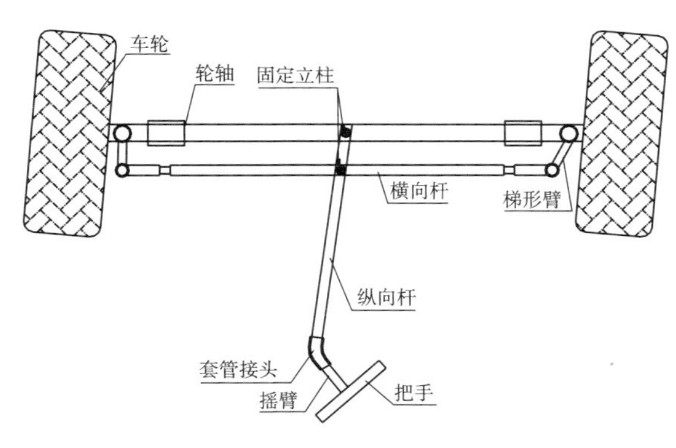

图2 改造后的后轮示意图

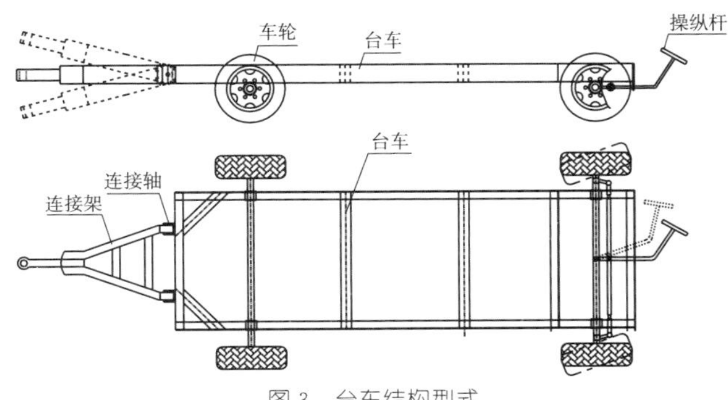

图3 台车结构型式

3.3 双头转向台车试验

在钢管制造厂内完成车轮的改造和台车架的制造后，将拖拉机头和台车相连，进行空载和负载情况下的试验。利用桥机将钢管吊到台车上，用吊带和手拉葫芦将钢管与台车绑扎固定牢固。双头转向台车分别在制造厂内和洞内类似路况的路上来回运行数次，试验结果操作灵活，运行平稳，安全可靠，达到预期目标。双头转向台车总成见图4。

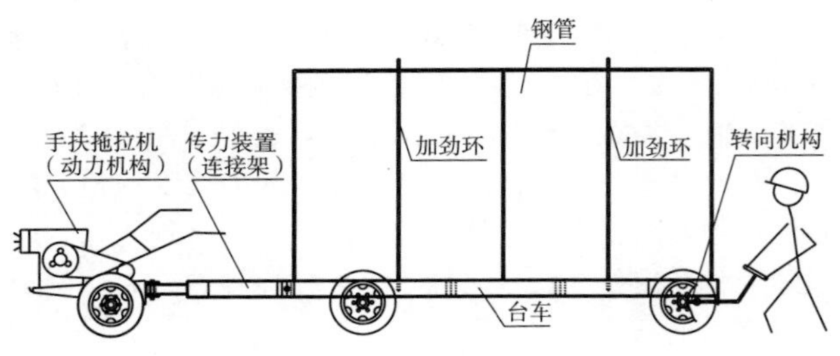

图 4　双头转向台车总成示意图

4　双头转向台车应用

台车开到施工支洞口，由布置在洞口的人字趴杆将钢管吊装到台车上，用吊带和手拉葫芦将钢管与台车绑扎固定牢固。

由驾驶员驾驶拖拉机，后方由熟练操作人员控制转向机构，并安排一人进行指挥。这样驾驶员只要向后面倒车控制拖拉机头到洞两侧的距离，行走的路线由熟练操作人员控制，使得运输过程中，特别是在转弯处，人为控制其按照最佳路线行驶，运输非常顺利。第一节钢管运距约 1900m，运输时间为 50min，后续钢管 30min 左右就能运输到位。

运输到位后，利用龙门架将钢管抬高，拆掉台车的摇臂杆，然后台车撤出进行下一车的运输工作。

5　结束语

采用拖拉机双头转向台车运输，适用于距离长、空间狭小且弯曲的洞内运输，只需 3 人即可完成洞内钢管的运输，设备的投入主要是手扶拖拉机、材料和燃油的费用。双头转向台车具有机动灵活、经济、高效等特性。运输时间共计 2 个月，不影响钢管安装关键工期，对于加快进度、确保按期完工起到了至关重要的作用；节省了传统运输方式中的卷扬机、轨道、钢丝绳和导向滑轮等相关设备和材料，还省去了铺设及拆除轨道、人工拖拉钢丝绳等繁重的体力劳动，取得显著的经济和社会效益。

浅析旧路加宽预防不均匀沉降的技术措施

马擎宇/中国电建市政建设集团有限公司

【摘 要】 在旧路改扩建的施工中，为节约资金并充分利用原有路基，常采用对原有道路进行加宽的方法。但新旧路基结合处容易因不均匀沉降而产生一些病害。本文以中国水电安哥拉松贝至伊沃河公路修复工程为例，对旧路加宽常见病害及产生的原因进行分析，并浅析拟采取的施工技术措施，以期在将来的施工中有效地避免这些常见病害的发生。

【关键词】 单侧加宽 不均匀沉降 技术措施

1 工程概况

2016年7月20日，中国水利水电建设集团国际工程有限公司成功中标签约了安哥拉松贝至伊沃河桥公路修复工程，并委托我公司实施。该工程位于安哥拉南宽扎省松贝市，业主为安哥拉建设部国家公路局，资金来源为LCC框架协议预算资金。工期24个月，质保期3年，合同金额为58476975.15美元。

主要施工内容为安哥拉国道EN100之松贝至伊沃河桥路段的修复扩建工程，总长78.2km。路面结构为20cm厚天然颗粒料底基层、20cm级配碎石基层以及5cm沥青混凝土面层，设计速度为100km/h。本工程路段现有路面为6m宽沥青混合料路面，设计方案为单侧加宽，将全路段加宽至9m，包括整个结构层的加宽，并最终完成全路段5cm中粒式沥青混凝土面层。

本工程采用《南非公路和桥梁标准规范》（SATCC 1998）和美国材料试验协会标准（ASTM标准）。

2 旧路加宽常见病害及产生原因

2.1 常见病害

旧路改扩建施工后新旧路基容易出现不均匀沉降，常导致路基失稳、路面纵向开裂等问题。旧路改扩建工程常见的病害主要如下：

（1）路面裂缝、坑槽、沉陷、表面破损等。

（2）路基的隆起、下陷、滑移、坍塌或崩溃等。

（3）路堤边坡滑移出现坡面剪切裂缝、崩塌和碎落、沿山坡滑动等。

2.2 产生原因

道路各结构层之间彼此密切影响，因此病害也并非相互孤立。导致以上病害现象的原因主要有如下几种：

（1）新旧路堤填料差异大。在旧路加宽施工过程中，回填料经常是路堑的挖方，这些回填料的级配很难得到控制，容易与旧路基回填料有较大差异。路基填料的不同，会导致新旧路基变形模量存在差异，从而导致新旧路基抗变形能力存在差异，进而影响新旧结合部位路面结构的力学响应。

（2）新旧路基之间的抗滑措施不力。尤其在高填方路段，路基承载力不足导致加宽路段的侧滑，将路面拉坏，产生纵向裂缝。

（3）路基填料压实度不足。新拓宽路基由于压实度不足，工后沉降较大，而老路基的固结沉降已基本完成，新老路基结合部位沉降量不一致，在新老路基之间产生相对过大的差异沉降，成为道路产生裂缝的主要原因。

3 预防不均匀沉降技术措施探讨

3.1 本工程路段整体情况概述

本工程位于安哥拉中西部沿海，沿线主要穿越平原地区和丘陵地区，地面海拔在5.00～290.00m之间，部分路段有较大起伏。共有约10km的高填方路段和1km左右的沼泽路段，其余路段较为平顺。

3.2 预防不均匀沉降的有效措施

（1）严把材料关。路基加宽施工中，新路基的填料应选用与旧路基相同且符合要求的填料，但实际却很难做到。例如，本工程原道路由某葡萄牙公司修建于2006年，通过与业主的沟通，原设计图纸和施工方案等资料已无从查找，因而无法确定各路段填料的来源及性质。因此，施工时应先对旧路基土质及各路段附近的取土场的土质进行取样分析对比，确定土质，液塑限、塑性指数、有机质、易溶盐含量等，进而确定土质是否可用、如何使用等。当没有与旧路基相同的填料时，应尽量选择透水性、稳定性更强的填料，避免使用稳定性差的填料，如高液限黏土、粉质土等。软土地区可选用轻质填料，一方面可以增加路堤的稳定性，减少路堤的压缩变形；另一方面，由于减轻了路堤的重量，能够有效减少路基固结沉降。优质的施工原材料是保证加宽路基质量的关键，必须在路基加宽施工中把好原材料关，高标准、严要求。

（2）精心设计新旧路基结合处的施工方案。经沿途考察发现，旧路边坡土体松软，且有大量的腐殖土和垃圾土，施工中应对原路边坡进行深层削坡，挖出清理的法向厚度不宜小于30cm，不允许存留腐殖土和松软土体，要将软弱的结合面处理成牢固的结合面。施工时应严格按要求从老路堤坡脚向上挖设台阶，以保证新旧路基的有效结合；台阶宽2m、高1m，台阶向路中线方向设4%的横坡；台阶开挖要边填筑边开挖，当一个台阶填筑到规定高度后再对下一个台阶进行清表和开挖；分层填筑压实，最大压实厚度不超过20cm，分层最大松铺厚度应根据试验确定；每层填料铺设的宽度应超出设计宽度30cm，以保证修整边坡后的路堤边缘有足够的压实度。

（3）提高路基承载力。本工程路段是连接安哥拉首都罗安达和第一大港口洛比托港的重要交通干线，交通量大，且多为重型货车，道路载荷大。为保证边坡稳定性，可在部分高填方路段增设重力式挡土墙，依靠自身墙体的重量来抵挡土方的压力作用，从而增强路堤的承载力，减小侧向位移，重力式挡土墙可采用浆砌片石砌筑，形式简单，就地取材，施工简便；在条件允许的情况下还可以采用增设反压护道，同样能有效提高路基的承载力，防止路堤侧滑。

（4）加固新旧路基结合处。土工格栅用于路基加固防护，格栅和路面材料融合在一起，可有效地分配荷载，提高路基的稳定性，减小不均匀沉降，承受更大的变荷。施工时土工格网沿线路的横向铺设，将成捆土工格网自旧路堤往新路堤方向展开，施工时应保证格网铺向与线路走向垂直，铺设时应拉直平顺紧贴下承层，土工格栅间的连接应牢固，相邻格栅的搭接宽度应大于50cm；土工格栅铺好后应及时填筑碾压，避免暴晒；可根据实际情况铺设多层土工格栅，不同层面的土工格栅的搭接位置应错开。

（5）严控施工质量。为保证压实度，须根据规范要求做好试验段，控制好填料的最佳含水量、松铺厚度、压实设备的最佳组合方式、碾压方法等。回填料的含水量控制尤为关键，摊铺施工时要高于最佳含水量1%～2%，以保证在压实施工时，土方含水量能尽量接近最佳含水量。如果出现压实时含水量小于最佳含水量，土粒间的润滑作用不足，即压力不足以克服土粒间的摩擦力，土中的空气不能排除、土粒间无法靠拢，因而难以达到最大密实度，如果大于最佳含水量，又会产生由于水分过多，土粒被水膜包围而分散得过远，不能达到最大密实度。

（6）特殊路段特殊处理。本工程有一段长1km左右的沼泽路段，原道路路基固结沉降已基本完成，经考察，道路两侧均属于常年性沼泽。现场采用挖掘机进行实验性挖掘，发现0.2m以下至1m深处的土质松软，且为黑色淤泥。因此该沼泽路段地基宜采用抛石挤淤的方法处治，抛填时应选用直径大于30cm的片石，小粒径片石用于填缝，不超过20%；抛填时采用推土机和挖掘机配合施工，自加宽侧坡脚向路外侧逐渐进行；采用重型压路机进行碾压，振动碾压4～5遍，碾压过程中，人工用石屑或碎石将空隙填满铺平，使抛石层顶面平整无明显空隙；压实度检测采用沉降观测法，当压实层顶面稳定，无明显轮迹时，可视为密实状态，在检测点做出明显标记，记录当前高程，然后用重型压路机再振动碾压两遍，再观测该检测点的高程，如果前后两次的高程差在3mm以内，可判定沉降稳定，压实度满足要求，方可填筑碎石垫层。

（7）合理选用特殊方法进行施工。强夯法是处治路基不均匀沉降的有效措施之一，是一种施工简便而经济的地基加固方法，且加固深度大，作用效果明显，施工速度快。可根据现场地质情况在部分路段新旧路基结合部采用该方法处理，提高路基强度，促使新老路基结合成为一个整体。强夯法对结构物的冲击力较大，因此，在本工程桥梁及涵洞等路段附近不宜采用该方法。

4 取得的成效

在一段时间以来的施工中，项目部对于土石方回填工作一贯高度重视，本着“质量第一”的原则精心组织，因地制宜的选用合理的技术措施。截至目前，本工程土石方回填工作一次验收合格率达到100%。项目部针对抛石挤淤路段和部分高填方路段进行了长达半年的监测，新旧路基的结合处均未出现纵向裂缝等病害，完成质量优秀，符合预期标准。

5 结束语

相对于新建道路工程而言，旧路加宽工程更加经济实用，但施工的技术难度更大，新旧路基间的不均匀沉降是导致旧路加宽工程中各种病害的最根本原因。因此，如何能够因地制宜，有效避免不均匀沉降的发生是本工程的重中之重。在今后的施工中，应做好各项施工技术交底，要严格管控施工中的各个环节，保证工程如期高质量地完成，为企业在安哥拉树立良好形象贡献一份力量！

摩洛哥拉巴特绕城高速公路护坡施工技术

葛朋钊　陈丽萍/中国水利水电第五工程局有限公司

【摘　要】本文以摩洛哥拉巴特绕城高速公路工程为依托，从大桥、上通道和下通道锥坡防护，管涵、箱涵、汽车通道、人行通道的进出口浆砌石边坡防护，浸水区高速公路防冲块石边坡防护三个方面来介绍、分析摩洛哥高速公路护坡施工技术，希望为同类工程施工提供参考依据。

【关键词】高速公路　护坡　施工技术

1　工程概况

摩洛哥拉巴特绕城高速公路是连接摩洛哥第一大城市卡萨布兰卡至拉巴特现有高速公路以及出城公路，对进出拉巴特的车辆进行分流，改善摩洛哥东部及北部经济核心地区的交通状况，并起到摩洛哥南北、东西交通大动脉的枢纽作用。

拉巴特绕城高速公路全长42km，合同工期为70个月，工程造价约2.4亿美元。其中有高架桥2座、下通道16座、上通道14座、人行通道2座、汽车通道6座、管涵99道、箱涵36道、半幅管61道、服务区和收费站各1座。

大桥、上通道、下通道两侧桥台均要进行锥坡防护，管涵、箱涵、汽车通道、人行通道的进出口均要采用浆砌石进行边坡防护，浸水区高速公路边坡需要采用防冲块石进行边坡防护。

2　大桥、上通道、下通道桥台锥坡防护施工

大桥、上通道、下通道桥台锥坡施工工序主要包括如下内容：测量定位、锥坡回填/开挖、边坡修整和夯实、粗骨料混凝土护底施工、钢筋布置、钢筋混凝土施工、水泥砂浆铺筑、预制护坡砖块铺设等。大桥、上通道、下通道桥台锥坡防护图纸详见图1、图2。

2.1　测量定位

对于构造物（大桥、上通道、下通道）桥台锥坡处于回填区类型的，根据桥台锥坡设计图纸结合现场实际地形、台背实际回填高度、回填设计边坡等放出锥坡的轴线控制桩，如图2中所示的1～12个点位控制。在放样点处设置带钉木桩并拉线确定锥坡坡度，用白灰线洒

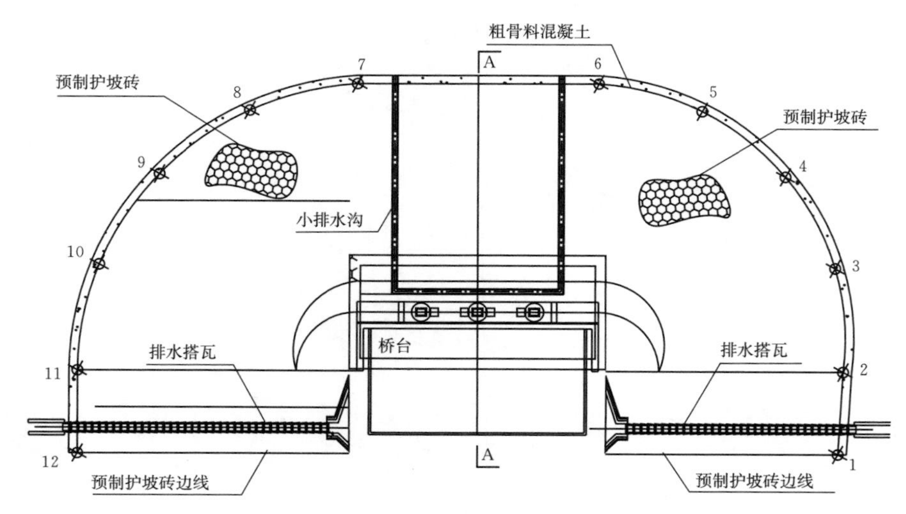

图1　锥坡防护平面图

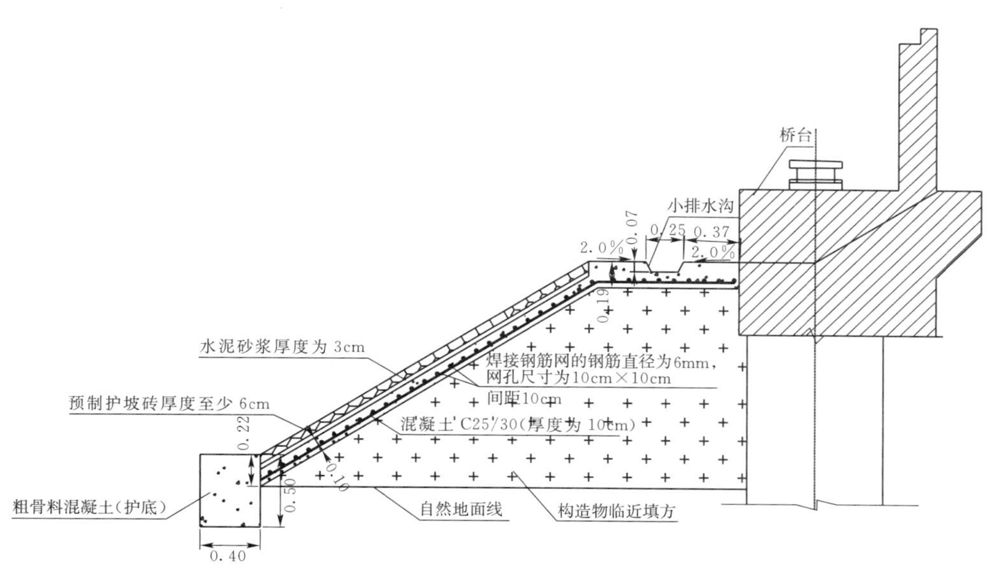

图2　锥坡防护A—A剖面图（单位：m）

出回填轮廓线。对于构造物（大桥、上通道、下通道）桥台锥坡处于开挖区类型的，根据桥台锥坡设计图纸进行测量定位，开挖区内的锥坡防护区域边坡与高速公路开挖设计边坡保持一致。

2.2　边坡回填及修整

根据测量放线点采用符合要求的材料进行边坡回填，回填完毕后按照设计边坡线采用反铲挖掘机清理多余的回填料，最后预留20cm采用人工修整。坡顶平台部位为2%的内向坡，以保证平台汇聚的水流通过小排水沟顺利排出。边坡修整时用坡度尺拉线修整，修整后的边坡坡度不得大于设计值。同时将坡脚地面整平。边坡修整时防止出现较大超欠挖，超挖部分要夯填密实，欠挖部分清理至设计断面。

桥台回填及修整必须经外控及监理测量验收。其中边坡验收、基础定位及验收、基础开挖后的验收均为停止点。

2.3　粗骨料混凝土护底施工

锥坡底部沿坡脚线40cm×50cm的底基混凝土为粗骨料混凝土。对验收后的边坡表面进行平整，注意粗骨料混凝土顶部平台部位至少为1%的顺坡，以保证坡顶排水顺畅。经监理验收后由测量定位，按图纸要求进行粗骨料混凝土护底施工。

2.4　基础混凝土施工

C25/30混凝土满足以下控制标准：钢筋混凝土，每立方米混凝土中，CPJ45水泥的含量为350kg；0/20骨料。水泥、骨料、砂子、钢筋、外加剂都必须来自监理批准的工厂，还必须满足CCTP《LotD》确定的规定和规格。

锥坡防护所用的钢筋是在钢筋厂直接采购的型号名称为Treillé soudé T6@10的钢筋网片，将其按照已批复图纸进行安放，搭接长度为一个网格的间距10cm，并用铁丝绑扎即可。

放置好的钢筋网片经过监理外控的现场验收后，采用C25/30混凝土进行锥坡面的浇筑，厚度10cm。整个锥坡的基础混凝土尽可能一次浇筑成型，否则也可按施工进度分期浇筑，这种情况要注意施工缝的处理，确保新旧混凝土牢固结合。混凝土面不需抹光，毛面即可，但要求整体坡面线形流畅，混凝土厚度均匀，避免凸凹不平。

2.5　护坡砖的铺设

铺设用的预制护坡砖首先要征得外控监理的同意。然后在基础混凝土上摊铺3cm的水泥砂浆，护坡砖直接置于砂浆上，其中砂浆在现场拌和，砂浆配合比：水泥∶水∶砂＝450∶180∶1420（kg/m^3），砂为筛分系统砂料。铺筑预制砖时注意与排水搭瓦的连接，相邻预制砖之间正确接缝，拼接平整紧密。注意保持预制护坡砖外露面的洁净，外形美观。施工过程中应确保水泥砂浆厚度，否则将会直接影响护坡砖的铺筑质量；水泥砂浆的摊铺面积应根据砌砖速度来定，避免砂浆摊铺面积过大，铺筑护坡砖速度滞后，水泥砂浆凝固造成的护坡砖黏结不牢甚至脱落等现象。

护坡砖由下至上进行铺砌，砖的长度方向顺着锥坡的高度方向布置；水平方向不能设置通缝，相邻的砖块应相互错开。护坡砖铺筑图见图3。

2.6　排水搭瓦施工

护坡砖安装完成后在排水搭瓦预留的位置施工排水搭瓦，安装排水搭瓦时要注意搭瓦进口的边缘位置与构造物桥台翼墙的边缘平齐，排水搭瓦与护坡砖之间的缝隙采用C25/30混凝土填筑密实。排水搭瓦见图4。

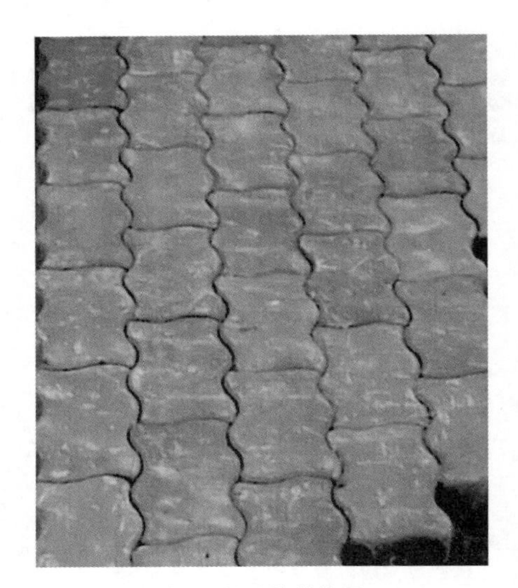

图3　护坡砖铺筑图

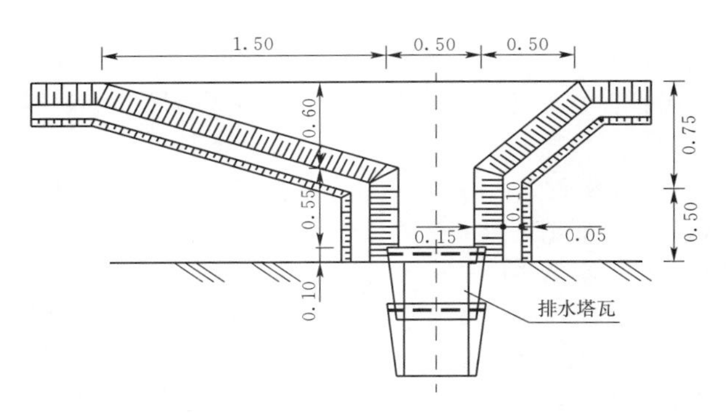

图4　排水搭瓦平面图（单位：m）

3　管涵（箱涵、汽车通道、人行通道）进出口浆砌石护坡施工技术

管涵（箱涵、汽车通道、人行通道）进出口浆砌石护坡施工图见图5、图6。

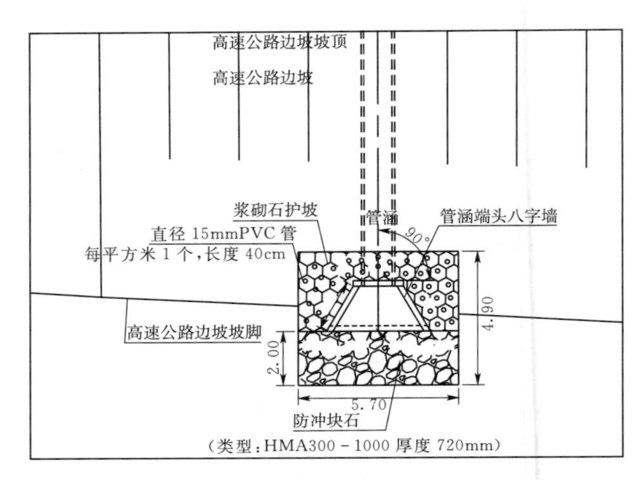

图5　高速公路浆砌石边坡防护平面图（单位：m）

3.1　边坡验收

浆砌石主要用于管涵（箱涵、汽车通道、人行通道）上下游出口浆砌石护坡，用来保持边坡稳定及防止水流对边坡的冲刷。

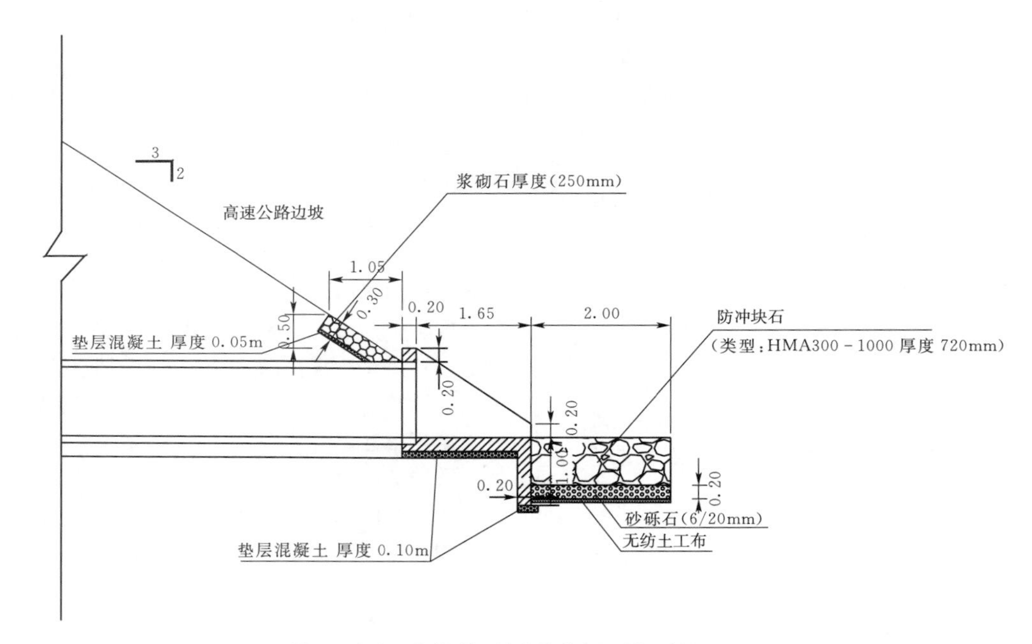

图6　高速公路浆砌石边坡防护剖面图（单位：m）

边坡修整完毕后先进行公路边坡验收；边坡验收允许误差遵守如下规定：

平面投影允差：平台宽度：0～15cm。

施工垂直投影允差：①覆盖腐殖土之前边坡：加、减10cm（＋或－10cm）；②不覆盖腐殖土边坡：加、减5cm（＋或－5cm）；③覆盖腐殖土边坡后：加、减5cm

（＋或－5cm）。

边坡验收合格后才能进行边坡上的浆砌石护坡施工。

3.2 测量定位

测量人员根据监理工程师批准的补充设计图纸进行现场放样，确定浆砌石护坡的施工范围及开挖深度。并用显著标记标出基底底部高程、垫层混凝土顶部高程以及浆砌石顶部高程。

3.3 基础开挖

现场施工人员根据测量人员的放线测量资料，采用机械开挖和人工开挖相结合的施工方式。严格按照测量边线进行开挖，保证开挖深度满足图纸要求并清理干净，报工程技术部和测量队验收基底。

3.4 排水管安装

基底验收合格后，按照设计图纸上排水管的位置开挖直径为25cm，深度为10cm的圆形排水管基础，将长度为40cm排水管（PVC直径为150mm）用土工布包裹，然后固定在排水沟基础中，排水管周边用粒径6/20mm的排水料填充密实。施工完毕后，由工程技术人员通知外控（外部质量控制部门），外控验收合格后方可进行垫层混凝土铺筑。

3.5 浆砌石施工

浆砌石的石头来源于拉巴特高速公路D15开挖区，筛分车间需将石头碎解至25cm左右。浆砌石应满足以下要求：一般用毛石、料石。石料应质地坚实，强度不低于MU20，岩种应符合设计要求，无风化、裂缝；毛石中部厚度不小于200m料石厚度一般不小于200mm，料石的加工细度应符合设计要求，污垢、水锈使用前应用水冲洗干净。砂用中砂，并通过5mm筛孔。配制M5（含M5）以上砂浆，砂的含泥量不应超过5%，不得含有草根等杂物。

垫层混凝土铺筑厚度5cm，铺筑要平整，不可凸起或下陷，水泥砂浆施工完毕后由工程部技术人员和质量外控联合验收，垫层混凝土铺筑验收合格后即可进行石头的砌筑，将合格的块石整齐摆放在垫层混凝土上，将块石面积较大面朝上，以保证整个砌筑面平整。砂浆填缝，填缝要求密实。在施工过程中要注意对排水管的保护。

4 高速公路浸水区防冲块石边坡防护施工技术

由于高速公路两侧某些路段地势低洼，天然降水会使高速公路某些区域水量汇聚，对高速公路边坡进行冲刷，影响高速公路边坡稳定。为保护该区域边坡免受冲刷，需要采用防冲块石进行防护。其中，高速公路浸水区防冲块石顶部设计高程由设计单位根据现场自然地面实际高程、汇水面积、天然降水量等因素综合确定。高速公路浸水区防冲块石边坡防护剖面图见图7。

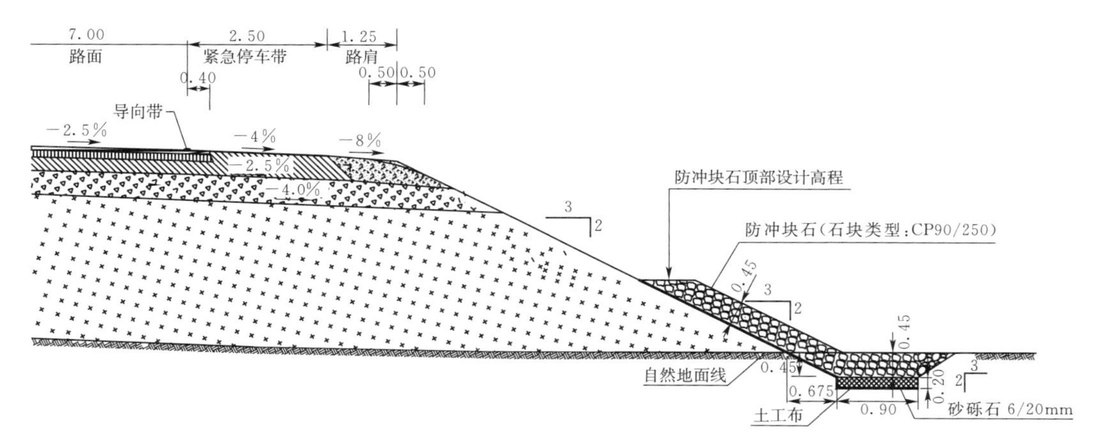

图7 高速公路浸水区防冲块石边坡防护剖面图（单位：m）

高速公路浸水区防冲块石边坡防护施工流程与管涵（箱涵、汽车通道、人行通道）进出口浆砌石护坡施工类似。主要施工流程如下：边坡验收→测量定位→基础开挖→土工布铺设→砂砾石填筑→防冲块石砌筑→验收。

4.1 边坡验收

浆边坡修整完毕后先进行公路边坡验收，验收标准同3.1节要求内容相同。边坡验收合格后才能进行边坡防冲块石的测量定位。

4.2 测量定位

测量人员根据监理工程师批准的补充设计图纸进行现场放样，确定边坡防冲块石石的施工范围范围及开挖深度。并用显著标记标出基础底部高程以及防冲块石顶部高程。

4.3 基础开挖

现场施工人员根据测量员的放线测量资料，采用机械设备进行开挖。保证开挖深度满足图纸要求并清理干净，报工程技术部和测量队验收基底。

4.4 土工布铺设

土工布将按照 NF－G－38－060 标准《土工布和类似产品的使用要求：施工-技术规格-土工布和类似产品的检查》和 NF－G－38－061 标准《土工布和类似产品的使用要求：用于排水和过滤系统的土工布和类似产品的排水特性的确定和施工》中的各项规定进行施工和检查。土工布特性控制标准见表 1。

表 1　　土工布特性控制标准表

特　性	试验标准	要求达到的特性值
抗拉强度（生产方向和横向）	EN ISO 10319	＞25kN/m
最大延伸率（生产方向和横向）	EN ISO 10319	＞100％
击穿阻力	EN ISO 12236	＞5.5kN
过滤孔口	EN ISO 12956	O_{90}＜125μm
动态击穿阻力	EN 918	＜9.5mm
静态击穿阻力	EN ISO 12236	4kN
耐久性	EN 13249	气候因素强度试验：15d；如果承包商可以证实，铺设土工布后的期限可以小于15d；最小使用年限：25 年（4＜pH＜9），且土壤温度小于 25℃

基底验收合格后铺设土工布（GPR500），土工布需铺设平整，搭接宽度至少为 30cm，铺设完毕后工程部通知外控，由工程部和外控共同验收，验收合格后方可进行砂砾石铺设施工。

4.5 砂砾石铺设施工

砂砾石粒径为 6～20mm，填筑厚度为 20cm，可以保护土工布免受破坏。

4.6 防冲块石砌筑施工

反滤料摊铺完成后，按图纸要求逐块夯填相应规格的合格的防冲块石。

防冲块石应符合 NF EN 13383－1 号填石规范第一部分和 XP P18－545 号骨料规范第 14 条的规定。质量控制指标见表 2。

表 2　　防冲块石质量控制指标

特性	规　范	要求达到的特性值
形状		防冲乱石不可有尖角，形状应近似四面体。纵横比（长度：厚度）小于 3 的百分比含量：粗石（小石块）和轻石块（中石块）的重量小于等于石块总重量的 20％；重石块（大石块）的数量小于等于石块总数量的 5％
密度	NF EN 13383－2：2002	石块密度应大于等于 2.7t/m³
抗压强度	NF EN 1926：1999	抗压试验中，抗压强度平均值大于等于 60MPa 的石块应达 9/10，抗压强度平均值小于 40MPa 的石块应少于 1/5
抗磨强度	NF EN 1097－1	德瓦尔微型水磨试验得出的抗磨强度应小于等于 30
抗腐蚀强度	NF EN 1097－2	洛杉矶试验得出的抗腐蚀强度应小于 35

5 结语

通过介绍摩洛哥拉巴特绕城高速公路边坡防护施工技术，保证了摩洛哥拉巴特绕城攻速公路边坡的稳定性，为高速公路长期稳定、安全运行提供了保障。为海外同行施工提供借鉴。

冲击碾压技术在高填方路基中的碾压试验研究

郭　瑞　祁　涛　沈　渝/中国水利水电第七工程局有限公司

【摘　要】路基作为道路工程重要组成部分，尤其是高填方路基受填土自重及交通荷载的影响，易产生工后沉降质量问题，导致路基下沉和路面开裂。冲击碾压技术是将低振幅、高频率的振动碾压方式改为高振幅、低频率的冲击碾压方式，介绍了该技术的基本原理、特点，并结合工程实例进行了增强补压试验，试验结果表明：冲击碾压技术可提高路基施工质量，有效减少工后沉降，保证路基的整体强度和均匀性。

【关键词】冲击碾压技术　工后沉降　高填方路基

1　引言

随着经济社会的不断发展，我国城镇规模等级也不断扩大，市政路网等基础设施向郊区化延伸，出现了越来越多的填方路基。与普通的低填浅挖路基相比，高填方路基高度较大、相应填筑面积及填土自重均较大，工后沉降问题尤为突出，因此对于填筑路基来说，控制好路基的密实程度对路基长期稳定有着非常重要的意义。冲击碾压技术作为发展起来的岩土工程压实新技术，能有效消除或者部分消除高路堤、填挖结合部的工后压缩变形、差异变形，在提高工程质量、克服路基隐患方面表现出明显的优势，具有广阔的应用前景。

2　冲击碾压技术原理

冲击碾压就是冲击式压路机的多边形凸轮在牵引车带动下向前滚动，重心高度交替变化，将高位势能转化为动能对路基进行冲击，快速连续周期作用，从而对路基深层产生较强的冲击能量，对填料产生夯击作用，压实路基的过程并具有地震波的传播特性，使压实深度可随冲击碾压遍数的增加而递增，由上至下形成一定厚度的冲碾均匀加固层，对填料深层达到密实作用；同时辅以滚压、揉压的综合作用，使土石颗粒之间产生位移、变形和剪切，从而全面提高路基的综合强度和稳定性。

3　试验段概况

成都天府新区汉州路北段项目群共包含7条道路工程，路基挖方299万m^3、填方247万m^3，软土换填+路堤填筑总高度大于5m的段落总长约1.0km。施工前选取具有代表性的厦门路西段（大安南路延线至益州大道）K0+800～K0+900段作为冲击碾压试验段，以取得最优的施工控制参数。

该段为高填方路段，最大填土高度9.5m，平均填土高度6.8m，原地貌为积水鱼塘，试验段开展前首先抽排水并将不良软土全部清除。

4　试验方案

4.1　试验目的

（1）根据设计要求，验证路基正常碾压1.5m层厚时，采用选定的冲击碾压设备补强效果：冲击碾压后压实度比正常压实提高2～3个百分点，碾压前与碾压后每层控制沉降量3%～5%，计4.5～7.5cm。

（2）根据《公路路基施工技术规范》（JTG F50）确定碾压试验参数：碾压遍数、最优含水率及最佳施工工艺等。

4.2　碾压设备选用

根据工程周边资源情况，选用YCT25型三叶凸轮冲击压路机，双轮各宽0.9m，两轮内边距1.17m，行驶两次为一遍，冲击碾压宽度4m。每次冲击力按冲碾轮触地面积边缘与地表以45°夹角向土体内分布碾压。每遍第二次的单轮由第一次两轮内边距中央通过，形成的理论冲碾间隙双边各0.13m，当第二遍的第一次向内移动0.2m冲击碾压后，即将第一遍的间隙全部碾压。第三遍再加复到第一遍的位置冲击碾压，依次进行至最终遍数。

冲击压路机向前行驶在纵向冲击碾压地面所形成的峰谷状态，以单双遍为一冲压单元，当双数遍冲压时，调整转弯半径，达到对形成的波峰与波谷进行交替冲击碾压，使地面峰谷减小，表面接近平整。

试验段选定的冲击压路机采用装载机牵引，其主要机械性能见表1。

表1　YCT25型冲击压路机主要性能指标

型号	形状	冲击能量/kJ	牵引车功率/马力①	静载/t	行驶速度/(km/h)	冲击轮宽/cm	压实影响深度/cm
YCT25	三叶凸轮	≥25	≥400	15	8～15	90	60～150

①　1马力=735.499W。

4.3　试验程序

该工程路基填料主要为开挖出的中风化泥质砂岩，根据《公路路基施工技术规范》(JTG F50) 首先对填筑土料进行室内试验，以确定最优含水率、最大干密度等物理性能指标；然后根据室内试验成果，拟定不同施工参数在现场分别进行碾压试验并取样检测，汇总分析试验成果。

4.4　试验主要步骤

采用常规碾压方法进行路基碾压，碾压层后达到1.5m高度后，用平地机对路基表面进行清理整平，即可进行冲击碾压试验。

(1) 冲压前检测。检测冲压前路基面压实度，检测位置在路基表面以下至少20cm处，并做好记录。

埋设高程观测点标识，测量冲压前的标高，并做好记录。

检测冲压前路基填料含水率，要求在最优含水率的±2%范围。

(2) 冲击碾压施工。采用冲击压路机分别碾压10遍、15遍、20遍、25遍，行驶速度控制在10～15km/h之间，从路基的一侧向另一侧转圈冲碾，冲碾顺序按“先两侧、后中间”错轮进行，轮迹覆盖整个路基表面为冲碾一遍。

(3) 检测。每按规定碾压遍数碾压完成后，分别检测路基压实度、含水率，测量观测桩的高程数据，并做好记录。

(4) 整平。冲击碾压结束并经检测记录后，用平地机整平冲碾路段，并采用重型钢轮压路机将路基表面碾压平整密实。

5　试验成果分析

5.1　室内试验成果

根据《公路土工试验规程》(JTG E40)，通过室内试验检测，中风化泥质砂岩填料主要物理性能见表2。

表2　泥质砂岩主要物理性能指标

试验项目	最优含水率/%	最大干密度/(g/cm³)	CBR值/%
实测值	12.2	1.91	8.5

5.2　现场试验结果分析

(1) 工后沉降分析。K0+800～K0+900段路基分别经过10遍、15遍、20遍、25遍冲碾后的沉降数据见表3和图1。

表3　试验段冲碾遍数与沉降量的关系

测点桩号	测点编号	规定遍数冲碾后沉降量/cm			
		10遍	15遍	20遍	25遍
K0+820	中	2.5	4.5	6.2	6.4
	左10	2.6	5.0	5.8	6.5
K0+840	右8	2.8	4.6	6.0	5.9
	左10	3.4	4.4	6.0	6.3
K0+860	右10	2.2	4.0	5.5	6.1
	左8	2.7	4.3	5.2	6.0
K0+880	中	2.9	4.5	5.7	6.3
	右10	3.0	3.8	6.1	5.8

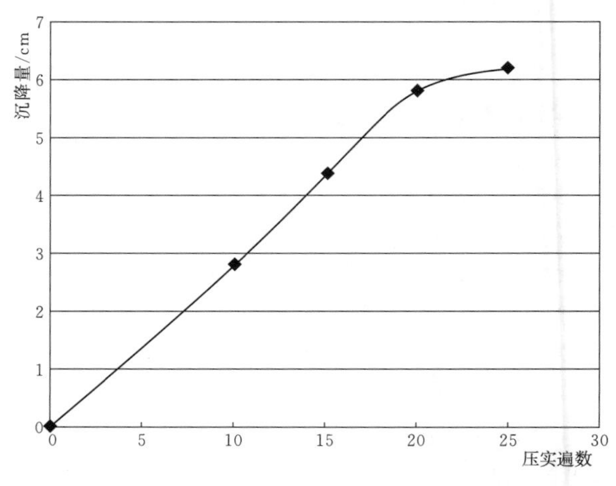

图1　压实遍数与沉降量关系

试验数据表明：

当冲击碾压 20 遍时，最大沉降值 6.2cm，最小沉降值 5.2cm，平均沉降值 5.8cm，碾压前与碾压后沉降控制值 3.8%，满足设计要求。

路基填土的沉降量随冲击碾压遍数的增加而增加。

当冲碾 10 遍时，平均沉降值 2.8cm；

当冲碾 15 遍时，平均沉降值 4.4cm，与冲碾 10 遍相比增加 1.6cm；

当冲碾 20 遍时，平均沉降值 5.8cm，与冲碾 15 遍相比增加 1.4cm；

当冲碾 25 遍时，平均沉降值 6.2cm，与冲碾 20 遍相比增加 0.4cm。

从而可以看出：冲碾遍数超过 20 遍时，沉降量增加的速率较慢，冲碾效果幅度明显降低，因此从经济角度出发，选择 20 遍的冲碾遍数，即可有效减少路基的工后沉降。

（2）路基压实分析。K0＋800～K0＋900 段路基填土分别经过 10 遍、15 遍、20 遍、25 遍冲碾后的压实度试验结果，见表 4。

表 4　试验段冲碾遍数与压实度的关系

测点桩号	测点编号	冲碾前压实度/%	冲碾 10 遍/%		冲碾 15 遍/%		冲碾 20 遍/%		冲碾 25 遍/%	
			压实度	压实度变化	压实度	压实度变化	压实度	压实度变化	压实度	压实度变化
		1	2	(2－1)	3	(3－2)	4	(4－3)	5	(5－4)
K0＋820	右 8	92.5	94.7	2.2	95.5	0.8	95.6	0.1	95.9	0.3
	中	92.2	95.0	2.8	95.2	0.2	95.5	0.3	95.4	－0.1
K0＋850	中	92.0	93.8	1.8	94.4	0.6	94.6	0.2	95.0	0.4
	左 10	92.6	93.1	0.5	93.6	0.5	94.0	0.4	94.2	0.2
K0＋880	左 8	92.2	94.2	2.0	94.8	0.6	94.8	0.0	95.1	0.3
	右 10	92.4	94.8	2.4	95.2	0.4	95.7	0.5	95.7	0.0
平均值		92.3	94.3	2.0	94.8	0.5	95.1	0.3	95.3	0.2

试验数据表明：

随着冲碾遍数的增加，路基压实度逐步增加；

当冲碾 10 遍时，压实度平均值为 94.3%，与冲碾前压实度相比提高了 2 个百分点；

当冲碾 15 遍时，压实度平均值为 94.8%，与冲碾前压实度相比提高了 0.5 个百分点；

当冲碾 20 遍时，压实度平均值为 95.1%，与冲碾前压实度相比提高了 0.3 个百分点；

当冲碾 25 遍时，压实度平均值为 95.3%，与冲碾前压实度相比提高了 0.2 个百分点；

压实度变化值从 2.0 到 0.2，减小变化率由 75% 到 33.3%，路基经冲碾 20 遍后压实度变化不大。因此从经济角度出发，选择 20 遍的冲碾遍数，可有效提高路基压实度，相比冲碾前提高 2.8 个百分点，满足设计要求。

（3）路基弯沉分析。K0＋800～K0＋900 段路基填土分别经过 10 遍、15 遍、20 遍、25 遍冲碾后的弯沉值检测结果，见表 5。

表 5　试验段冲碾遍数与弯沉值的关系

碾压遍数	弯沉值/(×0.01mm)
冲击碾压前	221.5
冲碾 10 遍	208.3
冲碾 15 遍	196.9
冲碾 20 遍	193.5
冲碾 25 遍	192.2

试验结果表明：随着冲碾遍数的增加，路基弯沉值逐步减小；路基经冲碾后，整体强度和承载力显著提高。

5.3　试验结果

根据《公路路基施工技术规范》(JTG F50)，结合试验成果分析，综合考虑工程质量及施工作业经济性，该项目高填方路基冲击碾压施工工艺参数见表 6。

表 6　冲击碾压施工参数组合

填料类别	含水量/%	冲碾设备	行走速度/(km/h)	冲碾遍数
泥质砂岩	10.2±2	YCT25 冲击式压路机	10～15	20

6　结语

冲击碾压技术作为高填方路基快速填筑施工中的一项重要技术，应用越来越普遍。通过工程实际应用表明：冲击碾压技术可有效消除高填方路基工后沉降问题，提高路基整体强度、承载力和稳定性。施工中应根据不同路基填料、冲击碾压设备、设计指标要求等进行试验段，以确定最佳的施工技术参数。

浅谈钢箱梁高黏 SMA 铺装技术

杨东强　冯渊博　郭金成/中国水利水电第十一工程局有限公司

【摘　要】郑州市陇海路快速通道工程中州大道立交主线跨线桥钢桥面铺装，由于桥梁跨度大、施工工期紧且预算有限，从目前国内外较成熟的钢桥面铺装技术：环氧沥青铺装、浇筑式沥青混凝土铺装和 SMA 铺装中选用 SMA 铺装。SMA 铺装具有工艺成熟、工期短、造价低的特点，但存在高温稳定性、密水性、变形追随性方面的缺陷。本项目从高温稳定性、密水性、变形追随性三个方面，着手于材料和施工工艺，改进了传统的钢桥面 SMA 铺装技术，改进应用并推广了钢桥面高黏 SMA 铺装技术。

【关键词】钢箱梁　环氧沥青黏结层　高黏 SMA

1　钢箱梁铺装特点

近年来，随着我国基建事业的进一步投入和施工技术的提高，桥梁作为跨越江、河、谷及道路干线的便捷结构型式，得到了长足的发展。其中钢箱梁桥因其抗风稳定性能好、重量轻、工厂制造质量易于保证、安装和制造工期短等优点，现已成为目前大型桥梁的主流结构型式。

钢桥面铺装沥青直接铺设在钢桥面板上，由于钢桥面板柔度大，在行车荷载与温度变化、风载、地震等自然因素共同影响下，其受力和变形较公路路面或机场道面以及其他桥型结构铺装复杂得多。特别是在重型车辆荷载作用下，钢桥面板局部变形更大，各纵向加劲肋纵隔板、横肋（或横隔板）与桥面板焊接处出现明显的应力集中，这导致铺装层受力非常复杂，局部应变较大。同时钢桥面板在极端天气条件下服役，温差大，防水防锈及层间黏结要求高，这些都决定了钢桥面铺装使用条件远远苛刻于一般沥青路面，其使用寿命也要远远短于普通路面。

2　工程简介

陇海路快速通道工程是郑州市道路快速系统的重要组成部分，整体呈东西走向，西起西四环，东至京港澳高速，全长约 29km，全线匝道共 38 条，四座互通立交，主要建设内容包括地面道路、高架桥等工程。按郑州市政府、市建委对陇海路工程主线桥年底通车目标的要求，中州大道立交主线钢桥面为 4 跨，总长 207m（32m＋64m＋59m＋52m），双幅梁宽 30.9～39.5m，铺装必须年底前完成，计划施工时间为 2014 年 12 月。

3　现有成熟钢箱梁桥面施工技术特点及改进思路

目前国内外钢桥面铺装比较成熟的技术分为三类：环氧沥青混凝土铺装、浇筑式沥青混凝土铺装和 SMA 铺装。

环氧沥青混凝土铺装是现有钢桥面铺装技术中国内外比较推崇的技术。具备良好的性能，但整体铺装需要成套专用设备，铺装成本 1400～1600 元/m^2，并且在施工完成后需要两个月左右的养生时间才能开放交通。浇筑式沥青混凝土施工必须使用专用设备，铺装成本 850～1050 元/m^2。同时，其铺装时温度高达 210～260℃，高温稳定性不足，易产生车辙，混合料易产生流淌，不适于大坡度桥梁。

传统 SMA 沥青混凝土铺装有施工工艺成熟、工期短、造价低（500～800 元/m^2）等优点。但其一般都基于普通改性沥青，在没有严格质量保证措施下易出现层间滑移，引起拥包、开裂、车辙等问题。在钢桥面施工过程中，因振动碾压使桥面共振，极易引起压实度不足，导致强度不够、密水性差。

中州大道立交主线高架桥钢桥面铺装工期短、预算有限且要求有良好的使用性能。根据本工程情况，SMA 铺装工艺成熟、造价较低、变形性能优异等优点最适用。但 SMA 铺装具有高温稳定性差、变形追随性差、密水性差的缺点。针对这些缺点，着手于材料和施工工艺，改进了传统的钢桥面 SMA 铺装技术：

（1）高温稳定性。在使用过程中钢桥面路面温度高于普通地面道路，特别是铺装层下方接触钢桥面温度较高，使黏结层软化失去黏结力。改进方法：采用高黏度沥青，改善混合料高温稳定性，提高混合料抗车辙性能；采用热固性材料作为防水黏结层。

（2）变形追随性问题。传统 SMA 铺装基于普通的改性沥青，为了保证 SMA 铺装质量，施工时 SMA 混合料温度提高至 180～190℃，加剧了 SMA 结合料老化，对铺装层的耐久性和抗疲劳性能都带来负面影响，SMA 铺装投入使用后由于抗疲劳性能差，最终导致纵向裂缝。改进方法：采用高黏度 RST 改性沥青，增加沥青混合料的韧性、抗疲劳能力；采用黏结能力较强、抗剪强度高的材料作为防水黏结层。

（3）密水性问题。传统 SMA 铺装振动碾压时钢桥面板随压路机共振，压实功未被 SMA 混合料铺装层有效吸收，造成局部混合料压实度不足，导致 SMA 结构密水性差。改进方法：采用压路机静碾压实方式减少压实功损耗，确保 SMA 混合料压实均匀，压实度符合；采用密水性优良的材料作为防水黏结层，辅助防水。

根据以上改进方法，结合料及混合料的选择应满足以下三点要求：

（1）结合料应使用高黏度沥青，以改善沥青混合料的抗车辙能力。

（2）钢桥面铺装混合料的结合料应尽量减少老化过程，黏结层材料采用黏结性能好、热固性的材料，改善沥青混合料的抗裂、抗疲劳破坏的能力。

（3）沥青混合料应采用高温低黏、低温高黏的沥青结合料，为静碾压实提供条件。

4 钢桥面高黏 SMA 铺装改进过程

4.1 高黏度 RST－B 改性 SMA 铺装体系设计方案

中州大道立交钢箱梁高黏 SMA 铺装采用双层高黏 SMA 铺装方案，具体结构从下到上依次为：防腐层为环氧富锌漆层，厚 80～100μm；取消了传统 SMA 铺装结构中的高黏沥青黏结剂和沥青胶砂，采用厚 1.0～1.2mm 的环氧沥青防水黏结层和覆盖率 50％～60％的石屑撒布做剪力键；铺装层为双层高黏 SMA－13，即 4cmSMA－13＋4cmSMA－13 沥青面层。

4.2 防水黏结层材料

防水黏结层与钢板接触，钢板导热性能好，在各种荷载下产生弹性变形，因此黏结材料要求有非常好的柔韧性与抗疲劳特性，同时要求黏结材料在高温下强度不明显降低，低温下不易脆化，而且在高温下黏结材料不因软化而丧失抗剪强度。中州大道钢箱梁取消了沥青橡胶黏结剂和沥青胶砂，选用常熟市四通工程橡胶有限公司生产的环氧沥青作为黏结层。环氧沥青在固化反应过程中收缩率小，其固化物 25℃抗拉强度大于 6MPa，与钢板的黏结强度为 2.96MPa，60℃与钢板的黏结强度为 1.77MPa；同时环氧沥青在 300℃不溶化，－10℃弯曲不脆裂，表明环氧沥青与钢板有足够的黏结强度，同时有良好的施工性能，高温变形小，低温不脆裂，有良好的追随性；此外，通过在环氧沥青层表面撒布 3～5mm 的硬质石料，提供粗糙表面与铺装层嵌挤，提高了 SMA 沥青层的抗剪强度；环氧沥青涂刷后采用 0.3MPa 压力做透水试验，30min 内不透水，同时也是一种非常优良的防水黏结层材料。

4.3 高黏 SMA 混合料

基质沥青选用上海金山石化沥青有限公司生产的 70＃基质沥青，根据马歇尔试验确定沥青最佳用油量为 5.9％。改性剂采用上海浦东路桥沥青材料有限公司生产的直投式 RST－B 沥青改性剂，添加量约为改性沥青总量的 8.5％～12％（即改性剂：基质沥青约为 8.5：91.5～12：88），油石比（包含改性剂与温拌剂）应不小于 5.8％。改性后的 RST－B 高黏度沥青软化点为 82.4℃，60℃运动黏度 95000Pa·s，135℃运动黏度为 1.787Pa·s。改性后的高黏沥青混合料 135℃黏度低，使高黏 SMA 混合料能够在静碾压实工艺下，获得符合规范要求的压实度且具有几乎不渗水的特性；60℃黏度高，提高了传统 SMA 高温稳定性能和变形追随性能，使 RST－B 改性高黏 SMA 铺装在服役条件下耐久性更好。经检测，混合料的动稳定度为 6504 次/mm，较传统的 SMA 动稳定度 2600 次/mm 相比，具有很好的高温稳定的特性。

集料采用的 4.75～9.5mm、9.5～13.2mm 的粗集料为玄武岩轧制而成，表观密度 2.845g/cm^3，毛体积密度 2.785g/cm^3。细集料采用河南荥阳贾峪石灰岩，表观密度 2.846g/cm^3，毛体积密度 2.772g/cm^3。矿粉采用石灰岩中的强基性岩石经磨细制成，密度 2.704g/cm^3；以上质量均符合《公路沥青路面施工技术规范》（JTG F40—2004）要求。

稳定剂选用聚酯纤维，用量约为沥青混合料质量的 0.30％。纤维长 6mm，直径 0.01～0.025mm，抗拉强度 500MPa，210℃（2h）体积无变化。聚酯纤维不易受潮，耐候性能优秀，比木质纤维更适应钢桥面的工作条件。

混合料的配合比见表 1。

表 1　混合料的配合比

名称	集料			矿粉	RST－B 改性沥青	聚酯纤维
规格	9.5～13.2	4.75～9.5	0～4.74			
质量比例/％	51	24	16	8	5.7	0.3

4.4 混合料静碾碾压

高黏 SMA 混合料采用钢轮进行初碾，待混合料表面温度降至 110℃后胶轮静碾压实的工艺。高黏度 RST－B 改性沥青优良的高低温性能，使 RST－B 改性高黏 SMA 混合料在静碾碾压条件下就能达到规定的压实度，顺利解决了普通 SMA 铺装因高温稳定性无法满足苛刻服役条件的问题。传统 SMA 铺装常用措施如提高混合料温度、振动碾压等改善压实度的诸多手段会导致加快沥青老化、混合料碾压不密实的缺陷。而高黏度 RST－B 改性沥青 135℃的低黏度和 60℃的高黏性保证了良好的施工性能，同时实现优良的稳定性能，采用胶轮静碾碾压工艺基本消除了传统 SMA 铺装的缺陷。

5 高黏 SMA 施工工艺

5.1 防腐层施工

钢桥面采用抛丸喷砂除锈，除锈表面应达到 Sa 2.5 级，除锈后钢材表面应呈现出均匀的灰白色，无灰尘、油污、氧化皮、锈迹，其表面粗糙度达到 80～100μm。喷涂环氧富锌漆防腐层。在喷涂之前，先用便携式空压机吹净钢板面，然后采用无气喷涂施工方法开始喷涂漆膜，抛丸后 4h 内完成喷涂，成膜表干后进行厚度、黏结力检测。

5.2 防水黏结层施工

环氧沥青防水黏结层在富锌漆层喷涂完成且完全固化检测合格后开始施工，采用人工刮平。施工前先在防撞墙上贴上胶带，以保证防撞墙上防水的线形平直。为防止雨水沿防撞墙侵入钢板引起锈蚀，须用抹布清理干净防撞墙下端并刷涂环氧沥青，保证防水材料与防撞墙黏结良好。铺筑前防撞墙防水层上加粘一道防裂贴，通过铺装的高温熔化把防水和 SMA 料黏结到一起，加强防水层。

施工时，环氧沥青加热设备安放在车厢上，工人用小料桶运料。2 个工人为 1 组，1 个工人布料，另一个工人用特制的刮板紧跟刮平环氧沥青热料。安排 2 个工人用小推车运石屑，在防水层固化前撒布石屑，覆盖率 50%～60%。根据铺装面宽度，配置足够的工人，一次完成整个面的刮涂，各小组齐头并进，跟随料车施工，直到完成整个铺装面防水黏结层。

5.3 双层 SMA 铺装层施工

由于冬季施工，增加各种保温措施减少拌和、运输过程中的温度损失，在碾压时采用必要措施减少温度损失；根据天气预报，在风速小于等于 3 级（12～19km/h）、气温大于等于 3℃时施工，时段定为每天的上午 9 点至下午 5 点进行施工。

高黏 SMA 静碾碾压工艺：由于冬季施工温度损失较快，且路面较宽，为保证尽快完成碾压，现场配置 13t 双钢轮 2 台，11t 双钢轮 1 台，26t 胶轮碾 3 台，3.5t 双钢轮碾 1 台。初压用 13t 压路机静碾 1 遍（碾压 1 个来回为一遍），再由 11t 双钢轮压路机静碾 2 遍；复压采用胶轮压实，为防止沥青面层玛瑅脂上浮，实现 SMA 面层具有不小于 0.8mm 的构造深度，现场及时测量混合料表面温度，温度达到 100℃左右时胶轮再静碾 4 遍；终压由 13t 双钢轮压路机静碾至收光轮迹为准，边角区域采用 3.5t 双钢轮碾压密实。

6 中州大道主线钢箱梁高黏 SMA 铺装效果

中州大道立交主线钢箱梁采用改进后的高黏 SMA 铺装技术完成施工。经检测，高黏 SMA 铺装各项指标均符合要求。

环氧沥青防水黏结层 60℃与钢板剪切强度 1.77MPa，－10℃低温无裂痕，0.3MPa 的压力下 30min 不透水，环氧沥青防水黏结层高温不软化，低温不脆裂，抗剪性能好，同时与钢板有良好的追随性，是非常优秀的黏结防水材料。

经检测，静碾压实的改性高黏 SMA 压实度均达到 98%以上，混合料马歇尔稳定度 10.62kN，动稳定度 6504 次/mm，冻融劈裂强度比 95.8%，渗透系数低在 60mL/min 以下，表面构造深度在 0.8～1.1mm 之间，各项指标均满足要求，铺装质量有保证（见表 2）。

表 2　高黏 SMA 压实度检测结果

层次桩号	下面层			上面层		
	K19＋470	K19＋540	K19＋610	K19＋490	K19＋540	K19＋620
混合料种类	SMA－13	SMA－13	SMA－13	SMA－13	SMA－13	SMA－13
试样厚度/mm	42.1	40.9	44.5	39.6	45.1	42.7
芯样毛体积相对密度	2.424	2.429	2.419	2.431	2.426	2.421
标准相对密度	2.463	2.463	2.463	2.463	2.463	2.463
压实度/%	98.4	98.6	98.2	98.7	98.5	98.3

注　陇海路主线桥（钢箱梁）桩号 K19＋438.347～K19＋645.347，设计厚度 40mm。

7 结语

在中州大道立交主线钢箱梁铺装的应用中，钢箱梁高黏 SMA 铺装施工过程简单，不需要专用的沥青铺装机械，常见的公路施工机械就能完成铺装；施工工艺简单，熟练的沥青铺筑工人不需要专门培训就能完成铺筑；工期短，从除锈防腐到高黏 SMA 铺装完成需要 10d 就能完成施工；与目前国内外成熟的钢桥面铺装技术环氧沥青铺装和浇筑式沥青混凝土铺装相比，造价低，性价比高。通过中州大道立交主线钢箱梁铺装，推动了钢箱梁高黏 SMA 铺装技术的发展，钢箱梁高黏 SMA 铺装技术可在同类钢桥面铺装工程中广泛推广应用，持续发展。

空心薄壁墩翻模施工垂直度控制

王宏宇/中电建路桥集团有限公司

【摘　要】 结合清石公路黄河大桥工程的特点，介绍了空心薄壁墩翻模垂直度控制方法。通过误差分析确定要因，提出了垂直度控制改进方案，效果检查良好。实现了经济效益和质量、工期多赢，为类似工程提供借鉴经验，可进一步推广到其他桥梁空心薄壁墩施工中。

【关键词】 空心薄壁墩　翻模　垂直度控制

1　工程概况

清石黄河大桥位于晋陕黄河峡谷处，是一座跨越黄河的一级公路桥。大桥全长 629.08m，总宽 12m。主桥墩身为空心薄壁墩，桩端持力桩基础。清石公路黄河大桥共计 9 个桥墩，2 个桥台。主桥墩 1＃～7＃为空心薄壁高墩，墩高分别为 39.2m、87.8m、91.0m、92.8m、94.2m、94.2m、39.2m，其中 2＃、3＃、4＃、5＃、6＃墩位于黄河河床内，6＃墩 94.2m 是目前黄河上在建最高空心薄壁桥墩。墩身为抗冻混凝土，设计强度为 C40。墩底截面尺寸由墩顶截面尺寸按照统一坡度线性拉伸。承台设计强度为 C30。原设计为滑模施工，实际采用翻模施工（图 1）。

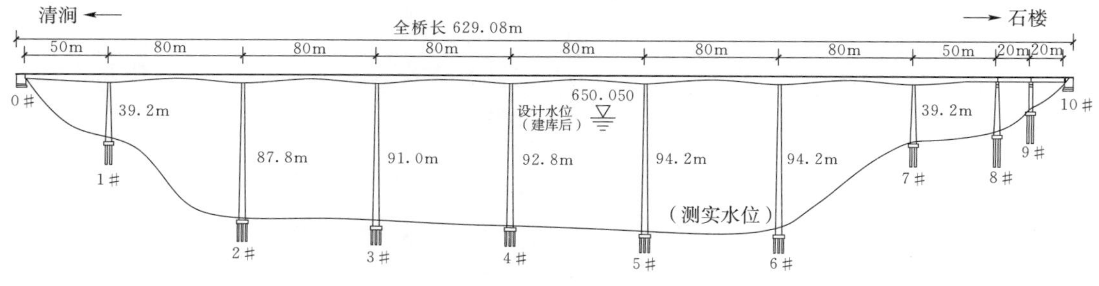

图 1　清石黄河大桥图

2　空心薄壁墩垂直度控制的必要性

清石公路黄河大桥空心薄壁墩比较多，墩身高度在 90m 左右，其中 6＃墩 94.2m 是目前黄河上在建最高桥墩。墩身采用翻模施工，钢筋采用直螺纹套筒连接，整根钢筋长度 9m，为施工方便确定每次翻模高度为 4.5m（两层模板高度），第一次施工高度为 6.75m（三层模板高度）。墩身施工过程中翻模次数比较多，尤其是每层模板拼接后，由于模板自身的尺寸误差、施工过程中的人为操作误差以及测量观测过程中的自身误差等原因，易造成墩身垂直度偏差和轴向扭曲，其垂直度控制尤为重要。

3　垂直度控制方法

3.1　控制目标

综合考虑工期、现场施工机械，决定主墩墩身施工采用钢模板翻模施工，施工平台高出墩身混凝土面 1m。平台周围有吊架，吊架上装有安全网不能通视。常规的经纬仪十字方向控制模板中线法无法采用，直接用全站仪控制点位不够精确，因此选用激光垂准仪和双侧全站仪相结合的方法控制墩身施工截面平面位置，首先控制截面平面尺寸不扭曲，其次达到控制墩身垂直度的目的。

墩身翻模高度为 4.5m，施工循环周期为 7d，首先用电脑 1∶1 放样确定模板三维坐标值，用激光垂准仪和全站仪相结合的方法在混凝土浇筑前控制模板点位，待混凝土浇筑后再用同样的方法进行校核其截面尺寸。在墩身翻模过程中采用截面 8 点控制，成型后断面复核方法。测量控制为全墩身施工周期。

3.2　控制方法

（1）控制标准。根据《公路工程质量检验评定标准》(JTG F80/1—2017)、《混凝土结构工程施工质量验收规范》(GB 50204—2015)的规定：轴线偏位小于10mm，断面尺寸不超过±20mm，倾斜度小于墩高的1/3000且不大于20mm。

(2) 激光垂准仪测量截面平面位置。

1) 激光垂准仪介绍。项目部使用西安生产JZY-20型激光垂准仪主要技术参数：向上一测回垂准测量标准偏差1/51639；配有木制三脚架、人工调平、激光束向上对中。

2) 激光垂准仪对中点设置。在该墩（空心薄壁墩）沿纵横方向（墩身轴线方向）距墩身边40cm设计4个点。因为吊架距离墩身1m宽，定为40cm可避免吊架遮挡视线。这4个点均位于承台上，控制点设在厚20mm的钢板上用小电钻钻出明显小坑。依据线路中心坐标计算出4个控制点的坐标，经审核无误后放样以作为墩身施工时控制截面4个点平面位置的依据。

(3) 激光垂准仪检查模板4个角点方法。

1) 翻模平台定面人行步板上对应位置切割一个15cm×15cm的方洞（激光靶板尺寸为15cm×15cm）并把激光靶安装于此洞上。在控制点上架立角架、安置垂准仪打开向下发射激光按钮，粗略对中、粗略整平，二次对中再精确调平垂准仪，关闭向下发射按钮打开向上发射激光束按钮。调节物镜焦距，使激光束在靶标上形成一个直径1mm的光点。在靶标上表面光点中心做标记任意水平转动垂准仪，看多次光点中心偏差是否超过1mm，若超过则重新调整垂准仪直至多次光点中心偏差不超过1mm。此时激光束竖直线即为设计控制点的垂直方向线。

2) 激光垂准仪对中点设置。拆下激光靶标站在外吊架上，从模板角上沿模板内边缘的延长线拉钢卷尺，把激光靶中心十字线的一条线与钢卷尺的40cm刻度线重合扶平激光靶，使激光靶平面与模板顶处于同一水平面内，用另一把钢卷尺丈量激光点距40cm刻度线的距离并记录。

3) 依次测量空心墩4个点的偏差值，依据标准判定模板4个点平面是否合格，若有一个点偏差值超过标准，则需要重新调整模板、重新检查。

(4) 拓扑康GPT-7001L全站仪测量。

1) 置棱镜于板上口角点上，测出实测坐标求出ΔX、ΔY值，依X、Y轴与纵、横桥轴线夹角，把测量结果换算成纵横向偏差值，按标准判定模板安装是否合格。

2) 对照全站仪、激光垂准仪检查结果如两者检查结果相符，则可以判定模板安装定位准确，可进入下道工序施工，若两者差值超过3mm，则分别重新检查。

3) 由于墩身高达90多m，墩身受气温、风力的影响，因此测量控制的时候应选择一个时间相对固定、气温相对恒定的时间段来测量数据才有可比性，所以一般选择早晨6：30—8：30进行测控。

4 误差分析

空心薄壁墩翻模施工过程中，采用混凝土施工前后进行“双控”的方法，可将其施工测量数据控制在规范范围之内。但如何更好地减小误差呢？通过对墩身施工过程中测量记录的资料分析，结合现场施工模板点位控制情况，找出影响墩身施工垂直度的诸多原因，汇总后支撑图标见图2。

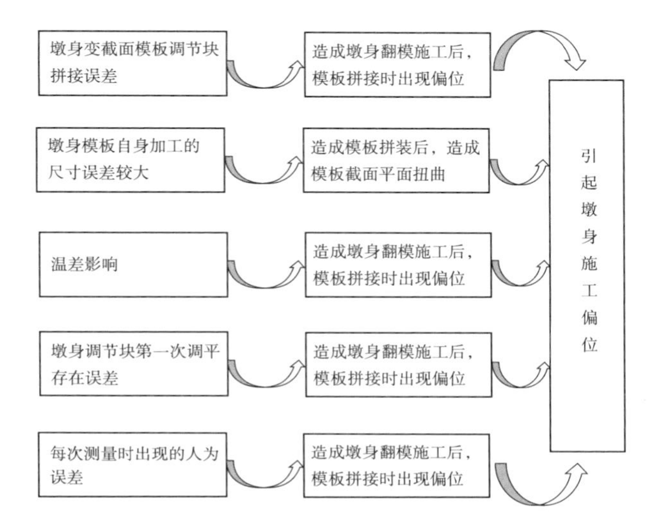

图2 引起墩身施工偏位原因分析

通过对图2中各因素进行分析，最终确认影响墩身垂直度控制的因素为墩身模板安装。对比同一截面高程可以看出，模板对接不平整，将其模板顶面调整到同一高程后测量其轴线、点位偏差，造成墩身模板向单侧方向偏位，影响其墩身施工垂直度。

5 改进实施方案

遵照“4M1E”控制法进行控制，即通过Manpower（人力）、Machine（机械）、Material（材料）、Method（方法）以及Environment（环境）五大要素进行管理。具体实施方法如下：

(1) 第一次墩身模板安装前，先检查模板加工尺寸，待每层模板拼装后，测量模板顶部高程，尽可能使其处于同一个高程内。模板在安装过程中，对模板顶口点位预先进行定位控制，待其整层模板安装完毕后进行整体测量调整。调整模板过程用铅垂仪进行观测校核。

(2) 针对施工测量控制因素的不足，墩身翻模过程中采用截面8点控制，成型后断面复核方法。模板截面控制利用铅垂仪配合全站仪进行“双控”控制，尽可能排除人为、天气等客观影响因素，此外，对观测仪器进行定期校核，对墩身翻模施工进行每层模板点位、高程的控制，将观测点的偏位数据控制在规范之内，确保空心薄壁墩施工垂直度控制。

6 成果检查

2010 年 3 月 6 日，对 3＃墩 18 板截面进行断面测量检查，在其混凝土实体上取 8 个点，测量检查结果见表 1。

表 1　　3＃墩身墩测量成果表

点号	点位测量/cm	高程测量/m	规范允许误差/cm
1	0.87	672.709	1
2	0.79	672.711	1
3	0.59	672.713	1
4	0.47	672.716	1
5	0.44	672.709	1
6	0.53	672.711	1
7	0.78	672.713	1
8	0.34	672.718	1

通过对该墩墩顶高程、点位平面位置进行测量检查，符合规范要求（图 3）。正在施工中的各空心薄壁墩均采用此法控制垂直度，效果良好。

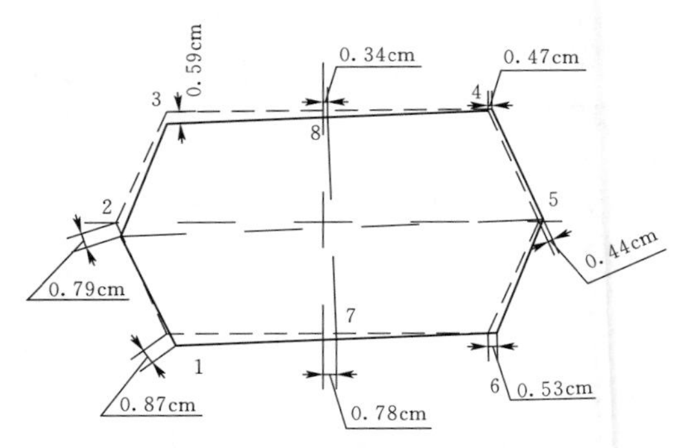

图 3　3＃墩身墩顶偏差示意图

7 结语

本墩身施工原施工方案为滑模施工，经过商务计算其滑模平台、提升及施工控制系统投入资金约 60 万元，现经监理、设计、业主同意后改为墩身翻模施工，用激光垂准仪配合全站仪进行墩身测量控制，投入资金约 22 万元，经济效益＝原投入资金－现投入资金＝60 万元－22 万元＝38 万元。为按期完工提供了有力的保障。提高了工程质量，保证了施工安全，实现了经济效益和质量、工期等多赢。在控制过程中运用 PDCA 循环的方法，制定了空心薄壁墩翻模施工过程中墩身的垂直度控制措施，为类似工程提供借鉴经验，可进一步推广到其他桥梁空心薄壁墩施工中。

浅谈国际工程前期策划工作的重要性

李志刚　王忠权/中国水利水电第一工程局有限公司

【摘　要】国际工程由于项目所在国的政治环境、项目的融资和设计深度以及设备物资运输等条件的影响，如果经营者不具备管理前瞻性，不及早对项目进行前期策划，项目在履约过程中就会被一些没有预见的困难所困扰，轻则难以实现项目的盈利目标，重则给企业造成无法弥补的重大经济损失。本文以中国水电一局承建的乌干达伊辛巴水电站项目为例，通过项目前期策划的案例，为国际工程项目履约管理提供经验和借鉴。

【关键词】国际工程　前期策划　重要性　高质量的履约

1　概述

乌干达伊辛巴水电站位于非洲的乌干达南部，坐落于世界上第二大淡水湖维多利亚湖口约50km处的白尼罗河上，处于维多利亚湖和基奥加湖之间的丘陵地区。该水电站主要任务以发电为主，装机容量183.2MW，安装4台轴流转桨机组，多年平均发电量1062GW·h，年装机利用小时数5800h。伊辛巴水电站施工项目主要由黏土心墙堆石坝、混凝土重力坝、发电厂房、溢洪道组成。

项目由于前期勘察精度和范围不详细，施工单位从投标到进场仅有两个多月的时间，对项目现场的了解也仅限于业主提供的资料上，且项目工期只有40个月，项目前期策划的深度就直接决定了项目的成败。为此，项目部在项目中标后就全面展开了项目的策划工作。

2　主要项目的策划

（1）石料厂的策划。乌干达伊辛巴水电站在招投标阶段，石料场选址分别为Kiswa石料场和Magala石料场，岩性均为花岗片麻岩，为本工程提供所需的各种石料，包括土石坝填筑料、混凝土骨料、道路修筑、附属设施场地回填、围堰填筑等。两个料场及所需布置的运输道路均不在永久征地范围内，需额外投入约1500万美元征地费用。

由于当地土地私有化严重，料场的征用除了手续繁杂，坐地涨价也是普遍存在的现实，在国外施工因为征地问题无法解决而影响工期的案例较多。

Kiswa石料场位于左岸上游侧，距坝址直线距离13.5km，该料场地质储量约120万m^3，无用层剥离为35.9万m^3。Magala石料场位于左岸上游侧，距离坝址18.2km，该料场地质储量约180万m^3，无用层剥离为54.5万m^3。从坝址到料场均为乡间土路，为满足运输需求，道路须加宽至8m、道路换填1m深。

为了能尽快具备开工条件，减少料场征地对开工的影响，项目部进入现场后，在库区内马上进行了人工挖探坑和租用当地勘探设备进行地质详勘。

经过近一个月的现场工作，在距离大坝4km的上游库区内划定了满足质量和数量要求的石料厂；同时，在距大坝1.9km的库区内找到储量超过5万m^3的强风化岩石区，满足了一期围堰填筑所需的石料；在国内钻孔设备和炸药没有到达现场的情况下，从9月份进场至11月底，两个月时间内项目部仅用反铲开挖就实现了一期节流，既保证了工期又规避了征地风险，为项目顺利实施奠定了良好的基础。

（2）土料场的策划。本项目大坝主体是黏土心墙堆石坝，所以黏土料场的规划也是项目策划的重中之重。投标阶段黏土料场规划了左右岸两个料场，右岸料场是当地人的耕地，能否在施工时完成征地业主不能给出明确答复，且右岸土料场上覆硬壳层厚度约为2～3m，质地坚硬，无法采用机械设备开采，受周围村庄居民所限，无法进行爆破施工，故基本不具备开采条件；左岸料场一半是耕地，一半是白尼罗河支流的河边荒地，为了能保证一期围堰黏土心墙施工的要求，同时减少征地面积，我们在支流荒地上扩大了勘测范围，最后，在少征用耕地的情况下划定了整个工程所需黏土的料场，减少了征地对工程施工带来的影响。

同时，我们对支流岸边的黏土质淤泥进行了室内分析和现场试验，此类黏土完全满足围堰闭气所需防渗黏土斜墙黏土的性能要求，这不仅减少了黏土料场的用地范围，而且极大地方便了围堰的施工。

（3）围堰的策划。投标过程中围堰的设计为黏土心墙施工方案，由于我们在黏土料场勘测时发现了淤泥质黏土，并且分布很广，储量充足，为此我们在一期围堰施工时采用堰体迎水面铺设黏土斜墙和河道黏土平铺结合的方案，这样既简化了施工工序，又加快了施工进度，一举两得。实践证明，此方案的实施是成功的，一期围堰渗水量满足混凝土浇筑时的养护用水量，无须外排，为右岸二期围堰的施工提供了简单实用的施工方法。

（4）砂石系统的策划。由于招投标时石料厂在13.5km外的Kiswa石料场和18km处的Magala石料场，为了减少无用料的运输，将砂石系统也设置在石料厂，为此，需要建设功率达到3000kV的柴油发电厂并修建取水泵站及4km的引水管路；在完成石料厂规划后，将砂石系统由原来设置在石料场改为与混凝土拌和系统配套设置在一处，这样既实现了骨料生产共享网电和大坝集中供水管线，又减少了骨料的二次倒运，有效地节约资源投入。碎石系统及石料场用电低压端计量数为451万kW·h，采用网电的电价为0.2美元/(kW·h)，而采用柴油发电机发电的成本在1美元/(kW·h)以上。

此外，混凝土用砂石骨料及反滤料、道路需用碎石等合计49.9万m^3，运距减少9.0km。

（5）砂场的策划。投标阶段混凝土用砂采用机制砂，经过我们对库区河床情况的认真勘探，发现在库区几个回水湾区有适合混凝土拌和的天然砂，为此专门在拌和站区设置天然砂储存区，首先将围堰内的天然砂根据细度模数的不同分区堆放，同时从国内采购了抽砂设备，在库区内进行天然砂开采；混凝土施工时尽量采用天然砂，机制砂作为补充，筛选出的细度模数大的天然砂则被用于大坝填筑的过滤料。经过统计，混凝土用机制砂生产量的削减超过原计划的30%；另外河沙筛余的粗砂及砾石混合料用于安装间内部回填，极大地方便了施工。

（6）永临结合的策划。

1）场外道路。从左岸大坝到最近的沥青混凝土路有3.5km的乡间土路，在雨季，这段路严重影响设备、材料的运输。另外，由于道路狭窄，不能满足电站永久设备的运输。为此，在石料场进行覆盖层剥离的时候，随着剥离的进展，项目部将这3.5km的乡间土路路基用剥离的石渣进行置换，一方面解决了剥离料无处堆放的难题，另一方面还极大地改善了进场路的路况。

2）交通桥项目。根据招投标图纸文件，伊辛巴水电站进水口上游侧将设置一座施工交通桥，从左岸坝头通向右岸土石坝，总长约400m，桥顶高程在1057.50m左右，桥墩采用钢筋混凝土结构，桥面采用贝雷架结构型式。

经过现场实地勘察，综合考虑施工问题，对临时交通桥规划进行了前期策划，将临时交通桥位置调整到下游位置，长度243.84m，桥顶高程在1043.43m。

为满足后期施工需要，临时交通桥设置在左岸下游坝头与Koova岛中间，连通左岸与Koova岛，为二期围堰填筑和右岸土石坝填筑运输通道。交通桥设计总长为243.84m，桥墩及桥台采用钢筋混凝土结构，桥面为贝雷架钢结构，分为12跨，每跨约20.32m，设计行车速度5km/h，车辆限重60t（含汽车自重）。

该策划方案使得施工难度比原规划大大降低，交通桥的高程从1057.50m降至1043.43m，缩小高度14.07m，长度从400m减少至243.84m，减少长度156.16m，为项目施工减少了投入费用。

原施工交通桥左岸与左坝肩相连，右岸与右岸土石坝相连接，施工容易受到右岸土石坝填筑影响，与土石坝填筑高度及工期密切相关，且接头衔接困难，施工复杂。调整后的交通桥充分利用了现场的地形条件，与天然存在的Koova岛相连，解决了施工强度高、工期紧的问题，并大大降低了交通安全风险。

考虑到当时左右岸交通是以摆渡船的现状，项目部将贝雷桥设计到了下游，通过贝雷桥实现了和右岸堆石坝的正常交通。此举得到当地政府的高度赞赏，当地政府又另外投入资金，将江心岛到右岸也用桥梁连接起来，形成一个永久的交通通道。

（7）一期扩大围堰的策划。乌干达伊辛巴水电站工程所在地每年3—5月、8—11月为雨季，伊辛巴水电站二期工程土石坝施工工程量大（约96万m^3），工期较紧（7个月），高峰期施工强度高，且有4个月处于雨季施工期。有效工期短，施工期雨季漫长、雨量大，上述问题严重制约着工程施工的进展。

一期扩大围堰即通过增加单向围堰和Koova岛上连接段围堰，将一期基坑范围向右岸方向扩大，扩大后与二期围堰重合段围堰、连接段围堰、岛上地形较高处地段形成封闭区域。

一期扩大围堰将一期基坑范围向右岸方向扩大，将二期土石坝D0＋585.74～0＋850段囊括其中，一期工程施工期间可进行扩大范围基坑内二期土石坝及基础防渗墙、帷幕灌浆施工。这样既可以在一期工程施工阶段提前完成约33%的二期工程量，大大缩短了二期工程施工工期，使二期工程乃至总体工程施工进度加快。具体措施如下：

1）一期扩大围堰填筑料均为一期基坑开挖土石渣废料，与一期基坑开挖同时进行，节省了基坑开挖运输成本。

2）扩大围堰土石方填筑填筑料在扩大围堰运行结束后将全部用于二期围堰堰体填筑，其中A段加高加宽后即属二期围堰段。减少了二期围堰土石料运输量，缓解了二期围堰备料压力，同时也缓解了二期截流贝雷桥运输压力，进而加快了二期围堰施工进度。

3）确保了土石坝填筑施工的连续性，在左岸土石坝施工完成后可立即进行右岸土石坝施工，降低了二期土石坝工程施工强度，同时避免了施工人员二次进退场，节省进场费用，同时大幅提高了设备、人力资源利用效率。

4）扩大围堰开辟的施工场地可提前进行土石方填筑施工和备料，有效地缓解了土石方高峰期施工压力，加快了工程施工进度。

该策划方案充分利用了天时、地利条件，以最低的投入巧妙、灵活地开拓了施工空间，针对性地解决了本项目工期紧、施工强度高及跨雨季施工的难题，总施工进度在其投入运行的基础上产生了跃进，为提前完成二期土石坝填筑乃至提前实现发电目标创造了条件，得到了主包商、项目咨询、项目业主的高度赞誉。

（8）门机轨道梁的策划。根据原设计图纸，溢洪道门机轨道梁为预应力结构，采用后张法施工，达到设计要求强度后，运输到工作面。

按照设计提供的图纸轨道梁断面尺寸计算，溢洪道SP2门机预制预应力混凝土轨道梁单榀重量70余t；溢洪道SP1门机预制混凝土轨道梁单榀重量约31t。对于重达70余t的预制混凝土梁的运输、吊装，施工难度大，上游门机最大起吊重量30t，在SP2下游侧的门机轨道梁位置的起吊重量约为25t，不具备吊装能力。现场有两台80t吊车，吊车最有利的站位在坝顶交通路位置，距靠下游侧的门机轨道梁有21.25m，根据80t吊车的性能参数，单台80t吊车在此工作幅度范围内的最大起吊重量为5.6t，即使两台吊车配合也不具备吊装能力。

为解决运输难、吊装能力不足等问题，策划将SP1预应力轨道梁改为混凝土钢箱梁，单榀重量减少了近20t；SP2预应力轨道梁改为现浇混凝土梁，采用钢管立柱支撑（钢管拆下后用作二期基坑排水管线），即钢管立柱与支撑平台提前焊接完成，利用门机吊装就位安装，减少了排架搭设的工作量，保护了永久过流面，减少了混凝土流道面后期的修复工作。

3 其他策划方案

除了上述策划外，项目还设立发电厂房桥机轨道预应力混凝土梁改为钢梁、大机窝方案、温控混凝土、HF粉在抗冲耐磨混凝土中的应用、二期围堰、临建设施再规划、科技立项、海路运输、陆路运输、当地员工培训、税务等一系列的策划课题，策划方案有效地克服了施工中遇到的各种困难。目前，项目建设已近尾声，项目履约得到业主的充分肯定，项目的前期策划为项目高质量的履约起到了很好的指导作用。

4 结束语

中国企业从走出去到现在几十年的时间里，由于工程所在国的政治环境、项目的融资和设计深度以及设备物资海上和陆路运输等条件的影响，大型水电项目能按期完工的项目不多，如果不能对项目进行前期的详细研究，不能有很高的预见性，项目在实施过程中就会被一些没有预见的问题困扰并产生不良影响。为此，项目前期策划不但能把项目存在的各类问题超前解决，还能从源头开始就保证项目的盈利目标。

双边税收协定在工程施工企业的应用案例分析

余　刚/中国水利水电第十一工程局有限公司

【摘　要】随着我国改革开放的进一步深入和“一带一路”发展战略的实施，建筑施工企业积极走出去开拓国际市场已成为企业发展壮大的必然选择。但是，由于一些发展中国家税负普遍比较重，激烈的竞争使建筑行业的利润空间被越压越低，企业要想生存、发展，就必须要提质增效，而降低税务成本无疑是其中一种非常重要的方式。笔者拟从双边税收协定的角度，结合自己在赞比亚的实际工作经验，以案例的方式，对双边税收协定在工程施工企业的应用进行举例分析，希望对同行能有所启发。

【关键词】税收协定　工程施工　案例

1　双边税收协定情况介绍

双边税收协定是指两个主权国家之间所签订的用于协调相互间税收分配关系的税收协定。在经济全球化的大背景下，越来越多的跨国公司出现，一个国家的公司到另外的国家去经营，不可避免带来诸如税收分配、偷税漏税、重复征税、税务监管等各种各样的税务问题，出于维护各自财权利益的需要和促进全球经济的发展考虑，国家之间往往会就有关税收事宜达成一致的协议，也就是税收协定。

根据有关资料记载，世界上第一个双边税收协定是英国和瑞典于1872年就遗产继承税问题达成的特定税收协定。我国由于改革开放起步比较晚，和其他国家的双边税收协定签订工作开始的也较晚，从20世纪80年代才开始逐步与各国签订双边税收协定。截至2017年10月，我国已对外正式签署103个双边税收协定；其中99个协定已生效，这些税收协定在我国经济发展的过程中起到了至关重要的作用。有些企业对双边税收协定的运用比较多，但大多数企业对如何有效利用税收协定减轻企业税负经验不足。笔者结合自己在实际工作中遇到的实际案例，就在赞比亚经营的工程施工类企业如何有效利用双边税收协定降低企业咨询服务类税负进行探讨。

2　中赞双边税收协定简介

中国和赞比亚作为传统的友好国家，双方经贸合作比较频繁。中赞两国政府于2010年7月26日，签订了《中华人民共和国政府和赞比亚共和国政府对所得税避免双重征税和防止偷漏税的协定》（以下简称“中赞双边税收协定”）。该协定于2011年6月30日生效，实际开始执行时间为2012年1月1日。中赞双边税收协定第二条约定的税种范围是“所得税”，即“本协定适用于由缔约国一方或其地方当局对所得征收的税收，不论其征收方式如何，对全部所得或某项所得征收的税收，包括对来自转让动产或不动产的收益征收的税收，对企业支付的工资或薪金总额征收的税收以及对资本增值征收的税收，应视为对所得征收的税收”，在中国对应的是企业所得税和个人所得税，在赞比亚对应的是“所得税”（赞比亚企业所得税和个人所得税统称为“所得税”）。

中赞双边税收协定第五条还对“常设机构”进行了定义，指出，在本协定中“常设机构”一语指企业进行全部或部分营业的固定营业场所，“常设机构”一语特别包括管理场所、分支机构、办事处、工厂、作业场所以及矿场、油井或气井、采石场或其他开采或开发自然资源的场所，“常设机构”一语还包括：

（1）建筑工地，建筑、装配或安装工程，或者与其有关的监督管理活动，但仅以该工地、工程或活动连续超过9个月的为限。

（2）企业通过雇员或雇用的其他人员在缔约国一方提供劳务，包括咨询劳务，但仅以该性质的活动（为同一项目或相关联的项目）在任何12个月内连续或累计超过183d的为限。

3 案例

3.1 失败案例的教训和启发

3.1.1 案例基本情况

某大型建筑类央企S，在赞比亚经营多年，已按赞比亚税法的要求在赞比亚进行过税务登记，先后在赞比亚承建过多项大型工程，涉及总承包、EPC总承包、EPC+F等多种模式。S公司于2012年4月与赞比亚Z公司签订了一项EPC总承包合同，由S公司以EPC总承包的模式建设一座大型的水电站I，合同工期约3年，该项目的设计工作以设计分包的模式由X勘测设计院实施，X勘测设计院未在赞比亚注册登记，也未按赞比亚税法的要求履行过纳税义务。

I项目开始之后，S公司与X勘测设计院签订了设计分包合同，合同约定，从2012年4月18日起，X勘测设计院作为设计分包商为I水电站项目提供设计服务，服务期限从合同签订日起至项目结束；整个合同期间约3年，合同同时约定，X勘测设计院应在整个合同期间都安排设计人员在施工现场提供设计和技术服务。

3.1.2 适用赞比亚税法情况

根据赞比亚《所得税法》第14条规定，对赞比亚或视为来源于赞比亚收入进行源泉强制征税（包括自然人和公司），无论纳税义务人为赞比亚居民与否。赞比亚目前适用的企业所得税税率为35%，预提所得税（withholding tax）税率为20%。

从X勘测设计院与S公司签订的设计合同的条款来看，X勘测设计院的设计活动期间从项目开始一直持续到项目结束，且在此期间一直有派出人员常驻赞比亚连续工作超过183d，已经达到了赞比亚税法规定的构成常设机构的条件。按规定X勘测设计院应该在赞比亚税务局注册并按照赞比亚居民公司的规定缴纳各种税费，并按年度对企业所得税进行汇算清缴。但由于X勘测设计院未在赞比亚注册登记，依据赞比亚《所得税法》第81条、第81A条和第82A条，源于赞比亚支付的所有股利、向非居民承包商的付款、利息、版税、佣金、租金、管理和咨询费以及公共娱乐付款，应当缴纳预提所得税（withholding tax），向非居民支付的管理费用、咨询费用和版税的预提所得税当前税率为20%。

3.1.3 适用中赞双边税收协定情况

本案例中，X勘测设计院与S公司签订的设计服务合同中固定，在整个项目3年的执行期间，X勘测设计院需派人在施工现场提供设计服务，已经远远超过了中赞双边税收协定中约定的连续9个月的期限，构成了常设机构，按规定不再适用于中赞双边税收协定中有关避免双重征税的条款，应按着赞比亚的税法要求在当地进行登记注册后按当地居民公司的模式缴纳各种税费。

3.1.4 税务处理过程

设计分包合同签订后，S公司和X勘测设计院共同认为，X勘测设计院提供的设计服务主要工作是在中国境内完成的，而且X勘测设计院是在中国境内依法成立的中国法人实体，且未在赞比亚注册登记。因此，其主要的纳税义务应该发生在中国，X勘测设计院向S公司提供的设计服务按照赞比亚法律规定应按20%的税率缴纳预扣所得税（withholding tax），由S公司履行代扣代缴义务。但根据中赞双边税收协定第七条“营业利润”的有关规定，如果能证明X勘测设计院是依据中国法律注册并合法纳税的法人公司，则根据中赞双边税收协定的有关规定，为避免双重征税，减轻企业税负，S公司可以向赞比亚税务局申请预扣所得税税率由20%降到0%。

2015年9月30日，S公司正式给赞比亚税务局发函，希望税务局根据中赞双边税收协定的约定，给出中国的非居民企业在赞比亚提供的设计咨询服务应使用的预扣所得税税率。

2015年10月6日，赞比亚税务局正式回函，确认根据中赞双边税收协定，此类业务的预扣所得税税率为0%，但需要满足以下几个条件：

（1）取得经收款人（X勘测设计院）所在国税务机关签字盖章认可的Double Taxation relief clam form（Form WHT 3）。

（2）其他支持性的材料，例如，设计分包合同等。

2015年10月29日，S公司向赞比亚税务局提交了上述信函中提到的两项资料，正式申请将I水电站项目的预扣所得税由20%降到0%。

2015年11月11日，赞比亚税务局正式给S公司回函，信函中提到以下观点：

（1）根据S公司和X勘测设计院关于I水电站设计服务合同的内容，X勘测设计院的设计活动构成中赞双边税收协定第五条规定的常设机构，因此，此常设机构的营业利润应该按照中赞双边税收协定第七章的规定在赞比亚纳税。

（2）赞比亚税务局在信函中提到，做出上面构成常设机构的判断是依据S公司和X勘测设计院签订的设计服务合同中约定，X勘测设计院的工作人员应从I水电站开始时到达施工现场，直到I水电站结束后3个月，X勘测设计院在I水电站现场提供的设计咨询服务持续时间为36个月，符合在任何12个月内超过183d的常设机构的条件，应该构成常设机构。

（3）信函中还提到了S公司和X勘测设计院的合同中规定，X勘测设计院应在I水电站施工现场设立办公室并派驻有经验的代表常驻赞比亚，这也符合中赞双边税收协定中第五条关于常设机构的定义。

（4）信函中指出，S公司和X勘测设计院的合同中还约定，当施工现场派驻的工程师不满足要求时，X勘测设计院的其他专家有权到赞比亚提供指导。

最后，赞比亚税务局指出，作为一个符合条件的常设机构，税务局要求X勘测设计院及时注册成为赞比亚的纳税人，按照赞比亚的税法申报缴纳企业所得税、个人所得税等相关税费。因此，I水电站项目的设计费，不但未成功获得适用中赞双边税收协定的优惠条件，反而被赞比亚税务局要求X勘测设计院在当地进行税务登记，按赞比亚的税法要求申报缴纳各种税费。由于X勘测设计院一直未在赞比亚进行税务登记，最终，I水电站项目申请适用中赞双边税收协定中关于设计费预扣所得税优惠税率的努力以失败告终，S公司按照赞比亚税法要求，对支付的设计费代扣代缴了20%的预扣税，增加了项目的税负。

3.2 成功案例分析

3.2.1 案例基本情况

2015年底S公司与赞比亚Z国有公司签订了一项EPC总承包合同，承建一座大型工程K，合同工期约5年，项目资金来源为业主自筹15%，剩余85%部分从中国的商业银行融资。项目合同由S公司的母公司签订后由赞比亚子公司负责具体实施，设计由母公司内X勘测设计院以设计分包的方式实施，设计院在整个项目施工期间需派出一定数量的人员在施工现场提供设计咨询服务，但主要设计工作是在中国境内完成。

3.2.2 设计费申请适用中赞双边税收协定的过程

在充分研究分析了赞比亚的税法、中赞双边税收协议等法律文件后，又与当地的会计师事务所进行了多次探讨，对I水电站项目申请适用中赞双边税收协定中税收优惠条款失败的原因进行了归纳总结，认为通过对新项目K的设计分包合同进行优化后，再次申请适用中赞双边税收协定中的税收优惠条款是可行的，具体做法如下：

（1）与X勘测设计院重新签订了K项目的设计服务合同，将设计服务合同中的设计工作和现场技术服务工作进行了分离，就设计工作单独签订了分包合同，合同中明确规定X勘测设计院的基本设计工作在中国境内完成，因工作需要到赞比亚K项目施工现场进行勘测调研的，每年在赞比亚的工作时间总共不超过90d。

（2）派驻到K项目施工现场常驻的设计服务人员，与S公司在赞比亚注册的公司签订雇佣合同，作为S公司的职员，按规定在赞比亚缴纳个人所得税。

通过以上的合同拆分安排后，又聘请当地知名的会计师事务所按照中赞双边税收协定的要求，对设计分包合同进行了再次审核，确保完全符合有关要求后重新签订了K项目的设计分包合同。

合同签订后，由X勘测设计院重新取得了其在中国所属税务局签字盖章的Double Taxation relief clam form（Form WHT 3）。

2016年10月初，S公司正式向赞比亚税务局递交了K项目设计服务费适用中赞双边税收协定第七章中有关税收优惠的信函，申请将设计费的预扣所得税由20%的税率降到0，并一同提交了Form WHT3和重新签订的设计分包合同。

2016年10月17日，赞比亚税务局正式回函，主要意思如下：

（1）同意S公司和X勘测设计院设计分包费用适用中赞双边税收协定的申请。

（2）S公司和X勘测设计院此类费用适用的费用类别是管理和咨询费，适用的税率为0。

（3）批复的税率0适用的期间为从2016年1月1日至2016年12月31日。

也就是说，根据此次申请税务局的批复，S公司和X勘测设计院发生的管理和咨询费类的费用，在2016年1月1日至12月31日的期间内，如果再发生相同性质的费用，不需要再向赞比亚税务局重新申请，可以直接适用0%的优惠税率。

至此，原本需要按20%的税率缴纳的预扣所得税，通过对设计分包合同进行重新拆分签订后，使其符合中赞双边税收协定的要求，成功取得了赞比亚税务局批复的0%税率的信函，使企业少交预扣所得税几百万美元，大大提高了K项目的经济效益，为S公司和X勘测设计院带来了较好的经济效益。

4 结束语

同一个国家，同样的公司，两个性质相同项目，同样类别的费用，提供同样的资料，按照同样的程序申请适用中赞双边税收协定的优惠条件，却出现了截然不同的两种结果；其中的原因令人深思，通过对两次申请提交的资料和申请过程进行梳理后，给我们如下启示：

（1）失败是成功之母，失败并不可怕，可怕的是不敢去尝试。S公司从2008年正式进入赞比亚以来，在赞比亚经营多年，类似的项目也做过很多，但以前一直没有尝试过申请适用中赞双边税收协定。2015年第一次申请后，虽然最终没有成功，但难能可贵的是迈出了第一步，摸清了申请流程和需要提供的资料，也提供了很有价值的教训，为下一步的行动指明了方向。

（2）要吃透相关的法律法规，抓住重点。S公司身处赞比亚，要想完全掌握赞比亚繁杂的税收法规可以说相当困难，再加上语言的障碍，沟通交流起来毕竟不如母语流畅，更增加了掌握税收法规的难度。这就要求我们财务人员要不畏艰难，刻苦学习，迎难而上，虽然不能做到对税收法规全面掌握，但一定要掌握与自己行业和业务相关的法律知识。

（3）要善于总结，善于借助第三方的力量。K项目向税务局申请适用中赞双边税收协定的过程中，一直积极跟当地知名的会计师事务所保持频繁的沟通。递交申请资料前，由会计师事务所对所递交的资料进行复核，无误后再提交到赞比亚税务局，从很大程度上保证了所提交资料的准确性、完整性，对成功取得赞比亚税务局对设计费适用0%的预扣所得税率的批复起到了积极的作用。

（4）此案例虽然是在赞比亚发生的，但对于其他周边国家类似的情况也具有相当的借鉴意义。由于赞比亚是英联邦国家，其所使用的税收法规与英国法律一脉相承，与其他英联邦国家的税法具有很高的相似性。因此，此案例对其他国家类似的情况也具有很强的借鉴意义。

（5）虽然此案例涉及的是设计服务费，但对于咨询费、管理费、股息、利息费用以及特许权使用费等中赞双边税收协定中涉及的费用，也具有很强的指导意义，其申请适用中赞双边税收协定的基本流程、程序，需要提供的基础资料等相似，对此类费用申请税收优惠的实际操作也具有很强的指导作用。

浅议 PPP 模式下项目公司的前期工作

张业国/中国电建市政建设集团有限公司

【摘　要】供给侧结构性改革以来，以政府和社会资本合作为特色的工程发承包模式已经成为经济新常态下有效的投资抓手。较传统投融资模式，PPP 模式下的合作伙伴关系、风险与利益共享机制有着巨大优势。本文拟以山西晋中综合通道 PPP 项目为依托，从公司投标、合同谈判、项目融资等层面，对 PPP 模式下项目公司的前期工作进行探讨，以期为同行提供借鉴。

【关键词】PPP 项目　项目公司　前期工作　对策研究

近年来，国家对基础建设投资力度不断加大，在多要素综合作用之下，PPP 模式在我国基础设施建设方面发展较快。PPP 模式，即“政府和社会资本合作”，代表了私人部门与公共部门的合作关系。PPP 模式具备“平等合作、利益共享、风险共担、全生命周期”的特征。从设计、融资、建造、运营、维护至终止移交过程来看，可将其视为 BOT 的变异演化模式。从付费机制来看，主要包含政府付费、使用者付费与可行性缺口补助等多元供给优势。

山西晋中综合通道建设工程 PPP 项目，北起晋中市蕴华西街，南至榆祁高速，道路全长 18.2km。规划红线宽 60m，绿线宽 90m，主要建设内容为道路工程、桥涵工程、电力土建工程、排水工程、交通设施、照明工程及绿化工程等。该项目估算总投资 28.2 亿元，其中建安费 17.2 亿元，征拆费 9.07 亿元。该项目采用 PPP 模式实施，特许经营期 22 年，其中建设期两年，运营维护期 20 年，计划开工日期 2017 年 5 月 9 日，完工日期 2018 年 11 月 30 日。

1　PPP 项目招投标

PPP 项目在某种程度上可谓“两招并一招”，即通过招投标方式选择 PPP 项目的社会投资人，若该投资人与项目施工方为同一主体，则项目无须另行组织招标，也就是实践中的“投资人＋施工总承包人”合并招标的情况，该模式有利于吸引具有一定资金实力的承包商参与 PPP 项目投资，积极主动地提升工程建设质量与效率，进而优化 PPP 项目组织流程，提高项目组织效率。

此外，按照施工企业以投资拉动工程承包业务的原则，应保证建安费用的份额，控制工程建设其他费用的支出比例。一般而言，PPP 项目招标报价采用费率招标形式。从晋中项目实际来看，其投标文件的评分标准主要包括：全投资内部收益率（税后）、工程建安费用决算下浮率、施工组织设计、投融资及项目运营管理方案和业绩经验。其中全投资内部收益率（税后）所占分值为 40%。因此，需要根据项目的采购需求和边界条件，做好财务测算分析，并结合项目公司两个层面对施工利润率、项目全投资内部收益率、项目资本金内部收益率、资本金投资净现值、静态投资回收期和动态投资回收期等指标进行测算，然后报出合理的、有竞争力的投标报价。

2　协议谈判与合同管理

PPP 项目管理，从顶层设计来看，主要涵盖协议谈判与合同管理两大层面。其中，协议部分涉及政府与社会资本合作协议、股东协议、股权变更等部分，而合同管理主要分为 PPP 项目主合同、施工总承包合同两大模块。

2.1　协议谈判

2.1.1　合作协议层面

在发送中标通知书和签订合作协议前，政府将与潜在的中标人进行竞争性谈判，双方达成一致意见后，即发送中标通知书并签订合作协议。政府与社会资本合作协议是政府与企业就 PPP 项目的框架性合作协议，它确定了社会资本方投资人的地位，为下一步要达成的股东协议和特许经营合同进行了铺垫，详细约定了双方有关项目开发的关键权利义务。待项目公司成立后，项目公司将与政府方重新签署正式 PPP 项目合同。政府方为保证前期征地拆迁的顺利开展，往往还要求投资人签署

《前期费用承诺书》以保证在协议签订后资金可以汇入为该项目设立的政企共管账户。

2.1.2　股东协议层面

股东协议是由项目公司的股东签订，用以在股东之间建立长期的、有约束力的合约关系。股东协议和公司章程是成立项目公司的前提。股东协议包括了以下条款：前提条件、项目公司的设立和融资、项目公司的经营范围、股东权利和义务、股权转让、股东会、董事会、监事会的组成及其职权范围、股息分配、违约、终止及终止后处理机制、不可抗力、适用法律和争议解决等。

晋中项目公司就股东协议也与政府方出资代表股东（政府授权出资机构）进行了谈判，取得一定的成果。首先，删除了“关于《政府与社会资本合作协议》中将前期征地拆迁费用打入政企共管账户，待项目公司成立后，资金一部分作为项目公司注册资本金，其余部分作为股东借款。”的条款，由于前期费用不计资金成本，删除对我方有利。其次，增加了一条对政府方股东的约束性条件“甲方保证及时、足额提供项目公司注册资本及注册资本金，确保完成项目公司的登记注册及项目的顺利实施”。再次，将利润分配顺序进行了更正。

2.1.3　股权变更层面

为加快项目实施进度，提高项目可融资性，根据财政部、住建部等六部委联合印发的《基础设施和公用事业特许经营管理办法》（2015年第25号令）第二十四条：“国家鼓励通过设立产业基金等形式入股提供特许经营项目资本金”的规定以及山西省人民政府办公厅印发《关于加快推进政府和社会资本合作若干政策措施的通知》（晋政办发〔2016〕35号）第三款第（七）条：“设立PPP融资支持基金，加大对PPP项目的支持力度”的政策，晋中项目为解决资本金影响公司负债率问题，经过与当地政府的几轮沟通，成功引入产业基金作为财务投资人。在项目公司注册成立后，就进行了股权变更后的股东协议的签订，变更注册后各股东进行注资。

在签订新的股东协议时，晋中项目公司经与当地公投公司谈判，最终达成以下意见：

（1）删除了公司承担财务投资人连带责任的条款。

（2）将争议解决方式由诉讼变为第三地的仲裁委员会仲裁。

（3）将签订工程总承包合同作为股东会的普通决议。

这些对我公司而言，新的股东协议在权益保障层面更为有效可行。

2.2　合同管理

2.2.1　PPP项目合同管理

PPP项目合同是政府方与社会资本方依法就PPP项目合作所订立的合同，也称为特许经营协议（合同）。在晋中项目称为特许经营合同，其目的是在政府方与社会资本方之间合理分配项目风险，明确双方权利义务关系，保障双方能够依据合同约定合理主张权利，妥善履行义务，确保项目全生命周期内顺利实施。PPP项目合同是其他合同产生的基础，也是整个PPP项目合同体系的核心；PPP项目合同的签约主体是地方政府方和项目公司。

晋中项目经过与政府方实施机构的多轮谈判，特许经营合同较招标阶段增加和完善了部分合同内容，并达成了本次合同不能解决的问题可以签订补充协议的共识。鉴于调整面较广，涉及范围大，纵深一体化程度较高，本文仅摘录如下部分予以概述，具体内容如下：

（1）增加了“非乙方原因而引起的未按设计图纸完工的且不影响主要使用功能，经甲方同意后可以验收”的条款。

（2）所有的“政府购买服务”都改成了“政府付费”。明确了每年政府付费的金额，有利于融资和测算现金流。

（3）明确了实施人、付费人为同一主体，增加了政府的违约责任，将合同提前终止后补偿金的支付比例提高到90%。

（4）针对路面结构设计使用寿命15年，项目公司运维20年的问题，在运营范围里删除的“大修”和“改扩建”的内容，同时增加了“路面结构设计使用寿命15年，项目公司运维20年，在道路需要大修时，由甲乙双方确定大修的标准和上报程序，甲方可以委托乙方或者第三方进行大修，费用由甲方承担。对于运营年限大于路面设计使用年限，相关维护费用的支出，甲乙双方协商解决。”

（5）明确了增值税。若本项目政府向项目公司支付的可用性服务费及运维绩效服务费需要开具增值税发票。项目公司应先用建设期及运营期项目公司入账的进项增值税进行抵扣，抵扣完仍不足部分的增值税应由政府方承担。

（6）在特许经营合同谈判备忘录上约定了：项目运维绩效费用金额和支付计划原则上按照谈判有关规定执行，建立审核校正机制。项目公司可以自主进行本项目的运营维护，也可委托相关专业部门进行本项目的运营维护。若项目公司拟委托运维而无承接单位时，政府方负责另行确定运维承接单位，由政府方、项目公司、与运维承接单位共同签订运维合同，运维绩效服务费按谈判文件中规定的金额及支付计划执行，由项目公司委托政府方直接支付运维承接单位。

（7）将争议解决方式由提起项目所在地法院改为由北京仲裁委员会仲裁。

2.2.2　施工总承包合同管理

在PPP模式下，施工总承包合同是PPP项目实施阶段管理的基础和核心，起着非常重要的作用。首先，PPP项目施工总承包合同在PPP项目合同体系中起着承上启下的作用，既是PPP项目主合同部分内容的传递，又是工程具体实施阶段管理的依据。此外，PPP项目施工总承包合同具体条款的签订，还可能决定着项目具体实施阶段的工程进度能否有效的推进；其次，在合同履行阶段，合同关系的传导方向可能发生逆转，影响到PPP项目合同整体的履行。

由于晋中项目公司社会投资人和施工均为同一家单位，施工总承包合同的计量结算采用平进平出，完全参照特许经营合同，总价采用的是建安费用决算下浮率控制，单价套用山西市政定额组价。项目公司的管理费主要依靠概算中的建设单位管理费承担。

在这里施工总承包合同更像是内部承包合同，所以应在不违反PPP主合同和法律法规的情况下，在计量结算和工程进度款支付比例以及履约担保、违约金条款等条款设置上要结合公司实际，保证工程的有效推进。

2.2.3 PPP项目主合同风险管理

项目征地拆迁等前期工作由政府方负责，费用由项目公司支付，纳入政府范围。项目前期费用10.5亿元，其中征拆费用约为9.07亿元，拆迁工作量大，拆迁金额高，且PPP项目主合同中明确按市场化方式据实结算，存在敞口风险。项目公司应认真评估征迁工作量和费用，争取签订补充协议约束政府方的征迁进度和费用，超出征拆费用的上限部分不纳入PPP项目范围，项目公司不再支付。

项目PPP合同签订时已经过计划开工日期，但合同中却设定了严格的合同施工工期延误处罚条款。因此，项目公司及社会资本方应与政府方沟通洽谈，不得随意压缩工期，确保合理建设工期，同时要做好因图纸不到位和征拆延误等政府方前期工作责任的资料记录和专题报告，转移工程延期风险。

2.2.4 PPP项目其他合同管理

在PPP项目合同体系中还包括运营服务合同、原料供应合同、产品或服务购买合同、融资合同、保险合同还有与专业中介机构签署的投资、法律、技术、财务、税务、造价等方面的咨询服务合同。对于其他合同的有效管理，不仅可以降低项目公司建设成本，实现公司资产的保值增值，还有利于对预期风险的有限管控。

3 项目公司的设立

在股东协议签订后，应召开股东大会通过公司章程，确定董事会和监事会成员，委托专人负责工商注册登记事宜；召开董事会确定董事长和总经理及法人代表等议程；召开监事会通过监事会主席等议程。安排专人在所在省份的工商局网站的企业设立登记栏目处注册公司名字，取得企业名称预先核准通知书，名字包括行政区划、字号、行业特点、组织形式四部分组成，名字核准时间一般为三天。

在取得企业名称预先核准通知书后，在工商局网站企业设立登记处进行网上填表，完善信息后，打印表格，粘贴身份证信息，携带各股东的营业执照盖章后的复印件，公司章程、股东会决议、董事会决议、监事会决议到工商局大厅进行登记注册，就完成了公司的登记注册工作。

项目公司是社会资本为实施PPP项目这一特殊目的而设立的公司，作为独立的法人机构，按照国家有关法律规定，根据现代公司制度，完善公司法人制度，组建董事会、监事会、董事会任命总经理，并通过公司设置各职能部门全面负责本项目的投融资、设计、建设、运营维护和移交工作。项目公司通常作为项目建设的实施者和运营者而存在。

晋中项目公司的注册资本金为项目总投资额的20%，其中政府方出资人代表占股10%，社会资本方占股90%。在整个PPP项目合作期内，由社会资本方承担投资、融资、建设、运营的责任。

4 银行融资与前期手续

目前，融资难是制约PPP项目落地实施的重要瓶颈。PPP项目较长的投资期限，使得预期投资收益充满不确定性。为弥补风险补偿，社会资本方往往需要支付相对较高的融资成本。另外，为降低社会资本方母企业的资产负债率，PPP项目大多采用表外融资。因此，银行成为企业外部融资的重要来源，与之相适应地，发放贷款亦成为银行资金进入PPP项目公司的主要途径。

4.1 银行融资的合规要求

鉴于传统银行在资金发放审批程序的严谨性，以及银行对项目公司社会资本方资质的审慎性，其在办理融资业务前，往往会逐项确认该项目是否取得所必需的政府部门审批、授权，并确保其能符合不同审批机构的要求，进而规避可能产生的法律风险。例如，银行一般会将“项目是否列入财政部PPP项目库”作为融资条件之一。另外，部分银行还会把项目公司股东的资本金来源及原始股东发起人进行考察、评估或要求出具担保承诺函。因此，在外部融资环节，处理好利益相关者的博弈关系尤为关键。

针对资金需求较大的PPP项目，往往会出现不同银行间组成银团贷款的局面，或同一银行不同分行间组成的行内联合贷款。晋中项目贷款就属于同一银行系统内天津与晋中不同分行的联合融资。为解决项目资本金融资，晋中项目成功引入了财务投资人，主动出让部分股权。根据现有PPP政策文件，PPP项目的合法性审批手续及文件主要包括：项目实施方案、可行性研究报告、环境影响报告书、物有所值评价、财政承受能力论证、纳入财政部 PPP 项目库、土地使用预审、规划选址意见书、规划及用地许可等建设手续及财政支出纳入政府预算手续等内容。

值得注意的是，“物有所值”主要是指一个组织运用其可利用资源所能获得的长期最大利益。物有所值评价作为评判某项目能否采用 PPP 模式的重要依据，是 PPP 项目识别阶段中的核心工作之一；财政承受能力论证是指识别、测算 PPP 项目的各项财政支出责任，科学评估项目实施对当前及今后年度财政支出的影响。为确保财政中长期可持续性，财政部门应对政府付费及政府补贴的项目开展财政能力论证。PPP 项目的审批则包括建设手续的审批及 PPP 模式的审批，这是 PPP 项目合法、合规性应重点关注的问题。由于 PPP 项目是一个全生命周期管理的概念，在各个生命阶段中需要按照规范性文件要求的流程逐项开展，保障项目程序的合法、合规。社会资本方要及时督促政府做好前期手续资料的报审工作，及时收集资料，为贷款做好资料支撑。

4.2 前期手续的完备程度

目前，诸多信贷银行在贷款审批后，还有存在一个放款条件，那就是看这个项目“四证”是否齐全。“四证”即国有土地使用权证、建设用地规划许可证、建设工程规划许可证、建设工程施工许可证。具体内容如下：

（1）国有土地使用权证。一般指土地使用权证，又称国有土地使用权证；它是指经土地使用者申请，由城市各级人民政府颁发的国有土地使用权证的法律凭证。

（2）建设用地规划许可证。它是实规划部门对建设项目使用某地块，从规划角度的一个批准和认可，是土地部门是否给该项目颁发土地证的先决条件。用地规划许可证的主要内容，是对用地位置、四周边界、用地性质和用地主体的确定。

（3）建设工程规划许可证。它是规划部门对建设项目于的最终认可证件，它与建设用地规划许可证的区别是：一个是对建筑物的认可，另一个是对所占土地的认可。

（4）建设工程施工许可证。它是建筑施工单位符合各种施工条件、允许开工的建设工程施工许可证，是建设单位进行工程施工的法律凭证。一般项目施工许可证是必须取得建设工程规划许可证后方可办理，期间还需要办理年度投资计划，施工图审查，施工监理招投标，安全质量监督备案，节能备案等相关手续。

基于上述分析，在“四证”手续办理过程中，企业可利用博弈分析的思路，根据信贷意向银行的审批进度和银行利率等因素决定外部融资对象，进而降低融资成本，抽离融资难、融资贵的困局。

5 对策研究

根据有关资料统计，截至 2017 年 9 月末，全国地方政府和社会资本合作（PPP）综合信息平台项目库已入库项目合计 14220 个，累计投资额 17.8 亿元，覆盖 31 个省（自治区、直辖市）及新疆兵团和 19 个行业领域。其中，6778 个项目处于准备、采购、执行和移交阶段，纳入管理库，投资额 10.1 万亿元；7442 个项目处于识别阶段，是地方政府部门有意愿采用 PPP 模式的储备项目，纳入储备库，投资额 7.7 万亿元。

随着我国供给侧改革的不断深入，纯施工竞标类项目持续处于收缩区间，纯政府财政出资类项目需求急剧减少。有鉴于此，PPP 项目俨然成为未来施工企业承揽工程的主要来源。为有效应对 PPP 模式下建筑施工企业面临的全新的机遇和挑战，笔者认为应积极做好以下几方面工作：

（1）积极转变投资运营模式。在新形势下，施工企业需要从单纯施工向投资运营转变，做好全寿命周期管理，统筹好各利益相关方的关系和责任，深刻领会“鼓励社会资本通过特许经营等方式，参与城市基础设施等有一定收益的公益性投资和运营”的科学内涵，实现投资运营模式的不断优化，提升市场竞争力，弥补市场供给端的短板与不足。

（2）牢固树立市场契约精神。坚持依法合规、重诺履约、公开透明、公众受益、积极稳妥的理念，以求真务实的态度，准确把握 PPP 模式在合作方式、支付方式、利益诉求以及风险管理等诸多方面的内涵，进而建立健全协调管理机构，细化方案，落实责任。

（3）应不断强化风险管控意识。在合理吸收传统 BT、BOT 项目管理运营中成功经验的同时，防范和规避风险，抢占先机，借助国家产业政策调整的东风，搭乘新一轮基础建设的早班车，实现企业跨越式可持续发展。

6 结束语

目前，PPP 模式作为国家推动基础设施建设的重要投资方式，在未来一段时间内仍然会继续推进、大力发展。但是，自 2017 年下半年财政部出台了《关于规范政府和社会资本合作（PPP）综合信息项目库的通知》（财办金〔2017〕92 号）后，政府开始严管 PPP 项目，纠正 PPP 模式实施中的不规范行为，推动 PPP 事业行稳致远。将来 PPP 项目将会分类管理，严格入库标准，在公共服务领域内，将重点支持前期手续完整、论证充分、风险分配合理的重绩效、强运营的项目。同时，鼓励激活存量项目，审慎开展政府付费项目，防止财政支出过快增长，突破财政能力上限。因此，作为 PPP 项目的社会资本方与政府联合成立的项目公司更应高度重视 PPP 项目的前期手续工作，防止被清退出库；同时要做好项目的顶层设计，加强投融资工作，保证项目资金供应，加强合同管理，做好风险控制，保证项目顺利建设和运营。

电力生产管理系统在海外项目的应用与实践

白存忠　孙继洋/中国电建集团海外投资有限公司

【摘　要】随着中国电建在海外电力投资规模的不断扩大，运营发电的项目越来越多，利用先进的信息管理系统和网络安全技术，实现对海外电厂生产管控、远程运营监控分析显得尤为重要。本文通过老挝南俄5水电站电力生产管理信息系统的应用实践，对海外电力项目的信息化、精益化管理进行了探讨，可供同行借鉴和参考。

【关键词】海外电力管控一体化　信息系统　数字电厂

1　项目背景

1.1　项目概况

老挝南俄5水电站项目是中国电建所属中国电建海外投资有限公司（以下简称“海投公司”）在老挝以BOT方式投资开发的第一个水电站项目，该水电站地处老挝北部山区，装机容量120MW，2012年12月2日正式进入商业运营期。为进一步提升电厂的生产管理水平，同时进一步探索在新的信息技术条件下的海外电厂管控模式，海投公司在2014年提出了电力生产管理信息系统的建设方案，并于2016年完成了该电力生产管理系统的建设，正式投入运行，真正实现了“全局规划、整体集成、用户主控、随需而变”的建设要求，达到了预期的目标，提升了南俄5公司的生产管理水平。

1.2　项目特点

老挝南俄5水电站电力生产管理信息系统（以下简称“信息系统”），除了具备典型的发电企业的共性外，还具备项目自身独有的特点：一是满足厂内管控一体化的需求，实现电厂生产全过程和设备全生命周期的管理。针对信息化平台对作业流程进行分析重构，真正实现适合信息化的作业流程；二是满足了海投公司总体管控和总部监管的需求，解决了公司总部无法即时了解和掌握海外项目运营状况的问题；三是根据海外电厂运行的需要，借鉴国际国内先进的管理理念，根据国家和行业有关法律法规，并结合海投公司、水电厂内的规章制度，探索出一套适合海外水电厂可用的信息化管理模式；四是适应海外运营的特色要求，能够满足老挝当地政府的报表以及电厂运营的特殊需要，并支持多种语言处理等。

1.3　信息系统主要功能

信息系统主要包含八个部分：设备管理、运行管理、生产技术管理、生产计划管理、项目管理、两票管理、安全监督管理、综合管理等。

设备与资产管理方面主要包含设备编码管理、设备台账管理、设备缺陷管理、设备检修交代、设备定期维护、设备评级、设备异动管理、无泄漏管理、设备试验管理、设备检修验收等。

在发电运行管理方面，根据海投公司对发电企业的要求，结合行业和电厂内的标准、规范以及“两票三制”要求，对发电运行日常工作进行全面的信息支持和管理，实现了电站运行管理的规范化和运行工作的全程监控，提高了运行人员工作效率，确保系统能安全、经济运行。发电运行包含日常的运行值班交接管理、运行记录（台账）管理、定期工作、水工管理、运行知识库和报表管理等。

在生产技术管理方面，通过生产技术管理，为电站生产技术管理工作的开展提供有效的信息管理工具，实现生产技术管理的规范化、标准化，包括技术监督、技术方案、设备定值和技术图档管理等模块。

在生产计划管理方面，主要包含年度计划、月度计划、专项计划等相关的生产计划管理，实现了各类生产计划的编制、审批、执行、审核、跟踪管理。

在项目管理方面，管理内容主要包含检修项目、技改项目、零星工程项目、安措项目、反措项目、重大缺陷隐患跟踪项目、信息化项目的管理功能；利用软件技术来实现项目的控制和跟踪，为电厂的生产经营提供管理服务，实现项目的剖析、跟踪、关联功能，充分挖掘和合理利用企业的人、财、物、设备、技术、信息等资源，确保资产的清晰完整，确保设备安全运行并发挥最大效益。

在安全监督管理方面主要包含：安全体系管理、安全资质管理、安全统计与考核、安全文档管理、检查整改管理、特殊安全管理、应急管理、两措管理、风险管理、事件管理、安全验收管理等。

在两票与工作管理方面，实现了各类工作票和操作票的开票、签发、许可、打印、执行、终结以及评价的管理，可以对各类工作票进行统计。

2 信息系统主要特色

在信息系统项目中，基于对国内发电企业生产信息系统的分析和研究，结合海投公司总体管理要求，开发了具有海投公司特色的电力生产信息系统。

2.1 实现了多级生产数据和流程的统一汇集

通过接入多源数据，建立企业的数据共享平台，消除信息孤岛。建立了南俄5电厂统一的数据中心、作业流程中心和厂级数据编码规范。数据中心统合了控制区（Ⅰ区与Ⅱ区）的数据以及非控制区的数据，为数据分析、决策支持以及状态检修提供了科学的数据基础。

建立了功能完备的流程中心，利用生产管理系统信息化的特点，结合中国电建、海投公司以及海外运维团队的经验，对生产流程进行了梳理，形成了流程的标准化中心，并提供流程优化和运行反馈的机制。信息系统涵盖设备管理、检修维护、发电运行、技术管理、安监管理、项目与计划管理等方面。

2.2 建立了分级的指标体系，为统一管理提供了基础

实现了数据中心控制区（Ⅰ区与Ⅱ区）数据的统一采集，利用放置在安全区域的数据采集系统，从相关的DCS、电能量采集系统、水情测报系统等统一采集数据。安全区域的数据中心提供开放的采集协议，可以方便将来纳入更多的采集方式、数据协议。

2.3 实现了三个维度18个主题指标体系

本信息系统指标体系实现了安全生产、运营绩效和工作绩效三个维度18个主题指标数据提取、计算以及展现，全方位体现了电厂生产领域的运行情况，为企业的生产管理和经营决策提供了重要的依据。

2.4 实现了海外运营和国内监管的一体化

通过本信息系统的建设，实现了海外投资的水电企业生产管控自动化，同时利用该信息系统以及网络平台，实现了国内投资主体对系统的监控管理。在保证海外资产运营自主性的基础上，有效提高了公司的管理效率，同时也降低了管理成本。

3 信息系统建设的意义

3.1 全面提升了企业管理水平

（1）通过对生产相关数据流、信息流基础信息的整理、规范和软件系统的固化，及时为企业的管理提供了准确、全面的基础数据，并通过对这些基础数据的分析，为项目公司以及总部的经营决策提供依据。

（2）规范和优化了海外水电厂管理工作体系，使业务流程更加简洁、有效，全面提升了电厂的整体管理水平。

3.2 信息高度共享，效率明显提高

项目实现集成信息化后，信息的高度共享能够最大化地提高信息的实时性，为公司领导进行决策节省了了解现场情况的时间，从而对企业管理中出现的各种情况能迅速做出判断并提出应对解决对策。

3.3 提高了员工的工作规范性

基层员工只需要通过鼠标点击就可以录入生产、经营管理信息，无须输入大量的文字，简化了信息录入，降低了软件系统的使用门槛，有利于系统在基层班组的推广使用。

采用标准库后，基层员工填入的生产、经营管理信息都是标准的、规范的，避免出现生产、经营管理信息描述不一致的问题，规范了生产、经营管理信息，便于实现信息的共享。

对于重要的检修作业，由于系统提供了标准的作业规则，基层员工在现场作业时，遵循作业标准，规范作业过程，保证了作业过程的规范准确。

便于信息分析。数据的规范化和信息的标准化，系统才能够进行深入的统计分析，为各级管理层和决策层提供大量的有价值的分析数据，辅助领导决策。

4 下一步规划及发展愿景

4.1 构架集团级电力生产管理平台

随着海投公司电力生产的规模化、集中化，信息系统也呈现不同级别的建设。目前在水电开发上，海投公

司已经涵盖了单电站的发电企业、多级电站的发电企业、流域梯级开发的流域公司以及在筹建的区域性运维（集控）中心，这些不同层级的企业已经构成海投公司的电力生产架构，目标是实现“集中建设、逐级覆盖、分级管控”的电力生产管理平台。

4.2 利用多终端、多系统的支持，实现电力生产“随时随地”的万物互联

随着互联网、物联网以及其他信息技术的发展，信息化应用已经不仅仅停留在传统概念上的电脑，智能手机、智能平台、工业PDA、智能穿戴设备、智能采集装置等均纳入电力生产管控平台的终端范围。海投公司也将充分利用各种移动、远程可视等终端加强对电力生产项目的管理。

4.3 利用先进的“云计算、大数据、人工智能”等技术，打造真正意义的智慧电厂

建立海投公司企业云计算中心、实现海投电力生产的数据集应用，通过大数据实现管理集控，实现设备的健康状态评估，实现状态检修和预防性维护的信息化支撑，实现电力生产管理的辅助决策等。利用虚拟现实和增强现实技术实现电力生产设备运行和安全的仿真培训。在专业领域进行纵深应用。例如，状态监测和检修、检修现场管理、利用无人机和图形图像技术实现库区和大坝自动巡视、巡检。通过最新的面部识别、轨迹跟踪等技术实现电站安保的自动化运行。

5 结束语

南俄5水电站电力生产管理信息系统是海投公司在海外电力生产管理平台的首次尝试，也是电建集团“一带一路”电力能源板块信息化建设的成功案例，该系统于2017年荣获中电联企业创新项目二等奖。该信息管理系统在老挝南俄5项目的成功应用，有效提升了海外投资企业的生产管控信息化水平，对于同类型的海外电力生产企业可提供借鉴和参考。

浅谈水利水电工程与铁路工程质量过程控制中试验室工作的差异

陈春晓　周　逊/中国水利水电第三工程局有限公司

【摘　要】 试验室作为工程质量过程控制中的一个独立的终检机构，是施工过程控制与质量验收的重要数据来源，同时也是指导下一步施工重要依据。是工程施工过程质量保证的重要手段，有着举足轻重的作用。本文从试验室的角度谈谈水利水电工程与铁路工程的在工程质量过程控制中的差异以及可相互借鉴之处，供同行参考。

【关键词】 试验室　水利水电工程　铁路工程　过程控制　差异

1　引言

试验室是工程施工过程中非常关键的一个质量控制机构，在整个施工过程中发挥监控现场施工质量的作用。无论是建设涉及面广、建设周期长水利水电工程还是线路长、参建单位、关联组织和机构多，建设周期短、投资强度大和见效快的铁路工程，在施工过程控制中均需要试验室采用科学的检测手段进行现场质量检测，取得真实的检测结果，为确定合理的施工参数提供依据，为项目的新技术、新材料的研究和应用提供科学的理论依据。对试验结果进行统计分析，科学评价施工质量，为项目的动态质量管理提供依据。本文以一名先后从事过水利水电工程与铁路工程试验检测者的角度，对水利水电工程与铁路工程在过程控制中的差异和相互可借鉴之处进行浅显探讨。

2　项目管理理念的差异

水利水电工程是一项建设涉及面广、建设周期长、受自然和社会的制约性强，且工程结构类型多样，施工工艺过程复杂等大型综合性产品，其工程质量具有影响因素多、质量波动和变异性大，质量隐蔽、终检局限性大等的特点。其项目管理的理念为以符合业主要求，最大限度的实现各项资源的合理配置和优化，全面保证水利水电工程项目高质量、低成本，实现经济效益和社会效益的最大化。因此在施工过程控制中除要求有高标准的施工工艺，以及对材料与工序进行抽样检查，保证材料质量合格外，还要求试验室通过技术手段和措施，对材料的用量进行合理的优化，以达到节约工程成本，提升工程质量的效用。

铁路工程的建设具有线路长、参建单位、关联组织和机构多，建设周期短、投资强度大和见效快的特点。其项目管理坚持“试验先行、样板引路、标准化施工”的理念。并要求将施工的标准化和精细化组织管理逐步转变成现已成熟的日常工作主题。可以看出，在铁路工程建设过程控制中，要求施工方要紧紧依靠科技手段强化现场质量管理，创新制度、构建精细化管理体系，不断完善质量管理，监控考核，提高项目管理的执行力。同时也将试验室的作用放在了非常重要的位置，体现了施工过程控制与质量验收中试验检测数据的重要性，同时也对试验室的标准化管理提出了较高的要求。

通过两种行业之间的管理理念可以看出：水利水电工程建设项目管理是在保证工程质量的基础上，以满足业主的低成本，实现经济效益和社会效益的最大化的个性管理。因此就要求试验室在水利水电工程建设质量管理不仅运用标准化的试验检测方法出具真实准确的数据，还要加强技术能力的培养和提高，在工作中不断总结、创新，为控制工程质量与成本做出努力，是一个以技术为基础强化管理的过程。而对于铁路工程的标准化和精细化管理体现的是一种工业化生产理念，过程工业化、产品工艺化。要求试验室在工程建设过程控制中，不仅要把好质量关，还要熟悉技术要求和验收标准，熟悉标准化管理，对照标准化管理的要求做好试验检测的日常工作，通过标准化的管理来确保工程的施工质量，使产品达到工艺化的要求，是一种以管理带动技术发展的过程。

3　试验室建设与管理要求的差异

3.1　试验室建设要求的差异

水利水电工程试验室一般设置业主中心试验室，监理试验室以及施工单位试验室。工程规模较小时，业主中心试验室和监理试验室可不分开设，只设其中一个即可。试验室的投入运行前的验收没有严格的规定，以符合投标承诺、业主的要求及满足现场工程质量检测参数要求为主。业主中心试验室和监理试验室由业主质量部门验收，施工单位试验室通过业主中心试验室及监理的验收合格后方可开展工作。过程控制检测以施工单位试验室为主，监理单位见证检测为主，业主中心试验室以平行检测为主，业主中心试验室对监理和施工单位试验有监督管理的权限。

铁路工程试验室有建设单位试验室、监理单位试验室、施工单位试验室，由于其线路长的特点，要求监理单位标段超过 80km 时，除应设中心试验室外，还应增设试验分室，每个试验分室管理跨度一般为 60km。施工单位如规模较大的项目，除设中心试验室外，还应设试验分室、并要求预制梁（板）场应单独设置试验分室以及试验组。每个试验分室的管理跨度一般在 25km 以内。各级试验室均应通过母体、指挥部、监理及业主质量部四级验收通过后方可开投入使用。

3.2　试验室管理上的差异

3.2.1　人员上的管理要求

水利水电工程试验室以符合《实验室资质认定评审准则》要求：母体制定人员管理要求及程序，各级人员的任职资格，应覆盖项目试验室；项目试验室的检测人员应得到母体统一的培训和考核，检测人员的岗位能力应由母体确认审批，并统一核发上岗证；母体应对特定人员进行授权：特定类型的抽样人、仪器自校人员、操作重要设备人、报告签发人（授权签字人）、审核/校核人；人员资质及数量还应符合投标承诺要求。

铁路工程试验室除应满足《实验室资质认定评审准则》要求外，还应该满足《铁路建设项目工程试验室管理标准》的要求：主要人员（试验室主任、技术负责人）应经过中国铁道科学研究院国家级专业技术人员继续教育基地培训考试合格，取得合格证书方可上岗，试验人员也必须取得铁路工程试验员（工程师）上岗证。

3.2.2　试验室资源配置与检测参数的差异

水利水电工程试验室的资源配置以满足工程现场检测参数及能力的要求，对于资质内无法检测的项目，可根据合同要求由责任方委托到具有检测资质要求的检测单位进行检测，质监站、业主、监理及施工单位对检测结果均认可就可以。而铁路工程试验室的资源配置除满足工程现场检测参数与能力的要求外，还要求建立满足业主要求的第三方检测单位的资源，对于资质内无法完成的检测项目以及验收标准要求的第三方检测的参数，必须委托到业主诚信名录中第三方检测机构进行。

3.2.3　试验室日常管理上的差异

水利水电工程试验室日常管理除满足母体的管理要求外，在日常工作过程中按投标承诺要求受业主中心试验室的监督管理，按相关标准规范的要求进行试验检测工作，检验频率应满足《水工混凝土施工规范》等及业主要求，每周、每季度、每月分别上报检测成果分析报表及检测计划（项目业主或监理要求不同会有所区别）。每月接受业主中心试验室及监理单位的检查，不定期的接受国家认监委专项监督检查（飞行检查）。对于规模较大的工程，质监站在工程现场进行驻场参与监督管理。

铁路工程试验室要求严格按《铁路建设项目工程试验室管理标准》及业主下发的相关文件要求进行，应满足四个标准化要求：人员配置标准化、管理制度标准化、现场管理标准化、过程控制标准化。并要求这四个标准化不能只体现在文件上、书面上，而要求每个参建单位应逐个落实，并每月接受监理单位和质量监督站的检查，每半年或季度接受业主的信誉评价专项检查；同时将每个试验室及试验人员、负责人列入诚信评价系统，以扣分制进行考核评价，通过一系列的质量检查来反应各参建单位的标准化执行情况。

通过两种行业试验室管理上的差异可以看出，管理的模式与要求略有些不同，但目标基本一致。水利水电工程对于试验室的管理以《实验室资质认定评审准则》和投标方的合同承诺为主，对试验室进行日常管理；因此，不同的项目对于试验室的建设规模与运行管理要求会有所差异。而铁路工程则是将工地现场试验室的管理规定和要求，制定成标准化的管理标准，这对于工地试验室在进场建设规划与日常管理中有据可依。且在不同的项目可将原项目完整的一套体系经过相应的修改，便可参照使用。在统一的标准要求下，一方面能体现出每个参建单位试验室的人力和设备资源、技术水平及贯彻执行能力上的差异；另一方面也能通过标准化的精细管理，更能确保工程的施工质量，使产品达到工艺化的要求。

4　技术标准上的差异

水利水电工程建设技术标准具有标准类型较多且颁布机构较多，不同机构重复颁布标准且各种标准之间层次感不强，有电力标准（DL）、水电标准（SD）、水利标准（SL）。因此，在工程项目建设使用过程中，便要求设计、业主或监理对标准的选用作一个明确的要求，不然在工作中会经常碰到错用标准的状况。纵观这三套标准，水电及水利标准以强制性标准为主，电力标准以推荐性标准为主，规模较大的水利水电工程以采用电力标准为主。从试验室角度可以看出：水利水电工程标准对混凝土用原材料、中间成品及混凝土性能检测等都有非常详细的试验规程，对各项试验检测的步骤、流程和方法都有非常详细的明确，对于试验检测数据的精确性有较高的要求。对于试验室在培养试验人员操作能力及理论知识有非常好的促进作用。而针对现场验收以施工规范及施工技术规范为主，主要对混凝土类别及其他一些施工技术方法分类，以围绕混凝土施工技术为主。虽然在技术标准上提出了施工工艺及质量过程控制高精度的要求，但因水利水电工程结构通常是大体积结构，安全系数较大，结构上差一点或外观不好看对于使用功能没有影响，使得水利水电行业对工艺作风要求控制和执行并不严格。

铁路工程的技术标准均由铁道部颁布，来源单一，便于管理。主要由设计规范、施工规范及技术指南、验收标准三部分组成。而验收标准又对混凝土、桥梁、隧道、路基、轨道工程施工等都提出了详细的标准要求。对施工过程中的每一道工序都有详细的控制要求，明确一般项目和主控项目的控制标准。在现场工程施工过程质量控制中，以设计规范为指引、施工规范及技术指南为向导，验收标准为准绳，强调验收标准对工程质量的作用，明确验收标准是保证施工质量达到设计要求的主要技术标准并实施验评分离。与水利水电工程技术标准有区别的是其试验检测方法均采用国家标准、建筑行业标准及部分暂行技术条件来实施，对具体的试验方法没有做出与工程特点相符的详细的要求。

从两种行业的技术标准体系可以看出：水利水电工程技术标准非常注重各种试验检测方法及施工工艺方法上的研究，对于检测数据的精确性以及工艺方法的先进性要求较高。而铁路工程技术标准以验收标准为主要控制依据，要求对于每一个工序都有作业指导书，每一位操作人员都要求知道技术要求，都严格按工艺要求操作，严格按验收标准要求进行；注重的是现场施工工艺及过程控制细节，要求施工管理和作业人员具有很强的执行力。

5 现代信息化管理上的差异

随着现代信息化的迅速发展，计算机技术及互联网应用也被很好地运用到工程建设当中，铁路工程在信息化的建设和应用做得比较靠前，特别是过程控制管理中得到很大的应用。将部分原材料的试验检测、混凝土性能检测及拌和楼混凝土生产时的配合比、称量误差、搅拌时间等运行参数运用计算机软件及互联网的技术，将数据上传至互联网，质量管理人员对日常数据进行实时监控，及时有效的提高了数据的真实性、准确性及可溯性，为保证工程质量起到了非常重要的作用。但在软件开发上还有些与实际操作存在一些不方便之处，有待于进一步完善。而以往的水利水电工程建设中，计算机技术及互联网应用在工程质量过程控制中一直没有得到较好体现，这也是对于现代信息化在水利水电工程应用的一大缺失。在信息化的今天，计算机技术和互联网的应用不仅能部分替代人力，同时也能消除人力在工程质量控制的不良习惯和工程质量管理中出现的消极的质量意识而造成质量问题，合理的利用现代化的资源也是先进、科学和管理理念和方法所不可或缺的。

6 结语

水利水电工程和铁路工程两种行业，在施工过程中对试验室的管理理念、管理模式、技术标准体系要求以及信息化应用程度各有差异，但其目标是一致的，相互之间也有可借鉴之处。

浅谈地铁工程的特点及概算修编

崔治峰/中国电建市政建设集团有限公司

【摘　要】在当前国内城市轨道交通发展的大趋势下，结合在地铁工程建设领域从事该项工作多年的经验，对地铁工程的特点及从事概算修编工作的体会，对地铁工程特点及概算修编对策进行了探讨，与同行分享。

【关键词】轨道交通　概算修编

地铁作为城市交通系统的重要组成部分，在国家政策的扶持和业内企业的不断努力下，呈现良好的发展势头。随着城市交通的不断发展，地铁作为方便快捷的交通工具受到许多大中城市的青睐，越来越多的城市做出了地铁交通发展规划。在地铁建设前期，勘察设计阶段对项目建设规模，控制项目投资及保证项目的可实施性起到至关重要的作用。因国内地铁建设起步较晚，大多数企业缺乏相关工程实践，对该项业务的熟悉程度各不相同，笔者从施工单位的角度，在总结深圳、武汉及哈尔滨地铁建设经验的基础上，对地铁工程的特点、地铁初步设计阶段概算修编的意义、概算修编的方法进行总结，可供同行参考和借鉴。

1　地铁工程的特点

1.1　地铁工程建设规模大，工程投资额度较大

一般的地铁建设项目，车站造价在5亿～6亿元，一条十几千米的地铁建设项目设置车站的数量一般为15～20个，平均每千米造价约为7亿元，有的高达8亿元，总造价大多数都在100亿元以上。由于投资高，收益见效慢，目前地铁的投资主体为地方政府，资金来源为地方政府财政资金，部分项目采用BOT或者PPP模式，资金来源为社会资金。

1.2　涉及专业多，工程地质复杂，技术要求高

地铁工程涉及土建工程、轨道工程、机电设备安装工程、装修工程、通信信号工程、给排水工程、空调通风工程、供电工程、电力牵引工程、房屋建筑工程等许多专业。随着城市轨道交通系统的发展，地铁工程也在不断的突破，出现了越来越多的超深基坑、超大面积车站。地铁工程多为地下工程，工程地质水文条件复杂多变，地层多包括人工填土、黏性土、淤泥质土、砂类土及残积土，花岗岩、微风化岩或者孤石等各种土层，部分还被溶洞及地层断裂破碎底层环绕。工程实施过程中较多的采用新工艺、新技术、新材料、新设备，这就给从事地铁建设的人员的技术水平及学习能力提出了较高的要求，也使更多的业内人士在概算修编过程中毫无头绪，无的放矢。

1.3　社会影响大，协调工作量大

地铁项目投资建设规模大，与市民的出行密切相关，施工地点多位于人流密集的市区中心或其周边地域。地铁项目在每个城市都是政府的重点工程，受地方政府和当地百姓的关注度极高。地铁参建单位包括建设、勘察设计、施工、监理、监测及质量检测等单位，形成专业多、环节多、接口多。同时，地铁工程与周边居民、与工程周边环境的权属管理单位的利益攸关、关系密切，沟通协调工作量大。

1.4　多专业交叉作业，影响因素多

地铁工程涉及专业多，施工区域一般为城区较多，工期均较紧。在地铁施工过程中，多专业交叉作业，城区地下管线繁多，交通情况复杂，线路部分还涉及征地拆迁。管线迁改、道路改移及征地拆迁的进展情况直接影响到后期地铁项目施工的开展。地铁项目节点工期及施工总工期在项目可研阶段基本已经确定，这就需要在地铁建设过程中，投入大量的人力、物力、财力推动管线迁改、道路改移及征地拆迁等工作。需多部门联动，协调配合以及政府的大力支持。

1.5　安全风险高，极易发生安全事故

地铁工程的安全风险主要包括工程本身的风险及周边环境的风险。地铁工程的作业面大多位于地下十几米甚至几十米，复杂的地质水文情况给地铁施工带来极大的风险，涌水涌砂、围护结构失稳、塌方等安全事故多

发。另外，地铁项目周边建筑物及市政管网繁多，施工地点多位于人流、车流密集区域，如风险控制措施不到位，极易发生安全事故，对工程本身及周边环境造成巨大损失和不可挽回的后果。

2 地铁工程初步设计阶段概算修编的意义

设计概算是在初步设计阶段，由设计单位根据初步设计图纸，按照工程量计算规则、概算定额，人工、材料及机械设备的单价确定原则及取费确定的建设项目的总投资。设计概算是设计文件的重要组成部分，是设计方案比选，确定建设项目总投资的重要基础。建设项目的概算一经批准，就是该工程项目的最高投资控制限额，是签订工程合同、控制预算、考核建设成本的依据。概算编制层次包含建设项目概算总造价、各个单项工程概算综合造价、各单位工程概算造价。概算文件中建设项目总投资包括工程费、工程建设其他费、预备费、建设期利息和铺底流动资金五大部分。概算文件需达到的质量标准是：符合规定、结合实际、经济合理、不漏不重、计算正确、打印清晰、装订规范、按时完成。

概算修编是根据设计意图，预先测算和确定工程造价。由于初步设计图纸深度的局限性，达不到施工图设计深度，主体结构图纸存在较多的细部缺项，部分附属结构甚至无详细图纸，对周边环境的调查了解不深，施工措施费考虑不全，所以进行概算修编，对控制建设项目总投资及后期施工单位具体实施具有巨大的指导意义。

3 概算修编的方法

一般情况下，概算修编工作应由勘察设计单位独立完成，但为确保概算更贴近现场施工，使建设项目更具备可实施性，现地铁项目概算修编多数城市由设计单位牵头，施工单位参与。

3.1 根据概算编制依据，收集相关文件

城市轨道交通的发展程度不一，地域范围广，造成了部分城市在地铁工程概算编制过程中依据的相关文件不可能统一。例如，广州、武汉等地铁建设是比较成熟的城市，现在根据以往该城市的地铁建设经验，已经拥有了自己的概算定额；而有的城市因地铁工程起步较晚，只能参照全国统一概算定额或其他相近城市的定额。除定额外，根据工程的特点，项目的取费采用的方法也不同，取费基数也会有所差异。如哈尔滨地铁工程，项目利润及企业管理费的取费方法均参照黑龙江省住建厅发布的《黑龙江省执行2013清单计价规范相关规定》(黑建造价〔2014〕163号)，作为收集概算编制依据，作为概算修编的一个重要环节，对概算修编成果的准确性和有效性起着决定性的作用。

3.2 根据批复的可行性研究报告，确定修编目标

可行性研究投资估算是地铁工程初步设计概算编制的依据。初步设计概算不能超过可研估算投资额的10%，如初步设计概算超过批复的可研估算投资额，需上报原审批部门进行重新审批。因此，在对初步设计概算进行修编的过程中，对可行性的研究是其中重要一环。可行性研究报告由勘察设计单位编制，报国家发改委审批，主要内容包含研究的依据、研究的范围、项目概况、主要经济指标、建设必要性、水文地质条件、界限、客流、运营方案、设计原则及标准、线路、结构、建筑等。可行性研究报告，是对建设背景的说明，对建设规模的圈定，一般来说，工程可行性研究报告都有投资估算偏小的倾向。根据可行性研究报告确定的投资额度，确定设计概算修编的目标至关重要。设计阶段影响项目投资的权重可达80%～90%左右，抓住此阶段的投资控制目标就抓住了根本。

3.3 研究初步设计图纸，找出图纸漏洞及措施方案漏项

初步设计图纸和初步设计概算是初步设计阶段两个不可或缺的部分，初步设计概算来源于初步设计图纸。所以，如果要对概算进行修编，对初步设计图纸和设计方案的审查是概算修编的重要工作。对地铁土建工程来说，设计方案主要地铁工程围护方案、基坑开挖方案、降水方案、土方开挖方案、周边建筑物及地下管网保护方案。对初步设计方案的审查，需要与勘察设计单位对接，结合现场实际情况，确定设计图纸具有可实施性。如哈尔滨地铁工程，周边建筑物距离车站非常近，建筑物老旧且大多为扩大基础或筏板基础，部分为历史保护建筑物。根据风险源划分依据，大多数为二级风险源，部分为一级风险源。为确保在车站围护结构施工和土方开挖时周边建筑物的安全，需对周边建筑物进行预加固或保留应急加固措施。

3.4 对照初步设计图纸及概算定额，核对图纸工程数量及定额套用

在设计方案基本稳定后，需要对初步设计图纸工程数量进行重新核算，对概算文件所套用的定额进行审核。单位工程概算主要的组成是工程数量、单价、取费，所以为了确保所修编概算的严谨性及准确性，必须重新对该内容进行重新演算。工程数量不仅包含初步设计图纸所体现的工程数量，因初步设计阶段设计图纸深度不够，很多细部很可能尚未完善，这就需要根据以往的经验进行判断，看是否可以满足要求。例如，含筋量，

铁土建工程中板及顶板的含筋量一般要达到 220kg/m³，部分甚至更高，如果初步设计在给含筋量时，未达到该含筋量，那就需要在概算文件进行修正，否则将会对后期的施工图设计及投资控制带来问题。定额套用的不同，同一工程有时造价会差异巨大。如在车站围护结构概算文件中，《城市轨道交通工程概算定额》包含垂直面喷射混凝土和斜面喷射混凝土，而两个定额价格差异达到 400 元/m³，需根据项目的特点，套用正确的定额才能保证初步设计概算的合理性。

3.5 列项归类，整理概算修编成果

地铁工程概算修编成果的整理作为概算修编完结前的工作，很容易被业内人士忽略，而修编成果的整理在概算修编工作中所起的作用非常关键。整理概算修编成果，要按工程类别、工程部位及概算修编类别进行列项，例如，将地铁工程建设项目按照车站、区间、轨道、建筑、机电安装先进行划分，再将各类工程按照工程部位进行细化。对于初步设计概算的不同问题，同一问题类型进行汇总，以便于设计文件在对初步设计概算修正时查找。另外，对以后施工图审查具有指导意义。

4 结束语

地铁工程初步设计概算修编，不同的城市、不同的建设项目采用的方法及对策会各有不同，地铁工程的建设，还有许多经验需要我们去总结，还有许多问题需要我们探讨。对于从事地铁建设的企业，应在该领域多多积累实践经验，提高企业的实力，增强企业的市场占有率，地铁建设的各种技术及宝贵经验值得大家研究和交流。

征 稿 启 事

各网员单位、联络员：

广大热心作者、读者：

《水利水电施工》是全国水利水电施工技术信息网的网刊，是全国水利水电施工行业内刊载水利水电工程施工前沿技术、创新科技成果、科技情报资讯和工程建设管理经验的综合性技术刊物。本刊宗旨是：总结水利水电工程前沿施工技术，推广应用创新科技成果，促进科技情报交流，推动中国水电施工技术和品牌走向世界。《水利水电施工》编辑部于2008年1月从宜昌迁入北京后，由全国水利水电施工技术信息网和中国电力建设集团有限公司联合主办，并在北京以双月刊出版、发行。截至2016年年底，已累计发行54期（其中正刊36期，增刊和专辑18期）。

自2009年以来，本刊发行数量已增至2000册，发行和交流范围现已扩大到120个单位，深受行业内广大工程技术人员特别是青年工程技术人员的欢迎和有关部门的认可。为进一步增强刊物的学术性、可读性、价值性，自2017年起，对刊物进行了版式调整，由杂志型调整为丛书型。调整后的刊物继承和保留了原刊物国际流行大16开本，每辑刊载精美彩页6～12页，内文黑白印刷的原貌。本刊真诚欢迎广大读者、作者踊跃投稿；真诚欢迎企业管理人员、行业内知名专家和高级工程技术人员撰写文章，深度解析企业经营与项目管理方略、介绍水利水电前沿施工技术和创新科技成果，同时也热烈欢迎各网员单位、联络员积极为本刊组织和选送优质稿件。

投稿要求和注意事项如下：

（1）文章标题力求简洁、题意确切，言简意赅，字数不超过20字。标题下列作者姓名与所在单位名称。

（2）文章篇幅一般以3000～5000字为宜（特殊情况除外）。论文需论点明确，逻辑严密，文字精练，数据准确；论文内容不得涉及国家秘密或泄露企业商业秘密，文责自负。

（3）文章应附150字以内的摘要，3～5个关键词。

（4）正文采用西式体例，即例“1”“1.1”“1.1.1”，并一律左顶格。如文章层次较多，在“1.1.1”下，条目内容可依次用“（1）”“①”连续编号。

（5）正文采用宋体、五号字、Word文档录入，1.5倍行距，单栏排版。

（6）文章须采用法定计量单位，并符合国家标准《量和单位》的相关规定。

（7）图、表设置应简明、清晰，每篇文章以不超过5幅插图为宜。插图用CAD绘制时，要求线条、文字清楚，图中单位、数字标注规范。

（8）来稿请注明作者姓名、职称、职务、工作单位、邮政编码、联系电话、电子邮箱等信息。

（9）本刊发表的文章均被录入《中国知识资源总库》和《中文科技期刊数据库》。文章一经采用严禁他投或重复投稿。为此，《水利水电施工》编委会办公室慎重敬告作者：为强化对学术不端行为的抑制，中国学术期刊（光盘版）电子杂志社设立了“学术不端文献检测中心”。该中心将采用“学术不端文献检测系统”（简称AMLC）对本刊发表的科技论文和有关文献资料进行全文比对检测。凡未能通过该系统检测的文章，录入《中国知识资源总库》的资格将被自动取消；作者除文责自负、承担与之相关联的民事责任外，还应在本刊载文向社会公众致歉。

（10）发表在企业内部刊物上的优秀文章，欢迎推荐本刊选用。

（11）来稿一经录用，即按2008年国家制定的标准支付稿酬（稿酬只发放到各单位，原则上不直接面对作者，非网员单位作者不支付稿酬）。

来稿请按以下地址和方式联系。

联系地址：北京市海淀区车公庄西路22号A座

投稿单位：《水利水电施工》编委会办公室

邮编：100048

编委会办公室：杜永昌

联系电话：010－58368849

E－mail：kanwu201506@powerchina.cn

全国水利水电施工技术信息网秘书处

《水利水电施工》编委会办公室

2018年1月30日